深智數位
股份有限公司

深智數位
股份有限公司

推薦序一

在人工智慧 70 餘年的發展歷程中，機器學習的重要性不容忽視。隨著神經聯結主義方法論的不斷發展，近 10 年來，建立在深度神經網路模型之上的深度學習技術異軍突起，已經成為人工智慧的中堅力量。與此同時，電腦視覺技術也達到了前所未有的高度。

本書介紹的電腦視覺相關技術是深度學習在電腦視覺領域的具體應用，不僅包括當下最為流行的圖型分類和物件辨識技術的演算法框架，還包括與這些演算法框架相關的資料集處理、雲端運算、邊緣計算的運用技巧，過程翔實、簡單實用。推廣一個技術的最好方式就是「運用它」，如果越來越多的企業和工程人員能夠運用機器學習乃至機器意識的相關技術為使用者和社會創造價值，那麼人工智慧的未來之路一定會越走越寬！

「人無遠慮，必有近憂。」為了能夠參與全球性的人工智慧競爭和合作，我們現在就應該前瞻性地開展前端關鍵技術的基礎性研究。本書在介紹工程應用的同時，還對深度學習的演算法原理、神經網路的設計意圖等較為基礎和抽象的概念進行了介紹，邏輯清晰、形象直觀。特別是近些年興起的三維電腦視覺和圖卷積神經網路技術，它們與二維電腦視覺有著千絲萬縷的聯繫。唯有務實電腦視覺的技術基礎，我們才能參與自動駕駛、感知計算等前端領域的全球競爭和合作。

希望讀者能夠將本書中的深度學習技術學會並應用到具體問題的解決之中，透過紮實的研究建立深厚的人工智慧理論基礎，透過技術應用累積電腦視覺實戰經驗，共同參與到讓電腦更加「靈活」地服務於人類社會的實踐之中，為智慧社會的發展貢獻一份力量。

周昌樂
北京大學博士，廈門大學教授，心智科學家
中國人工智慧學會理事、福建省人工智慧學會理事長

推薦序二

I am happy to hear that Eric Zhang wrote a book covering object detection using TensorFlow. He knows how to quickly develop a solution based on the Neural Network using the high level frameworks like TensorFlow which otherwise would have required many more lines of code. The book also covers an end to end development cycle of a Deep Learning neural network and it will be very useful for the readers who are interested in this topic. Writing a book requires an extensive amount of effort and he finally completed it. Congratulations to Eric and all the readers who will gain a lot of useful knowledge from this book as well!

Soonson Kwon

Google Global ML Developer Programs Lead

我聽聞 Eric Zhang 撰寫了這本介紹如何使用 TensorFlow 進行物件辨識的書，很開心。Eric 深知如何借助 TensorFlow 極大地減少深度神經網路的程式撰寫行數，進而基於此快速建構機器學習應用解決方案。這本書涵蓋了深度神經網路的「點對點」的全研發週期，對致力於投身人工智慧產業的讀者將非常有用。這本書傾注了 Eric 的大量努力和心血，祝賀他如願完成了此書，也祝賀這本書的所有讀者，相信你們能從中獲益匪淺！

Soonson Kwon

Google 全球機器學習生態系統專案負責人

前言

　　數位化時代的核心是智慧化。隨著人工智慧技術的逐步成熟，越來越多的智慧化應用不斷湧現，這必然要求資訊行業從業人員具備一定的人工智慧知識和技術。人工智慧最突出的兩個技術應用領域是電腦視覺和自然語言。電腦視覺處理的是圖型或視訊，自然語言處理的是語音或語言。由於電腦視覺採用的 CNN 神經元結構提出較早，技術方案也較為成熟，因此本書著重介紹電腦視覺技術。

　　在整個電腦視覺領域，本書重點說明二維和三維物件辨識技術，主要基於兩方面的考慮：一方面，物件辨識技術是當前電腦視覺中最具有應用價值的技術，大到自動駕駛中的行人和車輛辨識，小到智慧餐廳中的餐盤辨識，應用領域非常廣泛，無論是日常生活中的視訊監控，還是專業領域的路面鋪裝品質監控，都是物件辨識技術的具體應用演繹；另一方面，物件辨識神經網路一般包含骨幹網路（特徵提取網路）、中段網路（特徵融合網路）、預測網路（頭網路）、解碼網路、資料重組網路、NMS 演算法模組等單元，這些演算法模組單元組成了基於深度學習的神經網路設計哲學，後續的注意力機制或多模態神經網路可以被視為這些模組的不同實現方式。

　　從電腦視覺的新手到物件辨識專家的進階過程，要求開發者不僅要具備資料集和骨幹網路設計的基本技能，也要具備中段網路、預測網路的設計技能，更要具備根據邊緣端部署和雲端部署的要求，調整網路結構的能力。可以說，學會了物件辨識技術，開發者就擁有了電腦視覺的完整技術堆疊，就具備了一個較為全面的技能去應對其他電腦視覺專案。

　　本書的程式設計計算框架採用 TensorFlow，它是深度學習領域應用最為廣泛的程式設計框架，最早由 Google 公司推出，目前已被廣泛用於全球各大人工智慧企業的深度學習實驗室和工業生產環境。網際網路上大部分的人工智慧前端成果都是透過 TensorFlow 實現的。TensorFlow 提供比較齊全的資料集支援和快速的資料管道，支援 GPU 和 TPU 的硬體加速。TensorFlow 支援多種環境部署。開發者可透過 TensorFlow Serving 工具將模型部署在伺服器上，也可透過 TensorFlow Lite

工具將模型轉為可在邊緣端推理的 TFLite 格式。TensorFlow 升級到 2.X 版本之後，可支援 EagerMode 的立即執行模式，這使得它的程式設計更加直觀和便於偵錯。

本書並不執著於講授高深的電腦視覺基礎理論，也不是簡簡單單地堆砌若干程式樣例，而是採用了「理論」「程式」「資料流程圖」一一對應的書寫方式。理論有利於讀者建立知識的深度，程式有利於讀者培養動手能力，資料流程圖有利於讀者快速領會演算法原理。希望本書作者對電腦視覺技術的「抽絲剝繭」，能幫助讀者在建立電腦視覺能力地圖時，不僅具有理論理解的深度，還具有動手實踐的寬度。

最後，為避免混淆，有必要厘清兩個概念——人工智慧和深度學習。人工智慧是指使電腦應用達到與人類智慧相當的水準，深度學習是指運用深度神經網路技術使電腦應用達到一定的智慧水準。人工智慧指向的是「效果」，深度學習指向的是「方法」，二者不能畫等號。實現人工智慧目標的方法肯定不止深度學習這一種，還包含傳統的資訊化手段和專家邏輯判斷。但以目前的技術水準，深度學習所能達到的智慧水平是比較高的，所以大家一般都用人工智慧來指代深度學習，也用深度學習來指代人工智慧，因此本書對二者不做嚴格的區分。

為什麼寫作本書

作者在做以物件辨識為主題的講座報告或技術分享時，發現聽眾普遍對人工智慧技術很感興趣，但是又不知從何處下手。物件辨識技術的確涉及多種理工科基礎知識和技能。首先是數學，涉及矩陣計算、機率分佈；然後是程式設計，涉及計算框架 API 和物件導向的 Python 等語言的程式設計技巧；最後是資料處理，涉及數位影像處理演算法和嵌入式系統。每種基礎知識和技能都對應著高等教育中的一門課程，開發者似乎都有所了解，但深究起來又理解得不夠深刻。高等教育偏向於垂直領域的深度，並沒有刻意將跨領域的知識融會貫通。因此，本書在講授物件辨識原理和應用的同時，還深度介紹了涉及的理論知識，希望能夠幫助讀者在理論和實踐上都達到一定的高度。

為避免讀者在閱讀公式和程式時感覺到抽象，作者在撰寫過程中有意著重圍繞較為形象的資料流程來闡釋原理，儘量使用資料結構圖來展示演算法對資料的處理意圖和邏輯。相信讀者在理解了輸入 / 輸出資料流程結構圖的基礎上，面對公式和程式時不會感到晦澀。

作者發現許多企業在初期涉足人工智慧時，由於對人工智慧不甚了解，通常會陷入「模型選型→性能不理想→修改失敗→嘗試其他模型→再次失敗」的怪圈。目前有大量現成的物件辨識程式可以下載，簡單配置後就能快速成功運行，但作者仍建議讀者從基礎的資料集處理入手，理解物件辨識的資料流程圖和損失函式，理解模型量化和模型編譯，才能自由地組裝骨幹網路、中段網路和預測網路，才能讓自己設計的神經網路在邊緣端獨立運行。在實際工作中，我們需要電腦視覺解決的問題不盡相同，我們所使用的邊緣計算硬體也五花八門，但不同模型和不同硬體在本質上有異曲同工之處，作者希望所有人工智慧從業人員都能紮實地掌握某種框架下具有代表性的模型的設計和編譯，這樣在電腦視覺領域甚至自然語言領域自然能有所創新。

關於本書作者

作者大學畢業於天津大學通訊工程專業，碩士所究所學生階段就讀於廈門大學，主攻嵌入式系統和數位訊號底層演算法，具備紮實的理論基礎。作者先後就職於中國電信集團公司和福建省電子資訊（集團）有限責任公司，目前擔任福建省人工智慧學會的理事和企業工作委員會的主任，同時也擔任 Google 開發者社區、亞馬遜開發者生態的福州區域負責人，長期從事電腦視覺和自然語言基礎技術的研究，累積了豐富的人工智慧專案經驗，致力於推動深度學習在交通、工業、民生、建築等領域的應用落地。作者於 2017 年獲得高級工程師職稱，擁有多項發明專利。

本書作者 GitHub 帳號是 fjzhangcr。

本書主要內容

本書共 5 篇，第 1 篇、第 2 篇重點介紹以 YOLO 為代表的一階段物件辨識神經網路；第 3 篇、第 4 篇重點介紹物件辨識神經網路在雲端和邊緣端的部署，其中對邊緣端的量化原理進行了重點介紹；第 5 篇重點介紹當前較為流行的自動駕駛的資料計算原理和物件辨識。本書實用性非常強，既適合對電腦視覺具有一定了解的高等院校大學生、所究所學生及具有轉型意願的軟體工程師入門學習,又適合電腦視覺工程專案研發和營運人員參考閱讀。

第 1 篇,以知名電腦視覺競賽任務為例,旨在介紹物件辨識應用場景下的基本概念和約定,以及資料標注工具和格式,讓讀者具備特徵融合網路、預測網路的設計能力。對於資料後處理技術則介紹了解碼網路、資料重組網路、NMS 演算法等後處理演算法,在此基礎上結合各式各樣的骨幹網路,讀者就可以架設完整的一階段物件辨識神經網路模型了。

第 2 篇,旨在介紹物件辨識神經網路的訓練全流程。本篇從資料集製作到損失函式設計,從訓練資料監控到 NaN 或 INF 異常處理,特別是對不同損失函式的設計,進行了非常詳細的原理性闡述。相比神經網路設計,損失函式的設計是最具有可解釋性的,也是電腦視覺研究中比較容易出成果的研究方向。

第 3 篇,旨在運用物件辨識神經網路的訓練成果,架設完整的物件辨識推理模型。推理模型支援雲端部署和邊緣端部署。對於雲端部署,以主流的亞馬遜雲端為例介紹;對於邊緣端部署,以 GoogleCoral 開發板為例,介紹神經網路量化模型的基礎原理和模型編譯邏輯。

第 4 篇,結合作者主導過的智慧交通、智慧後勤等專案,旨在介紹實際電腦視覺資料增強技術,以及神經網路性能評估的原理和具體應用。本篇還結合應用同樣廣泛的算能科技(比特中國)SE5 邊緣計算閘道和瑞芯微 RK3588 邊緣計算系統,介紹實際專案中如何使用邊緣計算硬體加速人工智慧的產業化應用。根據邊緣計算硬體特性對神經網路進行針對性修改,是真正考驗一個開發者對神經網路理解程度的試金石。跟隨本書介紹熟練掌握 2 ~ 3 款邊緣計算硬體,就能更快速地將電腦視覺應用到實際生產中,在具體應用中創造價值。

第 5 篇,旨在將讀者引入三維電腦視覺中最重要的應用領域之一:自動駕駛。圍繞 KITTI 資料集,本篇介紹了自動駕駛資料的計算原理,並重點介紹了 PointNet++ 等多個三維物件辨識神經網路。

附錄列表說明了本書所參考的物件辨識原始程式碼、Python 運行環境架設,以及 TensorFlow 的基本操作。對基本操作有疑問的讀者,可以根據附錄中的說明登入相關網站進行查閱和提問。

　　當前市面上有能力提供邊緣計算硬體的廠商許多,各個廠商對產品性能的描述不盡相同。

　　第一,開發者應當破除「總算力迷信」,分清單核算力和核心數量這兩個參數。這是因為目前邊緣計算硬體的額定算力一般是多核心的累計算力,依靠堆積核心無法提高中小模型的推理速度。

　　第二,開發者應當認清評測模型的算力負擔,這是因為不同廠商對評測模型的邊界定義不同。舉例來說,大部分廠商的評測模型往往不包含解碼網路、資料重組網路和 NMS 演算法,甚至有些不包含預測網路,透過不同的網路所測試出的結果是不具備可比性的。

　　第三,開發者應當特別注意邊緣計算硬體的運算元支援情況和生態建設。如果邊緣計算硬體所支援的運算元門類齊全,那麼表示模型被迫做出的改動比較小;反之,模型需要進行大量的運算元替換甚至根本無法運行。優良的開發者生態表示遇到問題可以很快搜尋到解決方案,加快研發進度。建議在選擇邊緣計算硬體之前先登入官方網站和 GitHub 感受不同生態的差異。

　　第四,開發者應當破除「硬體加速迷信」。邊緣計算硬體有它固有的局限性。舉例來說,幾乎所有的邊緣計算硬體都不擅長處理某些 CPU 所擅長處理的運算元,如 Reshape、Transpose 等。另外,NMS 演算法這一類動態尺寸矩陣的計算也是無法透過邊緣計算硬體進行加速的,要解決 NMS 演算法的耗時問題,就需要借鏡自然語言模型的注意力機制,在神經網路設計層面解決,但要注意注意力機制的資源負擔問題。

如何閱讀本書

　　本書適合具備一定電腦、通訊、電子等理工科專業基礎的大學生、所究所學生及具有轉型意願的軟體工程師閱讀。讀者應當具備電腦、通訊、電子等基礎知識,學習過高等數學、線性代數、機率論、Python 程式設計、影像處理等課程或具備這些基礎知識。如果對上述知識有所遺忘也無大礙,本書會幫助讀者進行適當的溫習和回顧,力爭成為一本可供「零基礎」的人閱讀的物件辨識和專業計算的專業書籍。

但這畢竟是一本大厚書，讀者應該怎樣利用這本書呢？

如果讀者希望快速建立物件辨識神經網路的設計能力，那麼建議讀者閱讀本書的第 1 篇和第 2 篇。第 1 篇重點介紹了物件辨識神經網路的結構性拼裝方法，介紹了除骨幹網路外的中段網路、預測網路、解碼網路、資料重組網路、NMS 演算法等。第 2 篇重點介紹了物件辨識資料集和神經網路訓練技巧，對於神經網路訓練中不可避免的 NaN 和 INF 現象給出了翔實的原因剖析和解決方案建議。對神經網路基礎原理不了解或對封裝性較強的骨幹網路感興趣的讀者，可以參考作者的《深入理解電腦視覺實戰全書：關鍵演算法解析和深度神經網路設計》(中國大陸電子工業出版社) 或其他相關書籍。

如果讀者希望了解神經網路在部署階段的相關知識，那麼建議讀者閱讀本書的第 3 篇和第 4 篇。第 3 篇重點介紹了亞馬遜雲端部署和 Edge TPU 邊緣端部署，特別為神經網路量化模型的基本原理著墨較多，也基於專案實踐介紹了運算元替換的具體技巧。第 4 篇基於作者完成的幾個人工智慧專案，介紹了資料增強技術和神經網路性能評估原理。合理運用資料增強技術，相信能為讀者的應用錦上添花。

如果讀者希望從二維電腦視覺跨入三維電腦視覺甚至自動駕駛領域，建議讀者以本書的第 5 篇作為入門文件。第 5 篇雖然受篇幅限制無法著墨太多，但所介紹的 KITTI 自動駕駛資料集計算原理和若干三維電腦視覺神經網路是三維電腦視覺的入門必備知識。

本書遵循理論和實踐相結合的撰寫原則。理論和實踐相結合表示讀者無須提前了解晦澀的理論，直接透過程式加深理論理解即可。理論和實踐相結合更加凸顯了理論的重要性，數學是工科的基礎，理論永遠走在技術前面。建議讀者務必按照本書的篇章順序，以動手實踐本書所介紹的電腦視覺程式設計專案為契機，從零開始打好物件辨識的基礎，更快上手其他電腦視覺技術（如三維電腦視覺、圖型分割、圖型注意力機制、圖型文字多模態等）。另外，需要宣告的是，由於本書涉及實際專案知識較多，所以在書中偶有將電腦視覺稱為機器視覺的地方，機器視覺是電腦視覺在實際專案中的應用。

致謝

感謝我的家人，特別是我的兒子，是你平時提出的一些問題，推動我不斷地思考人工智慧的哲學和原理。這門充斥著公式和程式的學科背後其實也有著淺顯直白的因果邏輯。

感謝求學路上的福州格致中學的王恩奇老師，福州第一中學的林立燦老師，天津大學的李慧湘老師，廈門大學的黃聯芬、鄭靈翔老師，是你們當年的督促和鼓勵讓我有能力和勇氣用學到的知識去求索技術的極限。

感謝福建省人工智慧學會的周昌樂理事長，Google 全球機器學習生態系統專案負責人 Soonson Kwon，GoogleCoral 產品線負責人欒躍，Google 中國的魏巍、李雙峰，亞馬遜中國的王萃、王宇博，北京算能科技有限公司的范硯池、金佳萍、張晉、侯雨、吳楠、檀庭梁、劉晨曦，以及福州十方網路科技有限公司，福建米多多網路科技有限公司，福州樂凡唯悅網路科技有限公司，還有那些無法一一羅列的默默支援我的專家們，感謝你們一直以來對人工智慧產業的關注，感謝你們對我在本書寫作過程中提供的支援和無微不至的關懷。

最後，還要感謝電子工業出版社電腦專業圖書分社社長孫學瑛女士，珠海金山數位網路科技有限公司（西山居）人工智慧技術專家、高級演算法工程師黃鴻波的熱情推動，這最終促成了我將內部培訓文件出版成圖書，讓更多的人看到。你們具有敏銳的市場眼光，你們將傾聽到的廣大致力於投身人工智慧領域的開發者的心聲與我分享，堅定了我將技術積澱整理成書稿進行分享的決心。在本書的整理寫作過程中，你們多次邀請專家對本書提出有益意見，對於本書的修改完善造成了重要作用。

由於作者水準有限，書中不足之處在所難免，作者的 GitHub 帳號為 fjzhangcr，敬請專家和讀者批評指正。

繁體中文出版說明： 本書原作者為中國大陸人士，為求技術名詞正確傳達，本書所附圖，仍保持簡體中文之圖示，請讀者閱讀時參閱前後繁體中文，特此說明。

張晨然

2023 年 4 月

第 1 篇
一階段物件辨識神經網路的結構設計

第 1 章　物件辨識的競賽和資料集

第 2 章　物件辨識神經網路整體說明

第 2 篇
YOLO 神經網路的損失函式和訓練

第 5 章　將資料資源製作成標準 TFRecord 資料集檔案

第 6 章　**資料集的後續處理**

第 7 章　**一階段物件辨識的損失函式的設計和實現**

第 8 章　YOLO 神經網路的訓練

第 3 篇
物件辨識神經網路的雲端和邊緣端部署

第 9 章　一階段物件辨識神經網路的雲端訓練和部署

第 10 章　神經網路的 INT8 全整數量化原理

第 11 章　以 YOLO 和 Edge TPU 為例的邊緣計算實戰

第 4 篇
個性化資料增強和物件辨識神經網路性能測試

第 12 章　自訂物件辨識資料集處理

第 13 章　模型性能的定量測試和決策設定值選擇

第 14 章　使用邊緣計算閘道進行多路攝影機物件辨識

第 15 章　邊緣計算開發系統和 RK3588

第 5 篇
三維電腦視覺與自動駕駛

第 16 章　三維物件辨識和自動駕駛

附錄 A　官方程式引用說明

附錄 B　本書執行環境架設說明

附錄 C　TensorFlow 矩陣基本操作

附錄 D　參考文獻

第一篇

一階段物件辨識神經網路的結構設計

　　神經網路設計的出發點和落腳點在於對輸入資料流程的處理，本篇從資料流程的角度出發，重點介紹一階段物件辨識神經網路的結構及其設計意圖。物件辨識神經網路中關於骨幹網路的介紹已經在本書的先導書籍《深入理解電腦視覺：關鍵演算法解析與深度神經網路設計》（電子工業出版社）中進行了介紹，感興趣的讀者可以查詢閱讀。

第 1 章

物件辨識的競賽和資料集

　　本章將介紹物件辨識的競賽和常用資料集。雖然自訂物件辨識必須採用自訂資料集，但自訂資料集與公開資料集具有相同的結構，因此本章用公開資料集講解。

1.1　電腦視覺座標系的約定和概念

　　矩陣使用行、列作為定址座標系，讀取進入記憶體的二維影像其實只是一個矩陣，因此電腦視覺領域的影像座標系使用的就是矩陣座標系。

1.1.1　影像的座標系約定

　　解析幾何用到的座標系叫作笛卡兒座標系。笛卡兒座標系是由法國數學家勒內·笛卡兒建立的，通常簡稱直角座標系。二維的直角座標系由兩個互相垂直的座標軸設定，通常分別稱為 x 軸和 y 軸；兩個座標軸的相交點稱為原點，通常標記為 O，有「零點」的意思。每個軸都指向一個特定的方向。這兩個不同向的座標軸決定了一個平面，這個平面稱為 xOy 平面，又稱笛卡兒平面。通常兩個座標軸只要互相垂直，其指向何方對於分析問題就是沒有影響的，但習慣性地，x 軸被水平置放，稱為橫軸，通常指向右方；y 軸被豎直置放，稱為縱軸，通常指向上方。兩個座標軸這樣的位置關係組成的座標系稱為二維的右手座標系，或右手系。如果將這個右手座標系畫在一張透明紙片上，那麼在平面內無論怎樣旋轉它，所得到的座標系都叫作右手座標系；但如果將紙片翻轉，其背面看到的座標系則稱為左手座標系。笛卡兒座標系的左手座標系和右手座標系如圖 1-1 所示。

影像處理用到的座標系叫作影像座標系。假設讀取的是一幅彩色影像，那麼影像讀取函式一般會將這幅影像讀取為一個三維矩陣，這個三維矩陣的元素排列呈現出 [行，列，深] 的三維形態。矩陣的 [行，列，深] 組成的座標系稱為影像座標系。在影像座標系下，矩陣的行數對應影像的高度，矩陣的列數對應影像的寬度，矩陣的深度對應影像的通道數。這樣，這個三維矩陣的形狀和像素版面配置，就和影像的像素版面配置形成直觀的一一對應關係。將影像矩陣與影像座標系進行對比，我們可以發現，影像座標系也是笛卡兒座標系的一種，並且是右手座標系，只是 y 軸的方向是朝下的，如圖 1-2 所示。

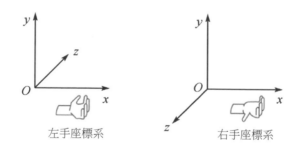

▲　圖 1-1　笛卡兒座標系的左手座標系和右手座標系

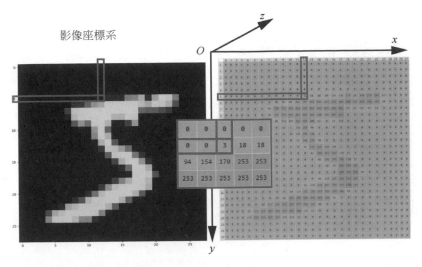

▲ 圖 1-2　影像座標系與影像矩陣的關係

　　這樣做的好處是，矩陣數值的視覺化結果與影像的像素排列在幾何上完全一致，但也會帶來一定的定址困擾。由於 Python 的矩陣定址一般遵循矩陣名稱 [行，列，深] 的定址格式，所以如果希望得到影像座標系下 (x,y,z) 座標點的數值，那麼需要將矩陣定址方式修改為 img[y,x,z]。舉例來說，影像座標系下座標為 (12,5,3) 的「像素點」等價於對矩陣第 5 行第 12 列第 3 通道的元素進行定址，這裡需要格外注意。同時，影像座標系的座標值是從 0（zero-based）開始的，即影像上第一行第一列的像素點對應矩陣中第 0 行第 0 列的元素值。

1.1.2　矩形框的描述方法約定

　　在一幅影像中標注一個矩形框一般有兩種描述方法：座標法和中心法。座標法可以分為絕對座標法和歸一化座標法；中心法可以分為絕對中心法和歸一化中心法。

　　對於一個寬度和高度都是 28 像素的影像，其中有一個矩形框，矩形框的左上角座標可以用 x=4 和 y=5 表示，矩形框的右下角座標可以用 x=23 和 y=24 表示。在不考慮邊界寬度的情況下，可以計算得到矩形框的寬度和高度都是 19 像素，中心點用 x=4+19/2=13.5 和 y= 5+19/2=14.5 表示，如圖 1-3 所示。

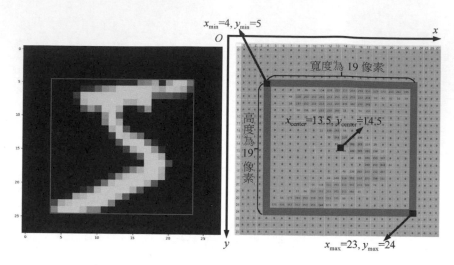

▲ 圖 1-3　矩形框的角點、中心點和寬度、高度資訊

　　座標法是指使用矩形框的左上角座標 (x_{min}, y_{min}) 和右下角座標 (x_{max}, y_{max}) 來唯一地確定一個矩形框在影像中的位置。如果使用的是絕對座標法，那麼使用左上角座標和右下角座標的像素序號絕對值來表示一個矩形框；如果使用的是歸一化座標法，那麼使用的是像素點的序號絕對值相對於影像寬度和高度的歸一化座標來表示一個矩形框，即將 x 座標的絕對值除以影像的寬度 w，將 y 座標的絕對值除以影像的高度 h。

　　中心法是指使用矩形框的中心點座標 (x_{center}, y_{center})、矩形框的寬度（width）和高度（height）來唯一地確定一個矩形框在影像中的位置。如果使用的是絕對中心法，那麼使用矩形框中心位置的像素點序號絕對值、寬度和高度方向上的像素序號差的絕對值（可以是非整數）來表示一個矩形框；如果使用的是歸一化中心法，那麼使用的是中心點相對於影像寬度和高度的歸一化座標來表示中心點，即將中心點的 x 座標的絕對值 x_{center} 和矩形框寬度的絕對值除以影像的寬度 w，將 y 座標的絕對值 y_{center} 和矩形框高度的絕對值除以影像的高度 h。

　　4 種矩形框描述方法的資料結構和相互關係如圖 1-4 所示。

　　對於同一個矩形框，可以透過絕對座標法表示為 $[x_{min}, y_{min}, x_{max}, y_{max}]$，也可以透過絕對中心法表示為 $[x_c, y_c, w, h]$，它們之間透過轉換矩陣 $\boldsymbol{M}_1$ 進行轉換，轉換矩陣 $\boldsymbol{M}_1$ 的定義如式（1-1）所示。其中，x_c 和 y_c 分別是 x_{center} 和 y_{center} 的簡寫。

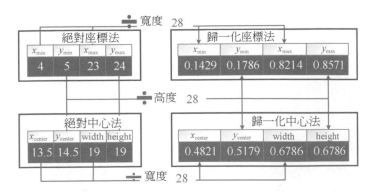

▲ 圖 1-4 4 種矩形框描述方法的資料結構和相互關係

$$M_1 = \begin{bmatrix} 1 & 0 & 1 & 0 \\ 0 & 1 & 0 & 1 \\ -0.5 & 0 & 0.5 & 0 \\ 0 & -0.5 & 0 & 0.5 \end{bmatrix} \quad (1\text{-}1)$$

透過簡單的初等數學知識可以知道，座標法的表達方式可以透過中心法乘以一個轉換矩陣得到，如式（1-2）和式（1-3）所示。

$$[x_{\min}, y_{\min}, x_{\max}, y_{\max}] = [x_c, y_c, w, h]M_1 \quad (1\text{-}2)$$

$$[y_{\min}, x_{\min}, y_{\max}, x_{\max}] = [y_c, x_c, h, w]M_1 \quad (1\text{-}3)$$

中心法的表達方式也可以透過座標法乘以一個轉換矩陣得到，此時的轉換矩陣 M_2 定義如式（1-4）所示。

$$M_2 = \begin{bmatrix} 0.5 & 0 & -1 & 0 \\ 0 & 0.5 & 0 & -1 \\ 0.5 & 0 & 1 & 0 \\ 0 & 0.5 & 0 & 1 \end{bmatrix} \quad (1\text{-}4)$$

同理，透過初等數學知識可以知道，轉換方法如式（1-5）和式（1-6）所示。

$$[x_c, y_c, w, h] = [x_{\min}, y_{\min}, x_{\max}, y_{\max}]M_2 \quad (1\text{-}5)$$

$$[y_c, x_c, h, w] = [y_{\min}, x_{\min}, y_{\max}, x_{\max}]M_2 \quad (1\text{-}6)$$

　　需要特別注意的是，PASCAL VOC 資料集對矩形框的座標描述方式為 [xmin, ymin, xmax, ymax]，它們分別對應矩形框左上角和右下角的座標，但對 MS COCO 資料集來說，矩形框的座標描述方式為 [xmin, ymin, width, height]，它們分別對應矩形框的左上角座標和長寬。限於篇幅原因，以上轉換關係不展開說明。感興趣的讀者可以自己製作矩形框在不同標注方法下的相互轉換函式。

1.2　PASCAL VOC 競賽和資料集

　　PASCAL 的全稱為 Pattern Analysis, Statistical Modelling and Computational Learning，即模式分析、統計建模和計算學習。VOC 的全稱為 Visual Object Classes，即視覺物件類。PASCAL VOC 競賽是一項世界級的電腦視覺挑戰賽，該挑戰賽由 Everingham、Van Gool、Williams、Winn 和 Zisserman 發起，並在 2005—2012 年期間舉辦。2012 年，Everingham 去世，PASCAL VOC 競賽也隨之終止。PASCAL VOC 資料集大小適中，適合在電腦視覺演算法驗證階段使用。

1.2.1　PASCAL VOC 競賽任務和資料集簡介

　　PASCAL VOC 競賽任務包括影像分類與檢測競賽、影像分割競賽、動作分類競賽、人體各部位輪廓檢測競賽。相應地，PASCAL VOC 也提供與競賽內容對應的監督資料集。PASCAL VOC 監督資料集提供 3 種標注方式：矩形框（Bounding Box）、種類分割（Segment Class）、實例分割（Segment Instance）。其中，矩形框標注使用矩形框標注出人、羊、狗等多種物體；種類分割標注使用遮罩（Mask）按照像素標注出人、羊、狗等多種物體的像素範圍，遮罩是一幅與原圖尺寸完全一致的影像，相同種類的物體在遮罩上的顏色是一樣的；實例分割標注雖然也是使用遮罩按照像素標注出多種物體的像素範圍，但即使是相同種類的不同物體，由於是不同的實例，因此也用不同顏色進行了標注。物件辨識中最為常見的是矩形框標注方式，常見的標注方式如表 1-1 所示。

→ 表 1-1　常見的標注方式

項目	標注方式		
	矩形框	種類分割	實例分割
視覺化			

　　有了這些影像和標注，就可以完成多種物件辨識任務了。物件辨識任務主要使用的是 PASCAL VOC 資料集的圖片和種類框選資訊。

　　PASCAL VOC 競賽從 2005 年的第一屆到 2012 年的最後一屆，一共舉辦了 8 屆。這 8 屆競賽的資料集並非每年全部更換，也並非一成不變，而是呈現出一個演化的過程。

　　2005 年的競賽只提供了 4 個類別（bicycle, cars, motorbikes, people）的 1578 張圖片，包含了 2209 個標注目標，但訓練集、驗證集、測試集這 3 個資料集都有公開；2007 年的競賽提供了全新的資料集，有 20 個類別的 9963 張圖片，包含了 24640 個標注目標，訓練集、驗證集、測試集這 3 個資料集都有公開。

　　2008—2012 年的 5 屆競賽，除 2008 年的競賽提供了一套全新的資料集以外，以後每年只是在前一年的資料集基礎上增加新資料，將其作為當年的資料集。依此類推，前一年的資料是後一年資料的子集。2011 年、2012 年的競賽中，用於分類、檢測和人體各部位輪廓檢測任務的資料集的資料量沒有改變，主要針對分割和動作辨識任務，完善了相應的資料子集及標注資訊。將 PASCAL VOC 競賽提供的資料集按照時間線展開，其演化脈絡如圖 1-5 所示。

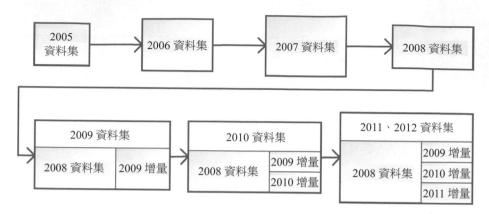

▲ 圖 1-5　PASCAL VOC 各年分資料集的演化脈絡

　　根 據 PASCAL VOC 資 料 集 的 演 化 脈 絡，PASCAL VOC2007 和 PASCAL VOC2012 資料集的合集就是 PASCAL VOC 的資料全集，因此重點介紹這兩個年分的資料集。

　　PASCAL VOC2007 資料集擁有 9963 張圖片，這些圖片被分為兩部分：訓練和驗證（trainval）集、測試（test）集。其中，trainval 部分有 5011 張圖片，test 部分有 4952 張圖片，二者大約各占資料總量的 50%。其中，trainval 其實是 train 和 validation 的簡稱，訓練集有 2501 張圖片，驗證集有 2510 張圖片，二者大約各占 trainval 部分的 50%。PASCAL VOC2007 資料集的 9963 張圖片含有 24640 個已標注的物件，平均每張圖片大約包含 2.5 個物件。PASCAL VOC2007 資料集的測試集在競賽階段是保密的，但隨著時間的演進，測試集最終得以公開。

　　PASCAL VOC2012 資料集擁有 23080 張圖片，其中，trainval 部分有 11540 張圖片，test 部分有 11540 張圖片，二者各占資料總量的 50%。訓練集有 5717 張圖片，驗證集有 5823 張圖片，二者大約各占 trainval 部分的 50%。PASCAL VOC2012 資料集的 23080 張圖片含有 54900 個已標注的物件，由於測試集未公佈，因此特別注意訓練和驗證集。訓練和驗證集有 11540 張圖片，含有 27450 個已標注的物件，平均每張圖片大約包含 2.4 個物件。PASCAL VOC2012 資料集一直沒有給出測試集。

PASCAL VOC2007 資料集和 PASCAL VOC2012 資料集的物件總共分為 20 類，占比最高的為 person。PASCAL VOC2007 資料集的 9963 張圖片和 24640 個已標注的物件，以及 PASCAL VOC2012 資料集的 11540 張圖片和 27450 個已標注的物件，在訓練集、驗證集中的分佈情況如圖 1-6 所示。

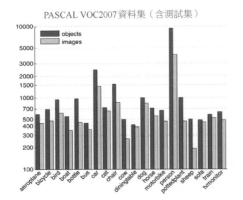
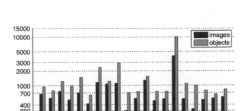

專案	訓練集		驗證集		訓練和驗證集		測試集		合計	
	圖片 / 張	物件 / 個	圖片 / 張	物件 / 個	圖片 / 張	物件 / 個	圖片 / 張	物件 / 個	圖片 / 張	物件 / 個
PASCAL VOC2007	2501	6301	2510	6307	5011	12608	4952	12032	9963	24640
PASCAL VOC2012	5717	13609	5823	13841	11540	27450	未公佈	未公佈	11540	27450
合計	8218	19910	8333	20148	16551	40058	—	—	—	—

▲ 圖 1-6 PASCAL VOC2007 和 PASCAL VOC2012 資料集的物件統計情況

現在的物件辨識和影像分割的研究基本上都是在 PASCAL VOC2007 和 PASCAL VOC2012 資料集基礎上進行的。

1.2.2 PASCAL VOC2007 資料集探索

下面以 PASCAL VOC2007 資料集為例，介紹資料集的結構和內容。資料集一般有 3 個壓縮檔：訓練和驗證集壓縮檔，其檔案名稱為 VOCtrainval_06-Nov-2007. tar；測試集壓縮檔，其檔案名稱為 VOCtest_06-Nov-2007.tar；開發工具 DevKit 壓縮檔，其檔案名稱為 VOCdevkit_08-Jun-2007.tar。

以 PASCAL VOC2007 資料集的訓練和驗證集壓縮檔 VOCtrainval_06-Nov-2007.tar 為例，解壓後有 5 個資料夾，如圖 1-7 所示。

其中的 Annotations 資料夾中存放物件辨識任務所需要的標注檔案，標注檔案是文字檔，檔案名稱與圖片名稱一一對應，文字內容以 XML 格式進行組織。ImageSets 資料夾中包含 3 個子資料夾，分別為 Layout、Main、Segmentation，其中，Main 資料夾中存放的是分類和檢測資料集分割檔案。JPEGImages 資料夾中存放 JPG 格式的圖片檔案。SegmentationClass 資料夾中存放按照種類分割的標注圖片。SegmentationObject 資料夾中存放按照實例分割的標注圖片。

▲ 圖 1-7　PASCAL VOC2007 資料集結構

物件辨識任務主要關注的是 JPEGImages 資料夾和 Annotations 資料夾。打開這兩個資料夾，可以發現 JPEGImages 資料夾用於存放全部的圖片，該資料夾中有5011 張圖片；Annotations 資料夾用於存放全部的標注，該資料夾中有 5011 個儲存了標注資訊的 XML 檔案；二者的檔案名稱一一對應。圖片資料夾和物件辨識標注資料夾如圖 1-8 所示。

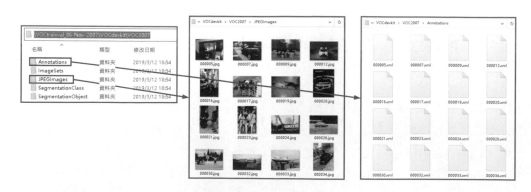

▲ 圖 1-8　圖片資料夾和物件辨識標注資料夾

　　打開序號為 42 的圖片，可以看到這是一張有兩個火車頭的圖片，打開儲存著物件辨識標注資訊的 XML 檔案，也可以看到兩個矩形框的絕對座標值，它們用 <object> 和 </object> 關鍵字作為起止符號。根據這兩個矩形框的絕對座標值可以畫出兩個矩形框，如圖 1-9 所示。

　　種類分割任務主要關注 SegmentationClass 資料夾。該資料夾中存放著用於種類分割任務的標注資訊。打開該資料夾可以看到 422 張特殊圖片。每張圖片都可在 JPEGImages 資料夾中找到與其名稱相同的圖片。查看 SegmentationClass 資料夾中的這些圖片，其每個像素點都代表種類的標注資訊。顯然，種類分割採用的是像素等級的標注，比物件辨識物件標注的標注成本高得多。圖片資料夾和種類分割標注資料夾如圖 1-10 所示。

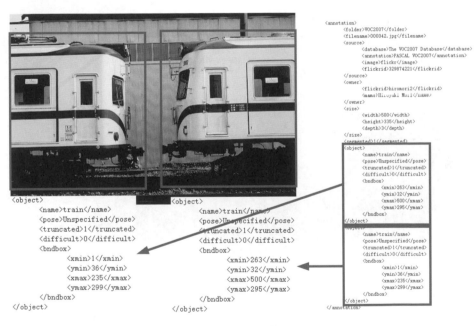

▲ 圖 1-9　圖片檔案和物件辨識標注檔案的對應關係

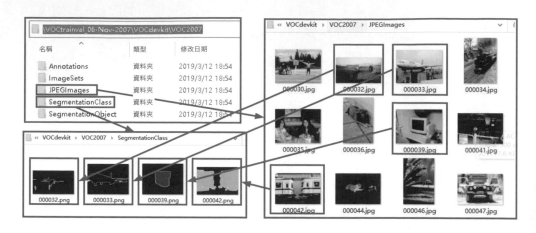

▲ 圖 1-10 圖片資料夾和種類分割標注資料夾

根據 PASCAL VOC 系列資料集標準，不同種類的分割採用不同顏色進行區分。查看其中序號為 42 的圖片，可以發現圖片中火車部分的像素全部都被 RGB 像素值為 [128, 192, 0] 的顏色像素標記，而背景部分的像素全部都被標記為 [0, 0, 0]，如圖 1-11 所示。

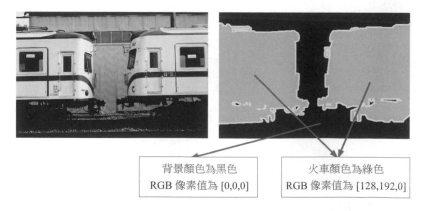

▲ 圖 1-11 圖片檔案和種類分割標注檔案的對應關係

實際上，由於 PASCAL VOC 系列資料集一共有 20 個種類，加上背景分類合計 21 個種類，所以 PASCAL VOC 系列資料集採用 21 種 RGB 顏色組合。PASCAL VOC 系列資料集的不同種類與顏色的對應關係表如表 1-2 所示。

→ 表 1-2 PASCAL VOC 系列資料集的不同種類與顏色的對應關係表

編號	名稱	RGB 顏色	編號	名稱	RGB 顏色
—	background	[0, 0, 0]	—	—	—
0	aeroplane	[128, 0, 0]	10	diningtable	[192, 128, 0]
1	bicycle	[0, 128, 0]	11	dog	[64, 0, 128]
2	bird	[128, 128, 0]	12	horse	[192, 0, 128]
3	boat	[0, 0, 128]	13	motorbike	[64, 128, 128]
4	bottle	[128, 0, 128]	14	person	[192, 128, 128]
5	bus	[0, 128, 128]	15	pottedplant	[0, 64, 0]
6	car	[128, 128, 128]	16	sheep	[128, 64, 0]
7	cat	[64, 0, 0]	17	sofa	[0, 192, 0]
8	chair	[192, 0, 0]	18	train	[128, 192, 0]
9	cow	[64, 128, 0]	19	tvmonitor	[0, 64, 128]

實例分割任務主要關注 SegmentationObject 資料夾。該資料夾中存放著用於實例分割任務的標註資訊。打開該資料夾可以看到 422 張特殊圖片。每張圖片都可在 JPEGImages 資料夾中找到與其名稱相同的圖片。查看 SegmentationObject 資料夾中的這些圖片，其每個像素點都代表一個實例的標註資訊，如圖 1-12 所示。

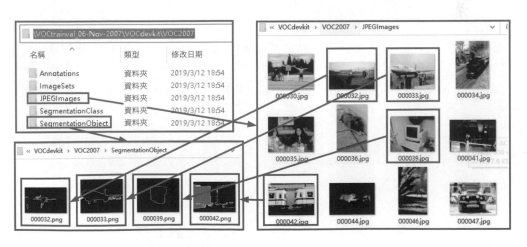

▲ 圖 1-12 圖片資料夾和實例分割標註資料夾

實例分割任務與種類分割任務的共同點是，它們的標注都是像素等級的；不同點是，對於實例分割任務而言，對每個種類的每個實例都要分別標注出來，但對於種類分割任務而言，只需要將同一種類的不同實例標注為一個種類即可。以序號為 42 的圖片檔案為例，雖然兩列火車的火車頭屬於同一種物體，但分屬於不同實例，因此也需要用不同顏色進行標注，如圖 1-13 所示。

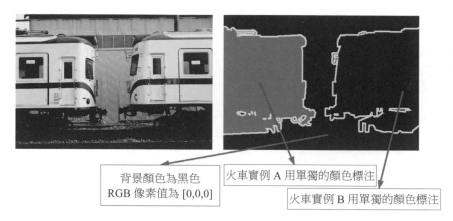

背景顏色為黑色
RGB 像素值為 [0,0,0]

火車實例 A 用單獨的顏色標注

火車實例 B 用單獨的顏色標注

▲ 圖 1-13　圖片檔案和實例分割標注檔案的對應關係

最後一個和三大任務無關的資料夾是 ImageSets 資料夾，該資料夾中不包含任何任務樣本資訊，只包含樣本資料集的不同分割方式。ImageSets 資料夾下有 3 個子資料夾：Layout、Main、Segmentation。其中的 Main 資料夾中有 63 個 txt 檔案。

Main 資料夾中的 train.txt、val.txt 和 trainval.txt 這 3 個文字檔中儲存了整個資料集的 3 個子集的檔案名稱索引。由於 PASCAL VOC2007 資料集擁有全部 5011 張圖片，trainval.txt 中存放了資料集全集的圖片檔案名稱，因此有 5011 個檔案名稱。train.txt 中存放了用於訓練集的圖片名稱（它是全集的子集），有 2501 行，指出用於訓練的 2501 張圖片的檔案名稱。val.txt 中存放了用於驗證集的圖片名稱（它也是全集的子集），有 2510 行，指出用於驗證的 2510 張圖片的檔案名稱。PASCAL VOC 資料集的拆分索引檔案如圖 1-14 所示。

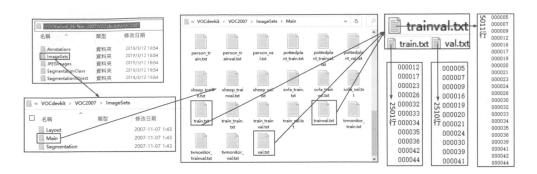

▲　圖 1-14　PASCAL VOC 資料集的拆分索引檔案

　　Main 資料夾中其餘的 60 個文字檔分別對應 20 個物體分類，每個分類有 3 個檔案。3 個檔案名稱分別以類別名稱為首碼，命名規則為 xxx_train.txt、xxx_val.txt 和 xxx_trainval.txt。舉例來說，對於飛機這一分類，有 aeroplane_train.txt、aeroplane_val.txt 和 aeroplane_trainval.txt 這 3 個檔案，分別指示飛機這個分類在訓練集、驗證集和全資料集內的哪些圖片中出現。指示方式為：−1 表示沒有出現，1 表示有出現，0 表示只露出了一個部分。打開訓練集關於飛機這一分類的資料集分割文件 aeroplane_train.txt，從截取的文字部分看，在訓練集的全部圖片檔案中，飛機只出現在序號為 32、33 的圖片檔案中。PASCAL VOC 飛機分類的資料集拆分索引檔案如圖 1-15 所示。

　　SegmentationClass 資料夾下有 3 個 txt 檔案。SegmentationClass 資料夾中的 trainval.txt 有 422 行，指示著全部的 422 張支援分割任務的圖片（支援種類分割和實例分割的圖片剛好都是 422 張）。其中的 train.txt 有 209 行，val.txt 有 213 行，表示 422 張支援分割任務的圖片中的 209 張圖片用於訓練，213 張圖片用於驗證。支援分割任務的圖片資料集拆分如圖 1-16 所示。

Layout 資料夾中的 train.txt、val.txt 和 trainval.txt 這 3 個文字檔中儲存著 Layout 任務的相關檔案名稱索引，目前使用較少。

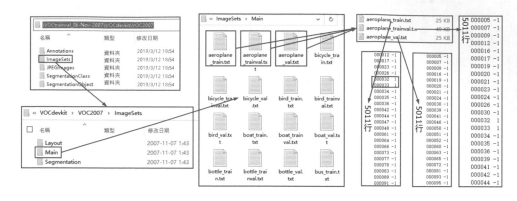

▲ 圖 1-15　PASCAL VOC 飛機分類的資料集拆分索引檔案

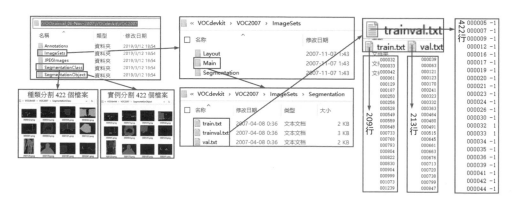

▲ 圖 1-16　支援分割任務的圖片資料集拆分

1.3　MS COCO 挑戰賽和資料集

MS COCO（Microsoft Common Objects in Context，常見物體影像辨識）起源於 2014 年由微軟出資贊助的 Microsoft COCO 資料集。MS COCO 既是資料集的名稱，又是電腦視覺頂級賽事的名稱，MS COCO 競賽與 ImageNet 在 2017 年舉辦的最後一屆 ILSVRC 賽事一樣，都被視為電腦視覺領域最權威的競賽之一。

1.3.1 MS COCO 挑戰賽的競賽任務

MS COCO 挑戰賽更偏向於檢測任務。根據 MS COCO 官網的定義,影像中的全景(Panoptic)可以分為物體(Things)和背景(Stuff)。其中,物體一般指代那些可數的影像內容,如人、馬、車、工具等;背景一般指代具有紋理特徵但不可數的影像內容,如天空、草地、樹林等。MS COCO 對於影像的全景、物體和背景的定義如圖 1-17 所示。

▲ 圖 1-17　MS COCO 對於影像的全景、物體和背景的定義

針對此定義,MS COCO 挑戰賽一共分為 6 個任務:與全景、物體、背景相關的 3 個任務,與人體相關的 2 個任務,與影像自然語言相關的 1 個任務。

全景分割任務主要是對全景的分割,需要將每類物體和每類背景都分割出來,但是不需要詳細到每個個體實例。背景分割任務主要是檢測背景,不需要關注物體種類和個體實例(Instance)的分割,在分割方式上,需要將影像中的每類背景都分割出來,本質上屬於種類分割。物體檢測任務主要是檢測物體,不需要關注背景的分割,在分割方式上,需要將每類物體的每個個體實例都一一區分出來,本質上屬於實例分割。檢測物體的標注有兩種方法,一種是矩形框,另一種是像素等級的實例分割。2018 年之後的物體檢測任務只開展像素等級的實例分割檢測,不開展矩形框形式的物體檢測。MS COCO 關於全景分割、物體檢測、背景分割的三大任務如圖 1-18 所示。

物體檢測任務 (屬於實例分割)　　　　　全景分割任務 (屬於種類分割)

背景分割任務 (屬於種類分割)

▲ 圖 1-18　MS COCO 關於全景分割、物體檢測、背景分割的三大任務

　　除此之外，MS COCO 挑戰賽還有 2 個與人體相關的任務。稠密姿態任務主要是將單張二維圖片中所有描述人體的像素映射到一個三維的人體表面模型。人體關鍵點檢測任務主要是將圖片中人體各個部位上的關鍵點的位置檢測出來。MS COCO 挑戰賽與人體相關的 2 個任務如圖 1-19 所示。

稠密姿態任務　　　　　　　　　　　　人體關鍵點檢測任務

▲ 圖 1-19　MS COCO 挑戰賽與人體相關的 2 個任務

　　MS COCO 挑戰賽還有一個與自然語言相關的影像說明任務。影像說明任務也稱看圖說話任務，是一個融合電腦視覺模態、自然語言模態的多模態（Multimodality）任務，它將輸入的一幅影像輸出為一段針對該影像的描述文字。MS COCO 挑戰賽的影像說明任務如圖 1-20 所示。

輸入影像

輸出影像描述

The man at bat readies to swing at the pitch while the umpire looks on.

A large bus sitting next to a very tall building.

▲ 圖 1-20　MS COCO 挑戰賽的影像說明任務

以上 6 個任務並非每年都舉辦，MS COCO 挑戰賽歷年任務列表如表 1-3 所示。

→ 表 1-3　MS COCO 挑戰賽歷年任務列表

競賽任務		2015 年	2016 年	2017 年	2018 年	2019 年	2020 年
物體檢測任務	矩形框	●	●	●			
	實例分割				●	●	●
全景分割任務					●	●	●
稠密姿態任務							●
人體關鍵點檢測任務			●	●	●	●	●
背景分割任務			●	●	●		
影像說明任務		●					

1.3.2　MS COCO 資料集簡介

隨著 MS COCO 挑戰賽公開的就是與其名稱相同的 MS COCO 資料集。MS COCO 資料集集中在 2014 年、2015 年和 2017 年這 3 個年分釋放。MS COCO 歷年資料集圖片規模如表 1-4 所示。其中，「k」表示數量單位「千」。

→ 表 1-4　MS COCO 歷年資料集圖片規模

項目	2014 年	2015 年	2017 年
訓練集	82.8k/13GB	—	118k/18GB
驗證集	40.5k/6GB	—	5k/1GB
測試集	40.8k/6GB	81k/12GB	41k/6GB
未標注資料	—	—	123k/19GB
合計	164.1k/25GB	81k/12GB	287k/44GB

註：儲存格含義是樣本數量 / 壓縮檔大小。

　　MS COCO 資料集的物體檢測任務資料集支援 80 個分類，擁有超過 33 萬張圖片，其中 20 萬張有標注，整個資料集中個體的數目超過 150 萬個。背景分割任務資料集支持 91 個分類（天空、樹林等）。全景分割任務資料集支援物體檢測任務的 80 個分類和背景分割任務的 91 個分類，合計 171 個分類。人體關鍵點檢測任務資料集擁有超過 20 萬張圖片，涵蓋 25 萬個人體。稠密姿態任務資料集擁有超過 3.9 萬張圖片，涵蓋 5.6 萬個人體。

　　MS COCO 資料集在官網的下載分為圖片下載和標注下載。圖片壓縮檔只包含以 jpg 為副檔名的圖片檔案，標注壓縮檔內含的標注檔案為 json 格式。由於單一 json 檔案較大，建議讀者使用 MS COCO 資料集的資料集工具（pycocotools），它支援資料集的解析和統計，安裝它之前需要預先安裝 Visual C++ Build Tools（高於 14 的版本）。

　　MS COCO 資料集的 pycocotools 提供了支援 Python 語言的版本。如果讀者的作業系統是 Linux 家族的，那麼可以登入 MS COCO 的官方 GitHub 主頁下載安裝和使用；如果讀者的作業系統是 Windows，那麼由於官方 pycocotools 並沒有提供以 Windows 作業系統為基礎的預先編譯套件，所以必須登入 GitHub 上使用者名為 philferriere 的主頁，下載由該使用者為 Windows 預先編譯的 pycocotools 工具套件。下載安裝命令和互動輸出如下。命令中的「#」並不是註釋符號，而用於子目錄索引。

```
(CV_TF23_py37) D:\OneDrive\AI_Projects\cocoapi-master-philferriere\cocoapi- master\
PythonAPI>pip install git+https://philferriere 的軟體倉庫位址
/cocoapi.git#subdirectory= PythonAPI
......
```

```
creating D:\Anaconda3\envs\CV_TF23_py37\Lib\site-packages\pycocotools
......
Writing D:\Anaconda3\envs\CV_TF23_py37\Lib\site-packages\pycocotools-2.0- py3.6.egg-
info
```

由於 MS COCO 資料集較大，因此官網支持整體打包下載，也支持每個任務所需的資料集子集單獨下載。本書的案例使用的是資料量較小的 PASCAL VOC 資料集，因此這裡對 MS COCO 資料集不展開敘述。

1.4　物件辨識標注的解析和統計

在日常專案中，我們一般使用 PASCAL VOC 的標注方法，為每張圖片搭配一個與其名稱相同的標注檔案，標注檔案格式選擇較為簡單的 XML 格式。

1.4.1　XML 檔案的格式

XML（eXtensible Markup Language，可延伸標記語言）是一種資料表示格式，可以描述非常複雜的資料結構，常用於傳輸和儲存資料。XML 有兩個特點：一是純文字，預設使用 UTF-8 解碼；二是可巢狀結構，適合表示結構化資料。

XML 格式使用特殊標記包裹一個標注本體。如果某個標注本體名稱用 * 表示，那麼標注本體的開頭用 <*> 表示，標注本體的結尾用 </*> 表示。XML 格式標注本體名稱及其所儲存的標記資訊含義如表 1-5 所示。

➡ 表 1-5　XML 格式標注本體名稱及其所儲存的標記資訊含義

標注本體關鍵字	標注本體標記的資訊和含義
folder	圖片檔案目錄
filename	圖片檔案名稱
source	圖片檔案來源，內部可巢狀結構其他欄位，如透過「database」表示來源資料庫
path	圖片檔案儲存路徑
size	圖片檔案尺寸，width 為寬度，height 為高度，depth 為圖片的通道數（彩色圖片為三通道，灰度圖為一通道）

標注本體關鍵字	標注本體標記的資訊和含義
segmented	圖片是否用於分割，1 表示是，0 表示否
object	物件辨識的相關資訊，object 可以出現多個，代表本張圖片中包含多個 object
name	物體類別名稱
pose	拍攝角度，設定值為 front、rear、left、right、unspecified
truncated	物件辨識框是否被截斷（如在圖片之外），或被遮擋（超過 15%），1 表示是，0 表示否
difficult	檢測難易程度，這主要根據目標的大小、光照變化、圖片品質來判斷，1 表示難，0 表示容易
bndbox	物件辨識框的位置資訊，xmin、ymin 表示檢測框的左上角；xmax、ymax 表示檢測框的右下角
xmin	檢測框的左上角距離圖片左邊界有多少像素
ymin	檢測框的左上角距離圖片上邊界有多少像素
xmax	檢測框的右下角距離圖片左邊界有多少像素
ymax	檢測框的右下角距離圖片上邊界有多少像素

從結構上看，這些標注本體組合成一個可巢狀結構的結構化資料，如圖 1-21 所示。

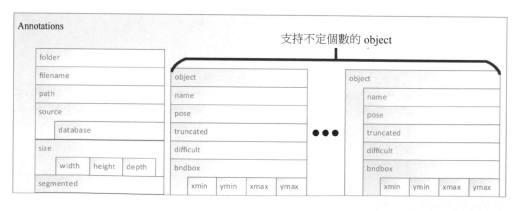

▲ 圖 1-21 XML 格式示意圖

以 PASCAL VOC2012 資料集為例，提取資料集 Annotations 資料夾下名為
「2008_ 000008.xml」的 XML 檔案，它對應著 Images 資料夾下的檔案名稱為
「2008_000008.jpg」的圖片檔案。查看該 XML 檔案，可見該 XML 檔案有 41 行，
主要由 folder、filename、source、size、segmented、object（第一個）、object（第
二個）7 個欄位組成。其中，第一個 object 欄位位於第 15 ～ 27 行，儲存了圖片中
的第一個物體——馬（分類名稱為 horse）的分類和位置資訊，第二個 object 欄位
位於第 28 ～ 40 行，儲存了圖片中的第二個物體——人（分類名稱為 person）的分
類和位置資訊。圖片和標注的視覺化資訊如圖 1-22 所示。

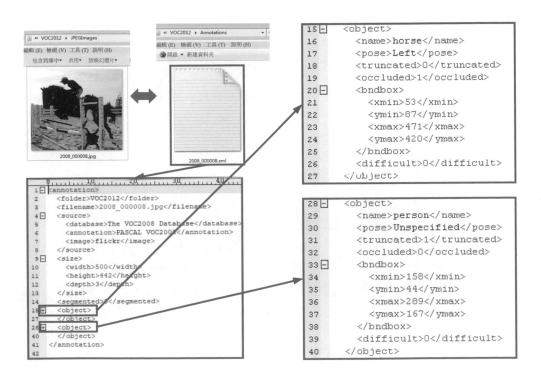

▲ 圖 1-22 圖片和標注的視覺化資訊

1.4.2 XML 檔案解析和資料均衡性統計

XML 格式的標注檔案需要使用 XML 工具進行讀取。作者一般習慣於將 XML 標注資訊寫入 CSV 檔案，以便後期使用 Excel 打開。Python 環境下讀寫 CSV 檔案的工具是 pandas，需要透過以下命令安裝 pandas 工具套件。

```
conda install pandas=1.3.4
```

以 PASCAL VOC2012 資料集為例，它的標注檔案儲存在 Annotations 資料夾中。我們設置標注資料夾路徑 anno_path，用來儲存標注檔案所在的目錄。

```
import os
import glob
import pandas as pd
import xml.etree.ElementTree as ET
download_DS_path = 'D:/…/VOC2012/'
anno_path = download_DS_path + 'Annotations'
```

設計一個函式，將其命名為 xmldir_to_csv，它接收儲存了標注資料夾路徑串列數串列數名稱為 anno_path），xmldir_to_csv 函式將遍歷串列數的全部以 xml 結尾的檔案，使用 xml.etree.ElementTree.parse 函式對每個以 xml 結尾的檔案進行解析。對於某個 XML 檔案（對應程式中的 xml_file），依次解析 xml_file 內部包含的多個 object 標注本體，尋找 object 標注本體內部的 filename、size、name、bndbox 等資訊。每找到一個 object 標注本體，就在 xml_list 空串列中加入一個標注資訊。顯然，xml_lis 串列元素的數量等於資料集中 object 標注本體的總數。將 xml_list 標注本體串列轉化為 pandas 的 DataFrame 物件，將這個物件命名為 xml_df，將 xml_df 進行傳回輸出。程式如下。

```
def xmldir_to_csv(path):
    xml_list = []
    for xml_file in glob.glob(path + '/*.xml'):
        tree = ET.parse(xml_file)
        root = tree.getroot()
        for member in root.findall('object'):
            value = (root.find('filename').text,
                    int(root.find('size')[0].text),
                    int(root.find('size')[1].text),
```

```
                        member.find('name').text,
                        int(float(member.find(
                            'bndbox')[0].text)),
                        int(float(member.find(
                            'bndbox')[1].text)),
                        int(float(member.find(
                            'bndbox')[2].text)),
                        int(float(member.find(
                            'bndbox')[3].text))
                        )
            xml_list.append(value)
    column_name = ['filename', 'width', 'height', 'class',
                        'xmin', 'ymin', 'xmax', 'ymax']
    xml_df = pd.DataFrame(xml_list, columns=column_name)
    return xml_df
```

將所有儲存了標注資訊的 XML 檔案轉為 DataFrame 以後，就可以將標注資料夾路徑 anno_path 輸入 xmldir_to_csv 函式，獲取整數個資料集全部標注的矩形框資訊，並儲存在 xml_df 中。使用 xml_df 物件的 to_csv 方法，就可以在磁碟中寫入以逗點為分隔符號的 CSV 格式的檔案，檔案名稱為 P07_voc2012_labels.csv。該檔案可以使用 Excel 打開，以便手工查看。程式如下。

```
xml_df = xmldir_to_csv(anno_path)
xml_df.to_csv('P07_voc2012_labels.csv', index=None)
print('Successfully converted xml to csv.')
```

將全部矩形框標注資訊儲存為 pandas 的 DataFrame 格式還有一個好處，就是可以使用 DataFrame 的強大功能進行統計和匯出，方便檢查資料的均衡性問題。我們可以提取所有的標注物件名稱，將其儲存在 P07_voc2012_all_names.txt 檔案中，同時統計每個物件矩形框的出現次數，將其儲存在 P07_voc2012_labels_CNT.csv 中。程式如下。

```
class_cnt_df = xml_df['class'].value_counts().to_frame()
class_cnt_df.rename(columns={'class':'count'},inplace=True)
class_cnt_df.index.name='class'
class_cnt_df.to_csv('P07_voc2012_labels_CNT.csv',
                    index = True, header = True)
print('Successfully collect all names to txt.')
```

```
class_txt_pd = pd.DataFrame(class_cnt_df.index)
class_txt_pd.to_csv('P07_voc2012_all_names.txt',
                    sep='\t', index=False,header=False)
print('Successfully count bounding boxes to csv.')
```

這樣，磁碟就有一個儲存了全部矩形框的 CSV 檔案，一個搜集了全部矩形框所屬分類的 txt 檔案，以及一個統計了各個分類有多少個矩形框實例的 CSV 檔案，如圖 1-23 所示。

矩形框的統計非常重要，我們可以查看各個分類的矩形框數量是否均衡。對於不均衡的資料，開發者需要進行額外處理，如資料增強或在損失函式中添加權重等。因為資料占比較高的分類將在損失函式中占據較大的比例，所以在進行損失函式最佳化時，會導致神經網路對資料量較大的分類給予較多的照顧，影響神經網路的泛化能力。

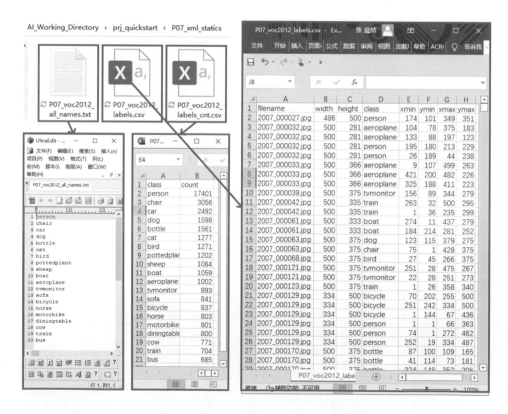

▲ 圖 1-23　對資料集中的所有矩形框進行分類統計的結果

第2章

物件辨識神經網路整體說明

本章將分類介紹幾個著名的物件辨識神經網路，以及高階 API 資源。

2.1　幾個著名的物件辨識神經網路

物件辨識也稱物體檢測，是目前電腦視覺領域最重要的一類檢測任務，也是各大電腦視覺競賽的重要任務之一。具有物件辨識用途的神經網路，一般以一幅影像為輸入，輸出的是一個關於所要辨識的目標的描述。

根據輸出關於目標的不同描述方式，將物件辨識神經網路分為矩形框（Bounding Box）描述和像素遮罩（Pixel-wise Masks）描述。其中，矩形框描述輸出需要辨識目標的影像座標和分類編號，而像素描述輸出的是與原圖具有相同解析度的遮罩圖，遮罩圖上的每個像素透過不同設定值標識著原圖上對應位置的像素屬於何種目標。

　　根據物件辨識所採用的神經網路結構，將物件辨識神經網路的類型分為一階段（One-Stage）物件辨識神經網路和兩階段（Two-Stage）物件辨識神經網路。一階段物件辨識直接從特徵圖迴歸出目標的分類和定位，兩階段物件辨識需要先辨識出前景和背景，然後在第二階段探測出前景範圍內的目標位置和分類。

　　根據神經網路是否以先驗錨框（Anchor）進行寬度和高度為基礎的微調，從而產生預測矩形框，將物件辨識神經網路分為有先驗錨框（Anchor-Based）方案和無先驗錨框（Anchor-Free）方案。

　　常見的物件辨識神經網路分類如表 2-1 所示。

➜ 表 2-1　常見的物件辨識神經網路分類

物件辨識模型名稱	目標描述	模型分階段	有無先驗錨框
YOLO 家族	矩形框	一階段	有
SSD 模型	矩形框	一階段	有
R-CNN 模型	矩形框	兩階段	有
Fast R-CNN 模型	矩形框	兩階段	有
Faster R-CNN 模型	矩形框	兩階段	有
CornerNet 模型	矩形框	一階段	無
CenterNet 模型	矩形框	一階段	無
Mask R-CNN 模型	像素遮罩	兩階段	—
U-Net 模型	像素遮罩	一階段	—

　　物件辨識神經網路發展迅速。舉例來說，2020 年之後湧現的以注意力機制為基礎的 DETR 系列模型及其變種，它將矩形框預測問題看作集合預測問題，從而避免了物件辨識中極為耗時的 NMS 演算法。隨著注意力機制、對比學習、自監督學習、多模態模型的技術進步，雖然新型物件辨識神經網路還將不斷進化，但新型物件辨識神經網路的設計目的和巨觀邏輯大多沿用本書所介紹的物件辨識神經網路技術框架。

2.1.1　R-CNN 家族神經網路簡介

R-CNN 模型、Fast R-CNN 模型、Faster R-CNN 模型是典型的兩階段模型。

物件辨識神經網路一般會將輸入影像送入骨幹網路進行處理，骨幹網路一般是用於影像分類的。因此，工程上一個很直觀的想法就是，可否直接從 RGB 影像上截取某個區域，並將若干截取的區域送入影像分類神經網路，判斷目標是何類型。如果影像分類的機率預測超過某個設定值，那麼該區域就是某個需要辨識的目標。

R-CNN（Region-based Convolutional Neural Networks，區域卷積神經網路）接收影像輸入，首先會在影像上預先篩選出約 2000 個候選區域，再將這 2000 個候選區域運用 CNN 特徵提取的方法一個一個分類，從而實現物件辨識。它的演算法流程主要有以下 3 個步驟。

第 1 步，透過選擇性搜尋演算法大致計算出哪些區域存在目標。選擇性搜尋演算法的主要想法是透過影像中的紋理、邊緣、顏色等資訊對影像進行自底向上的分割，並對分割區域進行不同尺度的合併，每個生成的區域即一個候選區域（Region Proposal）。選擇性搜尋演算法的迭代次數越多，候選區域數量就越少，單一候選區域的面積就越大。程式的一般設定為：當生成約 2000 個可能包含目標的候選區域時，迭代演算法停止進行輸出。此步操作只能在 CPU 上進行且迭代次數較多，在作者的筆記型電腦 CPU 上的耗時大約為 2s，是較為耗時的。選擇性搜尋演算法迭代次數和候選區域數量的關係如圖 2-1 所示。

第 2 步，透過骨幹網路計算這些區域的特徵是什麼。將所選區域從 RGB 三通道原圖中截取出來，縮放成某個統一的解析度（如 227 像素 ×227 像素），輸入骨幹網路，獲得影像的視覺特徵。

第 3 步，計算這些區域屬於哪個類的目標。R-CNN 使用支援向量機判斷目標類型及把握度，而 Fast R-CNN 使用 RoI Pooling 將不同尺寸的候選區域映射到統一尺寸的區域中。另外，Fast R-CNN 用 Softmax 演算法替代支援向量機用於分類任務，除最後一層全連接層外，分類和迴歸任務共用了網路權重。

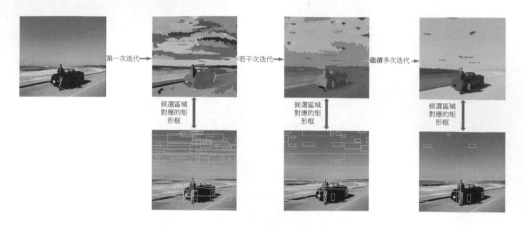

▲ 圖 2-1　選擇性搜尋演算法迭代次數和候選區域數量的關係

R-CNN 演算法原理圖如圖 2-2 所示。

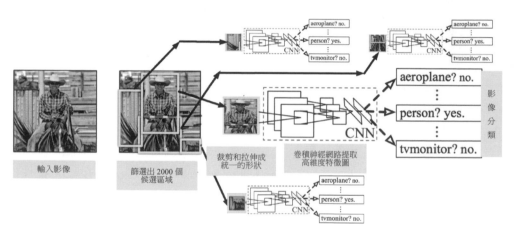

▲ 圖 2-2　R-CNN 演算法原理圖

　　R-CNN 和 Fast R-CNN 的共同點是它們都需要在 RGB 原圖上進行候選區域的篩選，這個過程是極其耗時的。但 Fast R-CNN 相比於 R-CNN 的優勢是，它只需要進行一次特徵圖的計算。Fast R-CNN 運用感受野的性質，將原圖上的候選區域邊界映射到特徵圖上，直接提取候選區域的特徵圖（它是原圖特徵圖的子圖），大幅減少了神經網路在特徵圖型計算上的時間銷耗，而 R-CNN 需要對這 2000 個候選區域進行 2000 次特徵圖提取計算。

Fast R-CNN 演算法原理圖如圖 2-3 所示。

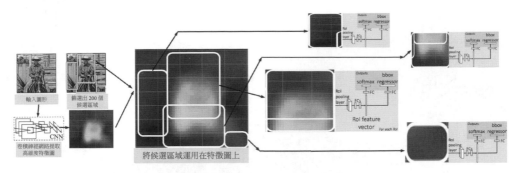

▲ 圖 2-3 Fast R-CNN 演算法原理圖

隨著神經網路技術的發展，2015 年 Ren 等在 Fast R-CNN 的基礎上提出了 Faster R-CNN 神經網路。Faster R-CNN 認為 R-CNN 和 Fast R-CNN 在原圖上進行候選區域的計算是有缺陷的，並有針對性地提出改進措施。一方面，原圖只能提供 RGB 三個通道的資訊，更高維度的特徵資訊尚未提取，此時確定的候選區域可靠性差；另一方面，候選區域的生成演算法是迭代演算法，只能在 CPU 上執行，無法載入在 GPU 上，計算效率大打折扣。

為了解決這兩個問題，Faster R-CNN 演算法最先進行的不是候選區域計算，而是卷積運算，在卷積運算後形成的整幅特徵圖上選擇候選區域，速度和精確率大幅提升。在特徵圖上進行候選區域的計算有兩個優點：第一，特徵圖對非線性的視覺特徵資訊進行提取，每個元素含有更豐富的高維度視覺特徵內涵，精確率較原始 RGB 像素值計算有大幅提升；第二，可以採用神經網路的方法進行候選區域的計算，充分發揮 GPU 的平行計算優勢。

為了應對特徵圖解析度和原圖解析度不一致的情況，Faster R-CNN 創新性地提出了錨框的概念，它為特徵圖上每個像素所對應的原圖的感受野都分配了 3 個尺寸比例的錨框，透過微調錨框的位置、寬度和高度，找到原圖上需要辨識的目標，避免了二次特徵提取計算。

Faster R-CNN 和它的兩個「前輩」一樣，也需要進行影像尺寸的調整拉伸，只不過是在特徵圖上進行的。Faster R-CNN 先對所截取的候選區域的特徵圖進行尺寸的拉伸調整，然後使用若干卷積層和全連接層，用 RoI Pooling 層將不同尺寸的候選區域映射到統一尺寸的區域中，最後用全連接層進行分類。除最後一層全連接層外，分類和迴歸任務共用了網路權重。

　　總之，Faster R-CNN 保留了 R-CNN 和 Fast R-CNN 的所有優勢，只是在先後順序上進行了調整，速度和精確率大幅提升。Faster R-CNN 演算法原理圖如圖 2-4 所示。

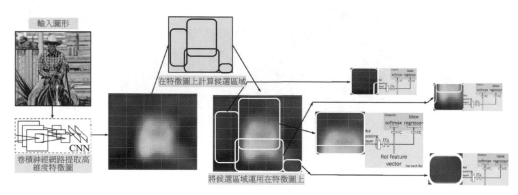

▲ 圖 2-4　Faster R-CNN 演算法原理圖

　　兩階段物件辨識神經網路概念清晰，可解釋性強，開創了具備實用能力的物件辨識深度學習演算法時代，目前的許多演算法都是在其基本概念的基礎上進行延伸和改進的，值得開發者學習和了解。但兩階段物件辨識神經網路為了應對兩個階段的檢測任務，不得不設計兩個小網路，這導致神經網路的資料流程動路徑複雜，且兩個小網路的收斂速度不一致，需要運用不少訓練技巧才能獲得優良的效果。因此，兩階段物件辨識神經網路逐漸被一階段物件辨識神經網路取代。

2.1.2　YOLO 和 SSD 神經網路簡介

　　一階段物件辨識演算法的核心代表是 YOLO 演算法和 SSD 演算法。

　　YOLO（You Only Look Once）演算法是一個家族演算法，經歷了多個版本迭代，從 YOLO 的第 1 版逐漸升級到第 4 版、YOLOV4 多尺度版（YOLOV4-SCALE）及本書截稿時的第 7 版。YOLO 演算法和 R-CNN 家族演算法相比，擯棄了候選區域的操作步驟，這是二者最大的區別。YOLO 演算法直接利用整幅影像所產生的特徵圖，經過特徵融合處理後，透過一個子網路直接產生若干（如 100 個）規則分佈的候選矩形框，並為每個候選矩形框搭配前背景機率[①]和分類機率。在這個子

[①] 本書將 "前景或背景" 簡寫為 "前背景"，將候選矩形框屬於前景還是背景的機率簡寫為 "前背景機率"，一般情況下，"前背景機率" 取值為 1 時表示候選矩形框屬於前景，"前背景機率" 取值為 0 時表示候選矩形框屬於背景。

網路的選擇上，YOLO 演算法使用了最簡單的迴歸網路。由於將整幅特徵圖全部都用來進行候選矩形框和分類機率的迴歸，這相當於充分利用了候選區域的上下文資訊，因此理論精確率極限較 R-CNN 家族演算法一定有所提升，因為 R-CNN 家族演算法只對候選矩形框內的特徵圖像素值進行迴歸計算。以解析度為 416 像素 ×416 像素的輸入影像為例，YOLO 演算法包含以下幾個步驟。

第一，神經網路接收一個 416 像素 ×416 像素的輸入影像，經過骨幹網路處理為解析度為 13 像素 ×13 像素的多通道特徵圖。如果將 416 像素 ×416 像素的輸入影像分割為 13 像素 ×13 像素的合計 169 個區域的網格，那麼特徵圖上某個像素的感受野就對應原圖上的 32 像素 ×32 像素的網格區域。

第二，解析度為 13 像素 ×13 像素的多通道特徵圖上的每個像素都負責預測若干（一般為 3 個）長寬比的視覺目標，預測內容包括：矩形框的座標、前背景機率、分類機率。

第三，在上一步預測出的可能目標中，根據機率設定值（一般為 0.5）去除機率較低的預測矩形框，運用 NMS 演算法去除容錯的預測矩形框，形成最終預測結果。

YOLO 演算法不再需要尋找候選區域，它利用了特徵圖上的高維度資訊，而且每個判斷都用到了全影像生成的高維度資訊，因此精確率較 Faster R-CNN 演算法有所提升，而運算量則有所下降。

SSD（Single Shot Multi-Box Detector）演算法由 Liu 等人提出。SSD 演算法認為 YOLO 演算法在骨幹網路最後一層進行矩形框的迴歸工作，解析度太低，應當在骨幹網路內分層提取特徵圖資訊進行融合。SSD 演算法針對 YOLO 演算法的不足，在神經網路內分層提取特徵圖，彌補了 YOLO 演算法在 13 像素 ×13 像素的粗糙解析度網格內進行迴歸定位的缺陷，並且有別於 YOLO 演算法預測某個位置使用的是全圖的特徵，SSD 演算法預測某個位置使用的是這個位置周圍的局部特徵，因此可以適應多種尺度目標的訓練和檢測任務。

YOLO 演算法和 SSD 演算法對比梗概如圖 2-5 所示。

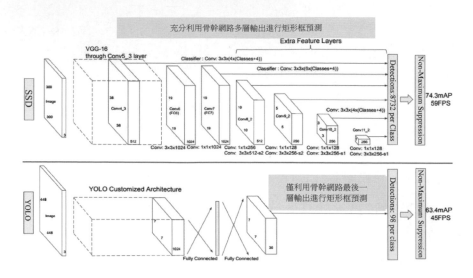

▲ 圖 2-5　YOLO 演算法和 SSD 演算法對比梗概

2.1.3 CenterNet 神經網路簡介

不論是 R-CNN 家族還是 YOLO/SSD 家族的物件辨識神經網路，都是有錨框的。

所謂錨框，是指根據開發者的先驗經驗，預先設計好矩形取景框，所有目標的矩形框都將以這些預設為基礎的錨框的平移和縮放獲得，顯然錨框的設計比較依賴開發者的先驗經驗。2019 年 4 月發表的「Objects as Points」論文提出了一種無須先驗錨框的物件辨識方案，論文中提出的 CenterNet 神經網路是以中心點（Center-Based）為基礎的物件辨識方案。

CenterNet 處理資料集時，在真實目標周圍形成一個高斯核心的候選區域，整幅影像形成了一張熱力圖。CenterNet 的熱力圖案例如圖 2-6 所示。

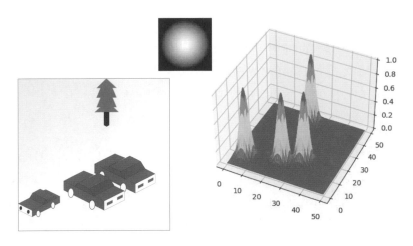

▲ 圖 2-6　CenterNet 的熱力圖案例

　　CenterNet 使用 HourGlass、ResNet 或 MobileNet 作為骨幹網路，輸出的特徵圖也會形成一張熱力圖。預測時，根據特徵圖上的「山峰」的峰值大小和輻射區域，忽略小於設定值的其他峰值，從而確定整幅影像上的所有目標的中心點。根據中心點位置所對應的其他通道，確定目標的寬度和高度、分類類型、機率等資訊。綜上所述，CenterNet 不是以錨框為基礎的，而是以中心點為基礎的，以中心點位置為基礎進一步迴歸出寬度和高度、分類、機率等資訊。CenterNet 以中心點為基礎迴歸寬度和高度等其他目標資訊如圖 2-7 所示。

▲ 圖 2-7　CenterNet 以中心點為基礎迴歸寬度和高度等其他目標資訊

2.1.4 U-Net 神經網路簡介

U-Net 最早在 2015 年的 MICCAI 會議上被提出，首先應用於醫學影像分割，後被廣泛應用於影像分割的任務中。U-Net 的論文被廣泛引用，U-Net 無疑是影像分割領域中最成功的模型，大家以 U-Net 為基礎做出不少改進，形成了許多 U-Net 的變種。

U-Net 可以分為左右兩個部分。左邊的部分主要完成輸入影像的特徵提取任務，隨著左邊的網路層次的增加，特徵圖解析度逐級減半，特徵圖的通道數逐級加倍，最後，輸入影像的高維度特徵逐漸被提取，輸入影像的圖義資訊也從高解析度原始影像形態降為低解析度特徵圖形態，特徵圖上的每個像素對應的感受野尺度也在逐級放大。右邊的部分對應影像的生成，右邊部分的輸入對應著左邊部分的最後一級特徵圖輸出，右邊部分將逐級處理特徵圖，最終生成一副新的影像。U-Net 的右邊部分也是一個層級的結構，隨著層級的不斷提升，特徵圖解析度逐級加倍，通道數逐級減半，從而形成一個 U 形的神經網路。U-Net 創新性地將同一層次的左側特徵圖複製到右側，確保小尺度空間上的影像特徵資訊能與右側大尺度空間上的影像特徵資訊相融合。一個典型的 U-Net 神經網路的資料流程圖如圖 2-8 所示。

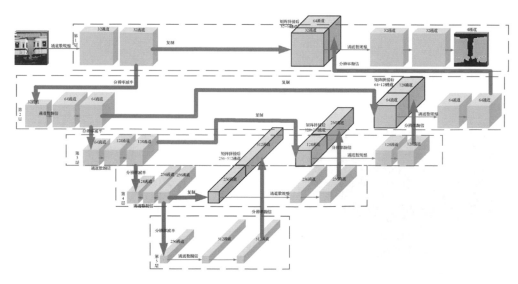

▲ 圖 2-8　一個典型的 U-Net 神經網路的資料流程圖

U-Net 正是由於大小尺度空間的資訊相互融合，所以特別適合醫療影像分割這類超大解析度影像的應用場景。在 2018 年的 MICCAI 腦腫瘤分割挑戰賽中，德國癌症研究中心的團隊憑藉 3D U-Net（稍加改動的 U-Net）獲得了當年的冠軍。此外，U-Net 也有許多變種。2018 年 Kaggle 的 Carvana（美國知名的二手車線上經銷商）二手車分割挑戰賽（Carvana Image Masking Challenge）的冠軍是 Ternaus-Net，它將 U-Net 中的解碼器替換為 VGG11，並在 ImageNet 上進行預訓練。Res-U-Net 和 Dense-U-Net 分別受到殘差連接和密集連接的啟發，將 U-Net 的每個子模組分別替換為具有殘差連接和密集連接的形式，在視網膜影像分割任務中表現出極佳的性能。Attention U-Net 則是在 U-Net 中引入注意力機制，在對解碼器每個解析度上的特徵與解碼器中對應的特徵進行拼接之前，使用了一個注意力模組，重新調整了解碼器的輸出特徵。3D-U-Net 將 U-Net 的應用領域拓展到了三維領域，透過將原有網路內部的二維運算元三維化，實現對稀疏標注的體素影像進行圖義分割，已經被用於肺癌、乳腺癌等醫學 CT 影像的三維分割領域。

雖然最近的影像分割領域湧現了不少新的模型，但 U-Net 家族的神經網路具有模型小巧、結構清晰的特點，非常適合邊緣計算的場景。U-Net 的性能穩定、資料集需求小的特點，使其成為目前人工智慧產業中應用非常廣泛的影像分割神經網路。

2.2 物件辨識神經網路分類和高階 API 資源

從之前的多種物件辨識模型整體說明來看，物件辨識神經網路大致可以分為有先驗錨框方案和無先驗錨框方案（包括以中心點為基礎的物件辨識方案），也可以分為一階段物件辨識方案和兩階段物件辨識方案等幾個種類。其中一階段的有錨框方案非常具有計算效率和辨識率的 C/P 值，目前最為流行。近些年來湧現了一些以注意力機制為基礎的物件辨識模型。舉例來說，DETR 神經網路及其後續最佳化，它們將骨幹網路視為特徵提取器，將圖片視為序列，使用解碼生成多個預測矩形框。由於近些年以注意力機制為基礎的物件辨識模型還在不斷發展中，暫不將其作為本書的介紹重點。截至目前，按照物件辨識神經網路的方案特點，可以列出它們的分類，如圖 2-9 所示。

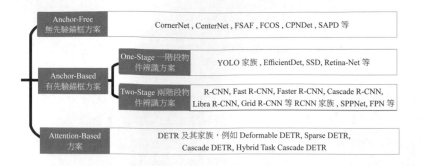

▲ 圖 2-9　物件辨識神經網路分類別圖

　　雖然物件辨識神經網路許多，但是只要計算框架選擇的是 TensorFlow，就可以利用 TensorFlow 為全球開發者提供開放原始碼物件辨識模型。TensorFlow 在 GitHub 上為開發者提供了幾乎全部流行的開放原始碼物件辨識模型，開發者可以直接載入權重後進行通用物品的物件辨識，也可以在進行自訂的訓練後將其運用到自己的物件辨識應用中。

　　TensorFlow 提供的這些模型可以在 TensorFlow 的 GitHub 主頁的物件辨識網頁上獲得。TensorFlow 提供的開放原始碼物件辨識高階 API 清單如圖 2-10 所示。

CenterNet家族

Model name	Speed (ms)	COCO mAP	Outputs
CenterNet HourGlass104 512x512	70	41.9	Boxes
CenterNet HourGlass104 Keypoints 512x512	76	40.0/61.4	Boxes/Keypoints
CenterNet HourGlass104 1024x1024	197	44.5	Boxes
CenterNet HourGlass104 Keypoints 1024x1024	211	42.8/64.5	Boxes/Keypoints
CenterNet Resnet50 V1 FPN 512x512	27	31.2	Boxes
CenterNet Resnet50 V1 FPN Keypoints 512x512	30	29.3/50.7	Boxes/Keypoints
CenterNet Resnet101 V1 FPN 512x512	34	34.2	Boxes
CenterNet Resnet50 V2 512x512	27	29.5	Boxes
CenterNet Resnet50 V2 Keypoints 512x512	30	27.6/48.2	Boxes/Keypoints
CenterNet MobileNetV2 FPN 512x512	6	23.4	Boxes
CenterNet MobileNetV2 FPN Keypoints 512x512	6	41.7	Keypoints

EfficientDet家族

Model name	Speed (ms)	COCO mAP	Outputs
EfficientDet D0 512x512	39	33.6	Boxes
EfficientDet D1 640x640	54	38.4	Boxes
EfficientDet D2 768x768	67	41.8	Boxes
EfficientDet D3 896x896	95	45.4	Boxes
EfficientDet D4 1024x1024	133	48.5	Boxes
EfficientDet D5 1280x1280	222	49.7	Boxes
EfficientDet D6 1280x1280	268	50.5	Boxes
EfficientDet D7 1536x1536	325	51.2	Boxes

SSD家族

Model name	Speed (ms)	COCO mAP	Outputs
SSD MobileNet v2 320x320	19	20.2	Boxes
SSD MobileNet V1 FPN 640x640	48	29.1	Boxes
SSD MobileNet V2 FPNLite 320x320	22	22.2	Boxes
SSD MobileNet V2 FPNLite 640x640	39	28.2	Boxes
SSD ResNet50 V1 FPN 640x640 (RetinaNet50)	46	34.3	Boxes
SSD ResNet50 V1 FPN 1024x1024 (RetinaNet50)	87	38.3	Boxes
SSD ResNet101 V1 FPN 640x640 (RetinaNet101)	57	35.6	Boxes
SSD ResNet101 V1 FPN 1024x1024 (RetinaNet101)	104	39.5	Boxes
SSD ResNet152 V1 FPN 640x640 (RetinaNet152)	80	35.4	Boxes
SSD ResNet152 V1 FPN 1024x1024 (RetinaNet152)	111	39.6	Boxes

R-CNN家族

Model name	Speed (ms)	COCO mAP	Outputs
Faster R-CNN ResNet50 V1 640x640	53	29.3	Boxes
Faster R-CNN ResNet50 V1 1024x1024	65	31.0	Boxes
Faster R-CNN ResNet50 V1 800x1333	65	31.6	Boxes
Faster R-CNN ResNet101 V1 640x640	55	31.8	Boxes
Faster R-CNN ResNet101 V1 1024x1024	72	37.1	Boxes
Faster R-CNN ResNet101 V1 800x1333	77	36.6	Boxes
Faster R-CNN ResNet152 V1 640x640	64	32.4	Boxes
Faster R-CNN ResNet152 V1 1024x1024	85	37.6	Boxes
Faster R-CNN ResNet152 V1 800x1333	101	37.4	Boxes
Faster R-CNN Inception ResNet V2 640x640	206	37.7	Boxes
Faster R-CNN Inception ResNet V2 1024x1024	236	38.7	Boxes
Mask R-CNN Inception ResNet V2 1024x1024	301	39.0/34.6	Boxes/Masks

▲ 圖 2-10　TensorFlow 提供的開放原始碼物件辨識高階 API 清單

　　在 TensorFlow 提供的開放原始碼物件辨識高階 API 清單中，除模型名稱蘊藏了其內部骨幹網路的類型選擇和所支援的輸入影像解析度外，還提供了 Speed、COCO mAP、Outputs 3 個參數指標。

　　其中，Speed 列代表了每次推理辨識所需要花費的時間。從表格上看，最快的 CenterNet 模型執行一次推理只需要 6ms，完全超出了人眼辨識 30fps 的速度要求。

　　Outputs 列代表了辨識結果是一個矩形框、遮罩還是一個關鍵點。這裡遮罩代表神經網路不僅能辨識出一個目標，而且能將這個目標的像素範圍用遮罩描繪出來。

　　COCO mAP 列代表了在 COCO2017 資料集下的平均精確率。mAP（mean Average Precision，平均精確率平均值）是所有類別的平均精確率（Average Precision，AP）的平均，它代表了一個模型的綜合辨識能力。mAP 的計算方法一般有 4 步。

　　第 1 步，測量一幅影像中一個待檢測目標類別的邊框的有效性，這裡使用交並比（Intersection Over Union，IOU）作為矩形框有效性的評價函式。IOU 用於測量預測邊界框與實際邊界框的重合度。預測邊界框值與實際邊界框值越接近，IOU 越大。

　　第 2 步，選擇一幅影像中所有有效的矩形框，統計分類預測是否正確。在一張圖片的全部有效預測中，預測正確的分類數量用 A_IMG 表示，該影像中實際存在目標的數量用 B_IMG 表示，將 A_IMG 除以 B_IMG 就是該影像的預測精確率。

　　第 3 步，如果將一張圖片擴展到全部影像，那麼正確預測的數量用 A_CLS 表示，實際目標數量用 B_CLS 表示，將 A_CLS 除以 B_CLS 就是該類別的辨識精確率。

　　第 4 步，將一類物件偵測擴展到多類物件偵測，將多類物件偵測的平均精確率再進行平均就可以獲得平均精確率平均值（mAP）。

　　開發者可以根據任務目標的不同，選擇做矩形框辨識、邊界辨識還是關鍵點辨識，根據 Speed 和 mAP，在速度和精確率之間進行權衡，選擇適合自己的模型。

2.3　矩形框的交並比評價指標和實現

在物件辨識中，我們用 IOU（交並比）來評估兩個矩形框的重合度。IOU 的定義為兩個矩形框的交集面積除以並集面積的數值。IOU 計算示意圖如圖 2-11 所示。

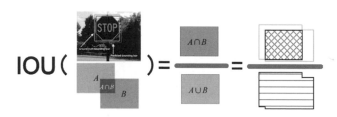

▲ 圖 2-11　IOU 計算示意圖

根據 IOU 的定義，IOU 的設定值範圍為 0 ～ 1，矩形框完全不重合的 IOU 為 0，矩形框完全重合的 IOU 為 1。一般情況下，我們認為 IOU 大於或等於 0.5 的重合是一個合格的重合。不同情況下的 IOU 示意圖如圖 2-12 所示。

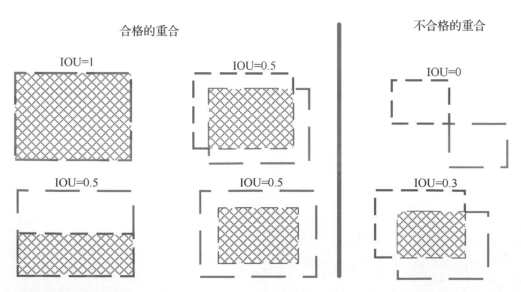

▲ 圖 2-12　不同情況下的 IOU 示意圖

　　將以上演算法透過電腦實現，使用 box_1 和 box_2 表示需要計算的兩個矩形框集合，它們都有 4 列，代表矩形框的兩個角點的座標值。撰寫 calc_iou(box_1, box_2) 函式，它將 box_1 中的矩形框與 box_2 中的矩形框對齊後，計算 IOU，結果被儲存在 iou 變數中，iou 變數的形狀是 (num,1)，其中，num 代表 box_1 和 box_2 兩個矩形框集合中分別擁有的矩形框數量。程式如下。

```
def calc_iou(box_1, box_2):
    int_w = tf.maximum(
        tf.minimum(box_1[..., 2], box_2[..., 2]) -
        tf.maximum(box_1[..., 0], box_2[..., 0]),0)
    int_h = tf.maximum(
        tf.minimum(box_1[..., 3], box_2[..., 3]) -
        tf.maximum(box_1[..., 1], box_2[..., 1]), 0)
    int_area = int_w * int_h
    box_1_area = (box_1[..., 2] - box_1[..., 0]) * \
        (box_1[..., 3] - box_1[..., 1])
    box_2_area = (box_2[..., 2] - box_2[..., 0]) * \
        (box_2[..., 3] - box_2[..., 1])
    iou = int_area / (box_1_area + box_2_area - int_area)
    return iou
```

　　計算幾個簡單的 IOU 案例。程式如下。

```
if __name__ == '__main__':
    bbox_a = tf.constant([[-3, -3, -1, -1],
                          [0, 0, 3, 2],
                          [3, 3, 5, 5],
                          [6, 6, 7, 7]
                          ])
    bbox_b = tf.constant([[-3, -3, -1, -1],
                          [0, 0, 2, 3],
                          [4, 3, 5, 5],
                          [7, 7, 8, 8]
                          ])
    iou=calc_iou(bbox_a, bbox_b) # iou 計算結果為 [1.0, 0.5, 0.5, 0.0]
```

　　在實際使用中，需要計算兩個集合的 IOU。舉例來說，*A* 集合擁有 *a* 個矩形框，*B* 集合擁有 *b* 個矩形框，*A* 與 *B* 的矩形框數量可能不一致，需要將 *A* 集合的全部矩形框與 *B* 集合的全部矩形框逐一進行 IOU 計算。更一般地，神經網路預測的矩形框可能出現「零面積」的異常資料，這很正常。這就要求 IOU 計算方法能應對除以零的特殊情況。為此，一般需要設計一個更加安全和強大的 IOU 計算函式。

　　假設有集合 *A* 中的 4 個矩形框需要和集合 *B* 中的 2 個矩形框進行逐一匹配的 IOU 計算。集合 *A* 中有 4 個矩形框，分別為 [-3,-3,-1,-1]、[0,0,3,2]、[4,3,5,4]、[8,1,8,1]，使用 bbox1_ x1y1x2y2 儲存，形狀為 [4,4]，由於神經網路的計算需要，將 bbox1_x1y1x2y2 的形狀修改為 [2,2,3,4]，即將 4 個矩形框兩兩排列，使用 tf.tile 函式複製 3 次，這樣形成了 12 個矩形框。集合 *B* 中有 2 個矩形框，分別為 [0,0,2,3]、[8,1,8,1]，使用 bbox2_x1y1x2y2 儲存，形狀為 [2,4]。擬進行 IOU 計算的 4 個矩形框如圖 2-13 所示。

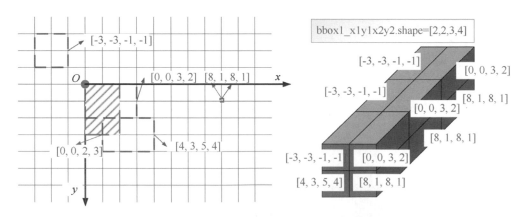

▲ 圖 2-13　擬進行 IOU 計算的 4 個矩形框

　　為模擬今後神經網路的計算場景，將 bbox1_x1y1x2y2 的形狀修改為 [13,13,3,4]，即將 4 個矩形框放到一個 13×13 的網格內，其餘空位使用全零元素代替。程式如下。

```
bbox1_x1y1x2y2 = tf.constant([[-3, -3, -1, -1],
                              [0, 0, 3, 2],
                              [1, 2, 4, 4],
                              [8, 1, 8, 1]],dtype=tf.float32)
# 將 bbox1_x1y1x2y2 的形狀調整為 [2,2,4]
```

```
bbox1_x1y1x2y2 = tf.reshape(bbox1_x1y1x2y2,[2,2,4])
# 將 bbox1_x1y1x2y2 的形狀調整為 [2,2,1,4]
bbox1_x1y1x2y2 = tf.expand_dims(bbox1_x1y1x2y2,axis=-2)
# 將 bbox1_x1y1x2y2 的形狀調整為 [2,2,3,4]
bbox1_x1y1x2y2 = tf.tile(bbox1_x1y1x2y2,[1,1,3,1])
bbox1_x1y1x2y2 = tf.concat([tf.zeros([5,2,3,4]),
                            bbox1_x1y1x2y2,
                            # 將 bbox1_x1y1x2y2 的形狀調整為 [13,2,3,4]
                            tf.zeros([6,2,3,4])],axis=0)
bbox1_x1y1x2y2 = tf.concat([tf.zeros([13,5,3,4]),
                            bbox1_x1y1x2y2,
                            # 將 bbox1_x1y1x2y2 的形狀調整為 [13,13,3,4]
                            tf.zeros([13,6,3,4])],axis=1)
bbox2_x1y1x2y2 = tf.constant([[0, 0, 2, 3],
                              [8, 1, 8, 1]],dtype=tf.float32)
```

　　建構一個更安全的 IOU 匹配矩陣計算函式 broadcast_iou，它接收兩個矩形框，第一個矩形框的形狀為 [grid_cells, grid_cells,anchor_idxs,4]，第二個矩形框的形狀為 [nums,4]，它將逐一計算 IOU，形成矩陣輸出，輸出的形狀為 [grid_cells, grid_cells,anchor_idxs,nums]。在計算 IOU 除法時，使用 TensorFlow 提供的 tf.math.divide_no_nan 函式，當出現除以 0 的情況時，該 tf.math.divide_no_nan 函式將傳回 0 而非 NaN。程式如下。

```
def broadcast_iou(box1_x1y1x2y2, box2_x1y1x2y2):
    # box1_x1y1x2y2 的形狀為 (..., (x1, y1, x2, y2))
    # box2_x1y1x2y2 的形狀為 (Nums, (x1, y1, x2, y2))
    # broadcast boxes，形狀廣播
    box1_x1y1x2y2 = tf.expand_dims(box1_x1y1x2y2, -2)
    box2_x1y1x2y2 = tf.expand_dims(box2_x1y1x2y2, 0)
    # 新的形狀為 (..., N, (x1, y1, x2, y2))
    new_shape = tf.broadcast_dynamic_shape(
        tf.shape(box1_x1y1x2y2), tf.shape(box2_x1y1x2y2))
    box1_x1y1x2y2 = tf.broadcast_to(
        box1_x1y1x2y2, new_shape)
    box2_x1y1x2y2 = tf.broadcast_to(
        box2_x1y1x2y2, new_shape)

    int_w = tf.maximum(
```

```
        tf.minimum(
            box1_x1y1x2y2[...,2],box2_x1y1x2y2[...,2]) -
        tf.maximum(
            box1_x1y1x2y2[...,0], box2_x1y1x2y2[..., 0]), 0)
    int_h = tf.maximum(
        tf.minimum(
            box1_x1y1x2y2[...,3], box2_x1y1x2y2[...,3]) -
        tf.maximum(
            box1_x1y1x2y2[...,1],box2_x1y1x2y2[..., 1]), 0)
    int_area = int_w * int_h
    box_1_area = (box1_x1y1x2y2[..., 2] - box1_x1y1x2y2[..., 0]) * (box1_
x1y1x2y2[..., 3] - box1_x1y1x2y2[..., 1])
    box_2_area = (box2_x1y1x2y2[..., 2] - box2_x1y1x2y2[..., 0]) * (box2_
x1y1x2y2[..., 3] - box2_x1y1x2y2[..., 1])

    iou= tf.math.divide_no_nan(int_area , (box_1_area + box_2_area - int_area))
    return iou
```

使用 IOU 匹配矩陣計算函式 broadcast_iou 將 4 個矩形框 bbox1_x1y1x2y2（形狀為 [13,13,3,4]）與 bbox2_x1y1x2y2（形狀為 [2,4]）逐一計算 IOU，計算結果同樣被放到 13×13 的網格內，計算結果的形狀為 [13,13,3,2]。程式如下。

```
result=broadcast_iou(bbox1_x1y1x2y2,bbox2_x1y1x2y2)
print(result.shape)
print(result[5,5,0,:])
print(result[5,6,0,:])
print(result[6,5,0,:])
print(result[6,6,0,:])
```

輸出如下。

```
(13, 13, 3, 2)
tf.Tensor([0. 0.], shape=(2,), dtype=float32)
tf.Tensor([0.5 0. ], shape=(2,), dtype=float32)
tf.Tensor([0.09090909 0.        ], shape=(2,), dtype=float32)
tf.Tensor([0. 0.], shape=(2,), dtype=float32)
```

IOU 匹配矩陣示意圖如圖 2-14 所示。

顯然，在計算 bbox1_x1y1x2y2 中矩形框 [8,1,8,1] 與 bbox2_x1y1x2y2 中矩形框 [8,1,8,1] 的 IOU 時，發現兩個矩形框的交集是 0，並集也是 0，此時遇到除以 0 的情況，但由於使用了 tf.math.divide_no_nan 函式的安全除法，所以計算過程不會顯示出錯。

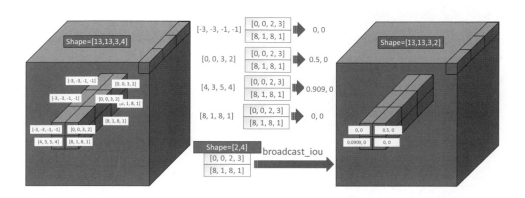

▲ 圖 2-14 IOU 匹配矩陣示意圖

第 **3** 章

一階段物件辨識神經網路的特徵融合和中段網路

　　一階段物件辨識神經網路具有邏輯清晰、訓練收斂穩定的特點，獲得了廣泛的應用。隨著物件辨識神經網路技術的成熟，雖然其實現方式五花八門，但大部分一階段物件辨識神經網路都具備骨幹（Backbone）網路、中段（Neck）網路、預測（Head）網路的三段式結構。本章重點介紹負責特徵融合的中段網路。對骨幹網路感興趣的讀者可以閱讀本書的先導書籍《深入理解電腦視覺：關鍵演算法解析與深度神經網路設計》。

3.1　一階段物件辨識神經網路的整體結構

　　物件辨識神經網路的輸入影像一般具有很高的解析度，但是不包含任何圖義資訊，它只是若干像素的規則排列。

　　輸入影像後面一般緊接著骨幹網路。骨幹網路以大量的 CNN 單元提取影像的高維度圖義資訊。大量的 CNN 單元以首尾相接或殘差連接的方式反覆堆疊，組合的核心想法主要是殘差連接和小核心卷積。得益於影像分類神經網路技術的快速進步，骨幹網路只需要選擇較為流行的 ResNet 家族、VGG 家族、DarkNet 家族，就可以獲得較高的特徵提取能力。

　　骨幹網路後面一般緊接著中段網路，中段網路主要用於多尺度的特徵融合。我們知道，骨幹網路是負責特徵提取的。隨著骨幹網路的層級不斷提升，特徵圖的解析度逐漸降低，通道數逐漸增加。特徵圖的通道數增加，表示特徵圖上的像素點所攜帶的圖義資訊越來越強；特徵圖的解析度降低，表示特徵圖上的像素點所攜帶的定位資訊越來越弱。中段網路的作用就是將低解析度特徵圖上的定位資訊與高解析度特徵圖上的圖義資訊進行相互融合。得益於影像分割神經網路技術的進步，影像分割神經網路中廣泛使用的單向融合網路、簡單雙向融合網路、複雜雙向融合網路已經被應用在物件辨識神經網路中，並且提供了多種尺度融合的技術方案。

　　中段網路後面一般緊接著預測網路，預測網路的主要作用是利用融合之後的高維度特徵進行預測，因此也稱預測網路。預測網路一般使用一個淺層神經網路架構，接收融合後的高維度圖義資訊，根據不同像素所處的位置資訊進行計算，形成預測輸出。預測網路的結構相對簡單，對於 YOLO 神經網路而言，一般採用密集預測（Dense Prediction）；對於兩階段物件辨識神經網路而言，一般採用稀疏預測（Sparse Prediction）。

　　預測網路的輸出，按照不同階段分為兩種用途。在訓練階段，預測網路的輸出張量經過解碼後被送入損失函式，與真實標籤進行對比後將差異量化為一個具體的損失值。在預測階段，預測網路的輸出被解碼後，將大於設定值的矩形框送入 NMS 演算法，進行「去重」處理後形成預測輸出。

　　一階段物件辨識神經網路的整體結構方塊圖如圖 3-1 所示。

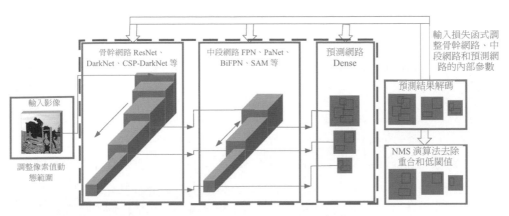

▲ 圖 3-1　一階段物件辨識神經網路的整體結構方塊圖

3.2　一階段物件辨識神經網路的若干中段網路介紹

物件辨識神經網路的骨幹網路雖然結構複雜，但目的單一，就是為了提取高維度的特徵資訊；中段網路結構多種多樣，目的是將骨幹網路提取的不同尺度的特徵進行融合。特徵融合一般有 3 種策略：單向融合、簡單雙向融合、複雜雙向融合。當然也有類似於 SSD 神經網路那種不使用專門中段網路的神經網路，這裡不做展開。

3.2.1　單向融合的中段網路

單向融合的中段網路具有多種多樣的融合方式，由於融合的方式比較簡單，所以每個具體的融合方法沒有自己特有的名稱，而是採用特徵金字塔網路（Feature Pyramid Network，FPN）作為這個種類中段網路的統稱。具體來說，Faster R-CNN、Mask-R-CNN、YOLOV3 神經網路、RetinaNet、Cascade R-CNN 等物件辨識神經網路內部，都有不同的單向融合的中段網路。

假設骨幹網路的輸出根據解析度從高到低用 C1 ～ Cn 來表示，即 C1 具有最高的解析度和最少的通道數，Cn 具有最低的解析度和最多的通道數。

對於 Faster/Mask/Cascade R-CNN，它們的骨幹網路只有 6 層，其 FPN 只利用了其中的第 2 ～ 6 層 5 個層次的特徵圖資訊，即根據解析度從高到低只使用骨幹網路輸出的 C2 ～ C6，其中，C6 是從 C5 直接施加池化尺寸為 1×1、步進為 2 的最大值池化操作後得到的。中段網路產生的特徵融合輸出，根據解析度從高到低，分別對應 P2 ～ P6，即 P2 的解析度等於 C2，P3 的解析度等於 C3，依此類推。FPN 的 P6 輸出直接等於 C6。FPN 的 P5 輸出是 C5 先經過卷積核心尺寸為 1、步進為 1 的二維卷積層，再經過卷積核心尺寸為 3、步進為 1 的二維卷積層操作後得到的。FPN 融合後得到的 P2、P3、P4 均是 C2、C3、C4 先經過卷積核心尺寸為 1、步進為 1 的二維卷積層，然後融合解析度低一層次的特徵的二倍上採樣，最後經過卷積核心尺寸為 3、步進為 1 的二維卷積層操作後得到的。

對於 RetinaNet，它們的骨幹網路只有 7 層，其 FPN 只利用了其中的第 3 ～ 7 層 5 個層次的特徵圖資訊，即根據解析度從高到低只使用骨幹網路輸出的 C3 ～ C7，其中，C7 是從 C6 直接施加卷積核心尺寸為 3、步進為 2 的二維卷積層操作後得到的，C6 是從 C5 直接施加卷積核心尺寸為 3、步進為 2 的二維卷積層操作後得到的。中段網路產生的特徵融合輸出，根據解析度從高到低，分別對應 P3 ～ P7，即 P3 的解析度等於 C3，P4 的解析度等於 C4，依此類推。FPN 的 P6 輸出直接等於 C6，P7 輸出直接等於 C7。FPN 的 P5 輸出是 C5 先經過卷積核心尺寸為 1、步進為 1 的二維卷積層，再經過卷積核心尺寸為 3、步進為 1 的二維卷積層操作後得到的。FPN 融合後得到的 P3、P4 均是 C3、C4 先經過卷積核心尺寸為 1、步進為 1 的二維卷積層，然後融合解析度低一層次的特徵的二倍上採樣，最後經過卷積核心尺寸為 3、步進為 1 的二維卷積層操作後得到的。

對於 YOLOV3 的 FPN，與上述兩個 FPN 有比較大的區別。首先，YOLOV3 的骨幹網路一共有 5 層，其 FPN 只利用了其中的第 3 ～ 5 層 3 個層次的特徵圖資訊，即根據解析度從高到低分別只使用骨幹網路輸出的 C3、C4、C5。中段網路 FPN 產生的特徵融合輸出，根據解析度從高到低，分別對應 P3 ～ P5，即 P3 的解析度等於 C3，P4 的解析度等於 C4，P5 的解析度等於 C5。FPN 的 P5 輸出是 C5 先經過一個步進均為 1 的 5 層二維卷積層操作（卷積核心尺寸分別為 1、3、1、3、1），再經過卷積核心尺寸為 3、步進為 1 的二維卷積層得到的。FPN 的 P4 輸出是先將本層資訊和前一層資訊進行矩陣拼接（Concat）後，再進行一次 5 層二維卷積和卷積核心尺寸為 3、步進為 1 的二維卷積層得到的。其中，本層資訊指的是 C4，前一層資訊指的是 C5 先經過 5 層二維卷積，再經過一個卷積核心尺寸為 1、步進為 1 的二維卷積層和一個二倍上採樣層所形成的輸出。FPN 的 P3 輸出，是先將本層資訊和前一層資訊進行矩陣拼接後，再進行一次 5 層二維卷積和卷積核心尺寸為 3、步進為 1 的二維卷積層得到。其中，本層資訊指的是 C3，前一層資訊指的是形成 P4 的資料處理鏈路的最後一個卷積核心尺寸為 3、步進為 1 的二維卷積層的輸入端的資料。

　　3 種典型的單向融合中段網路資料流程示意圖如圖 3-2 所示。其中，1×1Conv 指的是二維卷積層的卷積核心的尺寸為 1×1，3×3Conv 指的是二維卷積層的卷積核心的尺寸為 3×3，依此類推。

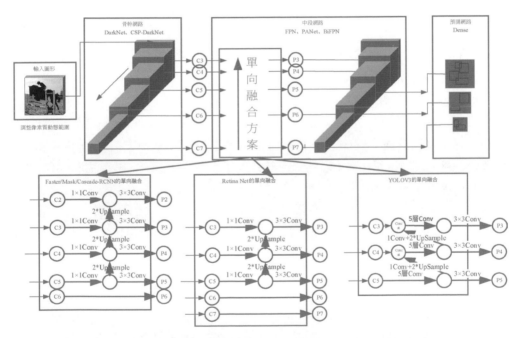

▲ 圖 3-2　3 種典型的單向融合中段網路資料流程示意圖

　　單向融合的中段網路都是從低解析度、多通道數的特徵圖向高解析度、少通道數的特徵圖方向進行融合的，不同實現方式的差別僅是涉及的不同層次的特徵圖數量和不同層次特徵圖的融合連接的實現方式。

3.2.2　簡單雙向融合的中段網路

鑑於單向融合的中段網路的局限性，PANet 在 FPN 單向融合的基礎上，增加了從反方向進行二次融合的額外通路，這條額外通路是從高解析度、少通道數的特徵圖向低解析度、多通道數的特徵圖進行融合的。在 2017 年的 MS COCO 挑戰賽中，PANet 獲得了實例分割的第 1 名和物件辨識的第 2 名，相關論文在 2018 年 5 月發表。

假設骨幹網路的輸出根據解析度從高到低用 C1 ～ Cn 來表示，即 C1 具有最高的解析度和最少的通道數，Cn 具有最低的解析度和最多的通道數。

對 PANet 論文中使用的實例分割骨幹網路來說，它的骨幹網路只有 7 層。其中，中段網路 PANet 只利用了骨幹網路的第 3 ～ 7 層 5 個層次的特徵圖資訊，即根據解析度從高到低只使用骨幹網路輸出的 C3 ～ C7，其中，C7 與 C6 分別是 C6 和 C5 直接施加池化尺寸為 3×3、步進為 2 的二維卷積層操作後得到的。中段網路產生的特徵融合輸出，根據解析度從高到低，分別對應 P3 ～ P7，即 P3 的解析度等於 C3，P4 的解析度等於 C4，依此類推。PANet 的內部分為左半部分和右半部分，左半部分負責低解析度向高解析度的融合，右半部分負責高解析度向低解析度的二次融合。左半部分對 C6 和 C7 不做任何操作，但對 C3、C4、C5 這 3 個層次的特徵圖資訊進行處理，C3、C4 都先進行尺寸為 1、步進為 1 的二維卷積層操作，然後與解析度低一層次的特徵圖融合，最後進行一個尺寸為 3、步進為 1 的二維卷積層操作後完成左半部分的操作。右半部分對第 3 層先不進行處理，直接形成 P3 輸出，然後依次將 P3 ～ P6 輸出，進行尺寸為 3、步進為 2 的二維卷積層操作後給到第 4 ～ 7 層的左半部分輸出，融合後經過尺寸為 3、步進為 1 的二維卷積層操作後形成 P4 到 P7 輸出。

YOLOV4 的中段網路使用改版的 PANet，它汲取了 PANet 的靈感，在 FPN 的基礎上增加了從高解析度、少通道數向低解析度、多通道數的反向二次融合，具有自己獨特的方式。YOLOV4 的骨幹網路使用的是 CSP-DarkNet，它是一個 5 層的骨幹網路，其 PANet 只取用骨幹網路輸出的 C3、C4、C5。融合結果處理後形成中段網路輸出，輸出結果按照解析度從高到低依次被命名為 P3、P4、P5，P3、P4、P5 的解析度分別與 C3、C4、C5 一致。YOLOV4 的 PANet 同樣分為左、右兩部分，左半部分負責低解析度向高解析度的融合，右半部分負責高解析度向低解析度的二次融合。左半部分對 C5 不做任何操作，對 C4 和 C3 則首先進行一個尺寸為 1、步進為 1 的二維卷積層操作，然後與解析度低一層次的左半部分輸出進行融合，解析度低一層次的左半部分輸出在參與融合前需要進行一個尺寸為 1、步進為 1 的二維卷積層操作和二倍上採樣操作，融合後的結果進行一個 5 層二維卷積層操作（5 層的卷積核心尺寸分別為 1、3、1、3、1，步進均為 1）。右半部分的 P3 輸出是由第 3 層的左半部分輸出透過一個尺寸為 3、步進為 1 的二維卷積層操作後得到的。右半部分的 P4 輸出是由第 3 層的左半部分輸出先經過一個尺寸為 3、步進為 2 的二維卷積層操作，然後與第 4 層的左半部分輸出進行矩陣拼接，最後透過一個 5 層二維卷積層操作（5 層的卷積核心尺寸分別為 1、3、1、3、1，步進均為 1）和一個尺寸為 3、步進為 1 的二維卷積層操作後得到的。P5 輸出是 P4 在最後一個二維卷積層操作前的變數先進行卷積核心尺寸為 1，步進為 2 的二維卷積層的處理，然後與第 5 層的左半部分輸出進行矩陣拼接後，透過一個 5 層二維卷積層操作（5層的卷積核心尺寸分別為 1、3、1、3、1，步進均為 1）和一個尺寸為 3、步進為 1 的二維卷積層操作後得到的。

　　兩種典型的 PANet 中段網路結構和資料流程示意圖如圖 3-3 所示。其中，1×1Conv 代表卷積核心尺寸為 1×1 的二維卷積層，3×3/2Conv 代表卷積核心尺寸為 3×3 且步進為 2（具有二分之一下採樣效果）的二維卷積層，依此類推。

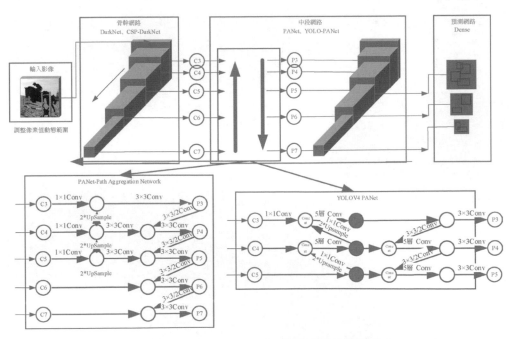

▲ 圖 3-3 兩種典型的 PANet 中段網路結構和資料流程示意圖

3.2.3 複雜雙向融合的中段網路

複雜雙向融合的中段網路是一個統稱，它將中段網路看成一個小的神經網路，將神經網路設計中用到的特徵卷積、特徵拼接、跨層殘差等操作運用到中段網路的設計中，因此叫作複雜雙向融合的中段網路。複雜雙向融合的中段網路的典型案例是加權雙向特徵金字塔網路（Weighted Bi-directional Feature Pyramid Network，BiFPN）。

BiFPN 最早是由 Google 團隊提出的，首次使用在 EfficientDet 物件辨識神經網路中。EfficientDet 是由 Google 團隊推出的物件辨識神經網路，其骨幹網路採用的是 EfficientNet 神經網路，中段網路採用的是 BiFPN。BiFPN 的想法很清晰，它覺得 PANet 只進行了相鄰解析度特徵圖的融合，並沒有實現其他跨解析度特徵圖的融合，並且進行多特徵圖融合時，為多路特徵圖分配不同的權重會更加合適。以這個想法為基礎，BiFPN 將中段網路看成整個神經網路的一層，由路徑搜尋演算法來確定內部的權重，這就是 BiFPN 的英文全稱中附帶「Weighted」（加權）關鍵字的原因。並且既然 BiFPN 是層，那麼可以反覆堆疊，讓神經網路自己決定堆疊內部的各個層次特徵相互融合的權重。論文找到與其骨幹網路 EfficientNet 最為匹配的 BiFPN 的堆疊個數是 3。EfficientNet 神經網路及其內部的 BiFPN 如圖 3-4 所示。

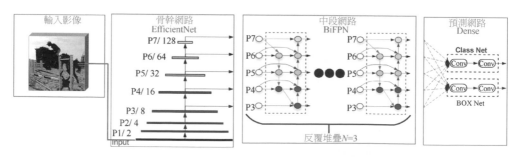

▲ 圖 3-4　EfficientNet 神經網路及其內部的 BiFPN

除 BiFPN 外，還有其他的複雜雙向融合的中段網路，如自我調整空間特徵融合中段網路、架構搜尋特徵金字塔中段網路，以及其他層出不窮的中段網路，它們的共同特點是堅持雙向融合和多次融合堆疊，只是融合的層級和方式有所不同。

3.3　不同融合方案中段網路的關係和應用

從參與融合的不同層次特徵圖的角度上看，單向融合的中段網路和簡單雙向融合的中段網路都是與相鄰解析度特徵圖的融合方案，複雜雙向融合的中段網路是增加更多層次特徵圖的融合方案。從融合權重的角度上看，單向融合的中段網路和簡單雙向融合的中段網路都是權重恒為 1 的融合方案，而複雜雙向融合的中段網路是可變權重的融合方案。

從某種程度上來說，BiFPN 是 FPN 和 PANet 的一種推廣，而 FPN 和 PANet 是 BiFPN 在權重取特殊值時的一種特例。將無融合的中段網路、單向融合的中段網路、簡單雙向融合的中段網路、複雜雙向融合的中段網路放在一起對比，除去具體融合的層級和方式後，3 種典型的中段網路資料流程示意圖如圖 3-5 所示。

單向融合的中段網路、簡單雙向融合的中段網路、複雜雙向融合的中段網路，分別被 3 個典型的物件辨識神經網路採用。

YOLOV3 的骨幹網路採用的是 DarkNet53，中段網路採用的是名為 FPN 的單向融合的中段網路。YOLOV4 的骨幹網路採用的是 CSP-DarkNet，中段網路採用的是名為 PANet 的簡單雙向融合的中段網路。EfficientDet 物件辨識神經網路的骨幹網路採用的是 EfficientNet，中段網路採用的是名為 BiFPN 的複雜雙向融合的中段網路。

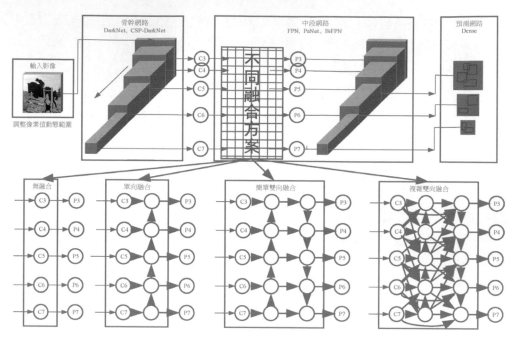

▲ 圖 3-5 3 種典型的中段網路資料流程示意圖

4 種典型的物件辨識神經網路的骨幹網路和中段網路方案組合如表 3-1 所示。

→ 表 3-1 4 種典型的物件辨識神經網路的骨幹網路和中段網路方案組合

物件辨識神經網路	骨幹網路	中段網路類型	中段網路名稱
SSD	VGG/ResNet/MobileNet	無融合	無
YOLOV3	DarkNet53	單向融合	YOLO-FPN
YOLOV4	CSP-DarkNet	雙向融合	PANet（PAN）
EfficientDet	EfficientNet	雙向融合	BiFPN

3.4　**YOLO 的多尺度特徵融合中段網路案例**

YOLOV3 和 YOLOV4 分別使用 DarkNet 和 CSP-DarkNet 作為其骨幹網路，骨幹網路的層數都是 5，YOLO 的中段網路都選用骨幹網路中的第 3、4、5 層輸出（C3、C4、C5）作為其中段網路的特徵融合來源。其中，C3 具有最高的解析度，其解析度是輸入影像解析度的 1/8；C4 具有置中的解析度，其解析度是輸入影像解析度的 1/16；C5 具有最低的解析度，其解析度是輸入影像解析度的 1/32。

YOLOV3 採用單向融合的中段網路，YOLOV4 採用簡單雙向融合的中段網路 PANet。本節根據之前介紹的中段網路的原理，重點介紹其原始程式碼實現。

3.4.1　**YOLOV3 的中段網路及實現**

YOLOV3 物件辨識神經網路，其中段網路的輸入是骨幹網路 DarkNet53（不包含分類預測層的實際層數為 52）的第 3、4、5 層的輸出特徵圖（C3、C4、C5）。它們的解析度分別是輸入影像解析度的 1/8、1/16、1/32，特徵圖通道數分別是 256、512、1024。根據其解析度從高到低，C3、C4、C5 分別被命名為 high_res_fm、med_res_fm、low_res_fm（其中的 fm 是 feature map 的簡稱）。程式如下。

```
def YOLOv3(input_layer, NUM_CLASS):
    high_res_fm, med_res_fm, low_res_fm = backbone.darknet53(
        input_layer)
```

這裡為了方便說明，可以約定使用二維卷積層的通道數、卷積核心尺寸和步進指代 DarkNet 專用卷積塊 DarkNetConv 的通道數、卷積核心尺寸和步進。因為每個 DarkNet 專用卷積塊 DarkNetConv 內部都有且只有一個二維卷積層，並且資料處理效果也與二維卷積層類似，所以在某種程度上，可以將 DarkNet 專用卷積塊 DarkNetConv 視為一種功能更為強大的二維卷積層。

根據中段網路的演算法原理，低解析度特徵圖（在程式中使用 low_res_fm 表示）透過 5 個串聯的 DarkNet 專用卷積塊 DarkNetConv 和單一 DarkNet 專用卷積塊 DarkNetConv 的處理後形成低解析度的特徵融合輸出，在程式中將低解析度的特徵融合輸出張量命名為 conv_ lobj_branch。其中，lobj 的含義是，低解析度特徵融合輸出所預測的目標是大尺寸的目標（Large Object）。5 個串聯的 DarkNet 專用卷積塊 DarkNetConv 的通道數分別為 512、1024、512、1024、512，卷積核心尺寸為 1、3、1、3、1，步進均為 1；單一 DarkNet 專用卷積塊 DarkNetConv 的通道數為 1024、卷積核心尺寸為 3、步進為 1。至於低解析度的預測網路，則使用一階段物件辨識常用的 DensePrediction 預測網路，它實際上是一個卷積核心尺寸為 1、步進為 1、通道數為 3*(NUM_CLASS+5) 的 DarkNet 專用卷積塊 DarkNetConv。其中，NUM_CLASS 為物件辨識的物體分類數量，預測網路的輸出結果被命名為 conv_lbbox。程式如下。

```
conv = darknetconv(low_res_fm, (1, 1, 1024, 512))
conv = darknetconv(conv, (3, 3, 512, 1024))
conv = darknetconv(conv, (1, 1, 1024, 512))
conv = darknetconv(conv, (3, 3, 512, 1024))
conv = darknetconv(conv, (1, 1, 1024, 512))

conv_lobj_branch = darknetconv(conv, (3, 3, 512, 1024))
conv_lbbox = darknetconv(
    conv_lobj_branch,
    (1, 1, 1024, 3 * (NUM_CLASS + 5)),
    activate=False, bn=False)
```

中解析度特徵圖 med_res_fm 在透過 5 個 DarkNet 專用卷積塊 DarkNetConv（它內部含有 5 個二維卷積層）處理之前，需要和來自低解析度層次的特徵資訊進行矩陣拼接。拼接的低解析度層次的特徵資訊是 low_res_fm 先透過 5 個 DarkNet 專用卷積塊 DarkNetConv 所產生的輸出，再經過通道數為 256、卷積核心尺寸和步進均為 1 的 DarkNet 專用卷積塊 DarkNetConv 和二倍上採樣處理後形成的輸出。拼接後的中解析度特徵圖透過 5 個串聯的 DarkNet 專用卷積塊 DarkNetConv（通道數分別為 256、512、256、512、256，卷積核心尺寸為 1、3、1、3、1，步進均為 1）的處理後，形成的輸出透過一個通道數為 512、卷積核心尺寸為 3、步進為 1 的 DarkNet 專用卷積塊 DarkNetConv 的處理後，形成中解析度的特徵融合輸出，在程式中將中解析度的特徵融合輸出張量命名為 conv_mobj_branch。其中，mobj 的含義是，中解析度特徵融合輸出所預測的目標是中尺寸的目標（Medium Object）。至於中解析度的預測網路，則使用一個卷積核心尺寸為 1、步進為 1、通道數為 3*(NUM_CLASS+5) 的 DarkNet 專用卷積塊 DarkNetConv。其中，NUM_CLASS

為物件辨識的目標分類數量，預測網路的輸出結果被命名為 conv_mbbox。程式如
下。

```
conv = darknetconv(conv, (1, 1, 512, 256))
conv = tf.keras.layers.UpSampling2D(
    2,name="UpSample1")(conv)
conv = tf.keras.layers.Concatenate(
    axis=-1,name='low_med_Concat')(
        [conv, med_res_fm])

conv = darknetconv(conv, (1, 1, 768, 256))
conv = darknetconv(conv, (3, 3, 256, 512))
conv = darknetconv(conv, (1, 1, 512, 256))
conv = darknetconv(conv, (3, 3, 256, 512))
conv = darknetconv(conv, (1, 1, 512, 256))

conv_mobj_branch = darknetconv(conv, (3, 3, 256, 512))
conv_mbbox = darknetconv(conv_mobj_branch, (1, 1, 512, 3 * (NUM_CLASS + 5)),
activate=False, bn=False)
```

高解析度特徵圖 high_res_fm 的處理方式和中解析度特徵圖 med_res_fm 的
處理方式一樣，只是與其拼接的矩陣，是來自中解析度層次的特徵資訊透過的是
通道數為 128 的 DarkNet 專用卷積塊 DarkNetConv 和二倍上採樣處理後的包含了
中解析度特徵資訊的矩陣，並且後續處理透過的 5 個串聯的 DarkNet 專用卷積塊
DarkNetConv 的通道數分別為 128、256、128、256、128，卷積核心尺寸為 1、3、1、
3、1，步進均為 1。在形成高解析度的特徵融合輸出之前，還需要經過一個通道數
為 256、卷積核心尺寸為 3、步進為 1 的 DarkNet 專用卷積塊 DarkNetConv 的處理，
處理後形成高解析度的特徵融合輸出，在程式中將高解析度的特徵融合輸出張量命
名為 conv_sobj_branch。其中，sobj 的含義是，高解析度特徵融合輸出所預測的目
標是小尺寸的目標（Small Object）。至於高解析度的預測網路，同樣使用一個卷
積核心尺寸為 1、步進為 1、通道數為 3*(NUM_CLASS+5) 的 DarkNet 專用卷積塊
DarkNetConv。其中，NUM_CLASS 為物件辨識的目標分類數量，預測網路的輸出
結果被命名為 conv_sbbox。程式如下。

```
conv = darknetconv(conv, (1, 1, 256, 128))
conv = tf.keras.layers.UpSampling2D(
```

```
        2,name="UpSample2")(conv)
    conv = tf.keras.layers.Concatenate(
        axis=-1,name='med_high_Concat')(
            [conv, high_res_fm])


    conv = darknetconv(conv, (1, 1, 384, 128))
    conv = darknetconv(conv, (3, 3, 128, 256))
    conv = darknetconv(conv, (1, 1, 256, 128))
    conv = darknetconv(conv, (3, 3, 128, 256))
    conv = darknetconv(conv, (1, 1, 256, 128))

    conv_sobj_branch = darknetconv(conv, (3, 3, 128, 256))
    conv_sbbox = darknetconv(conv_sobj_branch, (1, 1, 256, 3 * (NUM_CLASS + 5)),
activate=False, bn=False)
```

　　YOLOV3 的中段網路在程式層面是和預測網路一起撰寫的。每個解析度的最後兩個 DarkNet 專用卷積塊 DarkNetConv 屬於預測網路。YOLOV3 的 FPN 演算法和資料流程圖如圖 3-6 所示。

　　需要特別注意的是，產生 conv_lobj_branch、conv_mobj_branch、conv_sobj_branch 的 3 個 DarkNet 專用卷積塊 DarkNetConv 內部是不使用 BN 層的，其內部的二維卷積層使用偏置變數，但不使用啟動函式，這在載入權重時要格外注意。

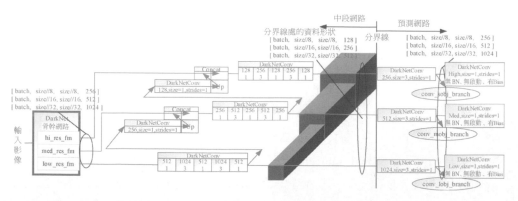

▲ 圖 3-6 YOLOV3 的 FPN 演算法和資料流程圖

　　將預測網路關於高解析度和低解析度的輸出組合成一串列，作為整個 YOLOV3 函式的輸出，今後將給出預測結果的解碼模組。程式如下。

```
def YOLOv3(input_layer, NUM_CLASS):
    ......
    return [conv_sbbox, conv_mbbox, conv_lbbox]
```

假設輸入影像的解析度為 416 像素 ×416 像素，需要預測的分類數量為 80，那麼根據輸出的 3 個融合特徵圖的張量尺寸計算原理，可以計算得到輸出的 3 個特徵圖的解析度下降到 52 像素 ×52 像素、26 像素 ×26 像素、13 像素 ×13 像素，通道數均為 3×(80+5)=255。測試程式如下。

```
if __name__ == '__main__':
    input_shape = [416,416,3]
    input_data = tf.keras.layers.Input(shape = input_shape)
    NUM_CLASS=80
    model_yolov3 = tf.keras.Model(
        input_data,YOLOv3(input_data, NUM_CLASS))
    # Total params: 62,001,757
    # Trainable params: 61,949,149
    # Non-trainable params: 52,608
    print(model_yolov3.output_shape)
```

輸出如下。

```
[(None, 52, 52, 255),
 (None, 26, 26, 255),
 (None, 13, 13, 255)]
```

3.4.2 YOLOV4 的中段網路 PANet 及實現

假設 YOLOV4 的骨幹網路 CSP_DarkNet（不包含分類預測層的實際層數為 78）輸出的第 3、4、5 層輸出特徵圖，根據解析度從高到低分別用 C3、C4、C5 表示，同時根據其解析度的高低，將其命名為 high_res_fm、med_res_fm、low_res_fm。它們的解析度分別是輸入解析度的 1/8、1/16、1/32，特徵圖通道數分別為 256、512、512。需要特別注意的是，low_res_fm 的通道數為 512，它是經過空間金字塔池化結構後的輸出，包含了 C5 特徵圖內的多尺度資訊。嚴格意義上說，空間金字塔池化結構也是中段網路的組成部分，但在 YOLOV4 的官方原始程式碼中，它被放到了骨幹網路的末端進行實現，讀者需要特別注意。

```
def YOLOv4(input_layer, NUM_CLASS):
    high_res_fm, med_res_fm, low_res_fm = backbone.cspdarknet53(input_layer)
    ......
```

根據 YOLOV4 的中段網路 PANet[②]的演算法原理，YOLOV4 的 PANet 分為左、右兩部分。

YOLOV4 的 PANet 左半部分接收來自 CSP-DarkNet 骨幹網路的 3 個解析度的特徵圖 high_res_fm、med_res_fm、low_res_fm，產生 3 個解析度的左側輸出 Route_high、Route_med、Route_low。對低解析度特徵圖 low_res_fm 不進行任何處理，直接產生左側的低解析度輸出 Route_low。程式以下（中段網路左半部分輸出的 Route_low 在程式中用 route_low 表示）。

```
route_low = low_res_fm
```

對於中解析度特徵圖 med_res_fm，首先透過一個通道數為 256、卷積核心尺寸和步進均為 1 的 DarkNet 專用卷積塊 DarkNetConv 的處理後，與來自低解析度特徵圖的處理輸出進行矩陣拼接。其中，低解析度特徵圖的處理演算法為，將低解析度特徵圖 low_res_fm 透過同樣的通道數為 256、卷積核心尺寸和步進均為 1 的 DarkNet 專用卷積塊 DarkNetConv 的處理後，再進行二倍上採樣處理，形成處理輸出。然後，矩陣拼接後的資料透過 5 個串聯的 DarkNet 專用卷積塊 DarkNetConv（通道數分別為 256、512、256、512、256，卷積核心尺寸為 1、3、1、3、1，步進均為 1）的處理後，形成的輸出作為中解析度左側輸出（中段網路左半部分輸出的 Route_med 在程式中使用 route_med 表示）。程式如下。

```
low_res = darknetconv(
    low_res_fm, (1, 1, 512, 256))
low_res = tf.keras.layers.UpSampling2D(
    2,name="UpSample1")(low_res)
med_res = darknetconv(med_res_fm, (1, 1, 512, 256))
med_low_Concat = tf.keras.layers.Concatenate(
    axis=-1,name='med_low_Concat')(
        [med_res, low_res])
```

---

② YOLOV4 的中段網路 PANet 的結構與 PANet 論文中所提到的中段網路類似但又不完全相同，但為簡便起見，以下簡稱為 YOLOV4 的 PANet。

```
conv = darknetconv(med_low_Concat, (1, 1, 512, 256))
conv = darknetconv(conv, (3, 3, 256, 512))
conv = darknetconv(conv, (1, 1, 512, 256))
conv = darknetconv(conv, (3, 3, 256, 512))
conv = darknetconv(conv, (1, 1, 512, 256))
route_med = conv
```

對於高解析度特徵圖 high_res_fm，首先透過一個通道數為 128、卷積核心尺寸和步進均為 1 的 DarkNet 專用卷積塊 DarkNetConv 的處理後，與來自中解析度左側輸出的處理輸出進行矩陣拼接；其中，中解析度左側輸出的處理演算法為，將中解析度左側輸出 Route_med 透過同樣的通道數為 128、卷積核心尺寸和步進均為 1 的 DarkNet 專用卷積塊 DarkNetConv 的處理後，再進行二倍上採樣處理形成處理輸出。然後，矩陣拼接後的資料透過 5 個串聯的 DarkNet 專用卷積塊 DarkNetConv（通道數分別為 128、256、128、256、128，卷積核心尺寸為 1、3、1、3、1，步進均為 1）的處理後，形成的輸出作為高解析度左側輸出（中段網路左半部分輸出的 Route_high 在程式中使用 route_high 表示）。程式如下。

```
conv = darknetconv(conv, (1, 1, 256, 128))
conv = tf.keras.layers.UpSampling2D(
    2,name="UpSample2")(conv)
high_res = darknetconv(high_res_fm, (1, 1, 256, 128))
high_med_Concat = tf.keras.layers.Concatenate(
    axis=-1,name='high_med_Concat')(
        [high_res, conv])
conv = darknetconv(high_med_Concat, (1, 1, 256, 128))
conv = darknetconv(conv, (3, 3, 128, 256))
conv = darknetconv(conv, (1, 1, 256, 128))
conv = darknetconv(conv, (3, 3, 128, 256))
conv = darknetconv(conv, (1, 1, 256, 128))
route_high = conv
```

這樣，從 YOLOV4 的骨幹網路 CSP-DarkNet 的 3 個解析度特徵圖輸出（在程式中分別使用 high_res_fm、med_res_fm、low_res_fm 表示），透過中段網路左側處理，形成的從低解析度向高解析度融合的左側輸出分別被命名為 Route_high、Route_med、Route_low，它們的通道數分別為 128、256、512，它們的解析度與同等級的輸入特徵圖的解析度保持不變。YOLOV4 的 PANet 左側演算法和資料流程圖如圖 3-7 所示。

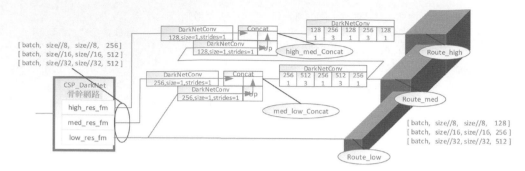

▲ 圖 3-7 YOLOV4 的 PANet 左側演算法和資料流程圖

　　YOLOV4 的 PANet 右側接收來自 PANet 左側的 3 個解析度的融合特徵圖輸出
（分別為 Route_high、Route_med、Route_low），產生整個特徵融合中段網路輸出，
輸出分別被命名為 conv_sbbox, conv_mbbox, conv_lbbox。其中，高解析度中段網路輸
出被命名為 conv_sbbox，因為高解析度中段網路輸出可以預測尺寸較小的矩形框，
sbbox 表示小尺寸矩形框。同理，中解析度中段網路輸出被命名為 conv_mbbox，
可以預測中尺寸矩形框。低解析度中段網路輸出被命名為 conv_lbbox，可以預測
大尺寸矩形框。

　　對於圖 3-7 中 PANet 左側的高解析度輸出 Route_high，PANet 右側網路的處
理較為簡單，直接將 Route high 連接一個通道數為 256、卷積核心尺寸為 3、步
進為 1 的 DarkNet 專用卷積塊 DarkNetConv 後，再連接一個通道數為 3 * (NUM_
CLASS + 5) 的 DarkNet 專用卷積塊 DarkNetConv，這樣該條通路的資料通道數
將被調整為 3 * (NUM_CLASS + 5)，這就是最終的高解析度的預測輸出，輸出
結果被命名為 conv_sbbox。注意，最後的這個通道數為 3 * (NUM_CLASS + 5)
的 DarkNet 專用卷積塊 DarkNetConv 的內部是不包含 BN 層元件的，即 BN 層的
開關被設置為關閉，程式中對應「bn=False」的部分。根據 DarkNet 專用卷積塊
DarkNetConv 的性質，如果其內部不設置 BN 層元件，那麼其內部的二維卷積層就
一定是「無啟動、有 Bias」的（二維卷積層不設置啟動函式，但是具備偏置變數）。
設置程式如下。

```
conv = darknetconv(conv, (3, 3, 128, 256))
conv_sbbox = darknetconv(
    conv, (1, 1, 256, 3 * (NUM_CLASS + 5)),
    activate=False, bn=False)
```

　　對於圖 3-7 中 PANet 左側的中解析度輸出 Route_med，首先，PANet 右側網路將其與來自 Route_high 的資料進行矩陣拼接，形成圖 3-8 中名為 high_med_R_concat 的資料。其中，Route_high 的資料處理演算法為，將 Route_high 資料送入一個通道數為 256、卷積核心尺寸為 3、步進為 2 的 DarkNet 專用卷積塊 DarkNetConv，由於該 DarkNet 專用卷積塊 DarkNetConv 的步進為 2，所以它具有二分之一下採樣的作用。然後，PANet 右側網路將 high_med_R_concat 資料送入 5 個串聯的 DarkNet 專用卷積塊 DarkNetConv（通道數分別為 256、512、256、512、256，卷積核心尺寸為 1、3、1、3、1，步進均為 1）進行處理，形成中解析度通路在右側的中間過程資料。這個中間過程資料在圖 3-8 中被命名為 Route_med_R。Route_med_R 分為兩支，其中一支透過一個通道數為 512、卷積核心尺寸為 3、步進為 1 的 DarkNet 專用卷積塊 DarkNetConv 後，再透過一個 DarkNet 專用卷積塊 DarkNetConv 調整為通道數為 3 * (NUM_ CLASS + 5) 的資料後，形成中解析度的預測輸出，該預測輸出被命名為 conv_mbbox。注意，最後的這個通道數為 3 * (NUM_CLASS + 5) 的 DarkNet 專用卷積塊 DarkNetConv 的內部不設置 BN 層元件，同時其內部的二維卷積層不設置啟動函式，但是具備偏置變數。設置程式如下。

```
conv = darknetconv(
    route_high, (3, 3, 128, 256), downsample=True)
high_med_R_Concat = tf.keras.layers.Concatenate(
    axis=-1,name='high_med_R_Concat')(
        [conv, route_med])
conv = darknetconv(high_med_R_Concat, (1, 1, 512, 256))
conv = darknetconv(conv, (3, 3, 256, 512))
conv = darknetconv(conv, (1, 1, 512, 256))
conv = darknetconv(conv, (3, 3, 256, 512))
conv = darknetconv(conv, (1, 1, 512, 256))
route_med_R = conv
conv = darknetconv(conv, (3, 3, 256, 512))
conv_mbbox = darknetconv(
    conv, (1, 1, 512, 3 * (NUM_CLASS + 5)),
    activate=False, bn=False)
```

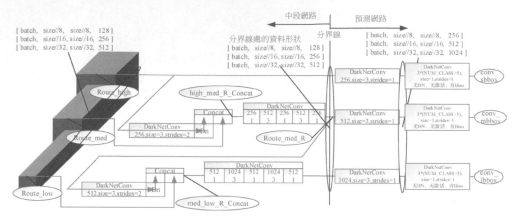

▲ 圖 3-8 YOLOV4 的 PANet 右側演算法和資料流程圖

　　對於圖 3-7 中 PANet 左側的低解析度輸出 Route_low，首先，PANet 右側網路將其與來自 Route_med_R 的資料進行矩陣拼接，形成圖 3-8 中名為 med_low_R_concat 的資料。其中 Route_med_R 的資料處理演算法為，將 Route_med_R 資料送入一個通道數為 512、卷積核心尺寸為 3、步進為 2 的 DarkNet 專用卷積塊 DarkNetConv，由於該 DarkNet 專用卷積塊 DarkNetConv 的步進為 2，所以它具有二分之一下採樣的作用。然後，PANet 右側網路將 med_low_R_concat 資料送入 5 個串聯的 DarkNet 專用卷積塊 DarkNetConv（通道數分別為 512、1024、512、1024、512，卷積核心尺寸為 1、3、1、3、1，步進均為 1）進行處理，形成低解析度通路在右側的中間過程資料。這個中間過程資料透過一個通道數為 1024、卷積核心尺寸為 3、步進為 1 的 DarkNet 專用卷積塊 DarkNetConv 後，再透過一個 DarkNet 專用卷積塊 DarkNetConv 調整為通道數為 3 * (NUM_CLASS + 5) 的資料後，形成低解析度的預測輸出，該預測輸出被命名為 conv_lbbox。注意，最後的這個通道數為 3 * (NUM_CLASS + 5) 的 DarkNet 專用卷積塊 DarkNetConv 的內部不設置 BN 層元件，同時其內部的二維卷積層不設置啟動函式，但是具備偏置變數。設置程式如下。

```
conv = darknetconv(
    route_med_R, (3, 3, 256, 512), downsample=True)
med_low_R_Concat = tf.keras.layers.Concatenate(
    axis=-1,name='med_low_R_Concat')(
        [conv, route_low])
```

```
conv = darknetconv(med_low_R_Concat, (1, 1, 1024, 512))
conv = darknetconv(conv, (3, 3, 512, 1024))
conv = darknetconv(conv, (1, 1, 1024, 512))
conv = darknetconv(conv, (3, 3, 512, 1024))
conv = darknetconv(conv, (1, 1, 1024, 512))

conv = darknetconv(conv, (3, 3, 512, 1024))
conv_lbbox = darknetconv(
    conv, (1, 1, 1024, 3 * (NUM_CLASS + 5)),
    activate=False, bn=False)
```

總的來說，從 YOLOV4 的骨幹網路 CSP-DarkNet 的 3 個解析度特徵圖（high_res_fm、med_res_fm、low_res_fm）輸出，先透過中段網路左側處理，形成從低解析度向高解析度融合的左側輸出（Route_high、Route_med、Route_low，它們的通道數分別為 128、256、512，解析度與輸入的解析度保持不變）；然後經過中段網路右側處理，形成與 Route_med_R 上下相鄰的右側中間資料，這些右側中間資料的通道數分別為 128、256、512，它們的解析度與輸入的解析度保持不變；最後 3 個解析度的中間資料經過卷積核心尺寸為 3、步進為 1 的 DarkNet 專用卷積塊 DarkNetConv 和用於調整通道數的 DarkNet 專用卷積塊 DarkNetConv 處理後，形成通道數均為 3 * (NUM_CLASS + 5)、但解析度各自保持不變的中段網路輸出，中段網路輸出共計 3 個，分別將其命名為 conv_sbbox、conv_mbbox、conv_lbbox。

值得注意的是，YOLOV4 的 PANet 在程式層面是和預測網路一起撰寫的。與 Route_med_R 上下相鄰的右側中間資料的通道數分別為 128、256、512，它們是真正的 YOLOV4 的 PANet 輸出。每個解析度的最後兩個 DarkNet 專用卷積塊 DarkNetConv 屬於預測網路，負責將融合資料轉為預測資料。

將預測網路關於高解析度和低解析度的輸出組合成一串列，作為整個 YOLOV4 函式的輸出，今後將給到預測結果的解碼模組。程式如下。

```
def YOLOv4(input_layer, NUM_CLASS):
    ......
    return [conv_sbbox, conv_mbbox, conv_lbbox]
```

假設輸入影像的解析度是 416 像素 ×416 像素，需要預測的分類數量為 80，那麼根據輸出的 3 個融合特徵圖的張量尺寸計算原理，可以計算得到輸出的 3 個特徵圖的解析度下降到 52 像素 ×52 像素、26 像素 ×26 像素、13 像素 ×13 像素，通道數均為 3×(80+5)=255。測試程式如下。

```
if __name__ == '__main__':
    input_shape = [416,416,3]
    input_layer = tf.keras.layers.Input(shape = input_shape)
    NUM_CLASS=80
    model_yolov4 = tf.keras.Model(
        input_layer,YOLOv4(input_layer, NUM_CLASS))
    # Total params: 64,429,405
    # Trainable params: 64,363,101
    # Non-trainable params: 66,304
    print(model_yolov4.output_shape)
```

輸出如下。

```
[(None, 52, 52, 255),
(None, 26, 26, 255),
(None, 13, 13, 255)]
```

相應地，在輸入影像的解析度為 512 像素 ×512 像素的情況下，輸出解析度為 64 像素 ×64 像素、32 像素 ×32 像素、16 像素 ×16 像素。

更一般地，如果將不同形狀的矩陣看作儲存著不同解析度下的特徵資訊的載體，那麼中段網路就是在矩陣形狀不一致（或稱為在解析度不一致）情況下，實現特徵融合功能的一種有效方法。這種方法具備一般性，不僅適用於物件偵測神經網路中。

3.4.3 YOLOV3-tiny 和 YOLOV4-tiny 版本的中段網路及實現

YOLOV3-tiny 和 YOLOV4-tiny 版本主要針對資源銷耗敏感的應用場景，其骨幹網路也分別採用較為簡單的 DarkNet-tiny（不包含分類預測層的實際層數為 7）和 CSP-DarkNet-tiny（不包含分類預測層的實際層數為 15）版本，為其中段網路提供的特徵圖也僅限於中解析度和低解析度特徵圖，同時，中段網路本身採用的也是最為簡單的單向融合的中段網路。

　　假設 YOLOV3-tiny 和 YOLOV4-tiny 版本的骨幹網路輸出的特徵圖按照解析度從中到低分別被命名為 C4、C5，在程式中分別被命名為 med_res_fm、low_res_fm，它們的解析度分別是輸入影像解析度的 1/16、1/32。YOLOV3-tiny 的 med_res_fm、low_res_fm 特徵圖通道數分別為 256、1024，YOLOV4-tiny 的 med_res_fm、low_res_fm 特徵圖通道數分別為 256、512。

　　YOLOV3-tiny 和 YOLOV4-tiny 版本的中段網路的演算法及資料流程圖完全一樣，以 YOLOV3-tiny 為例，其低解析度特徵圖 low_res_fm 透過一個通道數為 256、卷積核心尺寸為 1、步進為 1 的 DarkNet 專用卷積塊 DarkNetConv 後直接作為中段網路部分的低解析度輸出，緊接著透過預測網路[3]後產生輸出，輸出結果被命名為 conv_lbbox。程式如下。

```
def YOLOv3_tiny(input_layer, NUM_CLASS):
    med_res_fm, low_res_fm = backbone.darknet53_tiny(
        input_layer)
    # 偵錯時可使用 tf.print(med_res_fm.shape,low_res_fm.shape)
    # 矩陣尺寸為 [None, 26, 26, 256] [None, 13, 13, 1024]
    conv = darknetconv(low_res_fm, (1, 1, 1024, 256))

    conv_lobj_branch = darknetconv(conv, (3, 3, 256, 512))
    conv_lbbox = darknetconv(
        conv_lobj_branch,
        (1, 1, 512, 3 * (NUM_CLASS + 5)),
        activate=False, bn=False)
```

　　低解析度特徵圖 low_res_fm 透過第一個 DarkNet 專用卷積塊 DarkNetConv 後的輸出（變數名稱為 conv）實際上進行了二分支，其中一個分支用於生成 conv_lbbox，另一個分支則提供給中解析度進行特徵融合。中解析度進行特徵融合分支上的 conv 先透過一個通道數為 128、卷積核心尺寸為 1、步進為 1 的 DarkNet 專

---

[3] 預測網路由一個通道數為 512、卷積核尺寸為 3、步進為 1 的 DarkNet 專用卷積塊 DarkNetConv 和一個通道數為 3 * (NUM_CLASS + 5)、卷積核尺寸為 1、步進為 1 的 DarkNet 專用卷積塊 DarkNetConv 組成。

用卷積塊 DarkNetConv，再進行二倍上採樣，與中解析度特徵圖 med_res_fm 進行
矩陣拼接，作為中段網路部分的中解析度輸出，緊接著透過預測網路④後產生輸出，
輸出結果被命名為 conv_mbbox。

　　將預測網路關於中解析度和低解析度的輸出組合成一串列，作為整個 YOLOV3-
tiny 函式的輸出。程式如下。

```
conv = darknetconv(conv, (1, 1, 256, 128))
conv = tf.keras.layers.UpSampling2D(2)(conv)
conv = tf.keras.layers.Concatenate(
    axis=-1,name='low_med_Concat')(
        [conv, med_res_fm])

conv_mobj_branch = darknetconv(conv, (3, 3, 384, 256))
conv_mbbox = darknetconv(
    conv_mobj_branch, (1, 1, 256, 3 * (NUM_CLASS + 5)),
    activate=False, bn=False)

return [conv_mbbox, conv_lbbox]
```

　　YOLOV3-tiny 的中段網路（含預測網路部分）的演算法和資料流程圖如圖 3-9
所示。

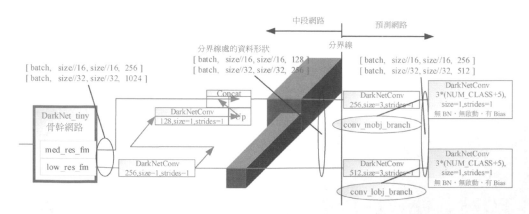

▲ 圖 3-9 YOLOV3-tiny 的中段網路（含預測網路）的演算法和資料流程圖

---

④ 預測網路由一個通道數為 256、卷積核尺寸為 3、步進為 1 的 DarkNet 專用卷積塊
DarkNetConv 和一個通道數為 3 * (NUM_CLASS + 5)、卷積核尺寸為 1、步進為 1 的
DarkNet 專用卷積塊 DarkNetConv 組成。

除函式名稱不同外，YOLOV4-tiny 的中段網路程式與 YOLOV3-tiny 的中段網路程式的演算法程式一模一樣，也是將預測網路關於中解析度和低解析度的輸出組合成一串列，作為整個 YOLOV4-tiny 函式的輸出。程式如下。

```
def YOLOv4_tiny(input_layer, NUM_CLASS):
    med_res_fm, low_res_fm = backbone.cspdarknet53_tiny(
        input_layer)
    # 偵錯時不得使用 Python 的 print，只能使用 tf.print(med_res_fm.shape, low_res_fm.
shape)
    # 矩陣尺寸為 [None, 26, 26, 256]、[None, 13, 13, 512]

    conv = darknetconv(low_res_fm, (1, 1, 512, 256))

    conv_lobj_branch = darknetconv(conv, (3, 3, 256, 512))
    conv_lbbox = darknetconv(
        conv_lobj_branch, (1, 1, 512, 3 * (NUM_CLASS + 5)),
        activate=False, bn=False)

    conv = darknetconv(conv, (1, 1, 256, 128))
    conv = tf.keras.layers.UpSampling2D(2)(conv)
    conv = tf.keras.layers.Concatenate(
        axis=-1,name='low_med_Concat')(
            [conv, med_res_fm])

    conv_mobj_branch = darknetconv(conv, (3, 3, 384, 256))
    conv_mbbox = darknetconv(
        conv_mobj_branch, (1, 1, 256, 3 * (NUM_CLASS + 5)),
        activate=False, bn=False)

    return [conv_mbbox, conv_lbbox]
```

YOLOV4-tiny 的中段網路的演算法和資料流程圖如圖 3-10 所示。

總的來說，YOLOV3-tiny 和 YOLOV4-tiny 都只從骨幹網路中提取兩個解析度的特徵圖輸出，並將這兩個解析度的特徵圖輸出分別將 med 和 low 作為首碼進行命名，將其分別命名為 med_res_fm、low_res_fm。這兩個解析度的特徵圖輸出透過單向融合的中段網路形成通道數分別為 128、256 的中段網路輸出。中段網路輸出經過預測網路的處理，形成通道數都是 3 * (NUM_CLASS + 5)、但解析度各自保持不變的預測網路輸出，預測網路的輸出分別命名被為 conv_mbbox、conv_lbbox。

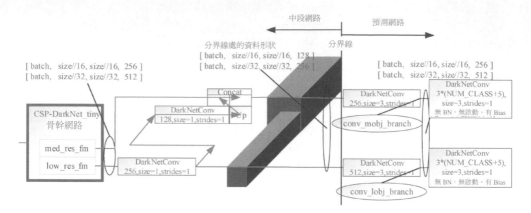

▲ 圖 3-10 YOLOV4-tiny 的中段網路的演算法和資料流程圖

　　假設輸入影像的解析度是 416 像素 ×416 像素，需要預測的分類數量為 80，那麼根據輸出的 2 個融合特徵圖的張量尺寸計算原理，可以計算得到輸出的 2 個特徵圖解析度下降到 26 像素 ×26 像素、13 像素 ×13 像素，通道數均為 3×(80+5)=255。YOLOV3-tiny 模型的測試程式如下。

```
if __name__ == '__main__':
    input_shape = [416,416,3]
    input_layer = tf.keras.layers.Input(shape = input_shape)
    NUM_CLASS=80
    model_yolov3_tiny = tf.keras.Model(
        input_layer,YOLOv3_tiny(input_layer, NUM_CLASS))
    # Total params: 8,858,734
    # Trainable params: 8,852,366
    # Non-trainable params: 6,368
    print(model_yolov3_tiny.output_shape)
    # [(None, 26, 26, 255), (None, 13, 13, 255)]
```

YOLOV4-tiny 模型的測試程式如下。

```
if __name__ == '__main__':
    input_shape = [416,416,3]
    input_layer = tf.keras.layers.Input(shape = input_shape)
```

```
NUM_CLASS=80
model_yolov4_tiny = tf.keras.Model(
    input_layer,YOLOv4_tiny(input_layer, NUM_CLASS))
# Total params: 6,062,814
# Trainable params: 6,056,606
# Non-trainable params: 6,208
print(model_yolov4_tiny.output_shape)
# [(None, 26, 26, 255), (None, 13, 13, 255)]
```

3.5　神經網路輸出的解碼

中段網路和預測網路的輸出需要繼續透過解碼網路的處理，才能形成具有物理含義的預測資訊。

3.5.1　融合特徵圖的幾何含義

預測網路的輸出是具有不同解析度特徵的資料，如果是 YOLOV3 或 YOLOV4 模型的預測網路，那麼輸出的融合特徵圖有高、中、低 3 個解析度：[conv_sbbox, conv_mbbox, conv_lbbox]。其中，高解析度特徵圖可以預測小尺寸矩形框（small bounding box，sbbox），依此類推。如果使用的是 YOLOV3-tiny 或 YOLOV4-tiny 模型的預測網路，那麼輸出的融合特徵圖有中、低兩個解析度：[conv_mbbox, conv_lbbox]。

如果輸入影像的尺寸用 size 標記，物件辨識需要區分的物體種類有 NUM_CLASS 類，那麼 conv_sbbox 的形狀是 [batch, size/32, size/32, 3*(NUM_CLASS+5)]，conv_mbbox 的形狀是 [batch, size/16, size/16, 3*(NUM_CLASS+5)]，conv_lbbox 的形狀是 [batch, size/32,size/32, 3*(NUM_CLASS+5)]。

如果將 conv_sbbox、conv_mbbox、conv_lbbox 統一用 conv_output 表示，代表融合特徵圖，將 size/32、size/16、size/8 統一用 grid_size 表示，代表融合特徵圖的解析度，那麼神經網路輸出的形狀為 [batch, grid_size, grid_size, 3*(5+NUM_CLASS)] 的四維矩陣 conv_output 就可以重組成形狀為 [batch, grid_size, grid_size, 3, (5+NUM_CLASS)] 的五維矩陣，重組後的矩陣依舊被命名為 conv_output。

我們需要關注重組後矩陣 conv_output 的 [grid_size, grid_size] 這個維度，可以將融合特徵圖理解為神經網路的預測結果，按照 grid_size×grid_size 的排列方式密集地堆滿整個片幅。根據感受野（Receptive Field，RF）理論，顯然，conv_output 中的每個元素都對應著原圖上的某個像素範圍的感受野。舉例來說，假設原始影像是解析度為 416 像素 ×416 像素 RGB 彩色影像，產生的低解析度融合特徵圖的解析度為 13 像素 ×13 像素，那麼縮放比等於 1/32，其含義是融合特徵圖的特徵像素點對應原圖某個局部感受野區域，這個局部感受野區域的位置可能根據特徵像素點的位置變化而變化，但這個局部感受野區域一定是一個 32 像素 ×32 像素的局部區域。

如果提取 conv_output 矩陣中索引為 [batch, 0, 0, :, :] 的元素，那麼將得到一個形狀為 [3, (5+NUM_CLASS)] 的矩陣，這個矩陣代表了根據神經網路針對融合特徵圖的第 0 行第 0 列處進行預測，也就是對原圖左上角解析度為 32 像素 ×32 像素的原圖感受野（即原圖第 0 行到第 31 行，第 0 列到第 32 列所組成的感受野）所進行的預測。同理，[batch, 7, 6, :, :] 可以提取到根據神經網路針對融合特徵圖的第 7 行第 6 列（zero_based，從 0 開始算起，而非從 1 開始算起）所進行的預測，也就是對原圖從左上角向下第 7 個和向右第 6 個區域（32 像素 ×32 像素範圍的感受野區域）所進行的預測。融合特徵圖像素在原圖上的感受野對應關係示意圖如圖 3-11 所示。

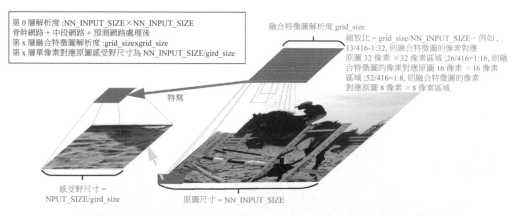

▲ 圖 3-11　融合特徵圖像素在原圖上的感受野對應關係示意圖

接下來，我們設計一個解碼網路的函式，該函式的名稱為 decode_train，利用 conv_output 矩陣的像素排列幾何含義，對需要預測的矩形框中心點座標、寬度和高度、前背景機率分類機率進行解碼。解碼網路函式 decode_train 不涉及任何可訓練的神經網路，僅根據輸出資料的物理定義，將輸入資料進行動態範圍、相互關係、矩陣形狀的轉換。

　　解碼網路的第一步是從輸入資料中提取特徵融合的相關資訊，包括輸入資料的第一個維度——打包資訊（batch_size），輸入資料的第二個、第三個維度——本層次的特徵圖解析度（grid_size），提取這些資訊後供後續解碼網路處理使用。解碼網路的第二步是對特徵融合的資料進行矩陣形狀的重組，將最後一個維度從 3*(NUM_CLASS+5) 擴充兩個維度，即成為 [3,(NUM_CLASS+5)]，從而使得整個矩陣的形狀成為 [batch,grid_size,grid_size,3, (5+NUM_CLASS)]，變數被命名為 conv_output。程式如下。

```
def decode_train(
        conv_output,NUM_CLASS,anchors,xyscale=1,
        decode_output_name=None):
    # conv_output 的形狀是 [b,grid_size,grid_size,3*(5+NUM_CLASS)]
    # 如果 NUM_CLASS=20，那麼形狀是 [batch,grid_size,grid_size,75]
    # 提取特徵圖參數
    batch_size = tf.shape(conv_output)[0]
    grid_size = tf.shape(conv_output)[1:3]
    # Reshape 和 Split 神經網路輸出矩陣
    conv_output = tf.reshape(
        conv_output,
        (batch_size,grid_size[0],grid_size[1],3,5+NUM_CLASS))
```

　　我們可以人為定義 conv_output 矩陣的倒數第二個維度代表 3 種橫縱比的矩形錨框。人為定義 conv_output 矩陣的最後一個維度的資訊如下。

　　第 0 位到第 1 位被命名為 conv_raw_dxdy，代表了預測矩形框的中心點 x、y 座標的相關資訊，動態範圍是 (-inf, +inf)。

　　第 2 位到第 3 位被命名為 conv_raw_dwdh，代表了預測物體寬度和高度的相關資訊，動態範圍是 (-inf, +inf)。

　　第 4 位被命名為 conv_raw_conf，代表了該區域包含物體的置信度，動態範圍是 [-inf, +inf]。

　　第 5 位到第 [(NUM_CLAS +5)-1] 位（合計 NUM_CLASS 位）被命名為 conv_raw_prob，代表了在存在物體的前提下屬於某個分類的條件機率相關資訊，動態範圍是 (-inf, +inf)。

YOLO 網路預測結果的資料結構內涵圖如圖 3-12 所示。

將神經網路輸出按照其物理含義進行拆分的程式如下。

```
(conv_raw_dxdy, conv_raw_dwdh,
 conv_raw_conf, conv_raw_prob) = tf.split(
    conv_output,(2, 2, 1, NUM_CLASS), axis=-1)
```

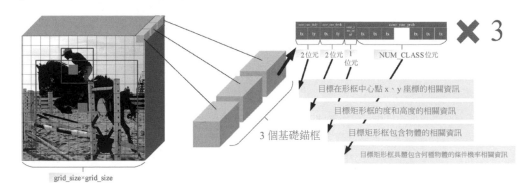

▲ 圖 3-12 YOLO 網路預測結果的資料結構內涵圖

3.5.2 矩形框中心點座標的解碼

雖然人為定義了 conv_raw_dxdy（conv_output 最後一個維度的第 0、1 個切片）的含義是預測矩形框中心點 x、y 座標，但其動態範圍是 (−inf,+inf)，這是非常糟糕的。因為矩形框中心點座標不會超出整個片幅，如果以整個片幅為單位 1，那麼中心點座標的動態範圍應該是 [0,1]。電腦視覺工程師要做的就是對 conv_raw_dxdy 進行適當變換，讓它的動態範圍更符合其物理意義。

sigmoid 函式具有良好的性質，它的定義域為 (−inf,+inf)，值域為 [0,1]，符合矩形框中心點座標的物理意義。sigmoid 函式的定義如式（3-1）所示。

$$y = f_{sigmoid}(x) = \frac{1}{1+e^{-x}}, \; x \in (-\infty, +\infty), f_{sigmoid}(x) \in (0,1) \tag{3-1}$$

同時，它在定義域內是連續的光滑函式，這表示它的導數處處存在，在進行梯度計算時不會出現不確定的梯度數值，sigmoid 函式的導數如式（3-2）所示。

$$\frac{\mathrm{d}y}{\mathrm{d}x} = \frac{\mathrm{d}\left(f_{\text{sigmoid}}\right)}{\mathrm{d}x} = \frac{\mathrm{e}^{x}}{\left(1+\mathrm{e}^{x}\right)^{2}} = f_{\text{sigmoid}}\left(x\right)\left[1 - f_{\text{sigmoid}}\left(x\right)\right] \qquad (\text{3-2})$$

sigmoid 函式及其導數的示意圖如圖 3-13 所示。

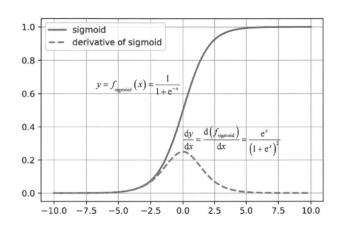

▲ 圖 3-13　sigmoid 函式及其導數的示意圖

　　這樣，我們可以結合融合特徵圖的感受野性質，將每個感受野預測矩形框中心點位置進行以下定義。定義一個 pred_dxdy，它的幾何含義是預測矩形框中心點位於感受野覆蓋範圍內的相對座標，座標原點為感受野的左上角。從它的幾何含義看，pred_dxdy 的動態範圍應該是 [0,1]。這樣，透過 sigmoid 函式獲得的數值可以被視作 pred_dxdy，也可以被定義為感受野局部範圍內的精確中心點座標。動態範圍為 [0,1] 的 pred_dxdy 與動態範圍為 (−inf,+inf) 的 conv_raw_dxdy 的關聯運算式如式（3-3）所示。

$$\begin{cases} \text{pred}_{\text{dx}} = f_{\text{sigmoid}}\left(\text{conv\_raw\_dx}\right) \\ \text{pred}_{\text{dy}} = f_{\text{sigmoid}}\left(\text{conv\_raw\_dy}\right) \end{cases} \qquad (\text{3-3})$$

　　如果需要將矩形框中心點相對於感受野原點的座標轉化為相對於片幅原點的座標，那麼只需要將 pred_dxdy 加上感受野座標原點的相對座標（感受野座標原點的相對座標用 xy_grid 表示）後除以整個片幅的感受野數量（感受野數量等於融合特徵圖的解析度 grid_size）即可，計算出來的預測矩形框中心點相對於整個片幅的相對座標被定義為 pred_xy。將 pred_xy 拆分為 pred_x 和 pred_y，並分別用 pred_x 和 pred_y 表示，如式（3-4）所示。

$$\begin{cases} \mathrm{pred}_x = \dfrac{\mathrm{pred}_{dx} + \mathrm{grid}_x}{\mathrm{grid\_size}}, \ \mathrm{pred}_x \in [0,1] \\[3mm] \mathrm{pred}_y = \dfrac{\mathrm{pred}_{dy} + \mathrm{grid}_y}{\mathrm{grid\_size}}, \ \mathrm{pred}_y \in [0,1] \end{cases} \qquad (3\text{-}4)$$

感受野相對座標的動態範圍如式（3-5）所示。

$$\mathrm{grid}_x, \mathrm{grid}_y \in [0, \mathrm{grid\_size} - 1] \qquad (3\text{-}5)$$

　　總的來說，使用 sigmoid 函式完成了動態範圍的轉換，得到矩形框中心點相對於感受野原點的相對座標 pred_dxdy，透過座標系轉換得到矩形框中心點相對於片幅原點的座標 pred_xy，其中，pred_dxdy 和 pred_xy 的動態範圍都是 [0,1]。矩形框中心點預測數值的幾何含義 1 如圖 3-14 所示。

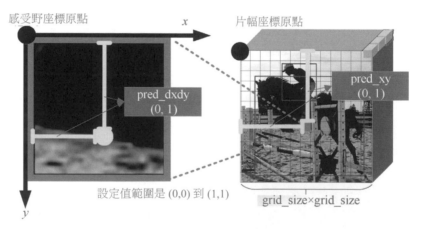

▲ 圖 3-14　矩形框中心點預測數值的幾何含義 1

　　推導預測矩形框中心點座標的計算鏈條對應程式如下。程式中，在計算 xy_grid 時，由於自動形狀廣播機制無法適用於此處場景，所以需要用手動調整形狀代替自動形狀廣播。

```
pred_dxdy = tf.sigmoid(conv_raw_dxdy)
!!! 注意！矩陣 grid[x][y] 定址得到影像上 (y, x) 座標點的像素值
x_grid,y_grid = tf.meshgrid(
```

```
    tf.range(grid_size[1]), tf.range(grid_size[0]))
xy_grid = tf.expand_dims(
    tf.stack([x_grid,y_grid], axis=-1), axis=2)
xy_grid = tf.tile(tf.expand_dims(xy_grid, axis=0),
    # 由於自動形狀廣播機制無法適用於此處場景，所以需要用手動調整形狀代替自動形狀廣播
    [batch_size, 1, 1, 3, 1])
xy_grid = tf.cast(xy_grid, tf.float32)
pred_xy=1.0/tf.cast(grid_size, tf.float32)*(
    (pred_dxdy*xyscale)-0.5*(xyscale-1) + xy_grid)
```

在程式中需要特別注意的是，在用到網格生成函式 tf.meshgrid 時，需要交換 x 和 y 的順序，這是因為 meshgrid 函式是按照先「行」後「列」的順序生成座標的，而矩陣的「行」號的增長方向對應影像座標系的 y 軸，矩陣的「列」號的增長方向對應影像座標系的 x 軸。另外，程式中用到了比例因數 XYSCALE，它主要是為了處理 sigmoid 函式只有在負無窮（-inf）時才能取到 0、在正無窮（+inf）時才能取到 1 的尷尬情況，使 conv_raw_dxdy 無須設定值到正、負無窮也可以快速地計算出 0 和 1。可根據經驗選擇比例因數 XYSCALE：在 YOLOV4 的論文中，低解析度融合特徵圖的 XYSCALE 經驗設定值為 1.05，中解析度融合特徵圖的 XYSCALE 經驗設定值為 1.1，高解析度融合特徵圖的 XYSCALE 經驗設定值為 1.2。在無先驗經驗的情況下，開發者可以將 XYSCALE 統一設置為 1。

3.5.3 矩形框寬度和高度的解碼

神經網路輸出的 conv_raw_dwdh（conv_output 最後一個維度的第 2、3 個切片）的含義是預測矩形框的寬度和高度，它的動態範圍同樣是 (-inf,+inf)。我們要做的就是對 conv_raw_dxdy 進行適當變換，讓它更符合它所對應物理量的現實意義。

指數函式的定義域是 (-inf,+inf)，值域是 (0,+inf)，並且指數函式在定義域內是連續光滑的，其導數等於自身。當引數設定值為 0 時，指數函式的函式值和導數都等於 1，如果先驗錨框的選擇合理，那麼能夠將與先驗錨框具有類似尺度和比例的預測矩形框快速高效率地擬合出來。指數函式的動態範圍示意圖如圖 3-15 所示。

這樣，我們可以根據指數函式的優良性質，對每個預測矩形框的寬度和高度進行更合理的定義。定義一個 pred_dwdh，它的幾何含義是預測矩形框的寬度和高度除以先驗錨框的寬度和高度的倍數比例。顯然，從它的幾何含義看，pred_dwdh 應該是一

個設定值範圍為 (0,+inf) 的數值，這樣符合指數函式輸出的動態範圍。我們可以將指數函式處理 conv_raw_dwdh 所產生的輸出定義為 pred_dwdh，以表示預測矩形框的寬度和高度與先驗錨框的寬度和高度的比例。動態範圍是 [0,+inf] 的 pred_dwdh 與動態範圍是 (−inf,+inf) 的 conv_raw_dwdh 的關聯運算式如式（3-6）所示。

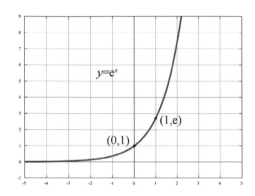

▲ 圖 3-15　指數函式的動態範圍示意圖

$$\begin{cases} \text{pred}_{dw} = e^{\text{conv\_raw\_dw}}, \ \text{pred}_{dw} \in [0,+\infty] \\ \text{pred}_{dh} = e^{\text{conv\_raw\_dh}}, \ \text{pred}_{dh} \in [0,+\infty] \end{cases} \qquad (3\text{-}6)$$

　　注意，此時獲得的預測矩形框的寬度和高度是倍數，如果要獲得預測矩形框的真正寬度和高度 pred_wh，那麼必須將 pred_dwdh（$e^{\text{conv\_raw\_dw}}$ 和 $e^{\text{conv\_raw\_dh}}$）乘以先驗錨框的寬度和高度 anchor_wh（anchor_w 和 anchor_h）。由於先驗錨框的寬度和高度一般是相對於整個片幅寬度和高度的歸一化數值，所以獲得的 pred_wh 也是相對於整個片幅寬度和高度的歸一化數值，如式（3-7）所示。

$$\begin{cases} \text{pred}_w = \text{anchor}_w * e^{\text{conv\_raw\_dw}} \\ \text{pred}_h = \text{anchor}_h * e^{\text{conv\_raw\_dh}} \end{cases} \qquad (3\text{-}7)$$

　　總的來說，我們使用指數函式完成預測矩形框的寬度和高度的動態範圍調整。首先從神經網路得到長寬比的指數 conv_raw_dwdh 及其動態範圍 (−inf,+inf)；然後透過指數函式獲得長寬比的倍數 pred_dwdh 及其動態範圍 (0,+inf)；最後乘以歸一化數值的先驗錨框的寬度和高度獲得預測矩形框的實際歸一化寬度和高度 pred_wh 及其動態範圍 (0,+inf)。矩形框中心點預測數值的幾何含義 2 如圖 3-16 所示。

　　以上演算法原理使用 TensorFlow 進行實現，最後將算出的預測矩形框的寬度和高度儲存到 pred_wh 變數中，程式如下。

```
pred_dwdh = tf.exp(
    tf.clip_by_value(conv_raw_dwdh,tf.float32.min, 40))
pred_wh = pred_dwdh * anchors
```

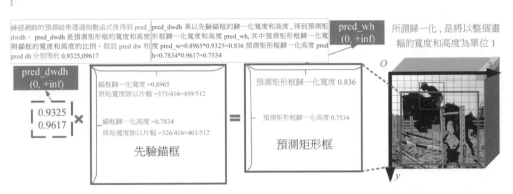

▲ 圖 3-16　矩形框中心點預測數值的幾何含義 2

　　程式中使用了 tf.clip_by_value 函式，這是因為指數函式在 TensorFlow 預設的 float32 的解碼精度條件下，對於指數是有數值限制的。根據浮點 32 位元能表達的最大值的對數，可以得知以自然數 e 為底的指數運算，其指數數值最大只能取到 88.72284〔tf.math.log(tf.float32.max)= 88.72284〕。一旦指數超過 88.72284，指數計算的結果就會超過浮點 32 位元所能表示的最大數值，即 tf.exp(89) 的計算結果就等於 INF 了，INF 是無法參與後續運算的。所以，理論上 conv_raw_dwdh 數值的動態範圍應該控制在 (-inf,88.72]，考慮到後面程式中需要將寬度和高度進行平方操作，再考慮一些余量，作者將其設置在了 (tf.float32.min,+40]，這樣避免了 pred_dwdh 出現 +inf 的計算結果，從而避免後續計算出現更多 INF 或 NaN 的情況。值域鉗制的後果是將 pred_dwdh 的動態範圍控制在 (0,2.3538525e+17)，並且當長寬比超出這個範圍時，梯度將停止傳遞。這樣的後果我們是可以接受的，因為預測矩形框與先驗錨框的倍數一般不會超出這個範圍，而且如果預測矩形框與先驗錨框的倍數超過這個數值，那麼一定屬於極少出現的預測失敗案例，即使梯度不傳遞也是可以接受的。

3.5.4 前背景機率和分類機率的解碼

　　之前我們人為定義了 conv_raw_conf（conv_output 最後一個維度的第 4 個切片）的含義是預測矩形框包含我們感興趣的物體的機率，若包含物體則被視為前景，若不包含物體則被視為背景。接下來，我們需要進一步利用融合特徵圖的幾何含義，對這個切片進行更加合理的人為定義。

　　conv_raw_conf 的動態範圍是 (−inf,+inf)，但某個預測矩形框包含物體的機率的動態範圍是 [0,1]，所以我們可以對 conv_raw_conf 運用 sigmoid 運算後，將預測矩形框包含物體的機率設定值的動態範圍壓縮在 [0,1] 之間。相應地，我們將動態範圍被 sigmoid 函式壓縮在 [0,1] 之間的變數命名為 pred_objectness。這樣，pred_objectness 的物理含義是，當 pred_objectness 設定值為 0 時，表示不包含我們感興趣的物體，屬於背景；當 pred_objectness 設定值為 1 時，表示包含我們感興趣的物體，屬於前景。

　　同理，conv_raw_prob 是 conv_output 最後一個維度的第 5 ～ [(NUM_CLAS +5)−1] 個切片，其物理含義是某個預測矩形框在包含物體的前提下屬於某個分類的條件機率。但是 conv_raw_prob 的元素的動態範圍是 (−inf,+inf)，而條件機率的動態範圍是 [0,1]，所以可以對 conv_raw_prob 運用 sigmoid 運算後，將預測矩形框包含何種物體的條件機率控制在 [0,1] 的動態範圍內。相應地，我們將動態範圍被 sigmoid 函式壓縮在 [0,1] 之間的變數命名為 pred_cls_prob。這樣，pred_cls_prob 的物理含義就真正成為在矩形框包含物體的情況下，屬於各個分類的條件機率（設定值範圍為 0 ～ 1），而 conv_raw_prob 的物理含義就是這個條件機率的指數。

　　由於 pred_objectness 和 pred_cls_prob 的動態範圍是 [0,1]，恰好符合機率分佈的設定值範圍，因此，我們稱 pred_objectness 和 pred_cls_prob 是具有機率意義的變數。由於 conv_raw_ conf 和 conv_raw_prob 的動態範圍是 (−inf,+inf)，這個動態範圍恰好符合指數函式的引數範圍，因此，我們稱 conv_raw_conf 和 conv_raw_prob 是具有指數意義的變數。具有機率意義的動態範圍是 [0,1] 的 pred_objectness 和 pred_cls_prob，與具有指數意義的動態範圍是 (−inf,+inf) 的 conv_raw_conf 和 conv_raw_prob 的關聯運算式如式（3-8）所示。

$$\begin{cases} \text{pred\_objectness} = f_{\text{sigmoid}}\left(\text{conv\_raw\_conf}\right) \\ \text{pred\_cls\_prob} = f_{\text{sigmoid}}\left(\text{conv\_raw\_prob}\right) \end{cases} \qquad （3\text{-}8）$$

　　既然 pred_cls_prob 是條件機率，那麼根據全機率公式，可以推導出某個矩形框包含第 i 個物體的實際機率 $\text{pr}\left(\text{class}_i\right)$ 等於某個矩形框包含物體的機率 pred_objectness（定義為 pr(objness)）乘以某個矩形框在包含物體的前提下屬於第 i 個物體的條件機率 pred_cls_prob（定義為 $\text{pr}\left(\text{class}_i \mid \text{objness}\right)$），公式如式（3-9）所示。

$$\begin{cases} \text{pr}\left(\text{objness}\right)=\text{pred\_objectness} \\ \text{pr}\left(\text{class}_i|\text{objness}\right)=\text{pred\_cls\_prob} \\ \text{pr}\left(\text{class}_i\right) = \text{pr}\left(\text{objness}\right)\text{pr}\left(\text{class}_i \mid \text{objness}\right) = \text{pred\_objness}\times\text{pred\_cls\_prob} \end{cases} \qquad （3\text{-}9）$$

　　矩形框包含物體的機率 pred_objectness 和矩形框包含何種物體的條件機率 pred_cls_prob 的演算法程式如下。

```
pred_objectness = tf.sigmoid(conv_raw_conf)
pred_cls_prob = tf.sigmoid(conv_raw_prob)
```

3.5.5　矩形框角點座標和解碼函式整體輸出

　　至此，我們獲得了預測矩形框的中心點、寬度和高度，包含物體的機率，包含何種物體的條件機率。我們還可以很方便地根據初等幾何的知識，得出預測矩形框的左上角座標和右下角座標，將其用 pred_x1y1、pred_x2y2 表示。

　　預測矩形框左上角座標 pred_x1y1 和右下角座標 pred_x2y2 的座標系和比例尺，與預測矩形框的中心點寬度和高度完全一致，都是以片幅左上角為座標原點，用單位 1 表示整個片幅的寬度和高度，所以 pred_x1y1 和 pred_x2y2 的理論動態範圍也是 [0,1]，即左上角和右下角的座標理論上不會超出片幅的邊界，但由於預測矩形框左上角座標 pred_x1y1 和右下角座標 pred_x2y2 是透過中心點加、減一半的寬度和高度得到的，所以實際上 pred_x1y1 和 pred_x2y2 的動態範圍是正、負無窮。pred_x1y1 和 pred_x2y2 的演算法程式如下。

```
pred_x1y1 = pred_xy - pred_wh / 2
pred_x2y2 = pred_xy + pred_wh / 2
```

　　我們將預測矩形框的兩種表達方式進行規整。將用相對座標法儲存的多個預測矩形框用 pred_x1y1x2y2 變數儲存；將用相對中心法儲存的多個預測矩形框用 pred_xywh 變數儲存；將感受野原點的中心點座標、寬度和高度相對於先驗錨框的倍數用 pred_dxdydwdh 變數儲存；將神經網路的原始輸出用 conv_raw_dxdydwdh 變數儲存。將儲存了矩形框包含物體的機率的 pred_objectness 變數和儲存了矩形框包含何種物體的條件機率的 pred_cls_prob 變數組合成一個形狀為 [batch, grid_size, grid_size, 3, (4+4+4+4+1+NUM_CLASS)] 的新的預測矩陣，供解碼函式進行傳回輸出。程式如下。

```
def decode_train(
        conv_output,NUM_CLASS,anchors,xyscale=1,
        decode_output_name=None):
    ......
    pred_x1y1x2y2 =tf.concat(
        [pred_x1y1, pred_x2y2],axis=-1)
    pred_xywh = tf.concat(
        [pred_xy, pred_wh], axis=-1)
    pred_ dxdydwdh =tf.concat(
        [pred_dxdy,pred_dwdh],axis=-1)
    conv_raw_dxdydwdh=tf.concat(
        [conv_raw_dxdy,conv_raw_dwdh],axis=-1)
    if decode_output_name:
        decode_output = tf.keras.layers.Concatenate(
            axis=-1,name=decode_output_name)(
                [pred_x1y1x2y2, pred_xywh, pred_dxdydwdh,
                 conv_raw_dxdydwdh,
                 pred_objectness, pred_cls_prob])
    else:
        decode_output = tf.keras.layers.Concatenate(
            axis=-1)(
                [pred_x1y1x2y2, pred_xywh, pred_dxdydwdh,
                 conv_raw_dxdydwdh,
                 pred_objectness, pred_cls_prob])
    return decode_output
```

程式中，decode_output 張量所包含的矩陣較多，有些是儲存迴歸資料的矩陣，有些是儲存分類機率資料的矩陣，有些是指數意義的矩陣，有些是機率意義的矩陣，它們的內部元素的設定值擁有不同的動態範圍。如果將這個神經網路進行量化，那麼很可能導致量化失敗，但作為訓練或雲端運算部署是沒有問題的。

程式中，最後一層的矩陣拼接層使用人為定義的名稱，因為這一層的輸出是神經網路的整體輸出，TensorFlow 會提取這些層的名稱，將其作為損失函式的命名首碼。所以，在解碼網路的最後，將矩陣拼接層命名為 decode_output_name，以便後期偵錯。針對低、中、高 3 個解析度，decode_output_name 一般被給予值為 Low_Res、Med_Res、High_Res，這樣神經網路會自動將這些節點的損失值命名為 Low_Res_loss、Med_Res_loss、High_Res_loss、val_Low_Res_loss、val_Med_Res_loss、val_High_Res_loss 等。

總的來說，神經網路預測結果的解碼函式 decode_train 完成了從適合神經網路計算的動態範圍為 (-inf,+inf) 的預測資料到符合幾何物理意義的 [0,1] 的動態範圍的轉換。解碼函式的形狀和動態範圍示意圖如圖 3-17 所示。

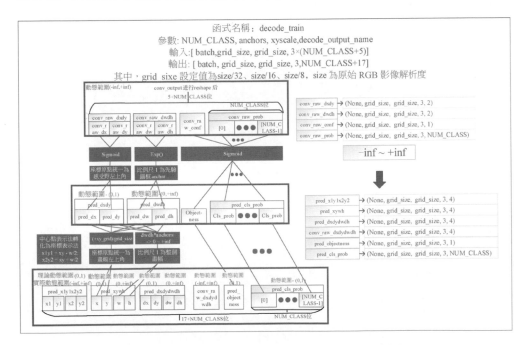

▲ 圖 3-17 解碼函式的形狀和動態範圍示意圖

第 **4** 章

一階段物件辨識神經網路典型案例——YOLO 解析

在許多一階段物件辨識神經網路中，YOLO 家族因其優良的網路結構而獲得了推理速度和平均精確率的平衡，非常適合用於需要快速推理計算的邊緣計算場景。由於 TensorFlow 官方並沒有給出以 TensorFlow 為基礎的 YOLO 高階 API，所以本書將以一階段物件辨識神經網路中目前最具工程價值的 YOLO 演算法作為重點介紹。

4.1 YOLO 家族物件辨識神經網路簡介

YOLO 神經網路是 You Only Look Once 的簡稱，第一版本的 YOLO 神經網路是由 Redmon 等人在 2015 年 7 月發表的「You Only Look Once: Unified, Real-Time Object Detection」論文中最早提出。YOLO 神經網路作為一階段物件辨識神經網路

中應用最廣的物件辨識演算法，經歷了從 YOLOV1 到 YOLOV2、YOLOV3 的發展演化，直到 2020 年的 YOLOV4 在網路結構上實現了較為穩定的結構，成為一階段物件辨識神經網路的基準模型。在此基準模型的基礎上，演化出不少變種版本，如以 YOLOV3 為基礎進行最佳化的 PP-YOLO 神經網路、以 YOLOV4 為基礎演化出的工程增強版 YOLOV5 和多尺度版本 Scaled-YOLOV4 神經網路，又如採用「無錨框」的矩形框預測策略的 YOLOX 神經網路等。2022 年 7 月發佈的 YOLOV7 神經網路在預印刷論文發表不到半天的時間就獲得了 YOLO 官網團隊的認可，應該說 YOLO 作為創新的一階段物件辨識神經網路，其開發者許多、開發者生態較為完善，YOLO 全系列的骨幹網路、中段網路、預測網路的結構都具有較為穩定的傳承和演化，任何時候都值得開發者從基礎開始研究跟進。

YOLO 神經網路的官網和官方 GitHub 上也有不少關於 YOLO 演算法的實現方式，其中 YOLOV3 和 YOLOV4 以官網推薦的 huanglc 版本可讀性較高，且支援邊緣計算格式 TFLite 的轉換和 Android 轉換。由於此版本以 TensorFlow2.X 為基礎的計算框架，所以本書以此程式為基礎介紹 YOLO 演算法。

值得注意的是，雖然官方推薦的以 TensorFlow2.X 為基礎的計算框架實現的 YOLO 演算法程式已經非常優秀了，但也有不少值得改進之處，甚至是可能引起執行問題的 Bug，本書已經將這些瑕疵進行了修補，將相關程式進行了改進後再講解。讀者在直接參考 GitHub 上其他不同源程式時，需要注意在理解之後再加以改進。

4.2　先驗錨框和 YOLO 神經網路的檢測想法

經典的 YOLO 神經網路是典型的有先驗錨框的物件辨識神經網路。YOLO 神經網路的核心想法有兩個。

第一，每個物件辨識框都有一個（或多個）先驗錨框與其對應。每個物件辨識框都可以透過對一個先驗錨框進行小幅度的平移和縮放調整後得到。那麼相應地，我們就要為訓練集中每一張圖片的每一個矩形框找到為其負責的錨框，神經網路也是在先驗錨框的基礎上進行矩形框的預測的。先驗錨框的選擇非常重要，因為所有真實標注的矩形框，都會選擇與其最匹配的先驗錨框進行配對，如果先驗錨框過大或過小，那麼會導致真實矩形框和先驗錨框的交並比小於某個設定值，進而導致真實標注的矩形框找不到合適的先驗錨框匹配，導致訓練資料失效。

第二，與無錨框的方案不同，YOLO 神經網路從輸入影像計算獲得特徵圖、融合特徵圖，然後將其送入預測網路進一步獲得儲存了物件辨識框資訊的輸出張量，但預測網路的輸出張量並不直接給出物件辨識框的位置和大小，而是給出物件辨識框相對於先驗錨框的位置偏移量和大小縮放比例。這是因為雖然神經網路相當於一個非線性的函式，但在一個很小的局部範圍內可以被看成一個接近線性的函式，它的導數是一個接近常數的值。如果開發者設置一個位置合理、大小合理的先驗錨框，能使神經網路透過微小的調整就得到預測準確的矩形框，那麼神經網路在這個很小的範圍內能夠快速透過線性的全連接層，獲得良好的預測性能。先驗錨框的選擇非常重要，不合理的錨框設定將導致預測矩形框需要進行大幅度修正才能得到精確的預測矩形框。

有兩種方式可以確定先驗錨框的大小：人為設定方式和聚類迴歸方式。

4.2.1　用人為設定方式找到的先驗錨框

人為設定方式用於 Faster-R-CNN 兩階段物件辨識神經網路中。使用人為設定方式時，將先驗錨框設計按照「面積不變，形狀改變」的原則，按照（高度 / 寬度）分別為 1：2、1：1、2：1 的 3 種比例進行變換。

假設神經網路的輸入是一個寬度和高度分別為 900 像素和 600 像素的 RGB 影像，Faster-R-CNN 為該輸入影像設定了 3 個面積：邊長為 128 的正方形的面積 $AREA_{128}$，邊長為 256 的正方形的面積 $AREA_{256}$，邊長為 512 的正方形的面積 $AREA_{512}$。每種面積下，又設置 3 種面積相同，但（高度 / 寬度）分別為 1：2、1：1、2：1 的 3 種比例的矩形框。

用程式生成這 9 個先驗錨框，組合成一個 9 行 4 列的矩陣，可以看到矩陣的形狀是 (9, 4)，每行代表一個矩形框，矩形框的格式為 [y1,x1, y2,x2]。先驗錨框矩陣的列印如下。

```
[[ -37.254833   -82.50967     53.254833    98.50967  ]
 [ -82.50967   -173.01933     98.50967    189.01933  ]
 [-173.01933   -354.03867    189.01933    370.03867  ]
 [ -56.         -56.          72.          72.        ]
 [-120.        -120.         136.         136.        ]
 [-248.        -248.         264.         264.        ]
 [ -82.50967    -37.254833    98.50967     53.254833]
 [-173.01933    -82.50967    189.01933     98.50967 ]
 [-354.03867   -173.01933    370.03867    189.01933 ]]
```

從比例的角度上看，它的 0、1、2 行是 0.5 比例，3、4、5 行是正方形，6、7、8 行是 2 比例，這裡的比例指的是（高度 / 寬度）。將這 9 個先驗錨框按照比例畫在原始影像的片幅上，如圖 4-1 所示。

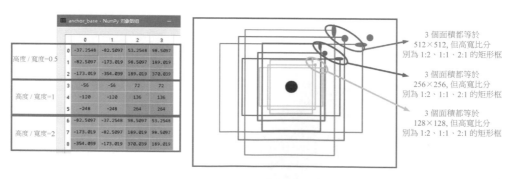

▲ 圖 4-1　面積和橫縱比都是人為設定的先驗錨框

這從小到大 3 種面積合計 9 個的先驗錨框，分別對應解析度從高到低 3 個解析度的融合特徵圖。其中，為高解析度特徵圖的預測結果搭配面積為 $AREA_{128}$ 的小矩形框，小矩形框有 3 個，它們面積相同，但（高度 / 寬度）分別為 1：2、1：1、2：1。為中解析度特徵圖的預測結果搭配面積為 $AREA_{256}$ 的中矩形框，中矩形框有 3 個，它們面積相同，但（高度 / 寬度）分別為 1：2、1：1、2：1。為低解析度特徵圖的預測結果搭配面積為 $AREA_{512}$ 的大矩形框，大矩形框有 3 個，它們面積相同，但（高度 / 寬度）分別為 1：2、1：1、2：1。3 種面積的先驗錨框與 3 種解析度的關係如圖 4-2 所示。

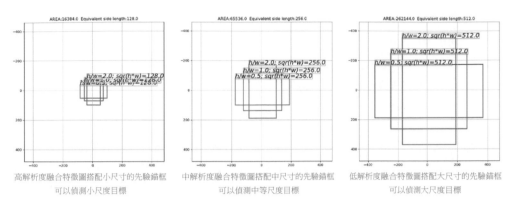

高解析度融合特徵圖搭配小尺寸的先驗錨框可以偵測小尺度目標　　中解析度融合特徵圖搭配中尺寸的先驗錨框可以偵測中等尺度目標　　低解析度融合特徵圖搭配大尺寸的先驗錨框可以偵測大尺度目標

▲ 圖 4-2　3 種面積的先驗錨框與 3 種解析度的關係

4.2.2　用聚類迴歸方式找到的先驗錨框

　　YOLO 一階段物件辨識神經網路使用聚類迴歸方式找到先驗錨框。使用聚類迴歸方式時，不再人為設定先驗錨框的面積和比例，而是從資料集中找到最為匹配的錨框建議。

　　YOLO 使用 k-means 演算法為 3 個解析度設計了 9 個聚類中心。每個聚類中心其實就是一個先驗錨框的寬度和高度，YOLO 計畫找到 9 個先驗錨框，平均每個解析度 3 個先驗錨框。YOLO 在 MS COCO 資料集上提取所有真實矩形框的寬度和高度，送入 k-means 演算法進行不斷迭代。

　　第 1 步，使真實矩形框的中心與某個先驗錨框重合，計算二者的 IOU，將真實矩形框分配給 IOU 最大的先驗錨框。如果將 IOU 數值看成真實矩形框與某個先驗錨框在 IOU 空間上的距離度量的話，那麼每個先驗錨框都將找到與自己在距離度量空間上距離最近的真實矩形框。

　　第 2 步，每個真實矩形框都找到與自己距離最近的先驗錨框後，重新更新先驗錨框的寬度和高度，先驗錨框的高度和寬度更新為屬於它的真實矩形框的寬度平均值和高度平均值。

迭代過程不斷進行，直至每個先驗錨框的寬度和高度的修正量變化很小，則視為 k-means 演算法收斂成功。

第 3 步，YOLO 演算法找到了在高、中、低解析度下的 9 個先驗錨框，在中、低解析度下的 6 個先驗錨框。根據 YOLOV3 的論文，在這種先驗錨框的設置情況下，直接與資料集真實矩形框進行 IOU 計算，得到的平均 IOU 重合度高達67.2%，因此可以認為這（9+6）合計 15 個先驗錨框是合理的錨框設計。

YOLOV3 的輸入影像的解析度是 416 像素 ×416 像素，YOLOV4 的輸入影像的解析度是 512 像素 ×512 像素，在它們輸入影像解析度不同的情況下，它們的 9 個先驗錨框用 YOLOV3_ANCHORS 和 YOLOV4_ANCHORS 表示，簡化版模型所使用的 6 個先驗錨框用 YOLOV3_TINY_ANCHORS 和 YOLOV4_TINY_ANCHORS 表示。為了方便計算，將先驗錨框尺寸轉化為歸一化尺寸後儲存，即把先驗錨框的像素尺寸除以輸入影像像素解析度，確保先驗錨框尺寸的所有元素的設定值範圍都是 [0,1]。程式如下。

```
from easydict import EasyDict as edict
YOLO_PARAMS=edict()
YOLO_PARAMS.V3_PAPER_INPUT_SIZE = 416
YOLO_PARAMS.YOLOV3_ANCHORS=1/YOLO_PARAMS.V3_PAPER_INPUT_SIZE*tf.constant(
    [(10, 13), (16, 30), (33, 23),
     (30, 61), (62, 45),(59, 119),
     (116, 90), (156, 198), (373, 326)],tf.float32)
YOLO_PARAMS.YOLOV3_ANCHOR_MASKS = tf.constant(
    [[6, 7, 8],
     [3, 4, 5],
     [0, 1, 2]])
YOLO_PARAMS.YOLOV3_TINY_ANCHORS = 1/YOLO_PARAMS.V3_PAPER_INPUT_SIZE*tf. constant(
    [(10, 14), (23, 27), (37, 58),
     (81, 82), (135, 169),  (344, 319)],tf.float32)
YOLO_PARAMS.YOLOV3_TINY_ANCHOR_MASKS = tf.constant(
    [[3, 4, 5],
     [0, 1, 2]])
YOLO_PARAMS.V4_PAPER_INPUT_SIZE = 512
YOLO_PARAMS.YOLOV4_ANCHORS = 1/YOLO_PARAMS.V4_PAPER_INPUT_SIZE * tf. constant(
    [(12,16), (19,36), (40,28),
```

```
    (36,75), (76,55),(72,146),
    (142,110), (192,243), (459,401)],tf.float32)
YOLO_PARAMS.YOLOV4_ANCHOR_MASKS = tf.constant(
   [[6, 7, 8],
    [3, 4, 5],
    [0, 1, 2]])
YOLO_PARAMS.YOLOV4_TINY_ANCHORS = 1/YOLO_PARAMS.V3_PAPER_INPUT_SIZE*tf. constant(
   [(23,27), (37, 58), (81, 82),
    (81,82), (135,169),(344,319)],tf.float32)
YOLO_PARAMS.YOLOV4_TINY_ANCHOR_MASKS = tf.constant(
   [[3, 4, 5],
    [0, 1, 2]])
```

細心的讀者應該可以發現，在不考慮像素取整數的精度影響的情況下，歸一化之後，YOLOV3_ANCHORS 和 YOLOV4_ANCHORS 其實是完全相等的，只是在不同的輸入影像解析度下，先驗錨框的解析度會相應放大或縮小，如圖 4-3 所示。

yolo_anchors - NumPy object array

	0	1
0	0.0240385	0.03125
1	0.0384615	0.0721154
2	0.0793269	0.0552885
3	0.0721154	0.146635
4	0.149038	0.108173
5	0.141827	0.286058
6	0.278846	0.216346
7	0.375	0.475962
8	0.896635	0.783654

歸一化後的 9 個先驗錨框

yolo_tiny_anchors - NumPy object array

	0	1
0	0.0240385	0.0336538
1	0.0552885	0.0649038
2	0.0889423	0.139423
3	0.194712	0.197115
4	0.324519	0.40625
5	0.826923	0.766827

歸一化後的 6 個先驗錨框

▲ 圖 4-3 （9+6）合計 15 個先驗錨框的歸一化結果

將標準版 YOLO 的 9 個先驗錨框在解析度為 416 像素 ×416 像素的原圖下進行視覺化展示，可見，小、中、大 3 個先驗錨框恰好適合高、中、低 3 個解析度的融合特徵圖，用於檢測小、中、大 3 種目標，如圖 4-4 所示。

高解析度融合特徵圖搭配小尺寸的先驗錨框可以偵測大尺度目標　　中解析度融合特徵圖搭配中尺寸的先驗錨框可以偵測小尺度目標　　低解析度融合特徵圖搭配大尺寸的先驗錨框可以偵測中等尺度目標

▲ 圖 4-4 標準版 YOLO 神經網路所採用的 3 種（合計 9 個）先驗錨框與 3 個解析度的關係

4.2.3 YOLO 的先驗錨框編號

對標準版 YOLO 神經網路的 9 個先驗錨框分別進行從 0 到 8 的編號，對簡版 YOLO 神經網路的 6 個先驗錨框分別進行從 0 到 5 的編號。低解析度融合特徵圖搭配 6、7、8 號先驗錨框，用於檢測大尺度目標；中解析度融合特徵圖搭配 3、4、5 號先驗錨框，用於檢測中等尺度目標；高解析度融合特徵圖搭配 0、1、2 號先驗錨框，用於檢測小尺度目標。

在 YOLOV3 的輸入影像的解析度為 416 像素 ×416 像素的情況下，高解析度融合特徵圖的解析度為 52 像素 ×52 像素，中解析度融合特徵圖的解析度為 26 像素 ×26 像素，低解析度融合特徵圖的解析度為 13 像素 ×13 像素。YOLOV3 在輸入影像的解析度為 416 像素 ×416 像素情況下的先驗錨框分配表如表 4-1 所示。

→ 表 4-1　YOLOV3 在輸入影像的解析度為 416 像素 ×416 像素情況下的先驗錨框分配表

項目	融合特徵圖解析度								
	高（如52像素 ×52像素）			中（如26像素 ×26像素）			低（如13像素 ×13像素）		
感受野	小			中			大		
先驗錨框編號	0	1	2	3	4	5	6	7	8
先驗錨框	(10,13)	(16,30)	(33,23)	(30,61)	(62,45)	(59,119)	(116,90)	(156,198)	(373,326)
所使用的先驗錨框編號	[0,1,2]			[3,4,5]			[6,7,8]		
先驗錨框設計	yolo_anchors = np.array([(10, 13), (16, 30), (33, 23), (30, 61), (62, 45), (59, 119), (116, 90), (156, 198), (373, 326)], np.float32) / 416								

在 YOLOV4 的輸入影像的解析度為 512 像素 ×512 像素的情況下，高解析度融合特徵圖的解析度為 64 像素 ×64 像素，中解析度融合特徵圖的解析度為 32 像素 ×32 像素，低解析度融合特徵圖的解析度為 16 像素 ×16 像素。YOLOV4 在輸入影像的解析度為 512 像素 ×512 像素情況下的先驗錨框分配表如表 4-2 所示。

→ 表 4-2　YOLOV4 在輸入影像的解析度為 512 像素 ×512 像素情況下的先驗錨框分配表

項目	融合特徵圖的解析度								
	高（如 64 像素 ×64 像素）			中（如 32 像素 ×32 像素）			低（如 16 像素 ×16 像素）		
感受野	小			中			大		
先驗錨框編號	0	1	2	3	4	5	6	7	8
先驗錨框	(12,16)	(19,36)	(40,28)	(36,75)	(76,55)	(72,146)	(142,110)	(192,243)	(459,401)
所使用的先驗錨框編號	[0,1,2]			[3,4,5]			[6,7,8]		

項目	融合特徵圖的解析度		
	高 （如 64 像素 ×64 像素）	**中** （如 32 像素 ×32 像素）	**低** （如 16 像素 ×16 像素）
先驗錨框設計	yolo_anchors = np.array([(12,16), (19,36), (40,28), (36,75), (76,55),(72,146), (142,110), (192,243), (459,401)], np.float32) / 512		

　　YOLOV3-tiny 和 YOLOV4-tiny 的輸入影像的解析度都是 416 像素 ×416 像素，中解析度融合特徵圖的解析度為 26 像素 ×26 像素，低解析度融合特徵圖的解析度為 13 像素 ×13 像素。YOLOV3-tiny 和 YOLOV4-tiny 在輸入影像的解析度為 416 像素 ×416 像素情況下的先驗錨框分配表如表 4-3 所示。

→ 表 4-3 YOLOV3-tiny 和 YOLOV4-tiny 在輸入影像的解析度為 416 像素 ×416 像素情況下的先驗錨框分配表

項目	特徵圖解析度					
	中（如 26 像素 ×26 像素）			**低（如 13 像素 ×13 像素）**		
感受野	中			大		
先驗錨框編號	0	1	2	3	4	5
先驗錨框	(10,14)	(23,27)	(37,58)	(81,82)	(135,169)	(344,319)
所使用的先驗錨框編號	[0,1,2]			[3,4,5]		
先驗錨框設計	yolov3_tiny_anchors = np.array([(10, 14), (23, 27), (37, 58), (81, 82), (135, 169), (344, 319)], np.float32) / 416					

　　以 YOLOV3 的 9 個先驗錨框和 YOLOV3-tiny 的 6 個先驗錨框為例，在輸入影像的解析度為 416 像素 ×416 像素的前提下，將不同編號的先驗錨框與高、中、低解析度融合特徵圖相互匹配，3 個解析度下標準版 YOLO 和簡版 YOLO 所採用的 9 個和 6 個先驗錨框編號如圖 4-5 所示。

相應地，為 YOLOV3 和 YOLOV4 的標準版和簡版分別設計不同解析度所使用的先驗錨框編號分配表，程式如下。

```
YOLO_PARAMS.YOLOV3_ANCHOR_MASKS = tf.constant(
    [[6, 7, 8],
     [3, 4, 5],
     [0, 1, 2]])
YOLO_PARAMS.YOLOV3_TINY_ANCHOR_MASKS = tf.constant(
    [[3, 4, 5],
     [0, 1, 2]])
YOLO_PARAMS.YOLOV4_ANCHOR_MASKS = tf.constant(
    [[6, 7, 8],
     [3, 4, 5],
     [0, 1, 2]])
YOLO_PARAMS.YOLOV4_TINY_ANCHOR_MASKS = tf.constant(
    [[3, 4, 5],
     [0, 1, 2]])
```

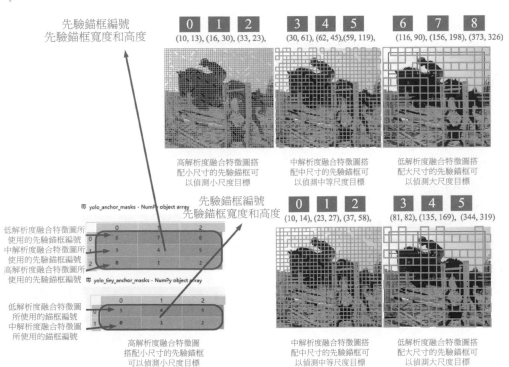

▲ 圖 4-5　3 個解析度下標準版 YOLO 和簡版 YOLO 所採用的 9 個和 6 個先驗錨框編號

4.2.4 YOLO 的 XYSCALE 和縮放比參數

之前介紹解碼網路時，為了讓預測矩形框儘快地逼近 0 和 1 的上、下限，我們使用了 XYSCALE。YOLO 同樣根據經驗為標準版的高、中、低 3 個解析度各自搭配了一個 XYSCALE 參數，分別為 1.2、1.1、1.05；為簡版的中、低兩個解析度搭配了一個 XYSCALE 參數：1.05。程式如下。

```
YOLO_PARAMS.XYSCALE = [1.05, 1.1,1.2 ]
YOLO_PARAMS.XYSCALE_TINY = [1.05, 1.05]
[YOLO_PARAMS.LOW_RES_XYSCALE,
 YOLO_PARAMS.MED_RES_XYSCALE,
 YOLO_PARAMS.HIGH_RES_XYSCALE]=YOLO_PARAMS.XYSCALE
[YOLO_PARAMS.LOW_RES_XYSCALE_TINY,
 YOLO_PARAMS.MED_RES_XYSCALE_TINY]=YOLO_PARAMS.XYSCALE_TINY
```

同樣，根據 YOLO 骨幹網路的不同，為標準版 YOLO 和簡版 YOLO 提前預設好了它們將要產生的縮放比。標準版 YOLO 提供高、中、低 3 個解析度的融合特徵圖，解析度降為輸入影像解析度的 1/8、1/16、1/32；簡版 YOLO 提供中、低兩個解析度的融合特徵圖，解析度降為輸入影像解析度的 1/16、1/32。設置程式如下。

```
YOLO_PARAMS.STRIDES = [32,16,8]
YOLO_PARAMS.STRIDES_TINY = [32,16]
[YOLO_PARAMS.LOW_RES_STRIDES,
 YOLO_PARAMS.MED_RES_STRIDES,
 YOLO_PARAMS.HIGH_RES_STRIDES] = YOLO_PARAMS.STRIDES
[YOLO_PARAMS.LOW_RES_STRIDES_TINY,
 YOLO_PARAMS.MED_RES_STRIDES_TINY] = YOLO_PARAMS.STRIDES_TINY
```

先驗錨框和先驗錨框的分配編號非常重要，是神經網路的解碼網路部分需要用到的重要參數。至於縮放比僅用於提示和驗算，可以不使用。

4.3　建立 YOLO 神經網路

建立 YOLO 神經網路的參數分為兩類：一類是 YOLO 模型的常規常數，一般開發者不需要改動，儲存在 YOLO_PARAMS 中；另一類是根據開發者的實際專案進行配置的參數，主要用到的有 4 個參數：輸入影像解析度 NN_INPUT_SIZE、物件辨識所需要分辨的物體種類數量 NUM_CLASS、希望選擇的模型 MODEL、是否選擇簡版模型的布林變數 IS_TINY（如果選擇標準板模型，那麼將 IS_TINY 參數設置為 False；如果選擇簡版模型，那麼將 IS_TINY 參數設置為 True）。以上這些參數全部儲存在變數名稱為 MODEL_PARAMS 的字典物件中。

4.3.1　根據選擇確定 YOLO 神經網路參數

有了儲存 YOLO 模型參數的 YOLO_PARAMS 字典物件，就可以根據開發者的模型選擇推導出一個模型參數字典物件 MODEL_PARAMS。

模型參數字典物件的 MODEL 屬性和 IS_TINY 屬性是可以人為設置的，其他屬性是根據這兩個屬性設置，並結合 YOLO 模型參數的 YOLO_PARAMS 字典物件的內容推導出來的。程式如下。

```
MODEL_PARAMS=edict()
MODEL_PARAMS.MODEL=MODEL # 可以配置為 "YOLOV3" 或 "YOLOV4"
MODEL_PARAMS.IS_TINY=IS_TINY # 可以配置為 True 或 False
```

如果開發者選擇的是 YOLOV3 模型，那麼模型參數字典 MODEL_PARAMS 的其他屬性推導程式如下。

```
if MODEL_PARAMS.MODEL=="yolov3" and MODEL_PARAMS.IS_TINY==False:
    MODEL_PARAMS.WEIGHTS='./yolo_weights/yolov3_416.weights'
    MODEL_PARAMS.NN_INPUT_SIZE = [416,416]
    MODEL_PARAMS.STRIDES = YOLO_PARAMS.STRIDES
    MODEL_PARAMS.XYSCALE = YOLO_PARAMS.XYSCALE
    MODEL_PARAMS.GRID_CELLS = tf.constant([13,26,52],dtype=tf.int32)
    MODEL_PARAMS.ANCHORS = YOLO_PARAMS.YOLOV3_ANCHORS
    MODEL_PARAMS.ANCHOR_MASKS = YOLO_PARAMS.YOLOV3_ANCHOR_MASKS
```

如果開發者選擇的是 YOLOV3-tiny 模型，那麼模型參數字典 MODEL_PARAMS 的其他屬性推導程式如下。

```
elif MODEL_PARAMS.MODEL=="yolov3" and MODEL_PARAMS.IS_TINY==True:
    MODEL_PARAMS.WEIGHTS='./yolo_weights/yolov3_tiny.weights'
    MODEL_PARAMS.NN_INPUT_SIZE = [416,416]
    MODEL_PARAMS.STRIDES = YOLO_PARAMS.STRIDES_TINY
```

```
MODEL_PARAMS.XYSCALE = YOLO_PARAMS.XYSCALE_TINY
MODEL_PARAMS.GRID_CELLS = tf.constant([13,26],dtype=tf.int32)
MODEL_PARAMS.ANCHORS = YOLO_PARAMS.YOLOV3_TINY_ANCHORS
MODEL_PARAMS.ANCHOR_MASKS = YOLO_PARAMS.YOLOV3_TINY_ANCHOR_MASKS
```

如果開發者選擇的是 YOLOV4 模型，那麼模型參數字典 MODEL_PARAMS 的其他屬性推導程式如下。

```
elif MODEL_PARAMS.MODEL=="yolov4" and MODEL_PARAMS.IS_TINY==False:
    MODEL_PARAMS.WEIGHTS='./yolo_weights/yolov4-mish-512.weights'
    MODEL_PARAMS.NN_INPUT_SIZE = [512,512]
    MODEL_PARAMS.STRIDES = YOLO_PARAMS.STRIDES
    MODEL_PARAMS.XYSCALE = YOLO_PARAMS.XYSCALE
    MODEL_PARAMS.GRID_CELLS = tf.constant([16,32,64],dtype=tf.int32)
    MODEL_PARAMS.ANCHORS = YOLO_PARAMS.YOLOV4_ANCHORS
    MODEL_PARAMS.ANCHOR_MASKS = YOLO_PARAMS.YOLOV4_ANCHOR_MASKS
```

如果開發者選擇的是 YOLOV4-tiny 模型，那麼模型參數字典 MODEL_ PARAMS 的其他屬性推導程式如下。

```
elif MODEL_PARAMS.MODEL=="yolov4" and MODEL_PARAMS.IS_TINY==True:
    MODEL_PARAMS.WEIGHTS='./yolo_weights/yolov4_tiny.weights'
    MODEL_PARAMS.NN_INPUT_SIZE = [416,416]
    MODEL_PARAMS.STRIDES = YOLO_PARAMS.STRIDES_TINY
    MODEL_PARAMS.XYSCALE = YOLO_PARAMS.XYSCALE_TINY
    MODEL_PARAMS.GRID_CELLS = tf.constant([13,26],dtype=tf.int32)
    MODEL_PARAMS.ANCHORS = YOLO_PARAMS.YOLOV4_TINY_ANCHORS
    MODEL_PARAMS.ANCHOR_MASKS = YOLO_PARAMS.YOLOV4_TINY_ANCHOR_MASKS
```

設計一個配置的解析函式，它根據輸入的模型選擇和 IS_TINY 參數，傳回推導得到模型參數字典 MODEL_PARAMS。程式如下。

```
def get_model_cfg(MODEL,IS_TINY):
    YOLO_PARAMS=edict()
    ......
    MODEL_PARAMS 的屬性配置
    ......
    return MODEL_PARAMS
```

4.3.2 建立骨幹網路、中段網路和預測網路

　　本節我們將設計一個函式，將該函式命名為 YOLO，它可以透過若干配置選項，分別生成 YOLOV3、YOLOV3-tiny、YOLOV4、YOLOV4-tiny 這 4 種神經網路。在建立具體神經網路之前，開發者必須首先確定模型版本，模型版本儲存在 YOLO 函式的 model 配置參數中，model 配置參數只能是「yolov3」或「yolov4」的字串；然後確定是否建立簡版的選擇開關，簡版開關儲存在 YOLO 函式的 is_tiny 配置參數中，is_tiny 配置參數只能是 True 或 False 的布林變數；最後確定物體分類的數量，物體分類的數量儲存在 YOLO 函式的 NUM_CLASS 配置參數中，NUM_CLASS 配置參數只能是整數變數，因為分類數量一定是一個整數。函式 YOLO 需要傳回的則是神經網路的輸入層和融合特徵圖輸出的函式關係式。程式如下。

```
from P06_yolo_core_yolov4 import(
    YOLOv3,YOLOv4,YOLOv3_tiny,YOLOv4_tiny)
def YOLO(input_layer, NUM_CLASS,
        model='yolov4', is_tiny=False):
    if is_tiny==True:
        if model == 'yolov4':
            return YOLOv4_tiny(input_layer, NUM_CLASS)
        elif model == 'yolov3':
            return YOLOv3_tiny(input_layer, NUM_CLASS)
    elif is_tiny==False:
        if model == 'yolov4':
            return YOLOv4(input_layer, NUM_CLASS)
        elif model == 'yolov3':
            return YOLOv3(input_layer, NUM_CLASS)
```

　　如果開發者選擇的模型是 YOLOV3 模型，那麼輸入參數新建模型的程式如下。

```
NN_INPUT_SIZE=416;NUM_CLASS=80;MODEL='yolov3';IS_TINY=False
input_layer = tf.keras.layers.Input([NN_INPUT_SIZE, NN_INPUT_SIZE, 3])
fused_feature_maps = YOLO(input_layer, NUM_CLASS, MODEL,IS_TINY)
yolov3_Pred = tf.keras.Model(input_layer, fused_feature_maps)
print('yolov3_Pred',yolov3_Pred.input_shape)
print('yolov3_Pred',yolov3_Pred.output_shape)
```

YOLOV3 模型的預測網路輸出規格如下。

```
yolov3_Pred (None, 416, 416, 3)
yolov3_Pred [(None, 52, 52, 255), (None, 26, 26, 255), (None, 13, 13, 255)]
```

如果開發者選擇的模型是 YOLOV4 模型，那麼輸入參數新建模型的程式如下。

```
NN_INPUT_SIZE=512;NUM_CLASS=80;MODEL='yolov4';IS_TINY=False
input_layer = tf.keras.layers.Input([NN_INPUT_SIZE, NN_INPUT_SIZE, 3])
fused_feature_maps = YOLO(input_layer, NUM_CLASS, MODEL,IS_TINY)
yolov4_Pred = tf.keras.Model(input_layer, fused_feature_maps)
print('yolov4_Pred',yolov4_Pred.input_shape)
print('yolov4_Pred',yolov4_Pred.output_shape)
```

YOLOV4 模型的預測網路輸出規格如下。

```
yolov4_Pred (None, 512, 512, 3)
yolov4_Pred [(None, 64, 64, 255), (None, 32, 32, 255), (None, 16, 16, 255)]
```

如果開發者選擇的模型是 YOLOV3-tiny 模型，那麼輸入參數新建模型的程式如下。

```
NN_INPUT_SIZE=416;NUM_CLASS=80;MODEL='yolov3';IS_TINY=True
input_layer = tf.keras.layers.Input([NN_INPUT_SIZE, NN_INPUT_SIZE, 3])
fused_feature_maps = YOLO(input_layer, NUM_CLASS, MODEL,IS_TINY)
yolov3_tiny_Pred = tf.keras.Model(input_layer, fused_feature_maps)
print('yolov3_tiny_Pred',yolov3_tiny_Pred.input_shape)
print('yolov3_tiny_Pred',yolov3_tiny_Pred.output_shape)
```

YOLOV3-tiny 模型的預測網路輸出規格如下。

```
yolov3_tiny_Pred (None, 416, 416, 3)
yolov3_tiny_Pred [(None, 26, 26, 255), (None, 13, 13, 255)]
```

如果開發者選擇的模型是 YOLOV4-tiny 模型，那麼輸入參數新建模型的程式如下。

```
NN_INPUT_SIZE=416;NUM_CLASS=80;MODEL='yolov4';IS_TINY=True
input_layer = tf.keras.layers.Input([NN_INPUT_SIZE, NN_INPUT_SIZE, 3])
fused_feature_maps = YOLO(input_layer, NUM_CLASS, MODEL,IS_TINY)
```

```
yolov4_tiny_Pred = tf.keras.Model(input_layer, fused_feature_maps)
print('yolov4_tiny_Pred',yolov4_tiny_Pred.input_shape)
print('yolov4_tiny_Pred',yolov4_tiny_Pred.output_shape)
```

　　YOLOV4-tiny 模型的預測網路輸出規格如下。

```
yolov4_tiny_Pred (None, 416, 416, 3)
yolov4_tiny_Pred [(None, 26, 26, 255), (None, 13, 13, 255)]
```

4.3.3　加上解碼網路後建立完整的 YOLO 模型

　　有了能夠建立骨幹網路、中段網路、預測網路的 YOLO 函式後，我們就可以以 YOLO 函式為基礎新建一個用於架設 YOLO 模型的函式了，將其命名為 YOLO_MODEL 函式。該函式將在骨幹網路、中段網路、預測網路之後，加上解碼網路，從而完成 YOLO 模型的架設工作。

　　首先，使用 YOLO 函式新建輸入層 input_layer 和融合特徵圖 fused_feature_maps 的函式關係，這裡需要用到物件辨識所需要分辨的物體種類數量 NUM_CLASS、希望選擇的模型 MODEL、是否選擇簡版模型 IS_TINY。

　　然後，根據 MODEL 和 IS_TINY 這兩個參數，推導得到 XYSCALE、先驗錨框 ANCHORS、先驗錨框分配 ANCHOR_MASKS，送入解碼網路，建立 3 個解析度融合特徵圖 fused_feature_ maps 和 3 個尺度預測解碼結果輸出 bbox_tensors 的關係。程式如下。

```
def YOLO_MODEL(input_layer, NUM_CLASS,
               MODEL, IS_TINY):
    fused_feature_maps = YOLO(
        input_layer, NUM_CLASS, MODEL,IS_TINY)

    XYSCALE = get_model_cfg(MODEL,IS_TINY).XYSCALE
    ANCHORS = get_model_cfg(MODEL,IS_TINY).ANCHORS
    ANCHOR_MASKS = get_model_cfg(MODEL,IS_TINY).ANCHOR_MASKS
```

　　其中，如果將是否選擇簡版模型 IS_TINY 設置為 True，那麼融合特徵圖 fused_feature_ maps 只會被分解為中解析度融合特徵圖 med_res_fm 和低解析度融合特徵圖 low_res_fm；XYSCALE 會分解為低解析度 XYSCALE_low_res 和中解析度 XYSCALE_med_res；先驗錨框也會根據 ANCHOR_MASKS 分解為供中解析度融合特徵圖使用的用於檢測中等尺度目標的先驗錨框 ANCHORS_med_res 和供低解析度融合特徵圖使用的用於檢測大尺度目標的先驗錨框 ANCHORS_low_res。解碼網路輸出的結果只有低解析度融合特徵圖上的大尺度物件辨識結果 bbox_tensor_low_res 和中解析度融合特徵圖上的中等尺度物件辨識結果 bbox_tensor_med_res 所組成的串列 bbox_tensors。程式如下。

```
if IS_TINY==True:
    med_res_fm,low_res_fm = fused_feature_maps
    XYSCALE_low_res,XYSCALE_med_res = XYSCALE
    ANCHORS_med_res = tf.gather(ANCHORS, ANCHOR_MASKS[1])
    ANCHORS_low_res = tf.gather(ANCHORS, ANCHOR_MASKS[0])
    bbox_tensors = []
    bbox_tensor_med_res=decode_train (
        med_res_fm,
        NUM_CLASS, ANCHORS_med_res, XYSCALE_med_res,
        decode_output_name='Med_Res')
    bbox_tensor_low_res=decode_train (
        low_res_fm,
        NUM_CLASS, ANCHORS_low_res, XYSCALE_low_res
        decode_output_name='Low_Res')
    bbox_tensors=[
        bbox_tensor_low_res,bbox_tensor_med_res]
```

　　如果將是否選擇簡版模型 IS_TINY 設置為 False，那麼融合特徵圖 fused_feature_maps 會被分解為高解析度融合特徵圖 hi_res_fm、中解析度融合特徵圖 med_res_fm 和低解析度融合特徵圖 low_res_fm；XYSCALE 會被分解為低解析度 XYSCALE_low_res、中解析度 XYSCALE_med_res 和高解析度 XYSCALE_hi_res；先驗錨框也會根據 ANCHOR_MASKS 被分解為供高解析度融合特徵圖使用的用於檢測小尺度目標的先驗錨框 ANCHORS_hi_res、供中解析度融合特徵圖使用的用於檢測中等尺度目標的先驗錨框 ANCHORS_med_res 和供低解析度融合特徵圖使用的用於檢測大尺度目標的先驗錨框 ANCHORS_low_res。解碼網路輸出的結果有低解析度融合特徵圖上的大尺度物件辨識結果 bbox_tensor_low_res、中解析度融合特徵圖上的中等尺度物件辨識結果 bbox_tensor_med_res 和高解析度融合特徵圖上的小尺度物件辨識結果 bbox_tensor_high_res 所組成的串列 bbox_tensors。請讀者注意，此處檢測小尺度目標對應的是使用高解析度的融合特徵圖，檢測大尺度目標對應的是使用低解析度的融合特徵圖，為方便閱讀和撰寫程式，高解析度的融合特徵圖使用 hi_res 作為文字標識，低解析度的融合特徵圖使用 low_res 作為文字標識，同樣的文字標識也使用在大、中、小 3 個尺度的物件辨識檢測結果變數的命名規則中。程式如下。

```
elif IS_TINY==False:
    hi_res_fm, med_res_fm,low_res_fm = fused_feature_maps
    XYSCALE_low_res,XYSCALE_med_res,XYSCALE_hi_res = XYSCALE
    ANCHORS_hi_res = tf.gather(ANCHORS, ANCHOR_MASKS[2])
    ANCHORS_med_res = tf.gather(ANCHORS, ANCHOR_MASKS[1])
    ANCHORS_low_res = tf.gather(ANCHORS, ANCHOR_MASKS[0])
    bbox_tensors = []
    bbox_tensor_high_res=decode_train(
        hi_res_fm ,
        NUM_CLASS, ANCHORS_hi_res,  XYSCALE_hi_res,
        decode_output_name='High_Res')
    bbox_tensor_med_res=decode_train (
        med_res_fm,
        NUM_CLASS, ANCHORS_med_res, XYSCALE_med_res,
        decode_output_name='Med_Res')
    bbox_tensor_low_res=decode_train (
        low_res_fm,
        NUM_CLASS, ANCHORS_low_res, XYSCALE_low_res,
        decode_output_name='Low_Res')
    bbox_tensors=[
        bbox_tensor_low_res,
        bbox_tensor_med_res,
        bbox_tensor_high_res]
return bbox_tensors
```

使用製作好的 YOLO_MODEL 函式，製作在分類為 80 類情況下的 YOLOV3 和 YOLOV4 的標準版和簡版模型，程式如下。

```
NN_INPUT_SIZE=416;NUM_CLASS=80;MODEL='yolov3';IS_TINY=False
input_layer = tf.keras.layers.Input([NN_INPUT_SIZE, NN_INPUT_SIZE, 3])
yolov3_model = tf.keras.Model(input_layer, YOLO_MODEL(
    input_layer, NUM_CLASS, MODEL, IS_TINY))

NN_INPUT_SIZE=512;NUM_CLASS=80;MODEL='yolov4';IS_TINY=False
```

```
input_layer = tf.keras.layers.Input([NN_INPUT_SIZE, NN_INPUT_SIZE, 3])
yolov4_model = tf.keras.Model(input_layer, YOLO_MODEL(
    input_layer, NUM_CLASS, MODEL, IS_TINY))

NN_INPUT_SIZE=416;NUM_CLASS=80;MODEL='yolov3';IS_TINY=True
input_layer = tf.keras.layers.Input([NN_INPUT_SIZE, NN_INPUT_SIZE, 3])
yolov3_tiny_model = tf.keras.Model(input_layer, YOLO_MODEL(
    input_layer, NUM_CLASS, MODEL, IS_TINY))

NN_INPUT_SIZE=416;NUM_CLASS=80;MODEL='yolov4';IS_TINY=True
input_layer = tf.keras.layers.Input([NN_INPUT_SIZE, NN_INPUT_SIZE, 3])
yolov4_tiny_model = tf.keras.Model(input_layer, YOLO_MODEL(
    input_layer, NUM_CLASS, MODEL, IS_TINY))
```

至此，完成了 YOLO 神經網路模型的建立。

4.4　YOLO 神經網路的遷移學習和權重載入

　　要進行 YOLO 神經網路的遷移學習，就需要載入 YOLO 的預訓練權重。網上有大量的 YOLO 神經網路的預訓練權重，但需要仔細區分預訓練模型與模型的不同衍生型號的對應關係，否則會載入錯誤的模型權重，這樣不僅無法加快模型訓練收斂速度，而且可能導致不可預料的後果。

4.4.1　骨幹網路關鍵層的起止編號

　　YOLO 模型分為骨幹網路、中段網路、預測網路和解碼網路 4 個部分。解碼網路不涉及任何可訓練變數，只是完成動態範圍的映射和不同物理意義變數之間的換算，因此無須載入權重。預測網路與物體辨識的分類數量相關，官方提供的預訓練權重是 MS COCO 資料集的 80 個分類，但自訂物體辨識的應用場景的分類數量往往不是 80 個分類，所以預訓練權重也不需要載入。實際上，需要載入預訓練權重的只有骨幹網路和中段網路兩個部分。此外，透過觀察之前製作的 YOLO 模型，可以得出一個結論，模型內部涉及權重載入的層類型只有兩個：Conv2D 二維卷積層和 BN 批次歸一化層，其他如補零層、上採樣層、DropOut 層等的層只是進行演算法處理，不涉及任何需要載入的權重。

　　我們需要製作兩個工具，分別用於探索模型內部的二維卷積層和 BN 層。今後讀取預訓練模型的權重時，根據模型分塊結構，按照順序先後載入預訓練權重。

　　製作一個探索模型內部二維卷積層編號規律的函式，輸入一個模型後，該函式將傳回這個模型內部二維卷積層的編號規律，我們將其命名為 find_conv_layer_num_range。由於 TensorFlow 的二維卷積層會從 0 開始，並自動加 1 進行編號，所以我們只需要找到模型內部二維卷積層的編號起止範圍即可。找到的編號起止範圍後，將其命名為 conv_no_min 和 conv_no_max。函式設計程式如下。

```python
def find_conv_layer_num_range(model):
    import re
    layers=model.layers
    layer_names = [layer.name for layer in layers]
    conv_names =[ name for name in layer_names if name.startswith ('conv2d') ]
    conv_no=[]
    for conv_name in conv_names:
        if conv_name=='conv2d':
            conv_no.append(0)
        else:
            match= re.findall(r'(?<=_)\d+\d*',conv_name)
            # 此處使用正規表示法，範例為 re.findall(r'(?<=_)\d+\d*','conv2d_888')==['888']
            conv_no.append(int(match[0]))
    conv_no.sort(reverse = False)
    conv_no_min,conv_no_max=min(conv_no),max(conv_no)
    assert 1+conv_no_max-conv_no_min==len(conv_no)
    return (conv_no_min,conv_no_max)
```

　　製作一個探索模型內部 BN 層編號規律的函式，輸入一個模型後，它將傳回這個模型內部 BN 層的編號規律，我們將其命名為 find_bn_layer_num_range。由於 TensorFlow 的 BN 層會從 0 開始，並自動加 1 進行編號，所以我們只需要找到模型內部二維卷積層的編號起止範圍即可。找到的編號起止範圍後，將其命名為 bn_no_min 和 bn_no_max。函式設計程式如下。

```python
def find_bn_layer_num_range(model):
    import re
    layers=model.layers
    layer_names = [layer.name for layer in layers]
```

```
    bn_names = [ name for name in layer_names if name.startswith ('batch_
normalization') ]
    bn_no=[]
    for bn_name in bn_names:
        if bn_name=='batch_normalization':
            bn_no.append(0)
        else:
            match= re.findall(r'(?<=_)\d+\d*',bn_name)
            # 此處使用正規表示法，範例為 re.findall(r'(?<=_)\d+\d*','batch_
normalization_888')==['888']
            bn_no.append(int(match[0]))
    bn_no.sort(reverse = False)
    bn_no_min,bn_no_max=min(bn_no),max(bn_no)
    assert 1+bn_no_max-bn_no_min==len(bn_no)
    return (bn_no_min,bn_no_max)
```

接下來，我們對 YOLO 模型的骨幹網路運用我們製作的兩個編號探索工具，探索骨幹網路內部的二維卷積層和批次歸一化層的序號規律。具體方法為，生成一個 DarkNet53 模型，將其命名為 model_darknet53，將 model_darknet53 送入使用本節制作的兩個工具內，讓這兩個工具輸出 model_darknet53 內部二維卷積層和 BN 層的編號範圍，程式如下。

```
NN_INPUT_SIZE=416;NUM_CLASS=80
input_layer = tf.keras.layers.Input(
    shape = [NN_INPUT_SIZE, NN_INPUT_SIZE, 3])
model_darknet53 = tf.keras.Model(
    input_layer,
    backbone.darknet53(input_layer),
    name='darknet53')
conv_no_min,conv_no_max=find_conv_layer_num_range(model_darknet53)
bn_no_min,bn_no_max=find_bn_layer_num_range(model_darknet53)
print("darknet53 二維卷積層編號範圍的下限和上限：",conv_no_min, conv_no_max)
print("darknet53 BN 層編號範圍的下限和上限：",bn_no_min, bn_no_max)
```

同理，生成 DarkNet-tiny、CSP-DarkNet 和 CSP-DarkNet-tiny 的骨幹網路模型，探索其內部的二維卷積層和 BN 層的規律，程式如下。

```
NN_INPUT_SIZE=416;NUM_CLASS=80
input_layer = tf.keras.layers.Input(shape = [NN_INPUT_SIZE, NN_INPUT_SIZE, 3])
```

```
model_darknet53_tiny = tf.keras.Model(
    input_layer,
    backbone.darknet53_tiny(input_layer),
    name='darknet53_tiny')
    ......


NN_INPUT_SIZE=512;NUM_CLASS=80
input_layer = tf.keras.layers.Input(
    shape = [NN_INPUT_SIZE, NN_INPUT_SIZE, 3])
model_CSPdarknet53 = tf.keras.Model(
    input_layer,
    backbone.cspdarknet53(input_layer),
    name='CSPdarknet53')
    ......


NN_INPUT_SIZE=416;NUM_CLASS=80
input_layer = tf.keras.layers.Input(shape = [NN_INPUT_SIZE, NN_INPUT_SIZE, 3])
model_CSPdarknet53_tiny = tf.keras.Model(
    input_layer,
    backbone.cspdarknet53_tiny(input_layer),
    name='CSPdarknet53_tiny')
    ......
```

輸出如下。

```
darknet53 二維卷積層編號範圍的下限和上限： 0 51
darknet53 BN 層編號範圍的下限和上限： 0 51
darknet53_tiny 二維卷積層編號範圍的下限和上限： 52 58
darknet53_tiny BN 層編號範圍的下限和上限： 52 58
CSPdarknet53 二維卷積層編號範圍的下限和上限： 59 136
CSPdarknet53 BN 層編號範圍的下限和上限： 59 136
CSPdarknet53_tiny 二維卷積層編號範圍的下限和上限： 137 151
CSPdarknet53_tiny BN 層編號範圍的下限和上限： 137 151
```

　　可見 DarkNet53 骨幹網路的二維卷積層和 BN 層的編號順序都是從 0 到 51，透過模型的 summary 方法查看，可以發現所有的二維卷積層的名稱都遵循 conv2d、conv2d_1、conv2d_2，一直到 conv2d_50、conv2d_51 的命名規則。但是觀察其他模型，發現其二維卷積層和 BN 層的編號並不是重新從 0 開始，而是從 52 開始，往後順延。這就是 TensorFlow 對於 Keras 層的預設命名規則。在一個

Python 互動介面的生命週期內，TensorFlow 會全域性地為二維卷積層分配名稱為 conv2d_{*n*} 的層名稱，其中 *n* 從 0 開始遞增。所以，DarkNet53-tiny 模型的第一個二維卷積層就不是 conv2d，而是 conv2d_52，一直到 conv2d_58。

　　儘管如此，並不影響我們總結這 4 個 YOLO 骨幹網路的層編號規律，YOLO 骨幹網路的 Conv2D 層和 BN 層編號規律如表 4-4 所示。

→ 表 4-4　YOLO 骨幹網路的 Conv2D 層和 BN 層編號規律

項目	YOLO 骨幹網路的 Conv2D 層和 BN 層編號			
	DarkNet53	DarkNet-tiny	CSP-DarkNet	CSP-DarkNet-tiny
開始編號 / 名稱	0/conv2d	0/conv2d	0/conv2d	0/conv2d
結束編號 / 名稱	51/conv2d_52	6/conv2d_6	77/conv2d_77	14/conv2d_14
合計層數量	52	7	78	15

4.4.2　中段網路和預測網路關鍵層的起止編號

　　同理，我們可以找到 YOLOV3 和 YOLOV4 的標準版和簡版的包含中段網路和預測網路的命名規律。利用之前建立好的 YOLOV3 和 YOLOV4 的標準版和簡版模型（不含解碼網路），統計其中的二維卷積層和 BN 層的起止編號。程式如下。

```
for model in [yolov3_Pred, yolov3_tiny_Pred,
            yolov4_Pred,yolov4_tiny_Pred]:
    conv_no_min,conv_no_max=find_conv_layer_num_range(model)
    bn_no_min, bn_no_max =find_bn_layer_num_range(model)
    print(model.name,
        " 的二維卷積層編號範圍的下限和上限：",conv_no_min,conv_no_max)
    print(model.name,
        " 的 BN 層編號範圍的下限和上限：",bn_no_min, bn_no_max)
```

　　輸出如下。

```
yolov3_Pred 的二維卷積層編號範圍的下限和上限： 152 226
yolov3_Pred 的 BN 層編號範圍的下限和上限： 152 223
yolov3_tiny_Pred 的二維卷積層編號範圍的下限和上限： 227 239
yolov3_tiny_Pred 的 BN 層編號範圍的下限和上限： 224 234
yolov4_Pred 的二維卷積層編號範圍的下限和上限： 240 349
```

```
yolov4_Pred 的 BN 層編號範圍的下限和上限： 235 341
yolov4_tiny_Pred 的二維卷積層編號範圍的下限和上限： 350 370
yolov4_tiny_Pred 的 BN 層編號範圍的下限和上限： 342 360
```

　　總結這 4 個網路的層命名規則，並假設每個模型的命名編號都是從 0 開始的，可以推理得到 4 個網路的層編號規律，如表 4-5 所示。

➜ 表 4-5 YOLO 骨幹網路、中段網路和預測網路的 Conv2D 層和 BN 層的編號規律

項目		Conv2D 層和 BN 層編號			
		YOLOV3	YOLOV3-tiny	YOLOV4	YOLOV4-tiny
Conv2D 層	開始編號 / 名稱	0/conv2d	0/conv2d	0/conv2d	0/conv2d
	結束編號 / 名稱	74/conv2d_74	12/conv2d_12	109/ conv2d_109	20/conv2d_20
	合計層數量	75	13	110	21
BN 層	開始編號 / 名稱	0/batch_ normalization	0/batch_ normalization	0/batch_ normalization	0/batch_ normalization
	結束編號 / 名稱	71/batch_ normalization_71	10/batch_ normalization_10	106/batch_ normalization_106	18batch_ normalization_18
	合計層數量	72	11	107	19

　　其中，BN 層的數量比 Conv2D 層的數量少 2 個或 3 個。那是因為對於標準版模型，中段網路輸出的 3 個解析度融合特徵圖經過預測網路時，預測網路安排了 3 個 DarkNet 專用卷積塊 DarkNetConv 用於產生固定通道數的矩陣〔固定通道數為 3*(5+ NUM_CLASS)〕，這 3 個 DarkNet 專用卷積塊 DarkNetConv 內部的 BN 層開關被設置為關（False），因此，整個標準版模型內部唯獨這 3 個 DarkNet 專用卷積塊 DarkNetConv 沒有 BN 層。同理，對於簡版模型，其應對中、低解析度融合特徵圖的預測網路內部，也有兩個 DarkNet 專用卷積塊 DarkNetConv 內部的 BN 層開關被設置為關（False），因此，整個簡版模型內部唯獨這兩個 DarkNet 專用卷積塊 DarkNetConv 沒有 BN 層。

接下來要對 Conv2D 層和 BN 層在各個模型內部的命名順序進行研究。使用本書設計的模型檢查工具，提取模型內部各個二維卷積層和 BN 層的詳細規格。提取的規格包括層編號、層類型、層名稱、層參數、輸出形狀、記憶體銷耗、乘法銷耗。程式如下。

```
detail_models={}
detail_model_smrys = {}
model_inspector = Model_Inspector()
for model in [yolov3_Pred, yolov3_tiny_Pred,
              yolov4_Pred,yolov4_tiny_Pred]:
    detail_model = model_inspector.model_inspect(model)
    detail_model_smry = model_inspector.summary(
        model,
        ['layer_no',"layer_type", "layer_name",
         "specs","output_shape",
         "memory_cost", "FLOP_cost"])
    detail_models[model.name]=detail_model
    detail_model_smrys[model.name]=detail_model_smry
```

本書製作的模型查看工具是透過 for layer in model.layers 方法逐層遍歷模型內的全部層，並提取層資訊的。細心的讀者會發現，此時提取的層名稱內所隱含的序號是不連續的，這是因為 TensorFlow 生成模型時，是按照節點延展的順序生成模型的各個層，同時根據生成順序自動生成層名稱。但是，當我們使用模型的 summary 方法查看模型或透過 for layer in model.layers 方法提取模型的各個層時，它是按照模型內部層的連接關係對各個層進行排序的，二者順序不一致。這就導致一個問題，生成模型時內部各個層的預設名稱上附帶的序號一個一個遞增，但是在模型建好後提取到或看到的層的名稱內的序號就不是遞增的了，而是在有分支節點的地方按照層展示的邏輯進行特定順序的編排，即層命名的「生成順序」和層查看的「展示順序」是不一樣的。

　　舉例來說，YOLOV3 模型的骨幹網路的 Conv2D 層的編號從 0 開始，以 51 結束，合計 52 個 Conv2D 層和 52 個 BN 層，但骨幹網路內部涉及了矩陣的分支和拼接，層自動命名的序號就出現不連續的情況。在 YOLOV3 的中段網路中，低解析度特徵圖的 Conv2D 層的編號從 52 開始，以 56 結束，但編號為 57 的 Conv2D 層並不是分配給中解析度特徵圖分支的，而是分配給預測網路中的低解析度分支的，即預測網路的低解析度分支占用了第 57 和第 58 層自動命名序號。相應地，YOLOV3 的中段網路中，中解析度的 Conv2D 層的編號從 59 開始，以 64 結束，預測網路的中解析度分支占用第 65 和第 66 層自動命名序號；高解析度的 Conv2D 層的編號從 67 開始，以 72 結束，預測網路的高解析度分支占用第 73 和第 74 層自動命名序號。

　　YOLOV3 模型的骨幹網路的 BN 層的編號從 0 開始，以 51 結束，合計 52 個 Conv2D 層和 52 個 BN 層。對於中段網路中的低解析度特徵圖分支，BN 層的編號從 52 開始，以 56 結束，預測網路中的 BN 層只有一個，編號為 57；對於中段網路中的中解析度特徵圖分支，BN 層的編號從 58 開始，以 63 結束，預測網路中的 BN 層只有一個，編號為 64；對於中段網路中的高解析度特徵圖分支，BN 層的編號從 65 開始，以 70 結束，預測網路中的 BN 層只有一個，編號為 71。

　　特別地，特徵融合網路中編號為 59 的 Conv2D 層和編號為 58 的 BN 層處理的資料是低解析度的特徵圖資料，所以一般把它們歸類到低解析度資料分支上。同理，編號為 67 的 Conv2D 層和編號為 65 的 BN 層處理的資料是中解析度的特徵圖資料，所以一般把它們歸類到中解析度資料分支上。

　　感興趣的讀者可以使用模型的 summary 方法，結合模型檢查工具查看提取的關鍵資訊，特別是結合層參數和輸出形狀，找到模型程式中的各個網路段在各個解析度上的交界面，摘抄其層名稱，推導各個交界面上的二維卷積層和 BN 層的排列序號。雖然這個查詢工作的工作量很大，需要仔細進行，但是仔細查詢後會對模型有更深刻的理解。根據 TensorFlow 生成模型時的層自動命名規則，可以將 YOLOV3 模型的 Conv2D 層和 BN 層的層自動命名的編號分配順序標注在模型結構圖上，如圖 4-6 所示。

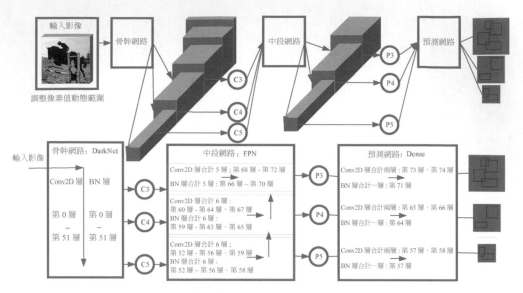

▲ 圖 4-6　YOLOV3 模型的 Conv2D 層和 BN 層的自動編號示意圖

　　YOLOV3-tiny 模型的骨幹網路的 Conv2D 層的編號從 0 開始，以 6 結束，合計 7 個 Conv2D 層。對於中段網路的低解析度特徵圖分支，Conv2D 層只有一個，編號為 7，預測網路有兩個 Conv2D 層，編號為 8 和 9；對於中段網路的中解析度特徵圖分支，Conv2D 層只有一個，編號為 10，預測網路有兩個 Conv2D 層，編號為 11 和 12。

　　YOLOV3-tiny 模型的骨幹網路的 BN 層的編號從 0 開始，以 6 結束，合計 7 個 BN 層。對於中段網路的低解析度特徵圖分支，BN 層只有一個，編號為 7，預測網路有一個 Conv2D 層，編號為 8；對於中段網路的中解析度特徵圖分支，BN 層只有一個，編號為 9，預測網路有一個 BN 層，編號為 10。

　　特徵融合網路中的編號為 10 的 Conv2D 層和編號為 9 的 BN 層處理的是低解析度資料，所以我們可以將其歸屬在低解析度分支上；相應地，中解析度分支的 Conv2D 層和 BN 層就標注為「無」。根據 TensorFlow 生成模型時的層自動命名規則，我們可以將 YOLOV3-tiny 模型的 Conv2D 層和 BN 層的層自動命名的編號分配順序標注在模型結構圖上，如圖 4-7 所示。

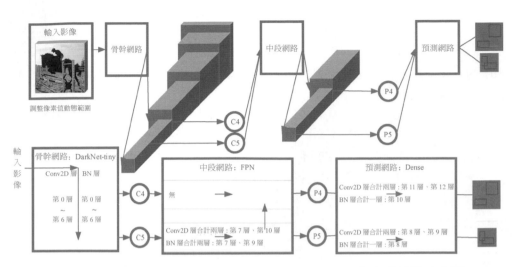

▲ 圖 4-7 YOLOV3-tiny 模型的 Conv2D 層和 BN 層的自動編號示意圖

　　YOLOV4 模型的骨幹網路的 Conv2D 層的編號從 0 開始，以 77 結束，合計 78 個 Conv2D 層。

　　對於中段網路 PANet，Conv2D 層的新建順序是先新建 PANet 左側網路，產生編號為 78 ～ 91 的 Conv2D 層，然後直接連接預測網路的高解析度分支的編號為 92 和 93 的 Conv2D 層。PANet 左側的高解析度分支輸出（編號為 91 的 Conv2D 層輸出）會在 PANet 右側的高解析度分支內，透過編號為 94 的 Conv2D 層處理後，透過下採樣層給到 PANet 右側的中解析度分支，由於編號為 94 的 Conv2D 層處理的資料都是高解析度的，所以將編號為 94 的 Conv2D 層歸屬在高解析度分支上。

　　PANet 右側的中解析度分支將來自 PANet 左側的中解析度輸出和來自 PANet 右側的編號為 94 的 Conv2D 層的輸出進行矩陣拼接後透過 5 個編號為 95 ～ 99 的 Conv2D 層處理後，給到預測網路的中解析度分支的編號為 100 和 101 的 Conv2D 層。PANet 右側的中解析度輸出（編號為 99 的 Conv2D 層輸出）會在 PANet 右側的中解析度分支上，透過編號為 102 的 Conv2D 層處理後，透過下採樣層給到 PANet 右側的低解析度分支，由於編號為 102 的 Conv2D 層處理的資料都是中解析度的，所以將編號為 102 的 Conv2D 層歸屬在中解析度分支上。

　　PANet 右側的低解析度分支將來自 PANet 左側的低解析度輸出和來自 PANet 右側的編號為 102 的 Conv2D 層的輸出進行矩陣拼接，然後透過 5 個編號為 103 ～ 107 的 Conv2D 層處理後，給到預測網路的低解析度分支的編號為 108 和 109 的 Conv2D 層。

　　至於 BN 層，除了預測網路的最後一個 Conv2D 層之後沒有搭配 BN 層，其他 Conv2D 層後一定跟著一個 BN 層，BN 層的編號順序和 Conv2D 層的編號順序完全一致，這裡就不展開敘述了。YOLOV4 模型的中段網路和預測網路的 Conv2D 層的編號示意圖如圖 4-8 所示。

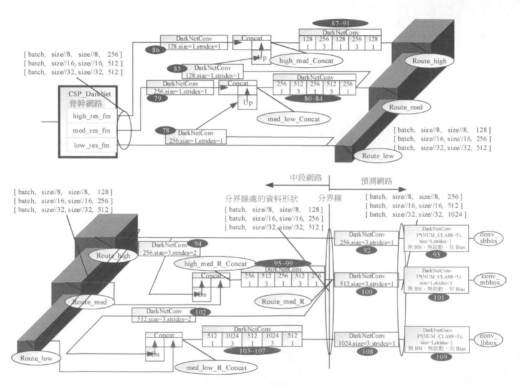

▲ 圖 4-8　YOLOV4 模型的中段網路和預測網路的 Conv2D 層的編號示意圖

根據 TensorFlow 生成模型時的層自動命名規則，我們可以將 YOLOV4 模型的 Conv2D 層和 BN 層的層自動命名的編號分配順序標注在整個模型結構圖上，如圖 4-9 所示。

YOLOV4-tiny 模型的骨幹網路的 Conv2D 層的編號從 0 開始，以 14 結束，合計 15 個 Conv2D 層。對於中段網路的低解析度特徵圖分支，Conv2D 層只有一個，編號為 15，預測網路有兩個 Conv2D 層，編號為 16 和 17。中段網路的低解析度特徵圖輸出（編號為 15 的 Conv2D 層輸出）會透過一個編號為 18 的 Conv2D 層和上採樣層，提供給中段網路的中解析度特徵圖分支，由於編號為 18 的 Conv2D 層處理的資料是低解析度資料，所以把它歸屬在低解析度分支上。中段網路的中解析度分支不做任何 Conv2D 處理，只是將來自編號為 18 的 Conv2D 層的輸出和來自骨幹網路的中解析度輸出進行矩陣拼接後，給到中解析度的預測網路。中解析度的預測網路有兩個 Conv2D 層，編號為 19 和 20。

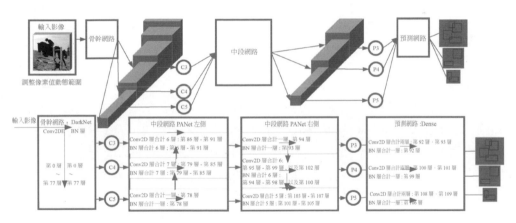

▲ 圖 4-9　YOLOV4 模型的 Conv2D 層和 BN 層的自動編號示意圖

YOLOV4-tiny 模型的骨幹網路的 BN 層，基本都會出現在 Conv2D 層後面，但有兩個特例，即位於預測網路的編號為 17 和 20 的 Conv2D 層後面沒有跟著 BN 層。並且，BN 層的自動命名規則和 Conv2D 層完全一致，這裡就不展開敘述了。

根據 TensorFlow 生成模型時的層自動命名規則，我們可以將 YOLOV4-tiny 模型的 Conv2D 層和 BN 層的層自動命名的編號分配順序標注在模型結構圖上，如圖 4-10 所示。

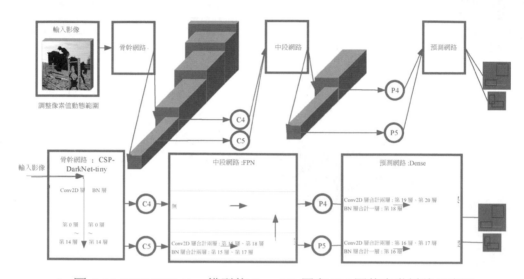

▲ 圖 4-10 YOLOV4-tiny 模型的 Conv2D 層和 BN 層的自動編號示意圖

模型的命名順序之所以重要，是因為 YOLO 官網提供的權重檔案是以 weights 為副檔名的權重檔案，weights 格式的權重檔案是按照模型生成時節點延展的儲存順序將權重數值儲存在檔案中的，所以不能用 for layer in model.layers 方法逐層遍歷載入權重，而需要提取所有需要載入權重的層，使用正規表示法辨識其層名稱中的編號，透過編號順序一個一個載入權重。

4.4.3 YOLO 模型的權重載入

讀者可以從 YOLO 的 GitHub 官網很方便地獲得 YOLOV3 和 YOLOV4 的標準版和簡版的預訓練權重。YOLO 官網提供的預訓練權重下載檔案如圖 4-11 所示。

名稱	類型	大小
yolov3.weights	WEIGHTS 文件	242,195 KB
yolov3_tiny.weights	WEIGHTS 文件	34,605 KB
yolov4.weights	WEIGHTS 文件	251,678 KB
yolov4_tiny.weights	WEIGHTS 文件	23,683 KB

▲ 圖 4-11 YOLO 官網提供的預訓練權重下載檔案

這些權重是在 80 分類的 MS COCO 資料集上預訓練得到的，可以大大加快開發者的訓練收斂速度。YOLO 官網預設的權重檔案和性能指標如表 4-6 所示。

→ 表 4-6 YOLO 官網預設的權重檔案和性能指標

權重檔案名稱	檔案大小	性能指標
yolov3.weights	236 MB	yolov3.cfg - 55.3% mAP@0.5 - 66(R) FPS - 65.9 BFlops
yolov3-tiny.weights	33.7 MB	yolov3-tiny.cfg - 33.1% mAP@0.5 - 345(R) FPS - 5.6 BFlops
yolov4-tiny.weights	23.1 MB	yolov4-tiny.cfg - 40.2% mAP@0.5 - 371(1080Ti) FPS / 330(RTX2070) FPS - 6.9 BFlops
yolov4.weights	245 MB	width=608 height=608 in cfg: 65.7% mAP@0.5 (43.5% AP@0.5:0.95) - 34(R) FPS / 62(V) FPS - 128.5 BFlops width=512 height=512 in cfg: 64.9% mAP@0.5 (43.0% AP@0.5:0.95) - 45(R) FPS / 83(V) FPS - 91.1 BFlops width=416 height=416 in cfg: 62.8% mAP@0.5 (41.2% AP@0.5:0.95) - 55(R) FPS / 96(V) FPS - 60.1 BFlops width=320 height=320 in cfg: 60% mAP@0.5 (38% AP@0.5:0.95) - 63(R) FPS / 123(V) FPS - 35.5 BFlops

這些 weights 格式的權重檔案的組織方式和 TensorFlow 有所不同，具體表現在以下幾個方面。

第一，weights 格式的權重檔案先儲存 BN 層參數後儲存 Conv2D 層參數，但 TensorFlow 建立的模型是 Conv2D 層在前面而 BN 層在後面的，因此載入權重時也遵循相應順序調整。

第二，weights 格式的權重檔案是串列儲存權重，即將所有二維以上的矩陣都轉化為一維向量進行儲存，而 TensorFlow 的權重是以高維度矩陣的方式直接儲存的，因此讀取 weights 格式的權重後，需要根據載入需要，使用 TensorFlow 的 Reshape 函式將一維向量調整為高維矩陣。

第三，weights 格式的權重檔案的 BN 層的參數的儲存順序為 [beta, gamma, mean, variance]，而 TensorFlow 的 BN 層的參數的載入順序為 [gamma, beta, mean, variance]，所以載入權重時，需要用 Reshape 函式進行矩陣元素的順序調整。

　　第四，weights 格式的權重檔案的 Conv2D 層的參數的儲存順序為 (filters, in_dim, k_size, k_size)，其中，filters 表示二維卷積層的輸出通道數，in_dim 表示二維卷積層的輸入通道數，k_size 表示卷積核心尺寸，但 TensorFlow 的 Conv2D 層的參數儲存順序為 (k_size, k_size, in_dim, filters)，所以載入權重後，需要使用 Transpose 函式對 weights 格式的權重矩陣（來源權重）進行元素的順序調整。Transpose 函式將提取來源權重的第 2 個和第 3 個維度（k_size, k_size）並將其調整到目標權重的第 0 個和第 1 個維度，將提取來源權重的第 1 個維度（in_dim）調整到目標權重的第 2 個維度，將提取來源權重的第 0 個維度（filters）調整到目標權重的第 3 個維度，即在呼叫 Transpose 函式時使用 [2, 3, 1, 0] 的配置方式。

　　我們設計一個權重載入函式 load_weights，載入權重時，需要進行常規常數的配置，包括預訓練權重的分類數量 NUM_CLASS_PRETRAIN、DarkNet 標準版和簡版的 Conv2D 層的起止編號、CSP-DarkNet 的標準版和簡版的 Conv2D 層的起止編號、YOLOV3 標準版和簡版的 Conv2D 層的起止編號 convNo_range、YOLOV4 標準版和簡版的 Conv2D 層的起止編號 convNo_range，以及 YOLOV3 標準版和簡版的預測網路的三個（或兩個）解析度的最後一個 Conv2D 層的編號 output_pos、YOLOV4 標準版和簡版的預測網路的三個（或兩個）解析度的最後一個 Conv2D 層的編號 output_pos，其中 output_pos 所指示的預測網路的 Conv2D 層需要配置偏置變數。Conv2D 層的起止編號一律從 0 開始，起止編號範圍為左「閉」右「開」，以給予值為 [0, 13] 的 convNo_range 為例，表示編號從 0 開始，最後一個編號為 12。程式如下。

```
def load_weights(
    model, weights_file, model_name='yolov4', is_tiny=False):

    print("{}{} load with weights_file {}".format(
        model_name,'_tiny' if is_tiny else '',weights_file))
    NUM_CLASS_PRETRAIN = 80

    if is_tiny==True:
        if model_name == 'yolov3':
            convNo_range = [0, 13]
            output_pos = [9, 12]
        elif model_name == 'darknet':
```

```
            convNo_range =[0, 7] # 最大編號的層名稱為 conv2d_6 (Conv2D)
            output_pos = [9, 12]

        elif model_name == 'yolov4':
            convNo_range = [0, 21]
            output_pos = [17, 20]
        elif model_name == 'CSP_darknet':
            convNo_range=[0, 15]# 最大編號的層名稱為 conv2d_14 (Conv2D)
            output_pos = [17, 20]

    elif is_tiny==False:
        if model_name == 'yolov3':
            convNo_range = [0, 75]
            output_pos = [58, 66, 74]
        elif model_name == 'darknet':
            convNo_range=[0, 52]# 最大編號的層名稱為 conv2d_51 (Conv2D)
            output_pos = [58, 66, 74]

        elif model_name == 'yolov4':
            convNo_range = [0, 110]
            output_pos = [93, 101, 109]
        elif model_name == 'CSP_darknet':
            convNo_range =[0, 78]# 最大編號的層名稱為 conv2d_77 (Conv2D)
            output_pos = [93, 101, 109]
```

使用 NumPy 的 Fromfile 函式，以一個一個讀取的方式讀取磁碟上的 weights 格式的權重檔案。雖然 weights 格式權重檔案的前 5 個資料不是我們需要的權重，但是也需要使用 Fromfile 方法讀取，只是讀取後並不使用，以便使檔案讀取的指標停留在下一個需要讀取的檔案資料區塊上，方便我們讀取後面的權重資料。程式如下。

```
wf = open(weights_file, 'rb')
major, minor, revision, seen, _ = np.fromfile(
    wf, dtype=np.int32, count=5)
```

使用之前設計的 find_conv_layer_num_range 函式，找到本模型內的二維卷積層的開始編號，將它加在 Conv2D 層的起止編號常數 convNo_range 上，將結果覆蓋給予值 Conv2D 層的起止編號常數 convNo_range。這樣就可以獲得修正後的本模型內 Conv2D 層的起止編號常數 convNo_range 了。程式如下。

```
conv_no_min,conv_no_max =find_conv_layer_num_range(model)
convNo_range=[x+conv_no_min for x in convNo_range]
output_pos=  [x+conv_no_min for x in output_pos]
```

BN 層的起止編號也用同樣的方法獲得。將 BN 層的開始編號加在 BN 層的全域指標 j 上，並更新覆蓋 BN 層的全域指標 j（此處的指標指的是層名稱中的序號，並非 C 語言中的指標），程式如下。

```
bn_no_min,bn_no_max = find_bn_layer_num_range(model)
j = 0
j=j+bn_no_min
```

下面開始 Conv2D 層的權重載入迴圈，首先根據 Conv2D 層的起止編號，使用 TensorFlow 模型的 get_layer 方法，提取相應的 Conv2D 層，獲得其輸出通道數 filters、卷積核心尺寸 k_size、輸入通道數 in_dim，然後根據 Conv2D 層是否為預測網路最後一層的判斷進行兩種情況的處理。

對於大部分並不位於預測網路最後一層的 Conv2D 層和 BN 層，它們實際上是在同一個 DarkNet 專用卷積塊 DarkNetConv 內部的。根據 DarkNet 專用卷積塊（DarkNetConv）的特點，其內部的 BN 層開關與 Conv2D 層的偏置變數開關是互斥的，因此這些 Conv2D 層內部的偏置變數是被遮罩的。如果提取了 BN 層的權重，將其轉化為 TensorFlow 的權重格式後，那麼只需要提取 Conv2D 層的權重，將其轉化為 TensorFlow 的權重格式，而並不需要提取這些 Conv2D 層的偏置變數。提取的參數分別儲存在 bn_weights 和 conv_weights 中，使用 TensorFlow 的 Keras 層物件的 set_weights 方法，將權重設置到 Conv2D 層和 BN 層內部。程式如下。

```
for i in range(convNo_range[0],convNo_range[1]):
    conv_layer_name = 'conv2d_%d' %i if i > 0 else 'conv2d'
    bn_layer_name = 'batch_normalization_%d' %j if j > 0 else 'batch_ normalization'
```

```
conv_layer = model.get_layer(conv_layer_name)
filters = conv_layer.filters
k_size = conv_layer.kernel_size[0]
in_dim = conv_layer.input_shape[-1]

if i not in output_pos:
    # DarkNet 的 weights 格式的 BN 層參數的儲存順序為 [beta, gamma, mean, variance]
    bn_weights = np.fromfile(wf, dtype=np.float32, count=4 * filters)
    # TensorFlow 的 BN 層參數的儲存順序為 [gamma, beta, mean, variance]
    bn_weights = bn_weights.reshape((4, filters))[[1, 0, 2, 3]]
    bn_layer = model.get_layer(bn_layer_name)
    j += 1

    # DarkNet 的 weights 格式的二維卷積層的卷積核心參數的儲存順序為 (out_dim, in_dim,
height, width)
    conv_shape = (filters, in_dim, k_size, k_size)
    conv_weights = np.fromfile(wf, dtype=np.float32, count=np.product (conv_shape))
    conv_weights = conv_weights.reshape(conv_shape).transpose([2, 3, 1, 0])
    # TensorFlow 的二維卷積核心參數的儲存順序為 (height, width, in_dim, out_dim)

    conv_layer.set_weights([conv_weights])
    bn_layer.set_weights(bn_weights)
```

　　對於位於預測網路最後一層的 Conv2D 層，其所在的 DarkNet 專用卷積塊的 BN 層開關處於關閉狀態，Conv2D 層的偏置變數處於開啟狀態，所以需要在讀取權重矩陣的同時，也讀取偏置變數。需要特別注意的是，預測網路最後一層的 Conv2D 層的權重形狀，與 YOLO 官網預訓練時分類的數量 NUM_CLASS_PRETRAIN=80 密切相關，所以此處的 filters 通道數應當設置為常數 3*(NUM_CLASS_PRETRAIN+5)，即 255。由於自訂物件辨識的場景下需要辨識的目標分類往往不是 80 類，所以這些位於預測網路最後一層的 Conv2D 層的預訓練權重對我們沒有絲毫幫助，所以此處使用了 try-except-else 的異常處理機制，如果因為矩陣形狀與層權重形狀不一致導致無法載入，那麼 Python 執行環境將拋出例外，但不會引起錯誤而導致程式無法繼續執行。當正確載入時，系統提示開發者目標分類是 80 類，權重載入成功。這裡需要特別注意的是，如果開發者選擇不載入權重，那麼也必須使用 NumPy 的 Fromfile 方法讀取後丟棄所讀取的內容，以便使用 Fromfile 方法繼續讀取後續權重。程式如下。

```
elif i in output_pos:
    filters=3*(NUM_CLASS_PRETRAIN+5)
    conv_bias = np.fromfile(wf, dtype=np.float32, count=filters)
    # DarkNet 的 weights 格式的二維卷積層的卷積核心參數儲存順序為 (out_dim, in_dim,
height, width)
    conv_shape = (filters, in_dim, k_size, k_size)
    conv_weights = np.fromfile(
        wf, dtype=np.float32, count=np.product(conv_shape))
    conv_weights = conv_weights.reshape(
        conv_shape).transpose([2, 3, 1, 0])
    # TensorFlow 的二維卷積層的卷積核心參數的儲存順序：(height, width, in_dim, out_
dim)
    try:
        conv_layer.set_weights([conv_weights, conv_bias])
    except:
        print("layer shape and weight shape DO NOT Match in prediction sub-
network")
    else:
        print("your NUM_CLASS is 80, prediction sub-network weights loaded!")
```

在程式的最後還應當加上權重檔案是否讀取完畢的判斷。因為如果此時是為 YOLOV3 或 YOLOV4 的標準版和簡版模型載入權重，那麼我們磁碟上的權重檔案應該全部讀取完畢，NumPy 的 Fromfile 函式的指標最後應當位於磁碟權重檔案的末尾，此時再次讓 NumPy 的 Fromfile 函式強行讀取權重檔案，那麼它傳回的應當是長度為 0 的資料。因此，可以設計一個檔案末尾的判斷，來判斷 len(wf.read()) 是否等於 0，如果判斷到達檔案末尾，那麼可以從側面幫助我們判讀之前磁碟的權重檔案和模型的匹配是否無誤。當然，如果我們僅是載入骨幹網路權重的話，那麼 NumPy 的 Fromfile 函式的指標不會位於磁碟權重檔案的末尾，所以自然無須進行檔案末尾的判斷。程式如下。

```
if model_name == 'yolov3' or  model_name == 'yolov4':
    assert len(wf.read()) == 0, 'failed to read all data'
wf.close()
```

生成 YOLOV3 和 YOLOV4 的標準版和簡版模型，並載入 4 個預設的權重檔案。YOLOV3 的模型名稱為 yolov3_model，對應的權重磁碟檔案為 yolov3.weights，程式如下。

```
from P07_yolo_model_generate import YOLO_MODEL
NN_INPUT_SIZE=416;NUM_CLASS=80;MODEL='yolov3';IS_TINY=False
WEIGHTS='./yolo_weights/default_weights/yolov3.weights'
input_layer = tf.keras.layers.Input([NN_INPUT_SIZE, NN_INPUT_SIZE, 3])
yolov3_model = tf.keras.Model(input_layer, YOLO_MODEL(
    input_layer, NUM_CLASS, MODEL, IS_TINY))
load_weights(yolov3_model, WEIGHTS,
            model_name='yolov3', is_tiny=False)
```

YOLOV4 的模型名稱為 yolov4_model，對應的權重磁碟檔案為 yolov4.
weights，程式如下。

```
NN_INPUT_SIZE=512;NUM_CLASS=80;MODEL='yolov4';IS_TINY=False
WEIGHTS='./yolo_weights/yolov4.weights'
input_layer = tf.keras.layers.Input([NN_INPUT_SIZE, NN_INPUT_SIZE, 3])
yolov4_model = tf.keras.Model(input_layer, YOLO_MODEL(
    input_layer, NUM_CLASS, MODEL, IS_TINY))
load_weights(yolov4_model, WEIGHTS,
              model_name='yolov4', is_tiny=False)
```

YOLOV3-tiny 的模型名稱為 yolov3_tiny_model，對應的權重磁碟檔案為
yolov3_tiny. weights，程式如下。

```
NN_INPUT_SIZE=416;NUM_CLASS=80;MODEL='yolov3';IS_TINY=True
WEIGHTS='./yolo_weights/default_weights/yolov3_tiny.weights'
input_layer = tf.keras.layers.Input([NN_INPUT_SIZE, NN_INPUT_SIZE, 3])
yolov3_tiny_model = tf.keras.Model(input_layer, YOLO_MODEL(
    input_layer, NUM_CLASS, MODEL, IS_TINY))
load_weights(yolov3_tiny_model, WEIGHTS,
              model_name='yolov3', is_tiny=True)
```

YOLOV4-tiny 的模型名稱為 yolov4_tiny_model，對應的權重磁碟檔案為
yolov4_tiny. weights，程式如下。

```
NN_INPUT_SIZE=416;NUM_CLASS=80;MODEL='yolov4';IS_TINY=True
WEIGHTS='./yolo_weights/default_weights/yolov4_tiny.weights'
input_layer = tf.keras.layers.Input([NN_INPUT_SIZE, NN_INPUT_SIZE, 3])
yolov4_tiny_model = tf.keras.Model(input_layer, YOLO_MODEL(
    input_layer, NUM_CLASS, MODEL, IS_TINY))
```

```
load_weights(yolov4_tiny_model, WEIGHTS,
             model_name='yolov4', is_tiny=True)
```

輸出顯示如下。

```
yolov3 load with weights_file ./yolo_weights/default_weights/yolov3.weights
your NUM_CLASS is 80, prediction sub-network weights loaded!
yolov4 load with weights_file ./yolo_weights/yolov4.weights
your NUM_CLASS is 80, prediction sub-network weights loaded!
yolov3_tiny load with weights_file ./yolo_weights/default_weights/yolov3_tiny. weights
your NUM_CLASS is 80, prediction sub-network weights loaded!
yolov4_tiny load with weights_file ./yolo_weights/default_weights/yolov4_tiny. weights
your NUM_CLASS is 80, prediction sub-network weights loaded!
```

可見，權重已經全部載入成功，並且恰好讀取到權重檔案的末尾。

4.5　原版 YOLO 模型的預測

由於網際網路提供了極為方便的預訓練權重下載方式，所以當完成網路架設以後就可以使用預訓練權重進行模型的預測，以驗證模型的準確率和物件辨識能力了。

這裡需要特別注意的是，用於預測的 YOLO 神經網路與用於訓練的神經網路在結構上是有著細微的不同的。用於訓練的神經網路，包含骨幹網路、特徵融合網路、預測網路、解碼網路；而用於預測的神經網路，在原有神經網路的基礎上增加了資料重組網路。這個資料重組網路的輸出將不同解析度下的預測解碼結果進行整合，整合完畢後，所有的預測矩形框和預測機率將不再區分來自何種解析度的特徵圖，預測的結果將被直接送入下一環節進行 NMS 演算法的矩形框過濾。

4.5.1　原版 YOLO 模型的建立和參數載入

我們設計的 YOLO 神經網路的預測網路按照損失函式的需要，輸出盡可能多的預測資訊，大部分的資訊是為了今後的訓練使用的。如果僅用來預測，那麼只需要矩形框頂點資訊、前背景預測、分類機率預測這 3 部分資訊，並將它們重組為行數等於預測數量，列數分別等於 4、1、NUM_CLASS 的 3 個矩陣。

　　首先，定義模型選擇。我們只需要定義 MODEL 和 IS_TINY 這兩個參數，就可以決定模型選擇。由於使用官方在 MS COCO 的 80 分類資料集下的預訓練權重，所以分類數量必須為 80 類。MS COCO 的 80 分類標籤可以在 GitHub 網站上下載。最後一個需要手工配置的參數是每個尺度下的矩形框預測數量上限，這裡將其設置為 100。程式如下。

```
from easydict import EasyDict as edict
from P06_yolo_core_config import get_model_cfg
CFG=edict()
CFG.MODEL='yolov4'; CFG.IS_TINY=False
CFG.NUM_CLASS=80
CFG.MAX_BBOX_PER_SCALE=100
```

　　然後，根據模型選擇，提取其他常數配置。程式如下。

```
CFG.MODEL_NAME=CFG.MODEL+('_tiny' if CFG.IS_TINY==True else '')
CFG.WEIGHTS = get_model_cfg(CFG.MODEL,CFG.IS_TINY).WEIGHTS
CFG.NN_INPUT_SIZE = get_model_cfg(CFG.MODEL,CFG.IS_TINY).NN_INPUT_SIZE
CFG.GRID_CELLS = get_model_cfg(CFG.MODEL,CFG.IS_TINY).GRID_CELLS
CFG.STRIDES = get_model_cfg(CFG.MODEL,CFG.IS_TINY).STRIDES
CFG.XYSCALE = get_model_cfg(CFG.MODEL,CFG.IS_TINY).XYSCALE
CFG.ANCHORS = get_model_cfg(CFG.MODEL,CFG.IS_TINY).ANCHORS
CFG.ANCHOR_MASKS = get_model_cfg(CFG.MODEL,CFG.IS_TINY).ANCHOR_MASKS
NN_INPUT_H, NN_INPUT_W=CFG.NN_INPUT_SIZE
```

　　最後，使用這些參數建立模型，模型被命名為 model_mine。使用權重載入函式 load_weights 載入官方權重。程式如下。

```
from P07_yolo_model_generate import YOLO_MODEL
input_layer = tf.keras.layers.Input([NN_INPUT_H, NN_INPUT_W, 3])
model_mine=tf.keras.Model(input_layer, YOLO_MODEL(
    input_layer, CFG.NUM_CLASS, CFG.MODEL, CFG.IS_TINY),
    name=CFG.MODEL_NAME)
import P06_yolo_core_utils as utils
utils.load_weights(
    model_mine, weights_file=CFG.WEIGHTS,
    model_name=CFG.MODEL, is_tiny=CFG.IS_TINY)
```

　　至此，完成了模型的建立和參數的載入。如果需要製作 YOLOV3 和 YOLOV4 -tiny 的神經網路，那麼只需要調整 CFG 字典下的 MODEL 和 IS_TINY 這兩個參數即可。

4.5.2　神經網路的輸入 / 輸出資料重組

　　首先選擇磁碟上的若干圖片，使用 TensorFlow 的 read_file 函式讀取圖片檔案，使用 decode_jpeg 函式進行影像解碼。然後按照資料集處理的流程，進行影像縮放，這裡可以選擇有失真的強行縮放或無失真的補零縮放。對於強行縮放的程式已經透過「#」進行註釋，如果需要使用強行縮放，那麼將非失真的補零縮放程式遮罩，並且使用強行縮放的相關程式。

　　神經網路採用了 BN 批次歸一化層，根據歸一化層的原理，輸入資料的動態範圍格外重要，否則會引起神經網路一連串的資料失真。因此，這裡需要將影像的0～255 的動態範圍調整為 0 ～ 1 的動態範圍，這樣送入神經網路的影像的像素點的動態範圍與訓練集中訓練影像的像素點的動態範圍保持嚴格一致。將資料的第一個維度增加一個批次維度，生成的 image_batch 就可以送入神經網路進行預測了。程式如下。

```
filename_jpg=" val_image_01"
filename_jpg="val_IMG_20210911_181100_2.jpg
"image_string = tf.io.read_file(filename_jpg)
image_decode = tf.image.decode_jpeg(image_string,channels=3)
from P07_dataset_b4_batch import image_preprocess_padded,image_preprocess_ resize
image_resize=image_preprocess_padded(
    image_decode,target_size=[NN_INPUT_H,NN_INPUT_W]) # 若使用非失真的補零縮放，則使用此
行程式
image_resize=image_preprocess_resize(
    image_decode,target_size=[NN_INPUT_H,NN_INPUT_W]) # 若使用強行縮放，則使用此行程式
image_batch = tf.expand_dims(image_resize,axis=0)
print(image_batch.shape)
print('dynamic range:',
    tf.reduce_min(image_batch).numpy(),
    tf.reduce_max(image_batch).numpy())
outputs=model_mine(image_batch,training=False)
```

　　根據之前我們所設計的神經網路的輸出規格，神經網路的輸出包含以下多個具有物理含義的變數。這些變數包括：用相對座標法儲存的多個預測矩形框（變數名稱為 pred_x1y1x2y2）；用相對中心法儲存的多個預測矩形框（變數名稱為 pred_xywh）；以感受野左上角為座標原點的預測矩形框的中心點座標，以及預測矩形框的寬度和高度相對於先驗錨框的寬度和高度的倍數（變數名稱為 pred_dxdydwdh）；神經網路的原始輸出（變數名稱為 conv_raw_dxdydwdh）；儲存了矩形框包含物體的機率（變數名稱為 pred_objectness）；儲存了矩形框包含何種物體的條件機率（變數名稱為 pred_cls_prob）。這些具有物理含義的變數組合成一個形狀為 [batch, grid_size, grid_size, 3, (4+4+4+4+1+NUM_CLASS)] 的具有 5 個維度的新的預測矩陣。

　　這種輸出資料格式是按照損失函式的需要，輸出盡可能多的預測資訊，而對於物件辨識的推理預測，太過容錯。我們只需要神經網路輸出的多個物理量中的部分資訊，即可完成預測，我們需要的資訊包括矩形框頂點資訊、前背景預測、分類機率預測這 3 部分，並將它們重組為行數等於預測數量，列數分別等於 4、1、NUM_CLASS 的 3 個矩陣。具體方法如下。

　　首先將神經網路輸出分解為我們需要的資料和無須使用的資料。無須使用的資料一般使用「_」臨時接收。我們需要的資料是預測矩形框頂點資料 x1y1x2y2、前背景預測 objectness、分類機率預測 cls_prob。這些需要的預測資訊是用 low、med、hi 等解析度關鍵字對不同解析度進行區分的，程式如下。

```
if CFG.IS_TINY==False:
    output_low_res,output_med_res,output_hi_res=outputs
    (x1y1x2y2_low_res, _, _,_,
     objectness_low_res, cls_prob_low_res)=tf.split(
         output_low_res,[4,4,4,4,1,CFG.NUM_CLASS],axis=-1)
    (x1y1x2y2_med_res, _, _,_,
     objectness_med_res, cls_prob_med_res)=tf.split(
         output_med_res,[4,4,4,4,1,CFG.NUM_CLASS],axis=-1)
    (x1y1x2y2_hi_res, _, _,_,
     objectness_hi_res, cls_prob_hi_res)=tf.split(
         output_hi_res,[4,4,4,4,1,CFG.NUM_CLASS],axis=-1)
```

　　然後提取批次資訊，即當前送入神經網路的批次資料中含有多少幅影像，使用 BATCH 儲存。對預測矩形框的頂點資料統一進行形狀重組，將其重組為 3 個維度。第 1 個維度是批次，第 2 個維度是預測數量，第 3 個維度恒為 4，因為矩形框頂點數量一定是 4 個數值。對前背景預測矩陣進行重組，將其重組為 3 個維度。第 1 個維度是批次，第 2 個維度是預測數量，第 3 個維度恒為 1，因為矩形框前背景預測只有 1 位，元素的設定值範圍為 0 ～ 1。對分類機率預測矩陣進行重組，將其重組為 3 個維度，第 1 個維度是批次，第 2 個維度是預測數量，第 3 個維度恒為 NUM_CLASS，因為對於 80 個分類，相應分類的機率預測數值應當最高（接近 1），其他分類機率預測的理論值應當為一個非常接近 0 的數。程式如下。

```
BATCH1=tf.shape(x1y1x2y2_low_res)[0]
BATCH2=tf.shape(objectness_med_res)[0]
BATCH3=tf.shape(cls_prob_hi_res)[0]
assert BATCH1==BATCH2==BATCH3
BATCH=BATCH1
boxes_x1y1x2y2=tf.concat(
    [tf.reshape(x1y1x2y2_low_res,(BATCH,-1,4)),
     tf.reshape(x1y1x2y2_med_res,(BATCH,-1,4)),
     tf.reshape(x1y1x2y2_hi_res,(BATCH,-1,4)),],
    axis=-2)
conf=tf.concat(
    [tf.reshape(objectness_low_res,(BATCH,-1,1)),
     tf.reshape(objectness_med_res,(BATCH,-1,1)),
     tf.reshape(objectness_hi_res,(BATCH,-1,1)),],
    axis=-2)
cls_prob=tf.concat(
    [tf.reshape(cls_prob_low_res,
        (BATCH,-1,CFG.NUM_CLASS)),
     tf.reshape(cls_prob_med_res,
        (BATCH,-1,CFG.NUM_CLASS)),
     tf.reshape(cls_prob_hi_res,
        (BATCH,-1,CFG.NUM_CLASS)),],
    axis=-2)
```

對於簡版模型，CFG.IS_TINY 等於 True，高解析度的相應程式刪除即可，這裡不再展開敘述。

具體矩形框屬於何種分類的絕對機率值可以根據條件機率公式計算得到，即矩形框的分類絕對機率等於前景機率乘以前景機率條件下的具體分類機率預測。特別地，對於單分類情況，前背景機率已經是目標分類機率，是無須再乘以分類機率的。但考慮到 TensorFlow 數值計算的局限性，此時的分類機率預測矩陣會出現 NaN 異常值，我們應當做出相應的特殊情況處理。將單分類（NUM_CLASS 為 1）情況下的分類機率預測資料全部替換為 100%。程式如下。

```
cls_prob = tf.cond(
    tf.equal(CFG.NUM_CLASS,1),
    lambda:tf.ones_like(cls_prob), lambda:cls_prob)
prob = conf * cls_prob
```

至此，獲得了全部預測矩形框的頂點座標和全部預測矩形框的分類機率。它們數量許多，並且大部分矩形框預測都是重複和低機率的。舉例來說，不包含物體的矩形框，其分類機率會非常低（接近 0），包含物體的矩形框會出現多個重複的容錯預測，但一定會有一個矩形框的預測最為準確。我們要對這些預測矩形框進行遴選，選擇合適的矩形框作為正式的矩形框預測輸出。

4.6　NMS 演算法的原理和預測結果視覺化

物件辨識神經網路會為每個感受野提供多個預測矩形框，因此多個感受野的預測矩形框的總數量往往是大於實際物體數量的。換個角度，從真實物體的角度看，每個真實物體的周圍一定有多個矩形框對其進行預測，但只有其中的少數矩形框的定位預測是最為準確的。以這種情況為基礎，物件辨識神經網路需要使用一定的演算法找到並保留那個最為有效的預測，去除對同一個物體的其他重複預測，這就是非極大值抑制（Non Maximum Suppression，NMS）演算法。近年來湧現的以轉換器（Transformer）為基礎的 DETR 及其後續模型，將矩形框預測視為更廣義的集合預測（Set Prediction）問題，它使用解碼器（Decoder）的方法預測矩形框，但注意力機制的資源銷耗更大，感興趣的讀者可以閱讀相關論文。

4.6.1 傳統 NMS 演算法原理

　　對於一個真實物體，幾乎所有的物件辨識模型都會給出數量許多的備選矩形框。這些備選矩形框都是以它們所處的特徵圖位置為基礎、根據周圍的特徵資訊給出的。可以預見，其中必定有一個是最佳預測，其餘預測都是容錯預測。但在遇到兩個 IOU 很大的目標框時，則可能出現兩種情況：情況一，這兩個預測矩形框可能是同一個物體的重複檢測，需要刪除其中的預測矩形框；情況二，這兩個預測矩形框可能是對兩個的確存在重合的真實物體的有效預測。NMS 演算法效果示意圖如圖 4-12 所示。

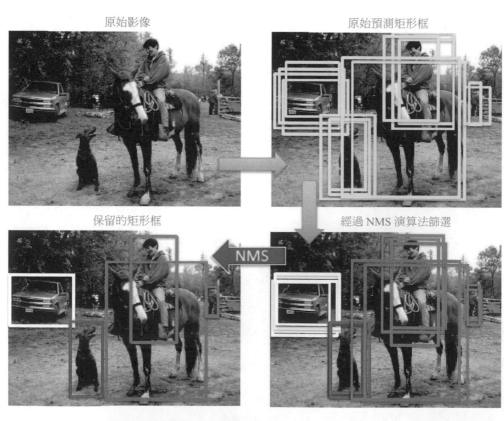

原始影像　　　　　　　　　　　　　　　　原始預測矩形框

保留的矩形框　　　　　　　　　　　　　經過 NMS 演算法篩選

NMS

▲ 圖 4-12　NMS 演算法效果示意圖

　　有錨框的物件辨識框架並沒有給出一個可以直接推導出最佳預測的演算法，但我們可以透過最佳預測的性質，反向推導出最佳預測的計算方法。最佳預測具有兩個特點：第一，最佳預測矩形框應該具有最高的預測機率；第二，容錯預測矩形框應當與最佳預測矩形框之間有著較大的 IOU。

　　從最佳預測的這兩個巨觀屬性出發，我們可以找到一種方法，就是在對同一類型物體的許多預測中，篩選出具有極高預測機率的矩形框，而將其餘與其具有較大 IOU 的矩形框視為容錯預測、一律刪除，這就是傳統的 NMS 演算法。NMS 演算法是一個概念上清晰，但工程上複雜的演算法。

　　傳統的 NMS 演算法處理的是搭配有各自置信度的若干預測矩形框（下面簡稱矩形框）。這裡假設有一個儲存了多個矩形框的串列 B，其內部包含全部 N 個矩形框，每個矩形框有一個與其對應的預測機率 S。預測機率 S 也是一個串列，串列 B 串列的元素一一對應。NMS 演算法會建構一個存放最佳框的集合 M，該集合被初始化為空集，按照以下流程進行迭代最佳化。

　　第 1 步，將集合 B 中所有的矩形框按照機率進行排序，選出機率最高的矩形框，將它從集合 B 移到集合 M。

　　第 2 步，遍歷集合 B 中的矩形框，並將每個矩形框分別與集合 M 中的矩形框計算 IOU，如果某個矩形框與集合 M 中的矩形框的 IOU 大於某個設定值（一般為 $0.3 \sim 0.5$），那麼認為此矩形框與集合 M 所保留的矩形框重合，將此矩形框從集合 B 中刪除。

　　第 3 步，回到第 1 步進行迭代，直到集合 B 為空集。集合 M 為我們所需要的處理後的矩形框集合。

　　NMS 演算法中的 IOU 設定值通常設置為 $0.3 \sim 0.5$。以預測機率分別為 0.9、0.8、0.75 的 3 個預測矩形框為例，最終預測機率為 0.9 的矩形框會得以保留，而其他兩個預測機率分別為 0.8 和 0.75 的矩形框被 NMS 演算法判定為重複矩形框，將被刪除。NMS 演算法處理流程示意圖如圖 4-13 所示。

預測機率為 0.9 的矩形框得以儲存，由於預測機率分別為 0.8 和 0.75 的矩形框與預測機率為
0.9 的矩形框擁有超過 50% 的 IOU，所以被刪除

▲ 圖 4-13　NMS 演算法處理流程示意圖

　　NMS 演算法雖然複雜，但是邏輯是非常清晰和明確的，因此 TensorFlow 為其製作了高階 API 供開發者呼叫，函式有很多種：combined_non_max_suppression、non_max_suppression_ overlaps、non_max_suppression_padded、non_max_suppression_with_scores，它們在輸入格式上略有差別，具體可以查閱 TensorFlow 官網。下面以 combined_non_max_suppression 為例，介紹這個高階 API 的用法。combined_non_max_suppression 的函式輸入有 9 個參數。程式如下。

```
tf.image.combined_non_max_suppression(
    boxes,
    scores,
    max_output_size_per_class,
    max_total_size,
    iou_threshold=0.5,
    score_threshold=float('-inf'),
    pad_per_class=False,
    clip_boxes=True,
    name=None
)
```

　　其中，boxes 是形狀如 [batch_size, num_boxes, q, 4] 的矩陣。q 應當等於分類數量，但當 q 等於 1 時，表示矩形框對分類不做區分，其最後一個維度擁有 4 個自由度，形狀為 [y1,x1, y2,x2]，其中 (y1,x1) 是矩形框的左上角，(y2,x2) 是矩形框的右下角，這

種變數排列順序和模型輸出的矩形框頂點座標 x1y1x2y2 略有不同，但不影響使用。
scores 的形狀是 [batch_size, num_boxes, num_classes]，num_classes 表示分類的數量。
max_output_size_per_class 表示每個種類遴選的矩形框數量上限，max_total_size 表示
全部矩形框遴選的數量上限。iou_threshold 是一個浮點數，表示能夠允許兩個矩形框
的 IOU 的上限，若超過上限，則認為二者重複；score_threshold 也是一個浮點數，當
矩形框的預測機率小於或等於該數值時，不論其 IOU 如何，都要將其刪除。

　　combined_non_max_suppression 函式傳回的是 4 個變數。nmsed_boxes 的形狀
是 [batch_size, max_detections, 4]，表示遴選後的矩形框頂點座標；nmsed_scores
是與矩形框相互搭配的機率預測，形狀是 [batch_size, max_detections]；nmsed_
classes 是與矩形框搭配的分類編號，形狀是 [batch_size, max_detections]；valid_
detections 是遴選出的矩形框數量，形狀是 [batch_size,] 的一維整數變數。

　　使用 NMS 演算法高階 API 函式，對一幅 600 像素 ×600 像素的影像上的 5 個
預測矩形框進行遴選，將 IOU 設定值設置為 0.3，即 IOU 大於 0.3 的預測矩形框才
被認為是對同一物體所預測的不同矩形框，否則認為是對同一物體的容錯預測；將
預測機率設定值設置為 0.5，即凡是預測機率小於 0.5 的預測矩形框全部被刪除。
程式如下。

```
img = tf.ones([1, 600, 600, 3])
boxes=1/600*tf.convert_to_tensor(
    [[50,200,250,450], # 1 號矩形框
     [100,50,400,400], # 2 號矩形框
     [0,250,200,550], # 3 號矩形框
     [300,150,500,500], # 4 號矩形框
     [200,100,350,350]],dtype=tf.float32) # 5 號矩形框
BATCH=1
boxes=tf.reshape(boxes,[BATCH,-1,4])
colors = np.array([[0.0, 0.0, 1.0],
                   [0.0, 1.0, 0.0],
                   [0.0, 1.0, 1.0],
                   [1.0, 0.0, 0.0],
                   [1.0, 0.0, 1.0]]) # 在紅色和藍色之間交替
b4_NMS=tf.image.draw_bounding_boxes(img, boxes, colors)
scores=tf.convert_to_tensor([0.75,0.50,0.72,0.90,0.51],dtype=tf.float32)
labels=tf.convert_to_tensor([1,1,1,1,1],dtype=tf.int32)
fig,ax=plt.subplots(1,2);ax[0].imshow(b4_NMS[0])
```

```
(boxes, scores, classes, valid_detections
 ) = tf.image.combined_non_max_suppression(
    boxes=tf.reshape(
        boxes, (BATCH, -1, 1, 4)),
    scores=tf.reshape(
        scores, (BATCH,  tf.shape(scores)[-1],-1)),
    max_output_size_per_class=30,
    max_total_size=100,
    iou_threshold=0.3,
    score_threshold=0.5
    )
aft_NMS=tf.image.draw_bounding_boxes(img, boxes, colors)
ax[1].imshow(aft_NMS[0])
```

這樣遴選矩形框後，1 號矩形框和 3 號矩形框的 IOU 大於 0.3，將保留預測機率較高的 1 號矩形框；2 號矩形框的預測機率小於或等於 0.5，該矩形框被丟棄；4 號矩形框和 5 號矩形框的 IOU 較小，它們的預測機率大於預測機率設定值，都得以保留。運用 NMS 演算法前後的效果對比圖如圖 4-14 所示。

對於本案例，只需要將資料改為 NMS 演算法高階 API 函式要求的資料，即可實現對 YOLO 神經網路所輸出的多個矩形框運用 NMS 演算法進行遴選。這裡將 IOU 設定值設置為 0.4，即 IOU 大於 0.4 的同一分類矩形框將被進行合併遴選；將預測機率設定值設置為 0.5，即預測機率小於或等於 0.5 的矩形框將一律被刪除。程式如下。

```
(boxes, scores, classes, valid_detections
 ) = tf.image.combined_non_max_suppression(
    boxes=tf.reshape(
        boxes_x1y1x2y2, (BATCH, -1, 1, 4)),
    scores=tf.reshape(
        prob, (BATCH, -1, tf.shape(prob)[-1])),
    max_output_size_per_class=30,
    max_total_size=100,
    iou_threshold=0.4,
    score_threshold=0.5
    )
```

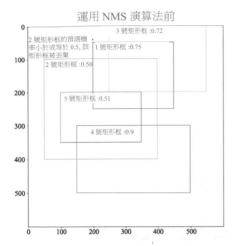
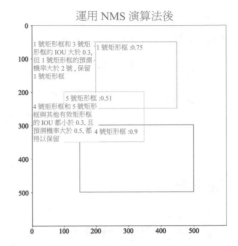

▲ 圖 4-14　運用 NMS 演算法前後的效果對比圖

　　將不同影像作為輸入，使用神經網路預測、NMS 演算法遴選矩形框。遴選後剩餘的矩形框數量使用 valid_detections 進行儲存，剩下的 3 個變數 boxes、scores、classes 都是具有 valid_detections 行的矩陣，可以列印查看或將矩形框畫在影像上。

4.6.2　NMS 演算法的變種

　　對於數量許多的備選矩形框，如果僅使用傳統 NMS 演算法的檢測後處理技術，就顯得十分單一，因為 NMS 演算法的核心在於保留得分最高的矩形框，對於其他矩形框，則一律刪除。這可能導致兩個問題：第一，如果兩個同類別物體的確在位置上十分接近，其 IOU 也顯然大於 NMS 演算法的篩選值，那麼必定有一個預測機率低的物體的矩形框將被錯誤地刪除；第二，傳統 NMS 演算法採用重複矩形框多選一的方式，僅保留了其中一個矩形框的預測資訊，對於其他容錯的預測矩形框，則一律刪除，這明顯沒有利用到其他容錯矩形框提供的預測資訊，資訊使用率不高。為此，NMS 演算法近年來也發展出了多個變種分支，來解決以上問題。

　　與傳統 NMS 演算法對於 IOU 較大的「劣質」矩形框採用簡單粗暴刪除的處理策略不同，有論文提出更為「柔軟」的處理策略。對於 IOU 較大的矩形框不是簡單刪除，而是乘以一個係數，用於略微降低其置信度（係數有線性係數和高斯係數兩種），待全部矩形框都處理完，再決定是否刪除或保留。如果將傳統 NMS 演算法稱為硬非極大值抑制（Hard-NMS）演算法的話，那麼將這種先降低置信度再決定是否刪除的方法稱為軟非極大值抑制（Soft-NMS）演算法。Hard-NMS 演算法和 Soft-NMS 演算法流程對比圖如圖 4-15 所示。

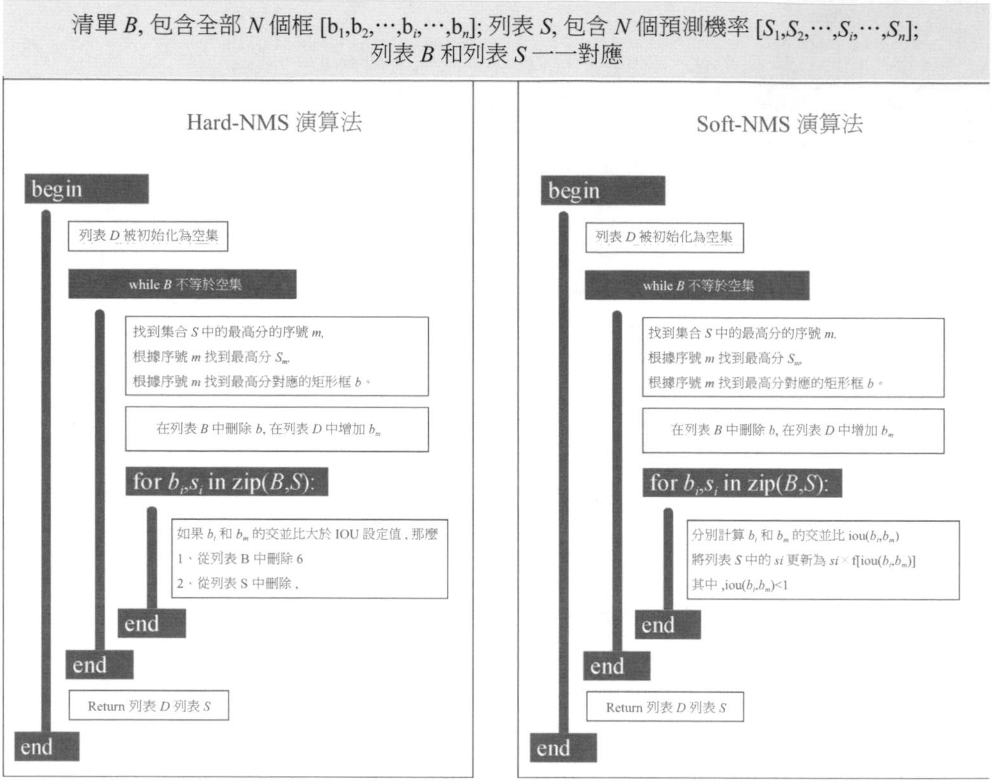

清單 *B*, 包含全部 *N* 個框 [b₁,b₂,⋯,bᵢ,⋯,bₙ]; 列表 *S*, 包含 *N* 個預測機率 [*S*₁,*S*₂,⋯,*Sᵢ*,⋯,*Sₙ*]; 列表 *B* 和列表 *S* 一一對應

Hard-NMS 演算法

begin

列表 *D* 被初始化為空集

while *B* 不等於空集

找到集合 *S* 中的最高分的序號 *m*,
根據序號 *m* 找到最高分 *Sₘ*,
根據序號 *m* 找到最高分對應的矩形框 *b*。

在列表 *B* 中刪除 *b*, 在列表 *D* 中增加 *bₘ*

for *bᵢ*,*sᵢ* in zip(*B*,*S*):

如果 *bᵢ* 和 *bₘ* 的交並比大於 IOU 設定值，那麼
1、從列表 B 中刪除 6
2、從列表 S 中刪除 .

end

end

Return 列表 *D* 列表 *S*

end

Soft-NMS 演算法

begin

列表 *D* 被初始化為空集

while *B* 不等於空集

找到集合 *S* 中的最高分的序號 *m*,
根據序號 *m* 找到最高分 *Sₘ*,
根據序號 *m* 找到最高分對應的矩形框 *b*。

在列表 *B* 中刪除 *b*, 在列表 *D* 中增加 *bₘ*

for *bᵢ*,*sᵢ* in zip(*B*,*S*):

分別計算 *bᵢ* 和 *bₘ* 的交並比 iou(*bᵢ*,*bₘ*)
將列表 *S* 中的 *si* 更新為 *si* × f[iou(*bᵢ*,*bₘ*)]
其中 ,iou(*bᵢ*,*bₘ*)<1

end

end

Return 列表 *D* 列表 *S*

end

▲ 圖 4-15　Hard-NMS 演算法和 Soft-NMS 演算法流程對比圖

應該說，Hard-NMS 演算法是 Soft-NMS 演算法的特例。圖 4-15 中，全部矩形框集合 *S* 中的某個矩形框 *sᵢ* 進行更新時，如果將更新係數設置為 0，那麼 Soft-NMS 演算法就退化為 Hard-NMS 演算法。

使用了 Soft-NMS 演算法後，在物體較為擁擠的影像中進行物件辨識，就不會出現因為 IOU 太大導致的目標消失現象。假設物件辨識神經網路給出了兩個矩形框，它們都具備較高的置信度：1.0、0.64，並且目標較為擁擠，即兩個矩形框也具有較大的 IOU（大於 0.5）。如果使用 Hard-NMS 演算法，那麼只有置信度為 1.0 的矩形框得以保留，另一個矩形框將被刪除。如果使用 Soft-NMS 演算法，那麼保

留置信度為 1.0 的矩形框時，第二個矩形框的置信度會略微下降（假設略微下降 0.1，成為 0.54）。雖然置信度為 0.64 的矩形框經歷了一次置信度下降後，其置信度成為 0.54，但仍舊大於 0.5（這裡將 IOU 設定值設置為 0.5），所以得以保留，從而使得在物體較為擁擠的影像中進行物件辨識，不會出現因為 IOU 太大導致的目標消失現象。Hard-NMS 演算法和 Soft-NMS 演算法效果示意圖如圖 4-16 所示。

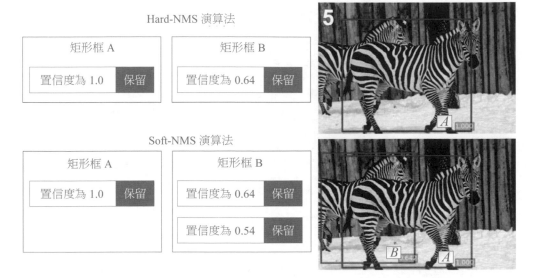

▲ 圖 4-16　Hard-NMS 演算法和 Soft-NMS 演算法效果示意圖

　　無論 Hard-NMS 演算法和 Soft-NMS 演算法如何處理 IOU 較大的矩形框，它們最終的做法都是保留或丟棄，應該說，即使丟棄的矩形框也攜帶了少量的矩形框預測資訊，如果將其丟棄，那麼表示資訊的遺失。針對這個問題，2019 年發表的「Weighted boxes fusion Ensembling boxes from different object detection models」論文，提出一個全新的加權融合矩形框（Weighted Boxes Fusion，WBF）演算法。該演算法認為：預測矩形框應當充分利用整個矩形框簇的全部資訊，而非置信度最高的那個。矩形框簇是指由 IOU 大於設定值的若干矩形框所組成的集合。

　　該論文的核心觀點是使用一個權重係數，對矩形框的座標進行加權融合。假設一個矩形框簇內有 N 個矩形框，其中第 i 個矩形框用 $[x_{\text{LT}i}, y_{\text{LT}i}, x_{\text{RB}i}, y_{\text{RB}i}]$ 表示，該矩形框的置信度用 c_i 表示，那麼加權融合後的矩形框座標 $[x_{\text{LT}}, y_{\text{LT}}, x_{\text{RB}}, y_{\text{RB}}]$ 和融合後的矩形框置信度 C 可用以下方式表示。

$$
\begin{cases}
x_{\mathrm{LT}} = \dfrac{\sum_{i=1}^{N} c_i x_{\mathrm{LT}i}}{\sum_{i=1}^{N} c_i} \\[2ex]
y_{\mathrm{LT}} = \dfrac{\sum_{i=1}^{N} c_i y_{\mathrm{LT}i}}{\sum_{i=1}^{N} c_i} \\[2ex]
x_{\mathrm{RB}} = \dfrac{\sum_{i=1}^{N} c_i x_{\mathrm{RB}i}}{\sum_{i=1}^{N} c_i} \\[2ex]
y_{\mathrm{RB}} = \dfrac{\sum_{i=1}^{N} c_i y_{\mathrm{RB}i}}{\sum_{i=1}^{N} c_i} \\[2ex]
C = \dfrac{\sum_{i=1}^{N} c_i}{N}
\end{cases}
$$

這裡可以使用每個矩形框置信度 c_i 作為加權係數，也可以使用 square(c_i) 或 sqrt(c_i) 作為加權係數，這需要根據實際情況進行測試和選擇。

使用了加權融合矩形框演算法後，如果出現一個矩形框簇內擁有多個矩形框的，那麼可以根據其置信度產生一個新的矩形框，這個矩形框與簇內的所有矩形框都不一樣，但是卻融合了每個矩形框的座標資訊。舉例來說，某圖片包含了一個真實的物體，但是給出的 3 個矩形框預測都有所失真，那麼 3 個矩形框融合後將形成一個新的融合矩形框，其座標點是這 3 個矩形框的置信度的加權平均值，顯然加權後的融合矩形框與真實矩形框相比，具有更高的匹配度。加權融合的 NMS 演算法效果示意圖如圖 4-17 所示。

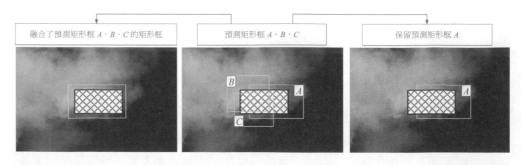

▲ 圖 4-17　加權融合的 NMS 演算法效果示意圖

NMS 演算法還在不斷發展演進的過程中，Hard-NMS 演算法、Soft-NMS 演算法、WBF 演算法需要根據實際需要選擇使用。當前開放原始碼的 NMS 演算法有很多，本書以 WBF 演算法作者在 GitHub 所公開的原始程式碼為例介紹。

根據 WBF 演算法作者提供的 3 種 NMS 演算法及其實現，作者總結出不同 NMS 演算法及其函式的對應關係，如表 4-7 所示。

→ 表 4-7　不同 NMS 演算法及其函式的對應關係表

演算法名稱	函式名稱
Non Maximum Suppression（NMS）	nms()
Soft-NMS	soft_nms()
Non Maximum Weighted（NMW）	non_maximum_weighted()
Weighted Boxes Fusion（WBF）	weighted_boxes_fusion()

這些 NMS 演算法變種的實現函式不僅支援多模型預測矩形框的融合，而且支持多個輸入參數。在輸入參數中的 boxes_list 參數傳遞多模型的矩形框預測結果，它是一個串列。如果是 M 個模型的預測矩形框進行非極大值抑制，那麼 boxes_list 就擁有 M 個元素，每個元素的形狀是 [N_m,4]，其中 N_m 為第 m 個模型的預測矩形框數量。scores_list 參數和 labels_list 參數傳遞 M 個模型的預測置信度和預測物體編號，它同樣是一串列擁有 M 個元素，每個元素的形狀是 [N_m,1]。Weight 參數傳遞 M 個模型的權重，形狀是 [M,]，Weight 參數是一個經驗值，可以將性能最好的模型設置較高的權重值，將性能一般的模型設置較低的權重值。iou_thr 參數傳遞兩個矩形框同屬於一個矩形框簇的設定值，如果 IOU 大於 iou_thr（一般設置為 0.55），那麼視為同屬於一個矩形框簇。skip_box_thr 表示置信度設定值，如果矩形框的置信度低於 skip_box_thr，那麼將被直接丟棄而不參與計算。

以下程式演示了如何使用多種 NMS 演算法對預測矩形框進行後處理。所用到的 NMS 演算法一共有 4 種，分別是傳統 NMS 演算法、Soft-NMS 演算法、NMW 演算法、WBF 演算法。預測矩形框來自兩個神經網路，這兩個神經網路分別給出 4 個和 5 個預測矩形框，預測矩形框被儲存在 boxes_list 串列中。後處理的程式如下。

```python
from ensemble_boxes import (nms,
                            soft_nms,
                            non_maximum_weighted
                            weighted_boxes_fusion
boxes_list = [[
    [0.00, 0.51, 0.81, 0.91],
    [0.10, 0.31, 0.71, 0.61],
    [0.01, 0.32, 0.83, 0.93],
    [0.02, 0.53, 0.11, 0.94],
    [0.03, 0.24, 0.12, 0.35],
],[
    [0.04, 0.56, 0.84, 0.92],
    [0.12, 0.33, 0.72, 0.64],
    [0.38, 0.66, 0.79, 0.95],
    [0.08, 0.49, 0.21, 0.89],
]]
scores_list=[[0.9, 0.8, 0.2, 0.4, 0.7], [0.5, 0.8, 0.7, 0.3]]
labels_list=[[0, 1, 0, 1, 1], [1, 1, 1, 0]]
weights = [2, 1]
iou_thr = 0.5
skip_box_thr = 0.0001
sigma = 0.1

boxes, scores, labels = nms(
    boxes_list, scores_list, labels_list,
    weights=weights, iou_thr=iou_thr)
boxes, scores, labels = soft_nms(
    boxes_list, scores_list, labels_list, weights=weights,
    iou_thr=iou_thr, sigma=sigma, thresh=skip_box_thr)
boxes, scores, labels = non_maximum_weighted(
    boxes_list, scores_list, labels_list, weights=weights,
    iou_thr=iou_thr, skip_box_thr=skip_box_thr)
boxes, scores, labels = weighted_boxes_fusion(
    boxes_list, scores_list, labels_list, weights=weights,
    iou_thr=iou_thr, skip_box_thr=skip_box_thr)
```

如果是單模型的非極大值抑制，那麼只需要將 weights 參數設置為 None 即可。

4.6.3　預測結果的篩選和視覺化

　　如果將 NMS 演算法處理後「倖存」的矩形框畫在影像上，那麼可以製作一個視覺化工具 draw_output。它接收 4 個輸入：第 1 個是影像矩陣 image；第 2 個是 outputs，對應著 NMS 演算法輸出的 4 個變數；第 3 個是 class_id_2_name，它是一個字典，負責將分類編號映射到分類名稱上，用於視覺化顯示；第 4 個是 show_label，該參數預設為 True，用於在影像矩形框上顯示分類名稱。dwaw_output 函式使用 open-cv 的 rectangle 函式，將矩形框和標籤名稱畫在影像上，傳回畫好的影像矩陣 image。程式如下。

```
def draw_output(
      image, outputs, class_id_2_name, show_label=True):
    image_h, image_w, _ = image.shape
    num_classes = len(class_id_2_name)
    colors = gen_color_step(num_classes)
    out_boxes, out_scores, out_classes, num_boxes = outputs
    for i in range(num_boxes[0]):
        if (int(out_classes[0][i]) < 0 or
            int(out_classes[0][i]) > num_classes): continue
        x1y1x2y2 = out_boxes[0][i]
        xmin = int(x1y1x2y2[0]*image_w)
        ymin = int(x1y1x2y2[1]*image_h)
        xmax = int(x1y1x2y2[2]*image_w)
        ymax = int(x1y1x2y2[3]*image_h)
        x1y1=(xmin,ymin)
        x2y2=(xmax,ymax)

        fontScale = 0.5
        score = out_scores[0][i]
        class_ind = int(out_classes[0][i])
        bbox_color = colors[class_ind]
        bbox_thick = int(0.6 * (image_h + image_w) / 600)
        cv2.rectangle(
            image, x1y1, x2y2, bbox_color, bbox_thick)
        if show_label:
            bbox_mess='%s: %.2f'%(
```

```
                        class_id_2_name[class_ind],score)
                t_size=cv2.getTextSize(
                    bbox_mess,0,fontScale,
                    thickness=bbox_thick//2)[0]
                x3y3 = (x1y1[0]+t_size[0],x1y1[1]-t_size[1]-3)
                cv2.rectangle(image, x1y1, (np.float32(x3y3[0]), np.float32(x3y3[1])), bbox_
color, -1) # 畫出分類標籤文字的外框

                cv2.putText(image, bbox_mess, (x1y1[0], np.float32(x1y1[1] - 2)), cv2.FONT_
HERSHEY_SIMPLEX,
                            fontScale, (0, 0, 0), bbox_thick // 2, lineType=cv2.LINE_AA)

    return image
```

使用視覺化函式 draw_output 對 NMS 演算法處理結果進行視覺化。程式如下。

```
from pathlib import Path
class_file = 'D:/…/coco_80labels_2014_2017.names'
class_name_2_id = {name: idx for idx, name in enumerate(
    Path(class_file).open().read().splitlines())}
class_id_2_name = {value: key for key, value in class_name_2_id.items()}
outputs0 = (boxes,scores,classes,valid_detections)
img0=image_batch[0].numpy()
img0 = draw_output(
    img0, outputs0, class_id_2_name, show_label=True)
fig,ax=plt.subplots(1,2)
ax[0].imshow(image_resize);ax[1].imshow(img0)
```

　　反覆運用如上方法，獲得 YOLOV4 和 YOLOV3 的標準版和簡版模型的預測結果對比。不同 YOLO 模型載入預訓練模型檢出物體數量視覺化結果圖如圖 4-18 所示。

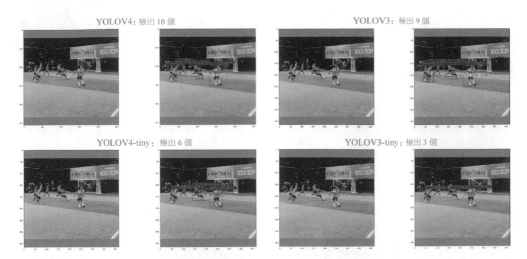

▲ 圖 4-18 不同 YOLO 模型載入預訓練模型檢出物體數量視覺化結果圖

以上結果是在各個模型預設的配置條件下（舉例來說，YOLOV4 骨幹網路使用 Mish 啟動函式，SPP 網路使用 LeakyReLU 啟動函式）測試得出的，不同的預訓練模型變種將有不同的效果。感興趣的讀者可以自行修改模型並載入相應參數進行測試，找到最適合自己的模型變種和預訓練參數。

4.7 YOLO 模型的多個衍生變種簡介

YOLO 的 GitHub 官網提供了許多衍生變種的權重檔案，使用權重檔案之前，必須要懂得與其配套的 cfg 檔案，否則會導致權重無法載入或導致出現 NaN 的計算結果。

YOLO 提供的 cfg 檔案其實是一個文字檔，它描述了從神經網路的輸入端到輸出端的全部關鍵參數，可以用 Netron 軟體打開。以 YOLOV4 為例，YOLOV4 模型的 cfg 檔案包含以下兩個部分。

（1）以 [net] 為關鍵字的基礎資訊。舉例來說，標準版的 YOLOV4 使用 512 像素 ×512 像素解析度的輸入，預訓練時樣本的打包數量參數為 64，預訓練時所設置的學習率為 0.00261，預訓練時訓練的步數是 40 萬步

（表示合計訓練過程中送入神經網路的圖片張數為 2560 萬，64×40 萬 =2560 萬）。

（2）以 [convolutional] 為關鍵字的 DarkNet 專用卷積塊 DarkNetConv 配置 資訊。舉例來說，BN 層開關 batch_normalize、二維卷積層的通道數 filters、卷積核心尺寸 size、步進 stride、補零機制 pad，以及所使用的 啟動函式 activation。此外，還有以 [route]、[shortcut]、[maxpool] 為關 鍵字的分支和殘差連接資訊。

在 YOLOV4 模型的 cfg 檔案中，描述 SPP（Spatial Pyramid Pooling，空間金 字塔池化）模組時，其文字以 ### End SPP ###、### End SPP ### 標識起止位置， 其中的「#」表示註釋資訊。YOLO 模型的解碼網路模組以 [yolo] 為關鍵字，內 部包含了先驗錨框的配置常數、scale_x_y 的配置常數、交並比損失函式計算方式 iou_loss、交並比忽略設定值 ignore_thresh 等。YOLOV4 模型的 cfg 檔案部分截圖 （節選）如圖 4-19 所示。

▲ 圖 4-19 YOLOV4 模型的 cfg 檔案部分截圖（節選）和模型的對應關係

YOLO 的 GitHub 官網不僅提供了標準版的權重及其配置說明，而且提供了 許多變種版本的配置說明和預訓練權重，甚至提供了變種版本的參考原始程式碼 下載連結。YOLO 的 GitHub 官網的「模型公園」（Model Zoo）提供了 YOLOV4 的主流變種版本的資源資訊。YOLOV4 的每個主流變種版本有兩大區塊：一塊 是針對解析度為 512 像素 ×512 像素的輸入影像的預訓練模型；另外一塊是使用 YOLOV3 所使用的解析度為 416 像素 ×416 像素的輸入影像的預訓練模型資訊。 每個變種模型都提供一行說明資訊，說明資訊包括模型名稱、性能參數、配置說明文件（cfg 檔案）、權重檔案下載資訊。

　　舉例來說，YOLOV4-Mish 變種版本和 YOLOV4 標準版本比起來，主要的區別是 SPP 結構前後的 3 個專用卷積塊的啟動層的啟動函式，YOLOV4-Mish 變種版本將 YOLOV4 標準版本所配置的 Leaky 啟動函式改為 Mish 啟動函式，如圖 4-20 所示。

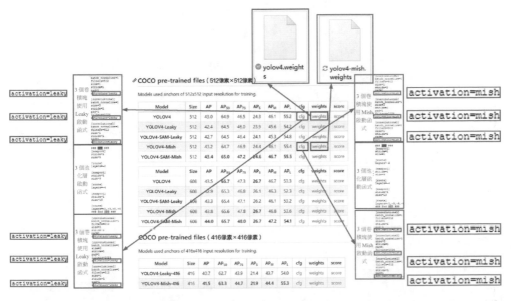

▲ 圖 4-20　YOLOV4-Mish 變種版本和 YOLOV4 標準版本的異同點

　　此外，YOLOV4-Leaky 變種版本和 YOLOV4 標準版本比起來，YOLOV4-Leaky 變種版本將骨幹網路部分的所有啟動層的啟動函式都使用 Leaky 啟動函式。變種版本除了啟動函式的替換，也包括中段網路的子模組配置。舉例來說，YOLOV4-SAM-Leaky 變種版本和 YOLOV4 標準版本比起來，YOLOV4-SAM-Leaky 變種版本在中段網路部分額外使用了空間注意力機制（Spatial Attention Module，SAM）子網路並將骨幹網路部分的所有啟動層的啟動函式都使用 Leaky 啟動函式。YOLOV4-SAM-Mish 變種版本和 YOLOV4 標準版本比起來，YOLOV4-SAM-Mish 變種版本做了兩個網路結構的微調，第一個微調是在中段網路部分額外增加使用了 SAM 子網路，第二個微調是對 SPP 結構前後的 3 個專用卷積塊內部的啟動層的啟動函式進行了調整，啟動函式類型從 YOLOV4 標準版本所配置的 Leaky 啟動函式改為 Mish 啟動函式，如表 4-8 所示。

➔ 表 4-8 YOLOV4 主流的變種版本名稱與啟動函式、SAM 子網路的關係表

權重新命名含義	骨幹網路		中段網路	預測網路
	主體	末端		
	從輸入端到 SPP 結構之前的各層所用的啟動函式	SPP 結構前後 3 層所用的啟動函式	使用的網路結構	
YOLOV4	Mish	Leaky	PANet	Dense
YOLOV4-Leaky	Leaky	Leaky	PANet	
YOLOV4-SAM-Leaky	Leaky	Leaky	PANet 和 SAM	
YOLOV4-Mish	Mish	Mish	PANet	
YOLOV4-SAM-Mish	Mish	Mish	PANet 和 SAM	

　　YOLOV4 和 YOLOV3 的其他變種版本說明如圖 4-21 所示。

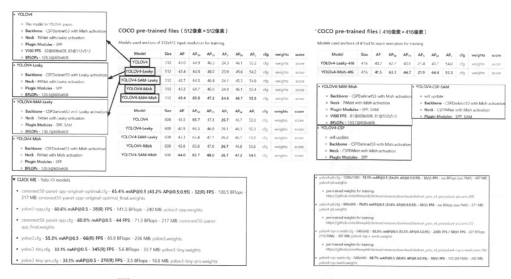

▲ 圖 4-21 YOLOV4 和 YOLOV3 的其他變種版本說明

　　更多關於 YOLOV3 標準版和簡版、YOLOV4 簡版的預訓練權名稱重複稱、網路結構說明、性能指標、下載網址詳見 YOLO 的 GitHub 官網說明，這裡不再展開敘述。

4.8 YOLO 模型的發展與展望

本書所介紹的 YOLOV4 標準版本提供高、中、低 3 個解析度融合特徵圖,且每個解析度下提供 3 個不同橫縱比的先驗錨框。實際上,YOLOV4 的變種版本也提供了在解析度數量和先驗錨框數量上的多種實現方式,這一類模型稱為 Scale-YOLOV4 模型。

Scale-YOLOV4 模型 於 2021 年 2 月 在「Scaled-YOLOV4: Scaling Cross Stage Partial Network」論文中被提出。該論文對 YOLOV4-tiny 模型進行了小幅度的改進,在不改變整體網路結構的基礎上,對 YOLOV4 模型的細節進行了較大範圍的調整,提出了 YOLOV4-large 模型,該模型內含 3 個變種:YOLOV4-P5、YOLOV4-P6 和 YOLOV4-P7。不把輸入解析度包含在內的話,YOLOV4-P5 具有 5 個特徵圖解析度,YOLOV4-P6 具有 6 個特徵圖解析度,YOLOV4-P7 具有 7 個特徵圖解析度。YOLOV4-P5 在高、中、低 3 個解析度維度上進行預測,YOLOV4-P6 在 4 個解析度維度上進行預測,YOLOV4-P7 在 5 個解析度維度上進行預測。YOLOV4-large 的 3 個模型和傳統 YOLOV4 模型的對比圖如圖 4-22 所示。

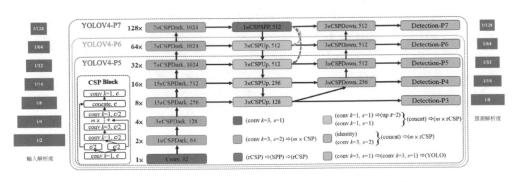

▲ 圖 4-22 YOLOV4-large 的 3 個模型和傳統 YOLOV4 模型的對比圖

圖 4-22 中,各個 YOLO 神經網路的變種均採用名為的跨階段局部網路架構(CSP Block)的微觀結構,CSP Block 微觀結構中的 c 表示通道數(channel),k 表示卷積核心尺寸(kernel)。應該說,Scale-YOLOV4 模型並沒有對 YOLO 模型的整體結構進行太大範圍的調整,只是在某些超參數上進行了調整,從而引起網路結構的變化,並期望能得到一些特殊應用場景的調配性。Scale-YOLOV4 模型的這

些小改進的確能改善神經網路的性能，但並沒有達到變革性的程度，因此，一般把它歸類到 YOLOV4 的變種分支中。

此外，2021 年還有人提出 YOLOV5 模型，但嚴格意義上說，YOLOV5 並不是 YOLO 的第 5 個版本，它也是在 YOLOV4 版本的基礎上，針對工程應用在細節上做了一些修改。2021 年有人對 YOLO 的以錨框為基礎的預測網路部分進行了修改，推出無錨框的預測框架，並將其稱為 YOLOX。由於它們並沒有對 YOLO 的骨幹網路和中段網路進行根本性的升級，因此被認為是 YOLO 版本迭代主線之外的分支。在 2022 年 7 月發佈的 YOLOV7 神經網路中，開發者探討了 YOLO 微觀殘差結構的原理，提出了擴展的高效分層聚合網路（E-ELAN，Extended Efficient Layer Aggregation Networks），探討了 YOLO 使用矩陣拼接層處理多尺度特徵圖融合的策略，提出了更為有效的模型縮放策略。YOLOV7 神經網路獲得了 YOLO 團隊的認可，被融入 YOLO 的發展主線中。YOLO 作為目前最為流行的一階段物件辨識神經網路，其主線開發者活躍，變種神經網路層出不窮，是一個值得開發者深入研究和持續跟進的神經網路家族。

第二篇

YOLO 神經網路的損失函式和訓練

　　本篇將以 PASCAL VOC2012 為例，介紹資料集的前置處理和 YOLO 神經網路的訓練。

第 5 章

將資料資源製作
成標準 TFRecord
資料集檔案

　　在日常專案中，無論是自己的標注團隊，還是亞馬遜勞務外包平臺（Amazon Mechanical Turk，AMT），它們的標注格式都有可能是各式各樣的，我們不能苛求它們提供上手即可使用的訓練集，因此除了需要對標注資訊進行檢查和統計，我們還需要做一個非常重要的事情，那就是將各式各樣的資料資源轉化為 TensorFlow 的標準 TFRecord 檔案格式。

　　一旦將資料資源轉化為標準 TFRecord 檔案格式後，不僅可以將不同格式的資料規範化，還可以使生成的 TFRecord 檔案被神經網路直接讀取，大大提升了訓練速度。具體的轉換方法大致可以分為 3 步：資料資源的載入、資料資源的解析和提取、TFRecord 資料集檔案的製作。

5.1 資料資源的載入

在日常專案中，關於物件辨識，我們一般會遇到兩種資料標注格式：PASCAL VOC 格式和 MS COCO 格式。

對於 MS COCO 格式的資料集，一般多張圖片和多個標注都儲存在一個文字格式的檔案中。對於 PASCAL VOC 格式的資料集，圖片和標注會分開儲存在相應的目錄中。假設磁碟的 P07_data 目錄下儲存這兩種格式的資料資源，此處出於演示需要，資料資源僅提供兩張圖片。MS COCO 格式的資料集儲存在 FORMAT_COCO_CONVERTED 目錄中，PASCAL VOC 格式的資料集儲存在 FORMAT_PASCAL_VOC 目錄中。它們使用相同的分類名稱與分類編號對照表，檔案名稱為 voc2012.names。MS COCO 格式與 PASCAL VOC 格式的資料資源儲存結構如圖 5-1 所示。

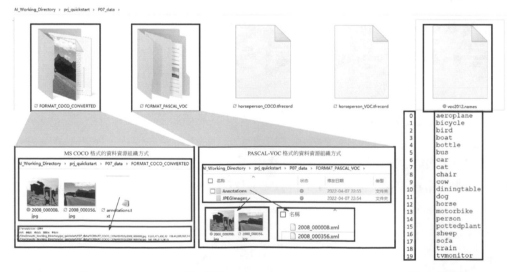

▲ 圖 5-1　MS COCO 格式與 PASCAL VOC 格式的資料資源儲存結構

定義分類名稱和分類編號對應表檔案 class_file、資料資源輸入常數和資料集輸出常數。MS COCO 格式的資料集儲存在 download_COCO_DS_path 中，製作好的 TFRecord 資料集檔案儲存在本地磁碟的 output_file_COCO 位置下；PASCAL 格式的資料集儲存在 download_PASCAL_DS_path 中，製作好的 TFRecord 資料集檔案儲存在本地磁碟的 output_file_VOC 位置下。程式如下。

```
from pathlib import Path
class_file = Path('D:/…/P07_data/voc2012.names')
download_COCO_DS_path=Path('D:/ …/P07_data/FORMAT_COCO_CONVERTED')
download_PASCAL_DS_path=Path('D:/…/P07_data/FORMAT_PASCAL_VOC')
output_file_COCO = 'D:/…/P07_data/horseperson_COCO.tfrecord'
output_file_VOC = 'D:/…/P07_data/horseperson_VOC.tfrecord'
```

　　載入定義分類名稱和分類編號對應表。class_file 是一個文字檔，一共 20 行，
按照順序記錄辨識物體的種類名稱，辨識物體的種類編號從 0 開始，一直到 19。
設計 load_class_file 函式，它讀取本地磁碟的 class_file 文字檔，傳回兩個字典變數。
其中，class_name_2_id 字典以分類名稱為鍵、以分類編號為值，class_id_2_name
以分類編號為鍵、以分類名稱為值。程式如下。

```
def load_class_file(class_file):
    class_name_2_id = {name: idx for idx, name in enumerate(
        class_file.open().read().splitlines())}
    print("class_name_2_id",class_name_2_id)
    class_id_2_name = {
        value: key for key, value in class_name_2_id.items()}
    print("class_id_2_name",class_id_2_name)
    logging.info(
        "Class mapping loaded: %s", len(class_name_2_id))
    return class_name_2_id,class_id_2_name
if __name__=='__main__':
    (class_name_2_id,
    class_id_2_name) = load_class_file(class_file)
```

　　以上程式執行完畢，將獲得兩個字典物件，分別是 class_name_2_id 和 class_
id_2_name。對於 class_name_2_id，我們可以透過分類名稱查詢分類編號；對於
class_id_2_name，我們可以透過分類編號查詢分類名稱。這兩個字典物件的資訊
列印如下。

```
class_name_2_id {'aeroplane': 0, 'bicycle': 1, 'bird': 2, 'boat': 3, 'bottle': 4,
'bus': 5, 'car': 6, 'cat': 7, 'chair': 8, 'cow': 9, 'diningtable': 10, 'dog': 11,
'horse': 12, 'motorbike': 13, 'person': 14, 'pottedplant': 15, 'sheep': 16, 'sofa':
17, 'train': 18, 'tvmonitor': 19}


class_id_2_name {0: 'aeroplane', 1: 'bicycle', 2: 'bird', 3: 'boat', 4: 'bottle', 5:
```

```
'bus', 6: 'car', 7: 'cat', 8: 'chair', 9: 'cow', 10: 'diningtable', 11: 'dog', 12:
'horse', 13: 'motorbike', 14: 'person', 15: 'pottedplant', 16: 'sheep', 17: 'sofa',
18: 'train', 19: 'tvmonitor'}
```

設計兩個函式，分別有針對性地讀取 COCO 格式與 PASCAL VOC 格式的資料資源。

對於 COCO 格式的資料資源，設計資源載入函式 load_converted_coco_annotations。由於 COCO 格式對於多樣本資源也採用單標注檔案的標注方式，所以該函式只需要處理一個標注檔案即可載入整個資料集，即輸入一個標注檔案的磁碟位置，傳回一個包含全部樣本資源清單串列中一行表示一個樣本，每行均包含圖片檔案儲存位置、每個真實矩形框的左上角座標、右下角座標和分類編號。

COCO 格式標注檔案讀取函式 load_converted_coco_annotations 的程式如下。

```python
def load_converted_coco_annotations(annot_path):
    dataset_type="converted_coco"
    with open(annot_path, "r") as f:
        txt = f.readlines()
        if dataset_type == "converted_coco":
            annotations = [
                line.strip()
                for line in txt
                if len(line.strip().split()[1:]) != 0
            ]
    print("coco label list loaded: {:05d}".format(
        len(annotations)))
    np.random.shuffle(annotations)
    return annotations
```

測試該函式，我們設置一個名為 download_COCO_DS_path 的變數，負責儲存當前資料資源的磁碟儲存路徑；設置一個名為 COCO_ANNOT_PATH 的變數，負責儲存當前資料資源的標注檔案。根據當前資料儲存現狀，資料資源的標注檔案位於資料資原始目錄下的 annotations.txt 文字檔中。運用標注讀取函式，可以獲得一串列 nnotations。由於本案例只儲存了兩個樣本的資料，所以串列該包含兩個元素，每個元素對應資料資源中兩張圖片標注的資訊。程式如下。

```
download_COCO_DS_path = Path('D:/…/OneDrive/AI_Working_Directory/ prj_quickstart/P07_
data/FORMAT_COCO_CONVERTED')
if __name__=='__main__':
    COCO_ANNOT_PATH = download_COCO_DS_path/"annotations.txt"
    annotations = load_converted_coco_annotations(
        COCO_ANNOT_PATH)
    print('第一個樣本:',annotations[0])
```

COCO 格式的資料資源的列印如下。

```
coco label list loaded: 00002
第一個樣本:
'D:/OneDrive/AI_Working_Directory/prj_quickstart/P07_data/FORMAT_COCO_
CONVERTED/2008_000356.jpg  141,195,211,241,6'
```

對於 PASCAL VOC 格式的資料資源，設計資源載入函式 load_pascal_data。
由於 PASCAL VOC 格式的資料資源採用的是多圖片、多 XML 檔案的資源儲存
方式，圖片檔案儲存在其下的 JPEGImages 子目錄中，XML 檔案儲存在其下的
Annotations 子目錄中，所以資源載入函式需要同時載入圖片資源和 XML 檔案資
源。載入函式將傳回一串列清單中的每個元素都是一個雙元素的元組，雙元素分別
是 XML 檔案名稱和圖片檔案名稱的逐一對應關係。PASCAL VOC 格式的資源檔
讀取函式 load_pascal_data 的程式如下。

```
def load_pascal_data(download_PASCAL_DS_path):
    anno_path = download_PASCAL_DS_path / 'Annotations'

    xml_list = list(anno_path.glob('**/*.xml'))
    print("voc label list loaded: {:05d}".format(
        len(xml_list)))

    img_path = download_PASCAL_DS_path / 'JPEGImages'
    img_list = list(img_path.glob('**/*.jpg'))
    print("voc Image list loaded: {:05d}".format(
        len(img_list)))

    sample_list=list(zip(xml_list,img_list))
    np.random.shuffle(sample_list)
    return sample_list
```

使用該函式加載實際資料進行視覺化。假設資料資源儲存在 download_PASCAL_
DS_path 中，運用 PASCAL VOC 格式的資料資源讀取函式，可以獲得一個包含全部
資料資源串列 ample_list。對於 sample_list 中的每個元素，又以元組的形式儲存標注
檔案儲存位置和圖片檔案儲存位置，其中，元組的第一個元素是標注檔案儲存位置，
第二個元素是圖片檔案儲存位置。提取第一個樣本的標注檔案儲存位置資訊和圖片檔
案儲存位置資訊並列印。程式如下。

```
if __name__=='__main__':
    sample_list = load_pascal_data(download_PASCAL_DS_path)
    xml_name,img_name=sample_list[0]
    print(' 第一個樣本 :',sample_list[0])
```

以上程式執行的列印如下。

```
voc label list loaded: 00002
voc Image list loaded: 00002
' 第一個樣本 :'
(WindowsPath('D:/OneDrive/AI_Working_Directory/prj_quickstart/P07_data/FORMAT_PASCAL_
VOC/Annotations/2008_000008.xml'),
WindowsPath('D:/OneDrive/AI_Working_Directory/prj_quickstart/P07_data/FORMAT_PASCAL_
VOC/JPEGImages/2008_000008.jpg'))
```

至此，完成了資料資源的載入，對於 COCO 格式只載入了標注檔案，後期需
要根據標注檔案中的圖片檔案儲存位置，讀取圖像資料。注意，由於標注檔案中的
圖片儲存位置是在新建圖片標注檔案時的圖片檔案所在的目錄，可能和使用時圖片
檔案的所在目錄不一致，這時就需要開發者根據自己的實際情況判斷，是修改標注
檔案還是先載入標注檔案，然後在程式中修改圖片檔案儲存位置。

PASCAL VOC 格式的資料資源沒有這類問題。對於 PASCAL VOC 格式的資
料資源，我們載入了全部標注檔案和圖片檔案，並將它們一一對應，所以作者在
日常研發中，一般以 PASCAL VOC 格式進行標注和處理。COCO 格式和 PASCAL
VOC 格式的資料資源載入結果如圖 5-2 所示。

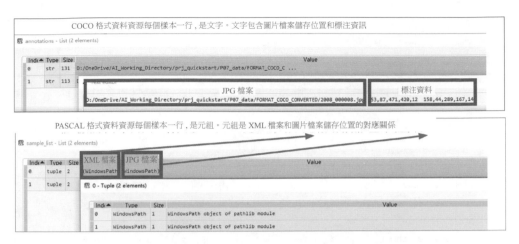

▲ 圖 5-2　COCO 格式和 PASCAL VOC 格式的資料資源載入結果

5.2　資料資源的解析和提取

　　對於 COCO 格式的資料資源，設計解析函式 parse_single_coco_annotation。由於 COCO 格式的資料資源所儲存的標注資訊也比較簡單，只有檔案名稱、影像矩陣、真實矩形框、目標分類編號這 4 個資訊，所以它不需要分類名稱和分類編號的對應關係字典，只需要將載入好的全部資料資串列 nnotations 輸入解析函式 parse_single_coco_annotation 中即可，它將先處理全部資料資串列 nnotations 中的每個單樣本標注 annotation，然後傳回檔案位置 img_file、影像矩陣 image、圖片檔案的二進位資料 img_raw、該圖片的多個真實矩形框 bboxes。程式如下。

```
def parse_single_coco_annotation(annotation):
    dataset_type="converted_coco"
    line = annotation.split()
    img_file = line[0]
    if not Path(img_file).exists():
    # if not os.path.exists(image_path):
        raise KeyError("%s does not exist"%img_file)
    img_raw = Path(img_file).read_bytes()
    image = cv2.imread(img_file)
    if dataset_type == "converted_coco":
        bboxes = np.array(
            [list(map(int, box.split(","))) for box in line[1:]]
```

```
        )
    image = cv2.cvtColor(image, cv2.COLOR_BGR2RGB)
    return img_file, image, img_raw, bboxes
```

提取第一張圖片的標注資料，解讀該圖片及其標注，將讀取的資訊進行展示。程式如下。

```
if __name__=='__main__':
    annotation = annotations[0]
    (img_file, image, img_raw,
        bboxes) = parse_single_coco_annotation(annotation)
    print(img_file)
    print(image.shape)
    print(type(img_raw),len(img_raw))
    print(bboxes)
```

列印如下。

```
D:/OneDrive/AI_Working_Directory/prj_quickstart/P07_data/FORMAT_COCO_
CONVERTED/2008_000008.jpg
(442, 500, 3)
<class 'bytes'> 129982
[[ 53  87 471 420  12]
 [158  44 289 167  14]]
```

可見，資料資源中的第一個樣本 2008_000008.jpg 是一個 441 行 500 列的三通道彩色圖片，圖片的二進位檔案讀取後是 bytes 資料型態，長度為 129982，它有兩個真實矩形框，第一個屬於編號為 12 的分類（horse），第二個屬於編號為 14 的分類（person）。讀取 MS COCO 格式的資料資源較為簡單，並且此處載入的是經過變換後的 MS COCO 資料資源，其矩形框標注資訊遵從 [xmin, ymin, xmax, ymax] 的資料格式。但是請讀者注意，理論上 MS COCO 格式的矩形框標注資訊遵從 [xmin, ymin, width, height] 的資料格式，因此如果讀取的是原始的 MS COCO 格式的矩形框，那麼後續資料集處理就需要調整處理方法。由於本書以 PASCAL VOC 格式為重點進行演示，所以 MS COCO 格式的矩形框資料的後續處理程式此處略去。

對於 PASCAL VOC 格式的資料資源，設計用於單一解析 XML 檔案的解析函式 parse_single_xml，它將處理儲存著全部資料資源清單串列名為 sample_list。sample_list 中的每個元素對應著每個 XML 檔案的本地磁碟儲存位置。由於 XML

檔案格式內可能包含多個物件，所以還需要設計一個能夠遞迴解析 ElementTree 物件的解析函式 recursive_parse_xml。

parse_single_xml 函式使用 XML 處理工具，打開某個 XML 檔案，將其讀取為 lxml.etree._Element 物件並命名為 ET_element_obj。由於一個 XML 檔案內可能包含多個真實矩形框，所以還需設計一個能夠遞迴的 recursive_parse_xml 函式，它將 lxml.etree._Element 物件轉化為 Python 字典。parse_single_xml 函式程式如下。

```python
def parse_single_xml(xml_name):
    ET_element_obj = ET.fromstring(xml_name.open().read())
    annotation = recursive_parse_xml(
        ET_element_obj)['annotation']
    return annotation
```

可遞迴的 recursive_parse_xml 函式將反覆運用 lxml.etree._Element 物件的 tag 和 text 屬性，將標注內容轉化為字典。程式如下。

```python
def recursive_parse_xml(ET_element_obj):
    if not len(ET_element_obj):
        # print(xml.tag, xml.text)
        return {ET_element_obj.tag: ET_element_obj.text}
    result = {}
    for child in ET_element_obj:
        child_result = recursive_parse_xml(child)
        if child.tag != 'object':
            result[child.tag] = child_result[child.tag]
        else:
            if child.tag not in result:
                result[child.tag] = []
            result[child.tag].append(child_result[child.tag])
    return {ET_element_obj.tag: result}
```

讀取第一個樣本的 XML 檔案儲存位置，打開對應的 XML 檔案後進行解讀，將解讀的資訊進行展示。程式如下。

```python
if __name__=='__main__':
    xml_name,img_name=sample_list[0]
    annotation=parse_single_xml(xml_name)
    print(annotation)
```

　　提取解析好的標注字典，透過開發工具的記憶體監視器查看字典結構，如圖
5-3 所示。由於當前處理的樣本擁有兩個矩形框，分別指示出兩個目標（horse 和
person），所以字典的 object 欄位內擁有兩個子字典，每個字典分別儲存每個目標
的標注資訊。

　　同理，設計圖片檔案解析函式 parse_single_img，它將處理全部資料資源串列
ample_list 中單樣本的圖片檔案位置，傳回的是包含了圖片儲存資料夾名稱和圖片
檔案名稱的完整存取路徑 img_file、影像矩陣 image、圖片檔案的二進位資料 img_
raw。函式設計完成後，用它解析第一個樣本的圖片檔案儲存位置。程式如下。

```
def parse_single_img(img_name):
    img_file=str(img_name)
    img_raw = img_name.read_bytes()
    image = cv2.imread(img_file)
    image = cv2.cvtColor(image, cv2.COLOR_BGR2RGB)
    return img_file, image, img_raw
if __name__=='__main__':
    xml_name,img_name=sample_list[0]
    img_file, image, img_raw=parse_single_img(img_name)
    print(img_file)
    print(image.shape)
    print(type(img_raw),len(img_raw))
```

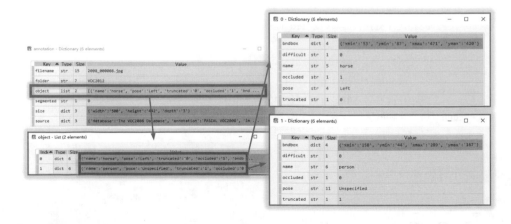

▲ 圖 5-3　對 PASCAL VOC 格式的單一 XML 檔案進行解析的結果展示

測試輸出如下。

```
D:\…\2008_000008.jpg
(442, 500, 3)
<class 'bytes'> 129982
```

至此，完成了兩種資料資源的解析，提取了圖片檔案，也將標注資訊進行解讀，接下來，就需要將這些資訊儲存打包為 TFRecord 資料集檔案。

5.3　TFRecord 資料集檔案的製作

解析和提取資料集後，可以將單樣本生成為 TensorFlow 的 example 物件，將這個 example 物件寫入磁碟。對全部樣本進行遍歷，將全部樣本的 example 物件都寫入磁碟後，就可以完成整個 TFRecord 資料集檔案的製作和儲存了。將資料集儲存為 TFRecord 格式後，就可以使用 TensorFlow 提供的資料集 prefetch、map、batch、shuffle 等工具，提高訓練過程中資料集互動的效率。TFRecord 資料集檔案製作完成後，就可以不再使用分散儲存在電腦上的各個圖片檔案和 XML 檔案了。

5.4　單樣本的 example 物件製作

調整解析到的樣本的資料結構。從 XML 檔案的組織形式看，每一個目標物體的標注資訊都由以下幾個部分的資訊組成：name、pose、truncated、occluded、xmin、ymin、xmax、ymax、difficult 等。

對於一張圖片內有多個目標物體的，其標注資訊按照目標物體為整體進行組織。

這種組織形式對於儲存和再次標注是有利的，但對於計算是不利的。需要將多個目標物體的標注資訊按照共同的屬性進行橫向的組織，組織成為一串列改變資料集標注資訊的組織形式示意圖如圖 5-4 所示。特別地，對於 xmin、ymin、xmax、ymax 這 4 個欄位，需要除以影像的解析度，即 xmin、ymin、xmax、ymax 這 4 個欄位記錄了相對座標，而非絕對座標。

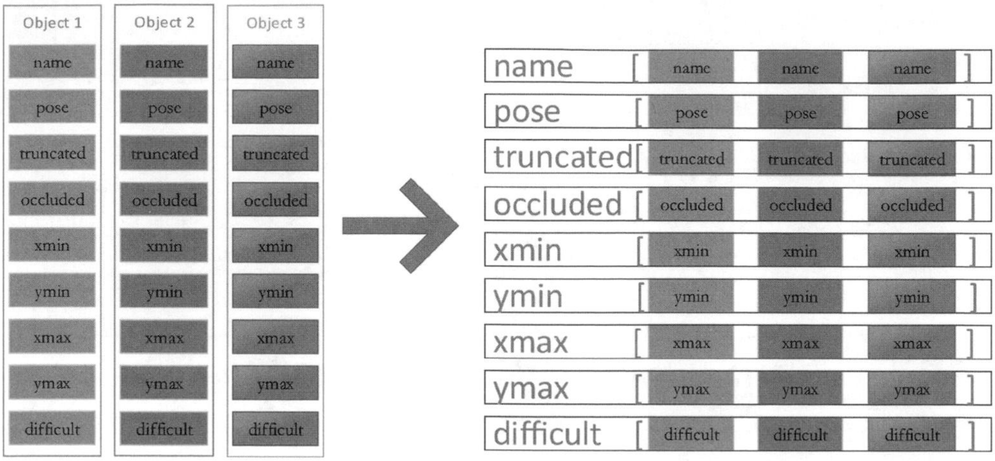

▲ 圖 5-4　改變資料集標注資訊的組織形式示意圖

　　按照這種組織方式，撰寫一個用於生成 example 物件的函式，函式的名稱根據被處理資料的格式不同略微有所不同。對於 COCO 格式的資料資源，函式被命名為 build_converted_ coco_example (annotation, class_id_2_name)；對於 PASCAL VOC 格式的資料資源，函式被命名為 build_voc_example(sample, class_name_2_id)。

　　對於 COCO 格式的資料資源，使用 parse_single_coco_annotation 獲得樣本圖片的完整存取路徑名稱 img_file（包含了圖片儲存資料夾名稱和圖片檔案名稱）、影像矩陣 image、圖片檔案的二進位資料 img_raw、真實矩形框 bboxes，進而獲得影像的高度 height 和寬度 width、圖片檔案的二進位 sha256 解碼。在處理真實矩形框 bbox、分類編號 classes、分類名稱 classes_text，以及其他資訊時，需要使用改變這些資料的組織形式，將同一類資訊組合成一串列清單的長度等於此樣本所包含的真實矩形框數量。程式如下。

```
def build_converted_coco_example(
        annotation, class_id_2_name):
    (img_file,
     image,
     img_raw,
     bboxes) = parse_single_coco_annotation(annotation)
    img_name = Path(img_file).name
    height,width,channel = image.shape
```

```python
key = hashlib.sha256(img_raw).hexdigest()

xmin=[];ymin=[]; xmax =[];ymax=[]
classes = []; classes_text = []
truncated = [];views = [];difficult_obj = []

if len(bboxes)>0:
    found_tag = 1
    for bbox in bboxes:
        difficult_obj.append(int(-1))
        xmin.append(float(bbox[0]/width))
        ymin.append(float(bbox[1]/height))
        xmax.append(float(bbox[2]/width))
        ymax.append(float(bbox[3]/height))
        classes.append(int(bbox[4]))
        classes_text.append(
            class_id_2_name[bbox[4]].encode('utf8'))
        truncated.append(int(-1))
        views.append("unspecified".encode('utf8'))
else:
    found_tag=0
......
return found_tag, example
```

對於 PASCAL VOC 格式的資料資源，首先使用 parse_single_xml 獲得 XML 檔案的詳細資訊，並將其儲存在 annotation 中，這是一個字典，包含了多個物體的真實矩形框 bndbox、影像的高度 height 和寬度 width、真實矩形框 bbox、分類名稱 classes_text 等資訊。然後使用 parse_single_img，獲得圖片檔案的詳細資訊，包括圖片檔案名稱 img_file、影像矩陣 image、圖片檔案的二進位資料 img_raw，以及圖片檔案的二進位 sha256 解碼。最後插入一行用於驗證的程式（可使用 Python 的 assert 斷言函式實現），驗證 XML 檔案中所記錄的影像名稱、寬度和高度是否與磁碟讀取的圖片檔案的檔案名稱、寬度和高度一致，如果不一致，那麼會引起程式執行錯誤，這裡提醒開發者注意。

確認無誤後，從物體分類名稱推導得到物體分類編號，並將真實矩形框的像素座標轉化為歸一化的相對座標。將同一類資訊組合成一串列清單的長度等於此樣本所包含的真實矩形框數量。程式如下。

```python
def build_voc_example(sample, class_name_2_id):
    xml_name,img_name=sample
    annotation=parse_single_xml(xml_name)
    img_file, image, img_raw=parse_single_img(img_name)
    key = hashlib.sha256(img_raw).hexdigest()
    assert img_name.name==annotation['filename']
    assert int(annotation['size']['width'])==image.shape[1]
    assert int(annotation['size']['height'])==image.shape[0]

    width = int(annotation['size']['width'])
    height = int(annotation['size']['height'])

    xmin=[];ymin=[]; xmax =[];ymax=[]
    classes = []; classes_text = []
    truncated = [];views = [];difficult_obj = []

    if 'object' in annotation:
        found_tag = 1
        for obj in annotation['object']:
            difficult = bool(int(obj['difficult']))
            difficult_obj.append(int(difficult))

            xmin.append(float(obj['bndbox']['xmin'])/ width)
            ymin.append(float(obj['bndbox']['ymin'])/height)
            xmax.append(float(obj['bndbox']['xmax'])/width)
            ymax.append(float(obj['bndbox']['ymax'])/height)
            classes_text.append(obj['name'].encode('utf8'))
            classes.append(class_name_2_id[obj['name']])
            truncated.append(int(obj['truncated']))
            views.append(obj['pose'].encode('utf8'))
    else:
        found_tag=0
    ......
    return found_tag, example
```

使用 TensorFlow 的 TFRecord 的 tf.train.Example 函式，將多串列裝為一個 example，進行傳回輸出。注意，對於圖片檔案的二進位資料 img_raw、檔案名稱 filename、分類名稱 classes_text，都按照 tf.train.BytesList 格式儲存，由於 xmin、ymin、xmax、ymax 這 4 個欄位已經進行了相對座標的歸一化，是浮點數，所以按照 tf.train.FloatList 格式儲存。程式如下。

```
def build_voc_example(
    sample, class_name_2_id):
或
def build_converted_coco_example(
    annotation, class_id_2_name):
    ......
    example = tf.train.Example(features=tf.train.Features(feature={
        'image/height': tf.train.Feature(
            int64_list=tf.train.Int64List(value=[height])),
        'image/width': tf.train.Feature(
            int64_list=tf.train.Int64List(value=[width])),
        'image/filename': tf.train.Feature(
            bytes_list=tf.train.BytesList(value=[
            annotation['filename'].encode('utf8')])),
        'image/source_id': tf.train.Feature(
            bytes_list=tf.train.BytesList(value=[
            annotation['filename'].encode('utf8')])),
        'image/key/sha256': tf.train.Feature(
            bytes_list=tf.train.BytesList(
                value=[key.encode('utf8')])),
        'image/encoded': tf.train.Feature(
            bytes_list=tf.train.BytesList(value=[img_raw])),
        'image/format': tf.train.Feature(
            bytes_list=tf.train.BytesList(
                value=['jpeg'.encode('utf8')])),
        'image/object/bbox/xmin': tf.train.Feature(
            float_list=tf.train.FloatList(value=xmin)),
        'image/object/bbox/xmax': tf.train.Feature(
            float_list=tf.train.FloatList(value=xmax)),
        'image/object/bbox/ymin': tf.train.Feature(
            float_list=tf.train.FloatList(value=ymin)),
        'image/object/bbox/ymax': tf.train.Feature(
            float_list=tf.train.FloatList(value=ymax)),
        'image/object/class/text': tf.train.Feature(
            bytes_list=tf.train.BytesList(value=classes_text)),
        'image/object/class/label': tf.train.Feature(
            int64_list=tf.train.Int64List(value=classes)),
        'image/object/difficult': tf.train.Feature(
            int64_list=tf.train.Int64List(
                value=difficult_obj)),
```

```
        'image/object/truncated': tf.train.Feature(
            int64_list=tf.train.Int64List(value=truncated)),
        'image/object/view': tf.train.Feature(
            bytes_list=tf.train.BytesList(value=views)),
    }))
    return found_tag, example
```

5.5　遍歷全部樣本製作完整資料集

　　完成了單樣本的 example 物件製作，我們就可以對全部樣本進行遍歷，一個一個將每個樣本的 example 物件寫入磁碟，即可完成 TFRecord 資料集的製作。

　　對於 COCO 格式的資料資源，先使用 tf.io.TFRecordWriter 新建磁碟檔案 output_file_COCO，新建檔案的控制碼被命名為 writer，然後遍歷其包含了所有標注資訊的串列 annotations，將每個 example 物件序列化後，透過檔案讀寫控制碼（writer）的 write() 方法將串列後的 example 物件寫入磁碟。這裡使用具有上下管理功能的 with 關鍵字將檔案寫入的程式組合成一個作用域，就不需要對檔案讀寫控制碼執行 close() 關閉操作了。程式如下。

```
if __name__=='__main__':
    COCO_ANNOT_PATH = download_COCO_DS_path/"annotations.txt"
    annotations = load_converted_coco_annotations(
    COCO_ANNOT_PATH)
    with tf.io.TFRecordWriter(output_file_COCO) as writer:
        for annotation in tqdm.tqdm(annotations):
            (found_tag,
             tf_example) = build_converted_coco_example(
                annotation, class_id_2_name)
            if found_tag:
                writer.write(tf_example.SerializeToString())
    logging.info("Done")
```

對於 PASCAL VOC 格式的資料資源，先使用 tf.io.TFRecordWriter 新建磁碟檔案 output_ file_VOC，新建檔案的控制碼被命名為 writer，然後遍歷其包含了所有標注檔案儲存位置和圖片檔案儲存位置的樣串列 ample_list，將每個 example 物件序列化後，透過檔案讀寫控制碼將串列後的 example 物件寫入磁碟。程式如下。

```
if __name__=='__main__':
    sample_list = load_pascal_data(download_PASCAL_DS_path)
    with tf.io.TFRecordWriter(output_file_VOC) as writer:
        for sample in tqdm.tqdm(sample_list):
            found_tag, tf_example = build_voc_example(
                sample, class_name_2_id)
            if found_tag:
                writer.write(tf_example.SerializeToString())
    logging.info("Done")
```

這裡採用 tqdm 進行任務進度視覺化追蹤，執行後 Python 互動視窗將出現全部樣本遍歷的進度指示器，進度指示器執行完畢後，磁碟上就新增了 TFRecord 檔案。確認資料集製作無誤後，可以將資料資源擴展到整個 PASCAL VOC2012 資料集，這個資料集擁有 5717 個訓練樣本和 5823 個驗證樣本，執行後可以獲得兩個資料集檔案。執行過程的互動輸出如下。

```
100%|██████████| 5717/5717 [00:30<00:00, 186.31it/s]
100%|██████████| 5823/5823 [00:28<00:00, 204.68it/s]
```

本案例的雙圖片資料集被命名為 horseperson_COCO.tfrecord 和 horseperson_VOC.tfrecord，PASCAL VOC2012 資料集的兩個資料集檔案分別被命名為 voc2012_train.tfrecord 和 voc2012_val.tfrecord，如圖 5-5 所示。

▲ 圖 5-5　儲存在磁碟上的資料集檔案

5.6 從資料集提取樣本進行核對

　　完成了資料集檔案 TFRecord 的製作和儲存，應當保持良好的習慣，在製作完成後，立即進行樣本的提取和核對，確保儲存在磁碟上的資料集檔案的準確性。根據 TensorFlow 的 TFRecord 檔案的解析原理，我們需要根據當時儲存的內部結構，先製作一個資料集字典。將資料集字典變數命名為 IMAGE_FEATURE_MAP，它的欄位定義內容需要和所儲存的全部資料型態逐一對應。

　　由於製作 TFRecord 檔案時，我們以最大化存檔為原則，儲存了大量的有關或無關的資料，所以在提取、核對時，只需要提取我們感興趣的資料，包括影像、物體分類、物體矩形框 3 個關鍵資訊。因此，可以僅保留 IMAGE_FEATURE_MAP 中我們感興趣的儲存欄位，對不感興趣的資訊，可以在字典變數中使用 Python 的註釋符號「#」進行遮罩。資料集字典變數 IMAGE_FEATURE_MAP 定義程式如下。注意，程式中以「#」開頭的程式均已經進行了整行遮罩，但為了方便讀者將其與寫入 TFRecord 檔案時的字典變數進行對比，此處對被遮罩程式不做刪除。開發者在實際開發過程中，可以透過「#」遮罩和啟用相關程式行，實現資料集資訊的忽略或提取。

```python
IMAGE_FEATURE_MAP = {
    # 'image/width': tf.io.FixedLenFeature([], tf.int64),
    # 'image/height': tf.io.FixedLenFeature([], tf.int64),
    # 'image/filename': tf.io.FixedLenFeature([], tf.string),
    # 'image/source_id': tf.io.FixedLenFeature([], tf.string),
    # 'image/key/sha256': tf.io.FixedLenFeature([], tf.string),
    'image/encoded': tf.io.FixedLenFeature([], tf.string),
    # 'image/format': tf.io.FixedLenFeature([], tf.string),
    'image/object/bbox/xmin': tf.io.VarLenFeature(tf.float32),
    'image/object/bbox/ymin': tf.io.VarLenFeature(tf.float32),
    'image/object/bbox/xmax': tf.io.VarLenFeature(tf.float32),
    'image/object/bbox/ymax': tf.io.VarLenFeature(tf.float32),
    'image/object/class/text': tf.io.VarLenFeature(tf.string),
    # 'image/object/class/label': tf.io.VarLenFeature(tf.int64),
    # 'image/object/difficult': tf.io.VarLenFeature(tf.int64),
    # 'image/object/truncated': tf.io.VarLenFeature(tf.int64),
```

```
    # 'image/object/view': tf.io.VarLenFeature(tf.string),
}
```

這裡將大部分欄位登出，因為從 TFRecord 檔案中僅提取需要的欄位：
image、xmin、ymin、xmax、ymax、object/class/text 這 些 資 訊。 呼 叫 tf.data.
TFRecordDataset 方法時，透過參數 output_file_VOC 傳遞 TFRecord 資料集檔案的
位置資訊。這裡為方便演示，載入了僅包含兩張圖片的 tfrecord 資料集檔案，並使
用自製的 sample_counter 資料樣本統計函式和 sample_selector 樣本提取函式進行
處理，程式如下。

```
raw_dataset = tf.data.TFRecordDataset(output_file_VOC)
print('total sample amount is ',sample_counter(raw_dataset))
# total sample amount is  2
record = sample_selector(raw_dataset,1)
# sample_selector(raw_dataset,1) 等價於 next(iter(raw_dataset.take(1)))
x = tf.io.parse_single_example(record, IMAGE_FEATURE_MAP)
```

此時解析好的資料集單樣本 x 就包含了第一個樣本的全部資訊，圍繞這個解
碼出來的樣本 x，可以透過字典鍵值的定址方式，獲得樣本資料內容。

可以使用 x['image/encoded'] 方法提取樣本 x 的 'image/encoded' 鍵值，該鍵值
儲存了影像的原始資訊，透過 tf.image.decode_jpeg 可以獲得影像的三維矩陣，將
三維矩陣儲存在 x_train 變數中。可以使用 TensorFlow 的影像工具進行尺寸調整，
或使用統計工具統計圖像像素值的動態範圍，並使用 matplotlib 進行視覺化。程式
如下。

```
x_train = tf.image.decode_jpeg(x['image/encoded'], channels=3)
print(' x_train spec:',x_train.dtype,x_train.shape,'\n',
     'x_train range from-to:',
     tf.reduce_min(x_train).numpy(),
     tf.reduce_max(x_train).numpy())
from matplotlib import pyplot as plt
plt.imshow(x_train.numpy()/255.0)
```

列印如下。

```
x_train spec: <dtype: 'uint8'> (442, 500, 3)
x_train range from-to: 0.0 255.0
```

可以看到，該樣本的影像高度為 442 像素，寬度為 500 像素，擁有 RGB 三通道，影像像素值的動態範圍輸出顯示為 0 ～ 255。

對於其他鍵值，可以透過 x[' 鍵值 '] 的方式提取。由於 TFRecord 格式的資料集會自動將密集矩陣資料格式儲存為稀疏矩陣資料格式，所以需要用 tf.sparse.to_dense 函式對分類名稱 class_text、真實矩形框座標進行解碼。程式如下。

```
class_text = tf.sparse.to_dense(
    x['image/object/class/text'], default_value='')
print('image/object/class/text',class_text)
print(tf.sparse.to_dense(x['image/object/bbox/xmin']),'\n',
    tf.sparse.to_dense(x['image/object/bbox/ymin']),'\n',
    tf.sparse.to_dense(x['image/object/bbox/xmax']),'\n',
    tf.sparse.to_dense(x['image/object/bbox/ymax']))
```

列印如下。

```
image/object/class/text tf.Tensor([b'horse' b'person'], shape=(2,), dtype= string)
tf.Tensor([0.106 0.316], shape=(2,), dtype=float32)
 tf.Tensor([0.19683258 0.09954751], shape=(2,), dtype=float32)
 tf.Tensor([0.942 0.578], shape=(2,), dtype=float32)
 tf.Tensor([0.95022625 0.37782806], shape=(2,), dtype=float32)
```

可以看到，該樣本的兩個物體（horse 和 person），其物體分類名稱、xmin、ymin、xmax、ymax 分別都有兩個元素，並且矩形框座標已經是歸一化（0 ～ 1）的數值了。

由於採用了歸一化的矩形框標注方式，所以無論影像如何進行縮放，都無須調整它的標注資料，只需要將歸一化的矩形框標注乘以影像的寬度和高度，就可以獲得新尺寸影像下的矩形框座標。影像縮放後的新的矩形框覆蓋儲存在 xmin、ymin、xmax、ymax 中，由於座標是一個整數變數，所以需要使用 tf.cast 方法將計算結果轉化為 INT32 的整數。程式如下。

```
NN_INPUT_SIZE = 416
size_new = NN_INPUT_SIZE
x_train = tf.image.resize(x_train, (size_new, size_new))


xmin = tf.sparse.to_dense(x['image/object/bbox/xmin'])
ymin = tf.sparse.to_dense(x['image/object/bbox/ymin'])
xmax = tf.sparse.to_dense(x['image/object/bbox/xmax'])
ymax = tf.sparse.to_dense(x['image/object/bbox/ymax'])
class_text = tf.sparse.to_dense(x['image/object/class/text'], default_ value='')
xmin = tf.cast(xmin*size_new,tf.int32)
ymin = tf.cast(ymin*size_new,tf.int32)
xmax = tf.cast(xmax*size_new,tf.int32)
ymax = tf.cast(ymax*size_new,tf.int32)
```

　　使用 cv2 工具將標注的矩形框畫在影像上，進行視覺化查看，確保標注資料
準確無誤。程式如下。

```
import cv2
img = cv2.cvtColor(x_train.numpy(), cv2.COLOR_RGB2BGR)
img = cv2.resize(img, (size_new, size_new), interpolation=cv2.INTER_CUBIC)
B=0;G=0;R=255;Thickness=2
for i in range(class_text.shape[0]):
    left_up_coor    = (round(xmin[i].numpy()),round(ymin[i].numpy()))
    right_down_coor = (round(xmax[i].numpy()),round(ymax[i].numpy()))
    cv2.rectangle(img, left_up_coor, right_down_coor, (B,G,R), Thickness)
cv2.namedWindow("click any to exit")
cv2.imshow('click any to exit',img/255)
cv2.waitKey(9000)
cv2.destroyAllWindows()
```

讀取 TFRecord 資料集檔案並進行視覺化如圖 5-6 所示。

▲ 圖 5-6 讀取 TFRecord 資料集檔案並進行視覺化

第6章

資料集的後續處理

之前對儲存在硬碟上的以 jpg 為副檔名的圖片檔案和以 xml 為副檔名的標注檔案資料進行了基本的處理，製作了 TFRecord 格式的資料集，但值得注意的是，此時的資料集只是幫助我們進行儲存，並不適合進行神經網路計算，還需要進行後續處理才能被神經網路所使用。TensorFlow 為資料集的後續處理提供了高效的資料管道，透過資料管道可以方便地對資料集內的樣本資料進行批次映射處理。

6.1 資料集的載入和打包

假設當前硬碟上儲存著之前製作的 PASCAL VOC2012 的訓練集和驗證集檔案，檔案名稱分別為 voc2012_train.tfrecord 和 voc2012_val.tfrecord，接下來將以它們為例進行資料集的載入和打包。

6.1.1 資料集的載入和矩陣化

設計一個資料集載入函式 load_tfrecord_dataset，它接收資料集儲存位置 ds_file 和物體分類名稱文字檔 class_file，以及之前製作資料集時同步製作的資料集解析字典 IMAGE_ FEATURE_MAP，首先在函式內部解析物體分類名稱文字檔 class_file，生成一個 StaticHashTable 物件（物件名稱為 class_table，該物件可以透過分類名稱查詢分類編號），然後呼叫資料集物件的 map() 映射方法，對每個樣本都反覆呼叫 parse_tfrecord 解析函式，從而實現對資料集中的每個樣本的解析處理，最後將傳回一個名為 dataset 的資料集物件。程式如下。

```
def load_tfrecord_dataset(ds_file, class_file,
                          IMAGE_FEATURE_MAP):
    LINE_NUMBER = -1
    class_table = tf.lookup.StaticHashTable(
        tf.lookup.TextFileInitializer(
            class_file, tf.string, 0, tf.int64,
            LINE_NUMBER, delimiter="\n"), -1)
    dataset = tf.data.TFRecordDataset(ds_file)
    dataset = dataset.map(
        lambda x: parse_tfrecord(
            x, class_table, IMAGE_FEATURE_MAP))
    return dataset
```

在資料集呼叫 parse_tfrecord 函式對每個樣本進行解析之前，tf.data. TFRecordDataset 方法讀取出來的只是串列資料，而 parse_tfrecord 函式的作用不僅是對讀取的串列資料進行解碼，更重要的是將影像矩陣與標注資訊從分散儲存改為按照 x_train 和 y_train 的一一對應關係進行組織，其中 x_train 是影像矩陣，y_train 是真實矩形框標注矩陣，二者一一對應。

將真實矩形框標注矩陣 y_train 按照一定的排列方式組織成為一個矩陣。y_train 矩陣的行數等於標注資料中的真實矩形框數量，列數等於 5，第 0、1、2、3 列儲存 xmin、ymin、xmax、ymax 這 4 個矩形框座標，第 4 列儲存矩形框分類編號。這樣，如果把影像矩陣 x_train 看成引數，將真實矩形框標注矩陣 y_train 看成函式輸出，神經網路就在真正意義上成為一個有輸入和輸出的函式，而後需要做的就是使這個神經網路函式的內部參數能夠收斂確定。

parse_tfrecord 函式的輸入變數有 3 個：第 1 個是資料集的單樣本輸入 tfrecord；第 2 個是 TensorFlow 的 StaticHashTable 物件，被命名為 class_table；第 3 個是資料集字典 IMAGE_ FEATURE_MAP。函式傳回的是具有一一對應關係的影像矩陣 x_train 與真實矩形框標注矩陣 y_train。parse_tfrecord 函式程式如下。

```
def parse_tfrecord(tfrecord, class_table, IMAGE_FEATURE_MAP):
    x = tf.io.parse_single_example(
```

```
        tfrecord, IMAGE_FEATURE_MAP)
    x_train = tf.image.decode_jpeg(
        x['image/encoded'], channels=3)
    class_text = tf.sparse.to_dense(
        x['image/object/class/text'], default_value='')
    labels = tf.cast(
        class_table.lookup(class_text), tf.float32)
    y_train = tf.stack(
        [tf.sparse.to_dense(x['image/object/bbox/xmin']),
         tf.sparse.to_dense(x['image/object/bbox/ymin']),
         tf.sparse.to_dense(x['image/object/bbox/xmax']),
         tf.sparse.to_dense(x['image/object/bbox/ymax']),
         labels], axis=1)
    return x_train, y_train
```

測試集載入函式 load_tfrecord_dataset，讓它載入磁碟上的 PASCAL VOC2012 的訓練集和驗證集檔案（voc2012_train.tfrecord 和 voc2012_val.tfrecord）。程式如下。

```
if __name__ == '__main__':
    IMAGE_FEATURE_MAP = {
        'image/encoded': tf.io.FixedLenFeature(
            [], tf.string),
        'image/object/bbox/xmin': tf.io.VarLenFeature(
            tf.float32),
        'image/object/bbox/ymin': tf.io.VarLenFeature(
            tf.float32),
        'image/object/bbox/xmax': tf.io.VarLenFeature(
            tf.float32),
        'image/object/bbox/ymax': tf.io.VarLenFeature(
            tf.float32),
        'image/object/class/text': tf.io.VarLenFeature(
            tf.string),
    }

    train_dataset = 'D:/…/voc2012_train.tfrecord'
    val_dataset  = 'D:/…/voc2012_val.tfrecord'
    class_file = 'D:/…/voc2012.names'
```

```
train_dataset = load_tfrecord_dataset(
    train_dataset, class_file, IMAGE_FEATURE_MAP)
val_dataset = load_tfrecord_dataset(
    val_dataset, class_file, IMAGE_FEATURE_MAP)
print('train_dataset total sample amount is ', sample_counter(train_dataset))
print('val_dataset total sample amount is ', sample_counter(val_dataset))

sample = sample_selector(train_dataset, 1)
print(sample[0].shape,sample[1].shape)
x_train = sample[0].numpy()
y_train = sample[1].numpy()
```

輸出如下。

```
(442, 500, 3) (2, 5)
```

可見，影像已經被成功讀取為一個三通道的矩陣。該影像的矩形框有兩個，矩形框和分類編號已經被組織成一個 2 行 5 列的矩陣。透過開發工具的記憶體查看功能，對第一個和第二個樣本的影像矩陣 x_train 與真實矩形框標注矩陣 y_train 進行視覺化，如圖 6-1 所示。

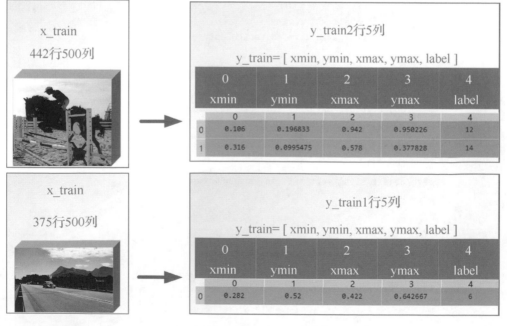

▲ 圖 6-1　真實矩形框標注矩陣對齊示意圖

但此時應當注意到，不同影像的矩陣尺寸是不一樣的。舉例來說，有的影像矩陣 x_train 的尺寸是 442 行 500 列，有的是 375 行 500 列。有的影像上包含兩個標注物體，那麼它的 y_train 矩陣有兩行。有的影像上包含一個標注物體，那麼它的 y_train 矩陣有一行。這樣的資料結構是不整齊的，是無法進行資料集樣本打包（batch）的。

6.1.2 影像矩陣尺寸的標準化

要想解決樣本資料的打包問題，就要解決影像矩陣 x_train 的形狀不一致問題，我們一般採用縮放的方法解決。具體來說，縮放有兩種方法：強行縮放和不失真縮放，開發者可以根據需要自行選擇。但是訓練集的縮放方式，將要和未來部署時的影像前置處理方式一致。

對強行縮放，顧名思義就是對影像直接進行縮放操作。但這會導致一個後果——影像的失真。舉例來說，將一個行列比例為 1 ∶ 2 的影像強行縮放為某解析度的正方形尺寸，一定會導致所有的橫向像素被壓縮，從而導致所有物體看起來都「瘦瘦高高」的。但強行縮放的好處也顯而易見，因為它程式簡單，所以只需要一個 resize 命令即可完成縮放操作，並且無須對 y_train 真實矩形框標注矩陣做任何調整，因為縮放並沒有影響橫縱方向上的相對座標系。

一個典型的縮放函式被命名為 image_preprocess_resize，該函式使用 tf.image. resize 函式對影像進行縮放操作，並且將影像的像素設定值範圍壓縮為 0 ～ 1。由於縮放函式是需要反覆被呼叫的函式，所以在定義 image_preprocess_resize 函式時，在程式上方增加了一行 @tf.function 裝飾程式，這會引導 TensorFlow 將此函式封裝為靜態圖以便提高處理效率。程式如下。

```
@tf.function
def image_preprocess_resize(
    image, target_size, gt_boxes_label):

    image_resized = tf.image.resize(image, [tar_h,tar_w])
    image_resized = image_resized/255
    return image_resized, gt_boxes_label
```

　　不失真縮放方式使用的是 image_preprocess_padded 函式，它會將影像進行一定比例的縮放，當寬度或高度達到目標尺寸後，對尚未達到目標尺寸的另一個維度進行置中補零操作，直到新影像的解析度達到目標尺寸。由於 TensorFlow 的矩陣補零操作不支持多通道，所以 RGB 三通道將分開進行補零操作，像素的動態範圍也一樣進行 0 ～ 1 的等比例縮小。由於不失真縮放方式在橫垂直座標上不是等比例的，所以就需要相應調整矩形框，具體方法是先進行比例的縮放，然後根據左側和上方補零的像素數量進行座標調整，最後需要除以新的影像尺寸，從而獲得和輸入真實矩形框單位一致的相對座標。程式如下。

```python
def image_preprocess_padded(
    image, target_size, gt_boxes_label=None):
    image=tf.cast(image,tf.float32)
    tar_h, tar_w = target_size
    h,w= tf.shape(image)[0], tf.shape(image)[1]
    tar_h=tf.cast(tar_h,tf.float32)
    tar_w=tf.cast(tar_w,tf.float32)
    h=tf.cast(h,tf.float32)
    w=tf.cast(w,tf.float32)

    scale=tf.math.minimum(tar_w/w, tar_h/h)

    nw, nh = tf.math.round(scale*w),tf.math.round(scale*h)
    image_resized = tf.image.resize(image, [tf.cast(nh,tf.int32),tf.cast (nw,tf.
int32)])

    dw=tf.math.floordiv((tar_w-nw),2)
    dh=tf.math.floordiv((tar_h-nh),2) # 影像置中

    up=dh;down=tar_h-(nh+dh);left=dw;right=tar_w-(nw+dw)
    paddings = [[up,down],[left,right]]
    image_padded_R = tf.pad(
        image_resized[...,0], paddings,
        "CONSTANT",constant_values=128)
    image_padded_G = tf.pad(
        image_resized[...,1], paddings,
        "CONSTANT",constant_values=128)
```

```
        image_padded_B = tf.pad(
            image_resized[...,2], paddings,
            "CONSTANT",constant_values=128)
        image_padded = tf.stack(
            [image_padded_R,image_padded_G,image_padded_B],
            axis=-1)
        # print(image_padded.shape)，偵錯時啟用此行
        image_padded=image_padded / 255.

        if gt_boxes_label is None:
            return image_padded

        else:
            gt_boxes_label=tf.cast(gt_boxes_label,tf.float32)
            gt_boxes=gt_boxes_label[:,0:4]
            gt_label=gt_boxes_label[:,4:5]
            gt_boxes_pixel=gt_boxes*scale*tf.cast(
                [w,h,w,h],dtype=tf.float32) # 此處相乘的 3 個變數雖然形狀不一樣，但 TensorFlow
會自動使用附帶廣播乘法將它們的形狀進行廣播匹配
            gt_boxes_pixel+=tf.cast(
                [dw,dh,dw,dh],dtype=tf.float32)# 此處相加的兩個變數雖然形狀不一樣，但
TensorFlow 會自動使用附帶廣播加法將它們的形狀進行廣播匹配
            gt_boxes = gt_boxes_pixel/tf.cast(
                [tar_w,tar_h,tar_w,tar_h],dtype=tf.float32)
            gt_boxes_label_out = tf.concat(
                [gt_boxes,gt_label],axis=-1)
            return image_padded, gt_boxes_label_out
```

　　對兩幅影像分別執行強行縮放和不失真縮放兩種影像前置處理方式。第一幅影像有兩個真實矩形框，分別屬於第 12 類和第 14 類；第二幅影像有一個真實矩形框，屬於第 6 類。影像和真實矩形框資訊輸入程式如下。

```
image_path = 'D:/…/2008_000008.jpg'
image = cv2.imread(image_path)
image_h , image_w, channel = image.shape
image = cv2.cvtColor(image, cv2.COLOR_BGR2RGB)
gt_bboxes=[]
```

```
xmin,ymin,xmax,ymax=53,87, 471,420
gt_bboxes.append([xmin,ymin,xmax,ymax])
xmin,ymin,xmax,ymax=158,44, 289, 167
gt_bboxes.append([xmin,ymin,xmax,ymax])
gt_bboxes=np.array(gt_bboxes)
scale_bboxes=gt_bboxes/[image_w,image_h,image_w,image_h]
num_boxes=np.expand_dims(np.array(2),axis=0)
out_classes = np.expand_dims(np.array([12,14]),axis=0)
out_scores = np.expand_dims(np.array([1.0,1.0]),axis=0)
scale_bboxes_label=np.column_stack(
    (scale_bboxes,out_classes.reshape([-1,1])))
image_path = 'D:/…/2008_000356.jpg'
……

gt_bboxes=[]
xmin,ymin,xmax,ymax=141,195, 211,241
gt_bboxes.append([xmin,ymin,xmax,ymax])
gt_bboxes=np.array(gt_bboxes)
scale_bboxes=gt_bboxes/[image_w,image_h,image_w,image_h]
num_boxes=np.expand_dims(np.array(1),axis=0)
out_classes = np.expand_dims(np.array([6]),axis=0)
out_scores = np.expand_dims(np.array([1.0]),axis=0)
scale_bboxes_label=np.column_stack(
    (scale_bboxes,out_classes.reshape([-1,1])))
```

　　對兩幅影像執行目標解析度為 416 像素 ×416 像素的縮放操作，在畫出影像的同時，將真實矩形框畫在影像上。程式如下。

```
img0=np.copy(image); img1=np.copy(image); img2=np.copy(image)

img1, gt_bboxes1_label = image_preprocess_padded(
    img1,target_size, scale_bboxes1_label)
gt_bboxes1=gt_bboxes1_label[:,0:4]

img2, gt_bboxes2_label = image_preprocess_resize(
    img2,target_size, scale_bboxes2_label)
gt_bboxes2=gt_bboxes2_label[:,0:4]

import matplotlib.pyplot as plt
```

```
fig,ax=plt.subplots(1,3)
ax[0].imshow(img0/255);
ax[1].imshow(img1/255);
ax[2].imshow(img2/255);
```

影像矩陣的強行縮放、不失真縮放及標注資料處理效果圖如圖 6-2 所示。可見，在影像縮放的同時，真實矩形框能跟隨縮放方式做出調整，以確保資料集不失真。

▲ 圖 6-2 影像矩陣的強行縮放、不失真縮放及標注資料處理效果圖

這樣，不論使用何種方法對不同解析度的影像執行縮放操作，都可以在不使矩形框失真漂移的前提下，獲得相同形狀的影像矩陣 x_train，這樣有利於 TensorFlow 的資料集打包操作。影像縮放與標注資料同步調整示意圖如圖 6-3 所示。

▲ 圖 6-3　影像縮放與標注資料同步調整示意圖

6.1.3　真實矩形框標注矩陣尺寸的標準化

　　不同的樣本可能有不同數量的標注物件，少則 1 個，多則 3 個、5 個。具體表現出來就是真實矩形框標注矩陣 y_train 的行數可能不一致，這是非標準化的資料，不利於資料集的打包和平行計算。我們的目標是將所有樣本的標注資料規整為統一形狀的矩陣，這樣不論樣本中目標數量如何變化，y_train 矩陣都能保持同一個形狀。

　　設計一個規整化的 y_train 矩陣，它有 5 列，但行數將是預先設定的 MAX_ BBOX_ PER_SCALE 行。y_train 矩陣的第一行對應第一個真實矩形框，第二行對應第二個真實矩形框，全部真實矩形框填寫完畢後，剩下的行用全零填充；y_train 矩陣的列被定義為：xmin、ymin、xmax、ymax、label。後面使用時只需要判斷 xmax 或 ymax 是否為 0 就可以判定該行是填充資料還是真實矩形框資料，因為 xmax 和 ymax 均不可能為 0。

　　設計 bboxes_align 函式，計算得到標注矩陣的補零規則（在程式中用 paddings 表示），使用 tf.pad 函式對標注矩陣進行補零操作。設定一幅影像中包含目標的數量上限為 BBOX_ PER_SCALE（如 100 個），如果標注中僅包含兩個目標，那麼這個矩陣的頭兩行儲存了兩個目標的位置和標籤資訊，除此之外的 98 行元素都將是 0，從而輸出一個 100 行 5 列的矩陣。bboxes_align 函式的測試程式如下。

```
def bboxes_align(bboxes, max_bbox_per_scale=100):
    paddings = [[0, max_bbox_per_scale - tf.shape(bboxes)[0]], [0, 0]]
```

```
    bboxes = tf.pad(bboxes, paddings)
    return bboxes
if __name__=='__main__':
    MAX_BBOX_PER_SCALE=100
    bboxes_align = bboxes_align(
        gt_bboxes,MAX_BBOX_PER_SCALE)
```

透過開發工具的記憶體變數查看工具,查看標注矩陣形狀對齊的結果。第一幅影像有兩個目標,標注矩陣有兩行有效資料,剩下 98 行都被填充 0;第二幅影像有一個目標,標注矩陣有一行有效資料,剩下 99 行都被填充 0。矩形框數量不一致情況下的資料對齊如圖 6-4 所示。

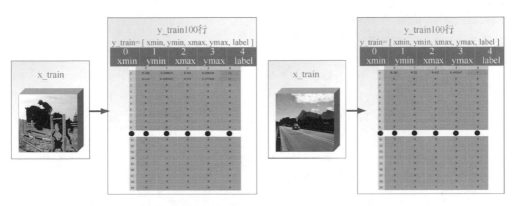

▲ 圖 6-4 矩形框數量不一致情況下的資料對齊

6.1.4 資料集的打包處理

TensorFlow 的資料集工具支援多樣本打包,打包透過資料集物件的 batch 方法實現。由於它支援大量的資料集預載入和加速演算法,所以我們一般不對 batch 方法進行多載。以 YOLO 為代表的多尺度物件辨識神經網路往往需要將資料集處理為多解析度的訓練集,即一個樣本的標注資訊會擴展為低解析度標注資訊、中解析度標注資訊、高解析度標注資訊的元組形式,這是 TensorFlow 的資料集的 batch 方法無法支持的。所以,將樣本的標注資訊擴展為低解析度標注資訊、中解析度標注資訊、高解析度標注資訊的元組形式的轉換工作就需要在資料集的 batch 操作之後進行,即資料集處理順序為資料集載入→前置處理→打包→擴展為三解析度元組。

假設資料集為磁碟上的 PASCAL VOC2012 資料集，該資料集已經轉化為
TFRecord 資料集檔案，載入此資料集，同時提取資料集的前 3 幅影像，用以查看
資料集的 x_train 和 y_train 的形狀。程式如下。

```
TRAIN_DS = 'D:/OneDrive/…/voc2012_train.tfrecord'
VAL_DS  = 'D:/OneDrive/…/voc2012_val.tfrecord'
CLASS_FILE = 'D:/OneDrive/…/voc2012.names'
from P07_dataset_b4_batch import load_tfrecord_dataset
train_dataset = load_tfrecord_dataset(
    TRAIN_DS, CLASS_FILE, IMAGE_FEATURE_MAP)
val_dataset = load_tfrecord_dataset(
    VAL_DS , CLASS_FILE, IMAGE_FEATURE_MAP)
print(" 讀取資料集 ","="*30)
for i,(x,y) in enumerate(train_dataset.take(3)):
    print("="*30)
    print(' 第 {} 幅影像 '.format(i),x.shape,y.shape)
    print(' 第 {} 個標注 '.format(i),y)
```

輸出如下。

```
第 0 幅影像 (442, 500, 3) (2, 5)
第 0 個標注 [[ 0.106   0.196832  0.942     0.950226 12.    ]
 [ 0.316    0.099547  0.578     0.377828 14.      ]]
第 1 幅影像 (327, 500, 3) (2, 5)
第 1 個標注 [[5.40e-01 3.058e-03 7.560e-01 5.382e-01 4.00e+00]
        [1.14e-01 3.058e-03 3.280e-01 4.587e-01 4.00e+00]]
第 2 幅影像 (272, 480, 3) (3, 5)
第 2 個標注 [[2.895e-01 7.352e-03 7.749e-01 7.242e-01 1.10e+01]
        [3.437e-01 2.426e-01 6.625e-01 8.676e-01 1.100e+01]
        [7.52e-01 3.676e-03 1.00e+00 4.117e-01 1.1000e+01]]
```

原始 TFRecord 資料集檔案載入完成，可以發現影像矩陣和真實矩形框標注
矩陣的形狀各式各樣。接下來對影像進行強行縮放調整，將縮放目標尺寸 NN_
INPUT_SIZE 設置為 416。程式如下。

```
from P07_dataset_b4_batch import image_preprocess_resize
NN_INPUT_SIZE = [416,416]
train_dataset=train_dataset.map(
    lambda x, y: (image_preprocess_resize(image=x,
```

```
                            target_size=NN_INPUT_SIZE,
                            gt_boxes_label=y)))
for i,(x,y) in enumerate(train_dataset.take(3)):
    print(' 第 {} 幅影像 '.format(i),x.shape,y.shape)
    print(' 第 {} 個標注 '.format(i),y.numpy())
```

輸出如下。

```
第 0 幅影像 (416, 416, 3) (2, 5)
第 0 個標注 [[0.106   0.196  0.942   0.95  12. ]
           [0.316   0.099  0.578   0.377 14. ]]
第 1 幅影像 (416, 416, 3) (2, 5)
第 1 個標注 [[5.40e-01 3.05e-03 7.56e-01 5.38e-01 4.00e+00]
           [1.14e-01 3.058e-03 3.28e-01 4.58e-01 4.00e+00]]
第 2 幅影像 (416, 416, 3) (3, 5)
第 2 個標注 [[2.895e-01 7.352e-03 7.74e-01 7.242e-01 1.1e+01]
            [3.437e-01 2.426e-01 6.6252e-01 8.676e-01 1.1e+01]
            [7.520e-01 3.676e-03 1.000e+00 4.117e-01 1.1e+01]]
```

可見，所有影像的尺寸已經縮放到相同尺寸，由於運用強行縮放，影像比例失真，但真實矩形框標注資訊無須改變，保持原樣。互動介面的列印如下。

```
第 0 幅影像 (416, 416, 3) (2, 5)
第 0 個標注 [[0.106   0.196  0.942   0.95  12. ]
           [0.316   0.099  0.578   0.377 14. ]]
第 1 幅影像 (416, 416, 3) (2, 5)
第 1 個標注 [[5.40e-01 3.05e-03 7.56e-01 5.38e-01 4.00e+00]
           [1.14e-01 3.058e-03 3.28e-01 4.58e-01 4.00e+00]]
第 2 幅影像 (416, 416, 3) (3, 5)
第 2 個標注 [[2.895e-01 7.352e-03 7.74e-01 7.242e-01 1.1e+01]
            [3.437e-01 2.426e-01 6.6252e-01 8.676e-01 1.1e+01]
            [7.520e-01 3.676e-03 1.000e+00 4.117e-01 1.1e+01]]
```

運用不失真縮放方式，將縮放目標尺寸 NN_INPUT_SIZE 設置為 416，程式如下。

```
from P07_dataset_b4_batch import image_preprocess_padded
train_dataset=train_dataset.map(
    lambda x, y: (image_preprocess_padded(image=x,
                                  target_size=NN_INPUT_SIZE,
```

```
                                    gt_boxes_label=y)))
for i,(x,y) in enumerate(train_dataset.take(3)):
    print(' 第 {} 幅影像 '.format(i),x.shape,y.shape)
    print(' 第 {} 個標注 '.format(i),y.numpy())
```

輸出如下。

```
第 0 幅影像 (416, 416, 3) (2, 5)
第 0 個標注 [[0.106    0.231  0.942    0.897   12.]
            [0.316    0.145  0.578    0.391   14.]]
第 1 幅影像 (416, 416, 3) (2, 5)
第 1 個標注 [[0.54     0.175 0.756    0.525   4.]
            [0.114    0.175 0.328    0.473   4.]]
第 2 幅影像 (416, 416, 3) (3, 5)
第 2 個標注 [[ 0.289  0.220  0.775  0.626   11. ]
            [ 0.343  0.353  0.662  0.708   11. ]
            [ 0.752  0.218  1.     0.449   11. ]]
```

可見，所有影像的尺寸已經縮放到相同尺寸，由於運用不失真縮放，畫面不失真，但真實矩形框的歸一化標注資訊已經改變。

以最多 100 個真實矩形框為上限，進行真實矩形框標注資訊的對齊。程式如下。

```
from P07_dataset_b4_batch import bboxes_align
MAX_BBOX_PER_SCALE=100
train_dataset=train_dataset.map(
    lambda x, y: (x,bboxes_align(bboxes=y,
                      max_bbox_per_scale=MAX_BBOX_PER_SCALE)))
for i,(x,y) in enumerate(train_dataset.take(3)):
    print(' 第 {} 幅影像 '.format(i),x.shape,y.shape)
```

輸出如下。

```
第 0 幅影像 (416, 416, 3) (100, 5)
第 1 幅影像 (416, 416, 3) (100, 5)
第 2 幅影像 (416, 416, 3) (100, 5)
```

可見，所有的真實矩形框標注資訊已經被調整為 100 行 5 列，有效真實矩形框的 xmin、ymin、xmax、ymax、label 標注資訊位於標注矩陣的頭部，後續行補零。

將所有資料樣本進行打包處理，將打包尺寸 BATCH_SIZE 設置為 16。程式如下。

```
BATCH_SIZE = 16
train_dataset = train_dataset.batch(BATCH_SIZE)
for i,(x,y) in enumerate(train_dataset.take(3)):
    print(' 第 {} 個 batch 的影像和標注 '.format(i),x.shape,y.shape)
```

輸出如下。

```
第 0 個 batch 的影像和標注 (16, 416, 416, 3) (16, 100, 5)
第 1 個 batch 的影像和標注 (16, 416, 416, 3) (16, 100, 5)
第 2 個 batch 的影像和標注 (16, 416, 416, 3) (16, 100, 5)
```

可見，由於資料集的前置處理，所有樣本的影像矩陣和真實矩形框標注矩陣都已經具有相同形狀，經過打包操作後，能夠將 BATCH_SIZE 個樣本的影像矩陣和真實矩形框標注矩陣分別組合成高一個維度的打包資料。

總之，從磁碟的資料集開始算起，資料經過了一系列的流程變成了可以打包的形狀統一的矩陣。這一系列的流程可以描述為：分散儲存的影像和 XML 檔案→集中儲存的 TFRecord 檔案→讀取並映射為標準矩陣 x_train 和 y_train，如圖 6-5 所示。

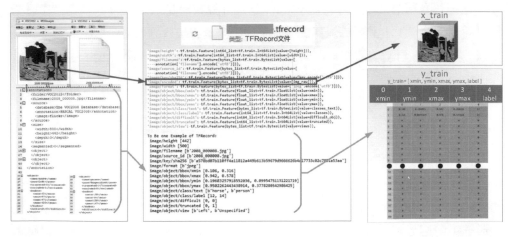

▲ 圖 6-5　資料集儲存讀取和前置處理整體流程

6.2　將原始資料集打包為可計算資料集

　　以 YOLO 為代表的多尺度物件辨識演算法，不是簡單粗暴地從 x_train 映射到 y_train，而是將 y_train 進行了一個變換，使 y_train 中的真實矩形框分散到解析度不同的特徵圖中，對於 YOLO 的標準版模型而言，解析度一共有低、中、高 3 個，而簡版的解析度一共有低解析度、中解析度 2 個。這個變換非常重要，它既解決了真實矩形框和預測矩形框的排列組合問題，又解決了前景矩形框和背景矩形框之間的正負樣本問題，是 YOLO 演算法的精髓所在。

　　以 YOLO 標準版為例，從資料的角度上看，就是使 y_train 變成一個元組，這個元組內包含 3 個矩陣，其形狀分別對應低、中、高 3 個解析度的預測矩陣。y_train 的作用是告訴神經網路幾個資訊：第一，真實矩形框的大小尺寸，需要歸類到低、中、高的哪個解析度上；第二，真實矩形框的橫縱比，對應某解析度特徵圖的哪一個先驗錨框；第三，每個矩形框的中心點需要定位在某解析度特徵圖的第幾行第幾列。有了這個 y_train 元組，就可以使神經網路計算出的 3 個解析度下的預測矩陣，可以想像，當神經網路趨近於完美時，3 個解析度下的預測矩陣應當與 3 個矩陣的元組無限接近。由於三矩陣元組與神經網路給出的 3 個解析度下的預測矩陣，二者之間在形狀上完全相同，於是我們就可以設計損失函式，量化二者之間的誤差，進而對神經網路進行梯度下降的最佳化。

　　這裡暫且稱這個三矩陣元組 y_train 為可計算資料集。得到可計算資料集需要經過兩步：第一步，計算每個真實矩形框的尺度資訊，找到與之最匹配的若干先驗錨框；第二步，計算真實矩形框的位置資訊，將真實矩形框分散到低、中、高解析度特徵圖的幾何空間中。

6.2.1　計算真實矩形框與先驗錨框的匹配度排名

　　先驗錨框與尺度有天然的聯繫。YOLO 標準版模型的 9 個先驗錨框對應低、中、高 3 個解析度，YOLO 簡版模型的 6 個先驗錨框對應低、中兩個解析度。根據之前介紹先驗錨框時的編號，YOLO 標準版模型的 6 號、7 號、8 號先驗錨框（大矩形框）對應低解析度預測結果，3 號、4 號、5 號先驗錨框（中矩形框）對應中解析度預測結果；0 號、1 號、2 號先驗錨框（小矩形框）對應高解析度預測結果；YOLO 簡版模型的 3 號、4 號、5 號先驗錨框（大矩形框）對應低解析度預測結果，

0 號、1 號、2 號先驗錨框（中矩形框）對應中解析度預測結果。真實矩形框與先驗錨框的匹配度計算出來以後，自然就可以得到真實矩形框與低、中、高 3 個解析度的連結資訊了。

量化真實矩形框與先驗錨框的匹配度的度量是交並比，我們需要根據 IOU 指標確認 9 個（或 6 個）先驗錨框與真實矩形框的匹配度。計算真實矩形框與先驗錨框的匹配度一般有兩種方法：最大 IOU 方法和 IOU 設定值方法。對於最大 IOU 方法，演算法會為每個真實矩形框選擇具有最大 IOU 的那個先驗錨框；對於 IOU 設定值方法，演算法會將保留先驗錨框的判定規則會改為 IOU 是否大於 IOU 設定值的判定規則，即若某個先驗錨框與真實矩形框的交並比大於預先設定的 IOU 設定值，則會被保留（即使它不是「最佳」的）。

最大 IOU 方法的優勢是每個真實矩形框必然會找到一個 IOU 最大的先驗錨框與之對應，但僅只能保留一個。那些與真實矩形框匹配的可能具有較大 IOU 但並不是最大 IOU 的先驗錨框就會被丟棄，資料集的有效訓練資料無法超過真實矩形框數量。

IOU 設定值方法的優勢是只要先驗錨框與真實矩形框的IOU超過IOU 設定值，就可以得到保留，可訓練資料數量必定大於或等於真實矩形框數量；但缺陷也很明顯，即 IOU 設定值的選擇很難。若 IOU 設定值設置高了，則很有可能使極限條件下的真實矩形框與所有先驗錨框的 IOU 都小於設定值，導致訓練資料被丟棄；若 IOU 設定值設置低了，則容易引入了過多IOU 性能較差的先驗錨框，導致資料品質降低。

舉例來說，某兩個串列（xmin、ymin、xmax、ymax、label）指示了 horse 和 person 的真實矩形框，這兩個串列分別為 [53,87,471,420,12] 與 [158,44,289,167,14]。假設影像的解析度為 442 像素 ×500 像素，那麼建構一個由影像寬度和高度資料生成的串列 [500,442,500,442]，然後將真實矩形框除以建構的 [500,442,500,422] 串列，就可以獲得歸一化的矩形框標注，歸一化後的標注資訊串列為 [0.106, 0.232, 0.942, 0.898, 12] 和 [0.316, 0.146, 0.578, 0.392, 14]。假設先驗錨框有 9 個，分別為 [10., 14.]、[23., 27.]、[37., 58.]、[81., 82.]、[135., 169.]、[344., 319.]，在影像解析度為 416 像素 ×416 像素的預設條件下，先驗錨框的歸一化尺寸為 [[0.024, 0.031]、[0.038, 0.072]、[0.079, 0.055]、[0.072, 0.147]、[0.149, 0.108]、[0.142, 0.286]、[0.279, 0.216]、[0.375, 0.476]、[0.897, 0.784]]。註：根據 Python

的數字輸入規範,小數點後如果只有 0,那麼 0 可以不寫,舉例來說,10.0 可以簡寫為 10.,但是小數點不可不寫,因為這涉及資料的類型,即,如果某變數等於10,那麼該變數是一個整數變數,如果某變數等於 10.,那麼這個小數點就代表該變數是一個浮點變數。因此本書在解碼或截取 Python 輸出時,若在整數後增加小數點,則表示此時的資料格式為浮點類型。

獲得了歸一化的先驗錨框尺寸後,我們可以很方便地計算 horse、person 的真實矩形框與 YOLO 的先驗錨框的 IOU,如表 6-1 所示。

➡ 表 6-1　horse、person 的真實矩形框與 YOLO 的先驗錨框的 IOU

先驗錨框(416 解析度)			真實矩形框 (H442W500 解析度)	
			分類為 horse 即標籤為 12 的真實矩形框	分類為 person 即標籤為 14 的真實矩形框
			[53,87,471,420,12]	[158,44,289,167,14]
			[0.106, 0.232, 0.942, 0.898, 12]	[0.316, 0.146, 0.578, 0.392, 14]
所屬解析度	序號	寬度和高度尺寸	IOU 指標	
低解析度	6	[0.279,0.216]	0.108(第三)	0.832(第一)
	7	[0.375,0.476]	0.321(第二)	0.361(第三)
	8	[0.897,0.784]	0.792(第一)	0.092
中解析度	3	[0.072,0.147]	0.019	0.164
	4	[0.149,0.108]	0.029	0.250
	5	[0.142,0.286]	0.073	0.497(第二)
高解析度	0	[0.024,0.031]	0.001	0.012
	1	[0.038,0.072]	0.005	0.043
	2	[0.079,0.055]	0.008	0.068

可以看到,如果使用 IOU 設定值方法並將設定值設置為 0.8,那麼標籤為 12的真實矩形框將找不到任何與之匹配的先驗錨框,因為所有先驗錨框與它的 IOU最大值為 0.792;如果使用最大 IOU 方法,那麼標籤為 14 的真實矩形框只有編號為 6 的先驗錨框得以保留,編號為 5、7 的先驗錨框雖然與真實矩形框的重合度也很高(IOU 分別為 0.497 和 0.361),但並不是最高的,將不得不被丟棄。

　　實際上，YOLO 演算法使用的是最大 IOU 方法結合 IOU 設定值等於 0.3 的方法，即不管 IOU 設定值多少，先記錄與真實矩形框具有最大的 IOU 的那個先驗錨框編號，然後查看全部先驗錨框與真實矩形框的 IOU 是否超過設定值 0.3，如果超過 0.3，那麼將這些先驗錨框編號也記錄下來。這就是計算真實矩形框與先驗錨框匹配度的演算法核心。

　　設計一個計算真實矩形框與先驗錨框匹配度的函式 find_overlay_anchors，由於它是對資料集每個樣本打包都需要應用的函式，所以使用 @tf.function 進行裝飾，以便 TensorFlow 將其封裝為靜態圖函式進行加速。find_overlay_anchors 函式接收打包後的以下資料：第一個是真實矩形框標注矩陣（在程式中用 bboxes_x1y1x2y2_label 表示），第二個是全部先驗錨框（在程式中用 anchors 表示），第三個是 IOU 設定值（在程式中用 IOU_THRESH 表示，並且預設設置為 0.3）。打包後的真實矩形框標注矩陣 bboxes_x1y1x2y2_label 的形狀為 [batch, 100, 5]，儲存全部先驗錨框的矩陣的形狀為 [NUM_ANCHORS, 2]，其中對 YOLO 標準版和簡版來說，NUM_ANCHORS 分別是 9 和 6。

　　find overlay anchors 函式使用 @tf.function 進行裝飾，函式內部工作原理如下。

　　首先，提取全部先驗錨框的面積 anchor_area，形狀為 [NUM_ANCHORS,]。

　　其次，計算真實矩形框的寬度和高度 box_wh，將形狀從 [batch, 100, 2] 調整為 [batch, 100, 1, 2]，使用 tf.tile 函式將全部數值從倒數第二個維度的切片複製到 NUM_ANCHORS 個切片，形狀最終變成 [batch, 100, NUM_ANCHORS, 2]，計算得到每個真實矩形框的面積 box_area，形狀為 [batch, 100, NUM_ANCHORS]。

　　再次，計算真實矩形框與先驗錨框的交集面積 intersection，形狀也是 [batch, 100, NUM_ ANCHORS]。

　　最後，使用之前得到的交集面積 intersection、真實矩形框的面積 box_area、先驗錨框的面積 anchor_area，使用附帶廣播的加法和除法得到每個真實矩形框與每個先驗錨框的 IOU 指標 iou，IOU 指標的形狀是 [batch, 100, NUM_ ANCHORS]。

程式如下。

```
@tf.function
def find_overlay_anchors(
        bboxes_x1y1x2y2_label,anchors,IOU_THRESH=0.3):
    anchors = tf.cast(anchors, tf.float32) # 形狀為 [9, 2]
    NUM_ANCHORS =tf.shape(anchors)[0]
    anchor_area = anchors[..., 0] * anchors[..., 1]
    box_wh=bboxes_x1y1x2y2_label[...,2:4]-bboxes_x1y1x2y2_label[...,0:2]
    box_wh = tf.expand_dims(box_wh, -2) # 形狀為 [batch, 100, 1, 2]
    box_wh = tf.tile(box_wh,(1, 1, NUM_ANCHORS, 1))
    box_area = box_wh[..., 0] * box_wh[..., 1] # 形狀為 [batch,100,9]
    intersection=tf.minimum(box_wh[...,0],anchors[...,0])*\
        tf.minimum(box_wh[...,1],anchors[...,1])# 形狀為 [batch,100,9]
    iou = intersection/(
        box_area + anchor_area - intersection)
    # iou 形狀為 [batch, 100, 9]
    # 在 iou 計算程式中，矩陣形狀的廣播機制可以被形象地描述為 [batch, 100, 9] = [batch, 100,
9] / ([batch, 100, 9] + [9] - [batch, 100, 9])
    ......
    return bboxes_x1y1x2y2_withOverlayAnchors
```

有了每個真實矩形框與每個先驗錨框的 IOU 指標 iou，就可以先使用 tf.sort 對真實矩形框每個先驗錨框的 iou 進行降冪排序得到 sorted_iou，並使用 tf.argsort 得到 iou 從高到低排序的先驗錨框的編號 sorted_iou_arg。舉例來說，對於標籤編號為 12 的真實矩形框，它與 9 個先驗錨框的 IOU 降冪排序的結果為 [0.792,0.321,0.108,0.073,0.029,0.019,0.008,0.005,0.001]，先驗錨框的編號是 [8,7,6,5,4,3,2,1,0]；對於標籤編號為 14 的真實矩形框，它與 9 個先驗錨框的 IOU 降冪排序的結果為 [0.832,0.497,0.361,0.250,0.164,0.092,0.068,0.043,0.012]，先驗錨框的編號是 [6,5,7,4,3,8,2,1,0]。

記錄下最大 IOU 的錨框編號 keeped_iou_arg_by_IOU_MAX，它的形狀是 [batch, 100, 1]。計算 IOU 超過設定值的錨框編號 keeped_iou_arg_by_IOU_THRESH，將小於設定值的錨框編號全部設置為 INF，它的形狀是 [batch, 100, NUM_ANCHORS]。將最大的 IOU 錨框編號與 IOU 超過設定值的錨框編號進行最後一個維度的矩陣拼接，這樣，對於每個真實矩形框，最大 IOU 的錨框編號會在

第一列，其他 IOU 如果大於設定值，那麼會在第二列、第三列，依此類推。如果
IOU 小於設定值，那麼錨框編號一律以 INF 代替，以便後續辨識處理。

　　find_overlay_anchors 函式將 IOU 錨框編號取捨結果與輸入的真實矩形框
座標和分類編號進行組合拼接，拼接後進行傳回輸出，傳回輸出的變數被命名
為 bboxes_x1y1x2y2_ withOverlayAnchors，它 的 形 狀 是 [batch, 100, 4+1+NUM_
ANCHORS]。程式如下。

```
@tf.function
def find_overlay_anchors(
    bboxes_x1y1x2y2_label,anchors,IOU_THRESH=0.3):
    ……
    sorted_iou=tf.sort(
        iou,direction='DESCENDING',axis=-1)# 形狀為 [batch, 100, 9]
    sorted_iou_arg=tf.argsort(
        iou,direction='DESCENDING',axis=-1)# 形狀為 [batch, 100, 9]

    keeped_iou_arg_by_IOU_MAX=tf.cast(
        sorted_iou_arg[...,0:1],tf.float32)
    keeped_iou_arg_by_IOU_THRESH=tf.where(
        sorted_iou>IOU_THRESH,
        x=tf.cast(sorted_iou_arg,tf.float32),
        y=1.0/tf.zeros_like(
            sorted_iou_arg,dtype=tf.float32) )# 形狀為 [batch,100,9]
    keeped_iou_arg=tf.concat(
        [keeped_iou_arg_by_IOU_MAX,
         keeped_iou_arg_by_IOU_THRESH[...,1:]],axis=-1)

    bboxes_x1y1x2y2_withOverlayAnchors=tf.concat(
        [bboxes_x1y1x2y2_label, keeped_iou_arg], axis=-1)

    return bboxes_x1y1x2y2_withOverlayAnchors
```

　　接下來測試 find_overlay_anchors 函式。測試影像使用的是 PASCAL VOC2012
資料集中的檔案名稱為 2008_000008.jpg 的圖片檔案，該影像有兩個真實矩形框，
分別是分類編號為 12 的 horse 和分類編號為 14 的 person。find_overlay_anchors 函
式將計算每個真實矩形框與 YOLO 標準版的 9 個先驗錨框的 IOU 重合度。將 IOU
設定值設置為 0.3，即若設定值小於 0.3，則先驗錨框不錄用。測試程式如下。

```
train_dataset = train_dataset.map(
    lambda x, y: (x,find_overlay_anchors(y,anchors)))
for i,(x,y) in enumerate(train_dataset.take(1)):
    print(' 第 {} 個 batch 的影像和標注 '.format(i),x.shape,y.shape)
print(y[0][0:2])
bboxes_x1y1x2y2_withBestAnchors=y[0].numpy()
```

將計算結果儲存在 bboxes_x1y1x2y2_withBestAnchors 中，矩陣內容列印如下。

```
([[ 0.106, 0.23169231, 0.942, 0.8976924 , 12.,8., 7., inf, inf, inf, inf, inf, inf,
inf],
 [ 0.316, 0.14569232, 0.578, 0.39169234, 14., 6., 5., 7., inf, inf, inf, inf, inf,
inf]]
```

可見，與分類標籤為 12 的真實矩形框匹配度較高的先驗錨框的編號為 8 和 7，與分類標籤為 14 的真實矩形框匹配度較高的先驗錨框的編號為 6、5 和 7。提取訓練集的第一階段轉換結果 bboxes_x1y1x2y2_withBestAnchors，計算得到的真實矩形框與先驗錨框的匹配度排名（IOU 設定值為 0.3）如圖 6-6 所示。

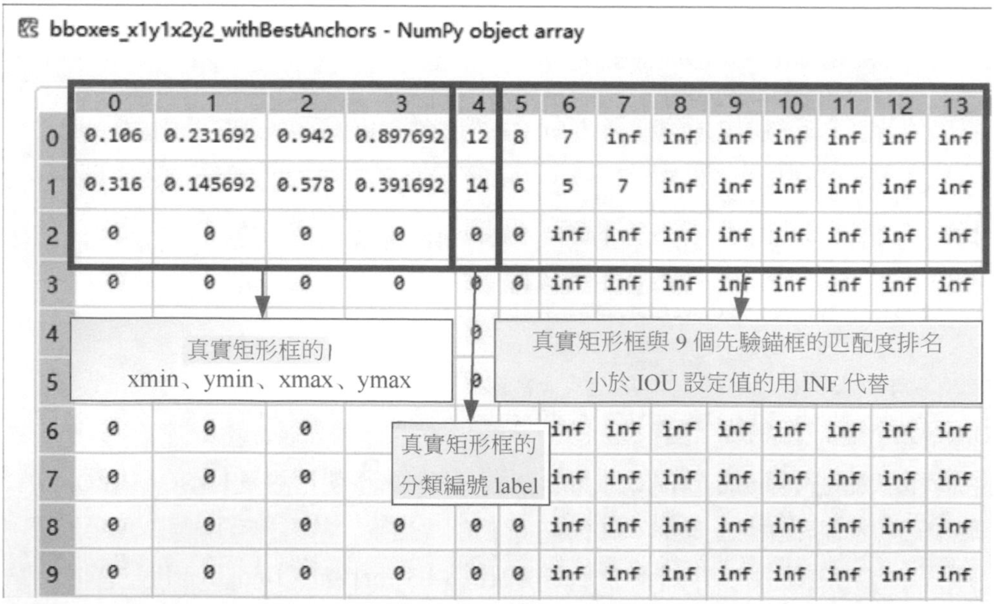

▲ 圖 6-6 計算得到的真實矩形框與先驗錨框的匹配度排名（IOU 設定值為 0.3）

6.2.2 找到真實矩形框所對應的網格下的先驗錨框

前面已經提取標注資料，並將其與先驗錨框進行比對，獲得最佳 IOU 的若干先驗錨框的編號，這對資料集來說，已經算是全部的關鍵資訊了，但是對神經網路來說，還不足以對神經網路給出的錯誤預測給予矯正。此時資料集還需要進行進一步的轉換，使其可以直接參與損失函式的計算。

YOLO 是典型的一階段物件辨識模型，其特點就是將兩階段物件辨識的大量「if-else」的邏輯操作轉為矩陣運算。要想實現一階段的物件辨識，就需要建構一個虛擬的特徵圖，將真實矩形框的資訊放置在這個虛擬的特徵圖上，後面的計算都圍繞特徵圖高維矩陣進行計算。

前面描述先驗錨框時，我們知道編號為 6、7、8 的 3 個先驗錨框是大錨框，對應低解析度預測矩陣；編號為 3、4、5 的 3 個先驗錨框是中錨框，對應中解析度預測矩陣；編號為 0、1、2 的 3 個先驗錨框是小錨框，對應高解析度預測矩陣。所以這裡需要生成虛擬的 3 個解析度的預測矩陣，並將多個真實矩形框根據解析度和幾何位置放入虛擬預測矩陣的相應位置。

根據尺度關係，將虛擬的預測矩陣按照以下方法進行建構。按照低、中、高的順序建構 3 個解析度的預測矩陣，將它們的解析度也按照從低到高的連序儲存在變數 grid_sizes 中，YOLO 標準版的 grid_sizes 有低、中、高 3 個元素表示 3 個解析度，YOLO 簡版的 grid_sizes 有兩個元素表示低、中兩個解析度。對於某個真實矩形框，與它匹配的先驗錨框歸屬於哪個尺度解析度，就將真實矩形框歸屬到哪個解析度尺度上。

解決了真實矩形框的解析度歸屬問題，就要解決真實矩形框的幾何位置問題。具體方法是，計算虛擬預測矩陣與原圖的感受野關係，得到虛擬預測矩陣的某個像素對應原圖的哪塊區域的感受野，真實矩形框中心點的 x、y 座標坐落於哪一塊感受野，就把這個真實矩形框放入虛擬預測矩陣的相應行和列。

根據以上方法設計一個函式，將真實矩形框放入我們建構的虛擬預測矩陣，將函式命名為 bboxes_scatter_into_gridcell，它接收 3 個輸入。第 1 個輸入是儲存真實矩形框與先驗錨框匹配度的矩陣 bboxes_x1y1x2y2_withOverlayAnchors，它的形狀是 [batch, 100, 4+1+NUM_ANCHORS]。第 2 個輸入是需要生成的虛擬預測矩陣的解析度 grid_sizes，它是一個串列。如果是 YOLO 標準版的 3 個解析度的預測矩陣，那麼 grid_sizes 是一個三元串列如果是 YOLO 簡版的兩個解析度的預測矩陣，那麼 grid_sizes 是一個二元串列第 3 個輸入是虛擬預測矩陣的解析度先驗錨框編號 anchor_masks，如果是 YOLO 標準版，那麼 3 個解析度的預測矩陣對應的 anchor_masks 是 3 行的向量；如果是 YOLO 簡版，那麼兩個解析度的預測矩陣對應的 anchor_masks 是 2 行的向量。

　　在程式中，將儲存真實矩形框與先驗錨框匹配度的矩陣 bboxes_x1y1x2y2_withOverlayAnchors 拆分為真實矩形框座標資訊 bboxes_x1y1x2y2、分類編號資訊 bboxes_label、先驗錨框匹配度資訊 AnchorsSortedOnIOU。程式如下。

```
@tf.function
def bboxes_scatter_into_gridcell(
        bboxes_x1y1x2y2_withOverlayAnchors,
        grid_sizes,
        anchor_masks):
    # 輸入真實矩形框的形狀為 [BATCH,boxes,(x1,y1,x2,y2, class, NUM_ANCHORS)]
    (bboxes_x1y1x2y2,
     bboxes_label,
     AnchorsSortedOnIOU)=tf.split(
        bboxes_x1y1x2y2_withOverlayAnchors,[4,1,-1],axis=-1)
    ......
```

　　從輸入的變數中提取必要的常數資訊。SCALES_NUM 表示解析度數量，在 YOLO 標準版和簡版中的解析度數量分別為 3 和 2；樣本打包資訊 BATCH_NUM 根據打包的情況而定，一般為 4、8、16、32 或 64；每個樣本最多包含的真實矩形框數量 BOXES_NUM，是在對真實矩形框標注資訊進行前置處理時定下的數值，一般為 100 或 150 等足夠大的數值；每個尺度下包含的先驗錨框數量 ANCHORS_NUM_PER_SCALE 一般為 3；先驗錨框的總數量 ANCHORS_NUM，在 YOLO 標準版和簡版中分別為 9 和 6。程式如下。

```
@tf.function
def bboxes_scatter_into_gridcell(
        bboxes_x1y1x2y2_withOverlayAnchors,
        grid_sizes,
        anchor_masks):
    # 輸入真實矩形框的形狀為 [BATCH,boxes,(x1,y1,x2,y2, class, NUM_ANCHORS)]
```

```
……
SCALES_NUM_1=anchor_masks.shape[0]
SCALES_NUM_2=len(grid_sizes)
tf.debugging.assert_equal(
    SCALES_NUM_1, SCALES_NUM_2,
    message='TOTAL-SCALES-NOT-EQUAL!')
SCALES_NUM = SCALES_NUM_1

BATCH_NUM = tf.shape(
    bboxes_x1y1x2y2_withOverlayAnchors)[0]
BOXES_NUM = tf.shape(
    bboxes_x1y1x2y2_withOverlayAnchors)[1]

ANCHORS_NUM_PER_SCALE = tf.shape(anchor_masks)[1]
ANCHORS_NUM_1 = ANCHORS_NUM_PER_SCALE*SCALES_NUM
ANCHORS_NUM_2 = tf.shape(AnchorsSortedOnIOU)[2]
tf.debugging.assert_equal(
    ANCHORS_NUM_1, ANCHORS_NUM_2,
    message='TOTAL-ANCHORS-NOT-EQUAL!')
ANCHORS_NUM = ANCHORS_NUM_1
……
```

程式會建構一個包含 3 個或 2 個尺度的虛擬預測矩陣的串列 y_outs，開始進行不同尺度的迴圈迭代，每次迴圈所提取的尺度序號為 scale_idx，根據尺度序號提取本尺度的先驗錨框編號 anchor_idxs 和本尺度的解析度 grid_size（grid_size 是 grid_size 串列的元素），建構的本尺度的虛擬預測矩陣被命名為 y_true_out，它是一個形狀為 [batch, gird_size, gird_size, ANCHORS_NUM_PER_SCALE,6] 的矩陣，矩陣被初始化為 0。需要特別注意的是，由於此處 y_outs 是一個 Python 的串列物件（list 物件），Python 的串列物件不被 TensorFlow 的靜態圖所支援，所以迴圈的程式必須使用 Python 的 [for scale_idx in range(SCALES_NUM)] 迴圈結構，而不能使用 TensorFlow 的 [for scale_idx in tf.range(SCALES_NUM)] 的迴圈結構，否則會提示串列物件 y_outs 無法轉化為靜態圖。虛擬預測矩陣生成程式如下。

```
@tf.function
def bboxes_scatter_into_gridcell(
        bboxes_x1y1x2y2_withOverlayAnchors,
        grid_sizes, anchor_masks):
    # 輸入真實矩形框的形狀為 [BATCH, boxes, (x1,y1,x2,y2, class,NUM_ANCHORS)]
```

```
......

y_outs = []
for scale_idx in range(SCALES_NUM): # 此處不能使用 tf.range
    anchor_idxs = anchor_masks[scale_idx]
    anchor_idxs = tf.cast(anchor_idxs, tf.int32)
    grid_size=grid_sizes[scale_idx]

    y_true_out = tf.zeros(
        (BATCH_NUM,
        grid_size, grid_size,
        tf.shape(anchor_idxs)[0],
        6))
......
```

虛擬的預測矩陣形狀雖然已經架設成功,但目前是全零矩陣,需要透過迭代迴圈對其內部的每個元素進行修改。由於 TensorFlow 不支援以定址的方式對矩陣內部的元素進行修改,但是支援使用 tf.tensor_scatter_nd_update 函式,對張量內部的單一元素進行修改。tf.tensor_scatter_ nd_update 函式的使用方法關鍵是需要配置 3 個變數:被修改張量、座標張量、更新值張量。此處,被修改張量為 y_true_out 矩陣,座標張量為 indexes(它指示了虛擬預測矩陣 y_true_out 內部的哪些元素需要修改),更新值張量為 updates(它指示了虛擬預測矩陣 y_true_out 內部由座標張量指示的那些元素需要修改成什麼數值)。

由於座標張量和更新值張量分別是整數的和浮點 32 位元的,它們的行數是可變的,所以需要使用 TensorFlow 的可變陣列物件 tf.TensorArray,並設置可變陣列物件的 dynamic_size 參數字為 True。由於座標張量 indexes 和更新值張量 updates 的行數是一致的,所以它們共用行數計數器 idx,計數器從 0 開始計數。程式如下。

```
@tf.function
def bboxes_scatter_into_gridcell(
        bboxes_x1y1x2y2_withOverlayAnchors,
        grid_sizes, anchor_masks):
    # 輸入真實矩形框的形狀為 [BATCH, boxes, (x1,y1,x2,y2, class,NUM_ANCHORS)]
    ......
    for scale_idx in range(SCALES_NUM):
    ......
        indexes=tf.TensorArray(
            tf.int32,1,dynamic_size=True)
        updates=tf.TensorArray(
```

```
            tf.float32,1,dynamic_size=True)
        idx = 0
        ......
```

　　設計 3 層迴圈。第 1 層迴圈為打包迴圈，程式從每個打包 i 開始，直至 BATCH_NUM 結束，其中 BATCH_NUM 為每個打包內的影像樣本數量。第 2 層迴圈為真實矩形框迴圈，程式從每個真實矩形框 j 開始，直至 BOXES_NUM 結束，其中 BOXES_NUM 為每個樣本最多包含的真實矩形框數量上限，一般為 100 或 150。在第 1 層和第 2 層迴圈本體內，程式如果發現真實矩形框的 xmax 等於 0，那麼就判定此真實矩形框是為了真實矩形框標注矩陣對齊形狀而設計的全零占位矩形框，跳過此次迴圈。如果真實矩形框的 xmax 不等於 0，那麼提取此真實矩形框的所有先驗錨框匹配度排序編號 OverlayAnchors，它的形狀為 [ANCHORS_NUM,]。過濾掉 OverlayAnchors 中編號為 INF 的先驗錨框編號，統計有效的先驗錨框數量為 ANCHOR_MATCH_NUM 個。第 3 層迴圈為先驗錨框迴圈，程式從 k 開始，直至 ANCHOR_ MATCH_NUM 結束。在第 3 層迴圈本體內，程式會一個一個處理與某一個真實矩形框相匹配的 ANCHOR_MATCH_NUM 個有效的先驗錨框。程式如下。

```
@tf.function
def bboxes_scatter_into_gridcell(
        bboxes_x1y1x2y2_withOverlayAnchors,
        grid_sizes, anchor_masks):
    # 輸入真實矩形框的形狀為 [BATCH, boxes, (x1,y1,x2,y2, class,NUM_ANCHORS)]
    ......
    for scale_idx in range(SCALES_NUM):
        ......
        for i in tf.range(BATCH_NUM):
            for j in tf.range(BOXES_NUM):
                if tf.equal(
                    bboxes_x1y1x2y2[i][j][2], 0):
                    continue
                OverlayAnchors = AnchorsSortedOnIOU[i,j,:]
                ANCHOR_MATCH_NUM=tf.reduce_sum(
                tf.cast(
                    tf.math.is_finite(OverlayAnchors),tf.int32))
                for k in tf.range(ANCHOR_MATCH_NUM):
                    ......
```

　　提取第 i 個打包的第 j 個真實矩形框的第 k 個有效先驗錨框編號 anchor_pointer，判斷 anchor_pointer 與本解析度的先驗錨框編號 anchor_idxs 是否吻合，將吻合結果儲存在 anchor_eq 中。如果第 k 個有效先驗錨框編號和本解析度的第 1 個先驗錨框編號吻合，那麼 anchor_eq = [1 0 0]；如果第 k 個有效先驗錨框編號和本解析度的第 2 個先驗錨框編號吻合，那麼 anchor_eq =[0 1 0]；如果第 k 個有效先驗錨框編號和本解析度的第 3 個先驗錨框編號吻合，那麼 anchor_eq =[0 0 1]。程式如下。

```
@tf.function
def bboxes_scatter_into_gridcell(
        bboxes_x1y1x2y2_withOverlayAnchors,
        grid_sizes, anchor_masks):
    # 輸入真實矩形框的形狀為 [BATCH, boxes, (x1,y1,x2,y2, class,NUM_ANCHORS)]
    ......

    for scale_idx in range(SCALES_NUM):
        ......
        for i in tf.range(BATCH_NUM):
            for j in tf.range(BOXES_NUM):
                ......
                for k in tf.range(ANCHOR_MATCH_NUM):
                    anchor_pointer = tf.cast(
                        AnchorsSortedOnIOU[i][j][k], tf.int32)
                    anchor_eq = tf.equal(
                        anchor_idxs, anchor_pointer)
                        # anchor_idxs 是否等於 anchor_idx
                        # anchor_eq 的設定值只能是 [1 0 0] 或 [0 1 0] 或 [0 0 1] 中的
                        ......
```

　　如果第 i 個打包的第 j 個真實矩形框的第 k 個有效先驗錨框編號 anchor_pointer，與本解析度的先驗錨框編號 anchor_idxs 有任何一個吻合，那麼計算第 i 個打包的第 j 個真實矩形框的中心點座標落在虛擬預測矩陣的行列位置 grid_xy，將中心點的行列位置記錄在座標張量中，將第 i 個打包的第 j 個真實矩形框的座標資訊記錄在更新值張量中的頭 4 個元素中。更新值張量中的第 5 個元素恒為 1，表示真實矩形框包含物體的機率為 100%，第 6 個元素為真實矩形框包含的物體編號。將座標張量和更新值張量的行數計數器 idx 加 1 儲存，結束 i、j、k 迴圈。程式如下。

```
@tf.function
def bboxes_scatter_into_gridcell(
        bboxes_x1y1x2y2_withOverlayAnchors,
        grid_sizes, anchor_masks):
    # 輸入真實矩形框的形狀為[BATCH, boxes, (x1,y1,x2,y2, class,NUM_ANCHORS)]
    ......
    for scale_idx in range(SCALES_NUM):
        ......
        for i in tf.range(BATCH_NUM):
            for j in tf.range(BOXES_NUM):
                ......
                for k in tf.range(ANCHOR_MATCH_NUM):
                    ......
                    if tf.reduce_any(anchor_eq):
                        box_x1y1x2y2 = bboxes_x1y1x2y2[i][j][0:4]
                        box_xy = (
                            box_x1y1x2y2[0:2]+box_x1y1x2y2[2:4]
                                )/ 2
                            # 計算中心點的 x、y 座標

                        anchor_idx = tf.cast(
                            tf.where(anchor_eq), tf.int32)

                        grid_xy = tf.cast(
                            tf.cast(
                                box_xy,tf.float32)//tf.cast(
                                    (1/grid_size),tf.float32),
                                tf.int32)
                    # grid_xy[0] 儲存真實矩形框寬度（x 軸）資訊
                    # grid_xy[1] 儲存真實矩形框高度（y 軸）資訊
                    indexes = indexes.write(
                        idx, [i,
                            grid_xy[1],
                            grid_xy[0],
                            anchor_idx[0][0]])
                    updates = updates.write(
                        idx, [box_x1y1x2y2[0],
                            box_x1y1x2y2[1],
                            box_x1y1x2y2[2],
                            box_x1y1x2y2[3],
                            1,
```

```
                                        bboxes_label[i][j][0]])
                        idx += 1
                        # 結束 i、j、k 迴圈
        ......
```

回到本尺度的 scale_idx 迴圈，根據座標張量 indexes 指示的相應元素位置，將更新值張量 updates 寫入本尺度內的虛擬預測矩陣 y_true_out 內的相應元素。使用 y_outs 串列的 append 方法，將更新後的本尺度內的虛擬預測矩陣 y_true_out 加入 y_outs 串列的末端。程式如下。

```
@tf.function
def bboxes_scatter_into_gridcell(
        bboxes_x1y1x2y2_withOverlayAnchors,
        grid_sizes, anchor_masks):
    # 輸入真實矩形框的形狀為 [BATCH, boxes, (x1,y1,x2,y2, class,NUM_ANCHORS)]
    ......
    for scale_idx in range(SCALES_NUM):
        ......
        idx = 0
        for i in tf.range(BATCH_NUM):
            for j in tf.range(BOXES_NUM):
                ......
                for k in tf.range(ANCHOR_MATCH_NUM):
                    ......

        if tf.math.greater(idx, 0):
            y_true_out = tf.tensor_scatter_nd_update(
                y_true_out, indexes.stack(), updates.stack())
        y_outs.append(y_true_out)
    return tuple(y_outs)
```

6.2.3 可計算資料集測試

使用剛剛設計的 bboxes_scatter_into_gridcell 函式對資料集進行映射處理。假設此時是 YOLO 標準版，那麼先驗錨框是 9 個，一共有低、中、高 3 個解析度，低解析度尺度上有編號為 6、7、8 的 3 個尺寸較大的先驗錨框，中解析度尺度上有編號為 3、4、5 的 3 個尺寸置中的先驗錨框，高解析度尺度上有編號為 0、1、2 的 3 個尺寸較小的先驗錨框。程式如下。

```
if __name__ == '__main__':
    V3_PAPER_INPUT_SIZE = 416
    yolov3_anchors=1/V3_PAPER_INPUT_SIZE*np.array(
        [(10, 13), (16, 30), (33, 23),
         (30, 61), (62, 45),(59, 119),
         (116, 90), (156, 198), (373, 326)],np.float32)
    yolov3_anchor_masks=np.array([[6,7,8],[3,4,5],[0,1,2]])

    yolov3_tiny_anchors=1/V3_PAPER_INPUT_SIZE*np.array(
        [(10, 14), (23, 27), (37, 58),
         (81, 82), (135, 169),  (344, 319)],np.float32)
    yolov3_tiny_anchor_masks = np.array([[3,4,5],[0,1,2]])

    V4_PAPER_INPUT_SIZE = 512
    yolov4_anchors = 1/V4_PAPER_INPUT_SIZE * np.array(
        [(12,16), (19,36), (40,28),
         (36,75), (76,55),(72,146),
         (142,110), (192,243), (459,401)],np.float32)
    yolov4_anchor_masks=np.array([[6,7,8],[3,4,5],[0,1,2]])

    yolov4_tiny_anchors =  1/V3_PAPER_INPUT_SIZE*np.array(
        [(10, 14), (23,27), (37,58),
         (81, 82), (135, 169),(344, 319)],np.float32)
    yolov4_tiny_anchor_masks=np.array([[3,4,5],[0,1,2]])

    anchors=yolov3_anchors; anchor_masks=yolov3_anchor_masks
```

在輸入影像解析度為 416 像素 ×416 像素的情況下，3 個解析度的預測矩陣的解析度分別為輸入解析度的 1/32、1/16、1/8，即解析度為 13 像素 ×13 像素、26 像素 ×26 像素、52 像素 ×52 像素。程式如下。

```
grid_sizes = [13,26,52]
```

使用資料集的 map 方法，對每個打包後的樣本運用 bboxes_scatter_into_gridcell 自訂函式進行處理，那麼每個打包樣本的真實矩形框標注矩陣都將變成 3 個解析度的虛擬預測矩陣 y。低解析度的預測矩陣為 y[0]，中解析度的預測矩陣為 y[1]，高解析度的預測矩陣為 y[2]。提取資料集的第一個樣本，查看映射後的可計算資料集的形狀。程式如下。

```
    train_dataset = train_dataset.map(lambda x, y: (x,bboxes_scatter_into_
gridcell(y,grid_sizes,anchor_masks)))
    for i,(x,y) in enumerate(train_dataset.take(1)):
        print(' 第 {} 個 batch 的影像和標注 '.format(i),
              x.shape,y[0].shape,y[1].shape,y[2].shape)
```

輸出如下。

第 0 個 batch 的影像和標注 (16, 416, 416, 3) (16, 13, 13, 3, 6) (16, 26, 26, 3, 6) (16, 52, 52, 3, 6)

可見，此時的資料集已經不再是簡單記錄真實矩形框的數位資訊，而是根據蘊藏在數字中的尺度資訊和位置資訊，將真實矩形框放入合適解析度的虛擬預測矩陣的合適的幾何位置。我們提取 PASCAL VOC2012 資料集的 2008_000008.jpg 的標注資訊，經過簡單計算可知，在低解析度虛擬預測矩陣上，分類名稱為 horse、分類編號為 12 的矩形框位於虛擬預測矩陣的第 7 行第 6 列，分類名稱為 person、分類編號為 14 的矩形框位於虛擬預測矩陣的第 3 行第 5 列；在中解析度虛擬預測矩陣上，分類名稱為 horse、分類編號為 12 的矩形框位於虛擬預測矩陣的第 14 行第 13 列，分類名稱為 person、分類編號為 14 的矩形框位於虛擬預測矩陣的第 6 行第 11 列；在高解析度預測矩陣上，分類名稱為 horse、分類編號為 12 的矩形框位於虛擬預測矩陣的第 29 行第 27 列，分類名稱為 person、分類編號為 14 的矩形框位於虛擬預測矩陣的第 13 行第 23 列。計算得到真實矩形框中心點在不同解析度預測矩陣下的幾何位置如圖 6-7 所示。

每個解析度下的虛擬的預測矩陣都有 3 個切片。低解析度預測矩陣的第 0、1、2 個切片對應編號為 6、7、8 的 3 個先驗錨框，中解析度預測矩陣的第 0、1、2 個切片對應編號為 3、4、5 的 3 個先驗錨框，高解析度預測矩陣的第 0、1、2 個切片對應編號為 0、1、2 的 3 個先驗錨框。根據該影像的真實矩形框與先驗錨框的匹配度，與分類標籤為 12 的矩形框匹配度較高的錨框編號為 7 和 8，與分類標籤為 14 的矩形框匹配度較高的錨框編號為 5、6 和 7，那麼可以知道，低解析度預測矩陣的第 1 個（對應錨框編號 7）、第 2 個（對應錨框編號 8）切片將出現分類標籤為 12 的矩形框，第 0 個（對應錨框編號 6）、第 1 個（對應錨框編號 7）切片將出現分類標籤為 14 的矩形框；中解析度預測矩陣的第 2 個（對應錨框編號 5）切片將出現分類標籤為 14 的矩形框。將真實矩形框放入不同解析度預測矩陣的合適切片上的幾何位置如圖 6-8 所示。

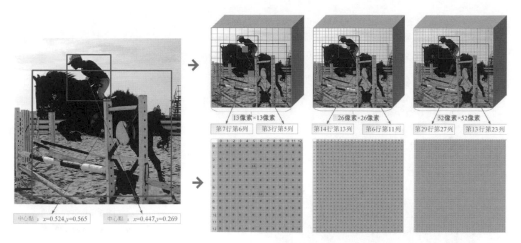

▲ 圖 6-7　計算得到真實矩形框中心點在不同解析度預測矩陣下的幾何位置

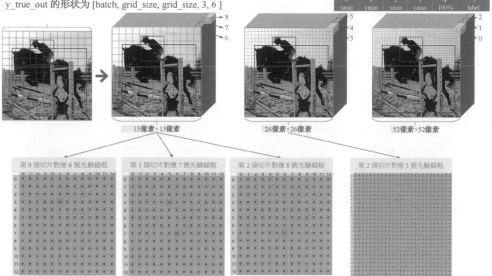

▲ 圖 6-8　將真實矩形框放入不同解析度預測矩陣的合適切片上的幾何位置

　　根據上述分析，先提取不同解析度下的虛擬預測矩陣的對應行列位置，再根據行列位置提取真實矩形框的 6 個元素。這 6 個元素中，第 1 ～ 4 個元素儲存真實矩形框的座標資訊；第 5 個元素恒為 1，表示真實矩形框包含物體的機率為100%；第 6 個元素為矩形框所包含的物體編號。程式如下。註釋中的【 】符號特別標注出該行的真實矩形框所對應的先驗錨框的編號。

```
for i,(x,y) in enumerate(train_dataset.take(1)):
    print(' 第 {} 個 batch 的影像和標注 '.format(i),
        x.shape,y[0].shape,y[1].shape,y[2].shape)
print(y[0][0,3,5,0]) # [【6】, 7 , 8 ]
print(y[0][0,7,6,1]) # [ 6 , 【7】 ,8 ]
print(y[0][0,3,5,1]) # [ 6 , 【7】 ,8 ]
print(y[0][0,7,6,2]) # [ 6 , 7 ,【8】]
print(y[1][0,6,11,2]) # [ 3 , 4 ,【5】]
```

輸出如下。

```
tf.Tensor([ 0.316 0.14569232 0.578 0.39169234 1. 14.], shape=(6,), dtype=float32)
tf.Tensor([ 0.106 0.23169231 0.942 0.8976924 1. 12.], shape=(6,), dtype=float32)
tf.Tensor([ 0.316 0.14569232 0.578 0.39169234 1. 14.], shape=(6,), dtype=float32)
tf.Tensor([ 0.106 0.23169231 0.942 0.8976924 1. 12.], shape=(6,), dtype=float32)
tf.Tensor([ 0.316 0.14569232 0.578 0.39169234 1. 14.], shape=(6,), dtype=float32)
```

　　可見，真實矩形框的 6 個元素的資訊已經儲存在不同解析度虛擬預測矩陣的相應切片的相應幾何位置上，這個矩陣就是可以組成一個用於損失值計算的可訓練資料集。

第 **7** 章

一階段物件辨識的損失函式的設計和實現

　　神經網路經過骨幹網路、中段網路、預測網路、解碼網路的處理，形成了一個五維的樣本預測矩陣 y_pred，這 5 個維度分別是 [batch, grid_size, grid_size, anchor_per_scale, (4+4+4+ 1+NUM_CLASS)]。原始資料集經過資料集讀取操作，再經過影像矩陣和標注矩陣的對齊、打包、轉化操作，也形成了一個五維的可計算資料集樣本矩陣 y_true，這 5 個維度分別是 [batch, grid_size, grid_size, anchor_per_scale, (4+1+1)]。以 YOLO 標準版為例，它有低、中、高 3 個解析度，因此每個樣本圖片會產生 3 對五維矩陣，每對五維矩陣由樣本預測矩陣和可計算資料集樣本矩陣組成。對於 YOLO 標準版而言，由於每個解析度下都有 3 個先驗錨框，所以 anchor_per_scale 等於 3，假設此時輸入影像的解析度是 416 像素 ×416 像素，那麼可以推導出樣本預測矩陣和可計算資料集樣本矩陣的解析度數值（grid_size）分別是 13 像素、26 像素、52 像素。樣本預測矩陣和可計算資料集樣本矩陣的一一對應關係如圖 7-1 所示。

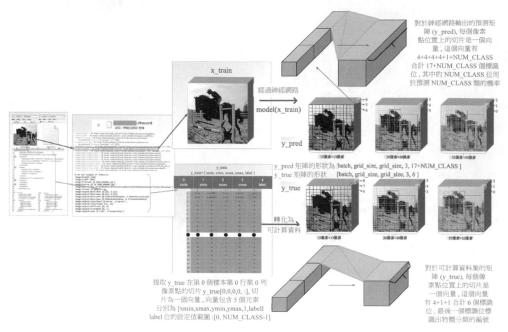

▲ 圖 7-1　樣本預測矩陣和可計算資料集樣本矩陣的一一對應關係

　　接下來我們逐一分析單樣本預測矩陣 y_pred 和可計算資料集單樣本矩陣 y_true 中的每一「位」，將具有相同物理意義的「位」一一對應後，分別為它們設計損失函式，將各部分損失函式相加，計算出最後的總的損失函式值。

7.1　損失函式框架和輸入資料的合理性判別

　　設計損失函式生成器 create_loss_func，它會根據當前的先驗錨框 any_res_anchors 生成當前解析度下的損失函式計算機 compute_loss，也就是說，對於標準版 YOLO 模型，需要分 3 次呼叫損失函式生成器 create_loss_func，3 次呼叫時分別輸入 3 個解析度下的先驗錨框，為 3 個解析度生成 3 個損失函式計算機，對於 YOLO 簡版模型，需要輸入兩次先驗錨框，生成兩個損失函式計算機，對應兩個解析度。

　　損失函式計算機 compute_loss 能接收預測矩陣 y_true 和真實樣本 y_pred 的輸入，根據 TensorFlow 模型訓練的函式呼叫要求，必須使真實值在前、預測值在後。

由於損失函式是用來度量矩形框的,所以需要設置常數 IOU_LOSS_THRESH,一般將其設置為 0.5,該常數將在後面介紹前景遮罩 obj_mask、非前景非背景遮罩 partobj_mask、背景遮罩 no_obj_mask 時作為前景、背景、非前景非背景的判定標準。程式如下。

```
def create_loss_func(any_res_anchors):
    # @tf.function
    def compute_loss(y_true,y_pred,  IOU_LOSS_THRESH=0.5):
        # y_pred 的形狀為 [batch, grid_size,grid_size,
                            9+NUM_CLASS(4+4+4+1+NUM_CLASS)]
        # y_true 的形狀為 [batch, grid_size,grid_size, 6(4+1+1)]
        # any_res_anchors.shape=[3,2]
        ......
        return [ 損失值 1, 損失值 2,…, 損失值 n-1, 損失值 n]
    return compute_loss
```

在程式中使用了 @tf.function 關鍵字進行裝飾,這是因為我們一般會要求 TensorFlow 將損失函式轉化為靜態圖進行計算加速。但在損失函式的設計初期,建議開發者將 @tf.function 關鍵字裝飾程式使用「#」進行遮罩,這樣方便開發者進行偵錯。待損失函式測試無誤後,再啟用 @tf.function 關鍵字裝飾程式。

compute_loss 損失函式計算機首先對輸入的預測矩陣 y_true 和真實樣本 y_pred 進行合理性驗證。因為神經網路的資料精度是有限的,如果前期的資料合理性處理不當,那麼後期在做指數運算或批次歸一化層計算時,都可能出現數值超過神經網路動態範圍極大值的 INF,或出現除以 0 的 NaN 的計算結果。這些異常情況都必然會導致損失函式計算失敗,出現 NaN 的計算結果時,NaN 的計算結果一旦傳播,必然會對後續自動微分和連鎖律求導計算造成毀滅性影響。所以首先要使用 TensorFlow 提供的 tf.math.is_nan 函式和 tf.math.is_inf 函式對輸入資料的合理性進行判斷。程式如下。

```
def create_loss_func(any_res_anchors):
    # @tf.function # 偵錯階段遮罩 @tf.function,待偵錯成功後再啟用
    def compute_loss(y_true,y_pred,  IOU_LOSS_THRESH=0.5):
        if tf.reduce_any(tf.math.is_nan(y_pred)):
            indices = tf.where(tf.math.is_nan(y_pred))
            tf.print("y_pred nan cnt:",tf.shape(indices)[0])
            # tf.print(indices) # 根據偵錯需要列印那些 NaN 元素的位置
        if tf.reduce_any(tf.math.is_inf(y_pred)):
```

```
        indices = tf.where(tf.math.is_inf(y_pred))
        tf.print("y_pred inf cnt:",tf.shape(indices)[0])
    tf.assert_equal(tf.shape(y_pred)[1:3],
                        tf.shape(y_true)[1:3])
    ……
    return [ 損失值 1, 損失值 2,…, 損失值 n-1, 損失值 n]
return compute_loss
```

　　若損失函式的輸入資料沒有非法資料，則後續需要提取必要的參數常數，包括打包數量 BATCH、特徵圖解析度高度 GRID_CELLS_H 和寬度 GRID_CELLS_W。我們從預測矩陣 y_true 和真實樣本 y_pred 中能各提取一套參數常數，它們應當完全一致。透過特徵圖解析度高度 GRID_CELLS_H 和寬度 GRID_CELLS_W 可以獲得特徵圖的像素對應原圖的感受野尺寸CELL_WH，感受野尺寸CELL_WH是對全片幅的歸一化。還要從預測矩陣 y_true 中提取物體分類的總數 NUM_CLASS。程式如下。

```
def create_loss_func(any_res_anchors):
    # @tf.function
    def compute_loss(y_true,y_pred,  IOU_LOSS_THRESH=0.5):
        ……
        tf.assert_equal(tf.shape(y_pred)[0],
            tf.shape(y_true)[0])
        BATCH = tf.shape(y_pred)[0]
        ANCHOR_PER_SCALE=tf.shape(y_pred)[3]
        tf.assert_equal(tf.shape(y_pred)[1:3],
            tf.shape(y_true)[1:3])
        GRID_CELLS_H = tf.shape(y_pred)[1]
        GRID_CELLS_W=tf.shape(y_pred)[2]
        CELL_WH = tf.cast(
            1/tf.stack([GRID_CELLS_W,GRID_CELLS_H],axis=-1),
            dtype=tf.float32)

        NUM_CLASS=tf.shape(y_pred)[-1]-(4+4+4+4+1)
        IOU_LOSS_THRESH=IOU_LOSS_THRESH
        ……
        return [ 損失值 1, 損失值 2,…, 損失值 n-1, 損失值 n]
    return compute_loss
```

損失函式在 model.fit 訓練方式中是以靜態圖方式執行的,所以提取 y_pred 矩陣形狀時,必須使用 tf.shape(y_pred) 函式,而不能使用 y_pred.shape 函式,因為後者傳回的是 TensorShape 物件,TensorShape 物件是無法參與靜態圖型運算的,而 tf.shape 函式傳回的是一個張量,張量是可以參與靜態圖型運算的。

7.2　真實資料和預測資料的對應和分解

若確認預測矩陣無 INF 和 NaN 等異常情況並提取預測矩陣形狀等參數後,則需要根據矩陣最後一個維度下的各個「位」的含義,提取預測矩陣和可計算資料集矩陣中的各個物理量,將它們轉化為同一個量綱後進行損失度量。

對於預測矩陣,最後一個維度一共 17+ NUM_CLASS 位,根據之前解碼網路的分析和定義,預測資料的拆分和物理含義如表 7-1 所示。

→ 表 7-1　預測資料的拆分和物理含義

分類	子類	變數名稱	切片	位數	設定值	物理含義
矩形框位置相關	頂點座標	pred_x1y1x2y2	0:3	4	理論 [0, 1] 實際 (-inf,+inf)	以片幅長寬為單位 1,左上角座標和右下角座標占片幅的比例
	中心點座標和長寬	pred_xywh	4:7	4	xy:(0, 1) wh:(0:+inf)	以片幅長寬為單位 1,座標和長寬占片幅的比例
		pred_dxdydwdh	8:11	4	dxdy:(0, 1) dwdh:(0,+inf)	相對於感受野原點的矩形框中心點座標,單位 1 是感受野長寬;長寬相對於先驗錨框的倍數
		conv_raw_dxdydwdh	12:15	4	(-inf, +inf)	矩形框中心點座標的 logit 數值;長寬相對於先驗錨框倍數的指數

分類	子類	變數名稱	切片	位數	設定值	物理含義
矩形框前景判斷		pred_obj	16	1	(0, 1)	真實矩形框包含物體的機率
物體分類相關		pred_cls_prob	17:NUM_CLASS+16	NUM_CLASS	(0, 1)	真實矩形框屬於 NUM_CLASS 類物體的條件機率
合計位數			17+NUM_CLASS			

　　計算距離的前提是變數的物理量綱一致，但在目前的可計算資料集中，只有真實矩形框的角點標記法，並沒有真實矩形框中心點和長寬的物理量，因此需要設計一系列變數，找到真實資料集的另一種表達方式，讓這種表達方式與預測矩陣中的各個物理量含義一致。

　　對於真實矩形框，我們需要根據可計算資料集資料進行複製或解碼，得到 6 個變數。

　　true_x1y1x2y2 表示真實矩形框的左上角座標和右下角座標，座標系是相對於整個片幅的歸一化後的數值，它儲存在可計算資料集最後一個維度的第 0 ～ 3 個切片上，與預測矩陣的 pred_ x1y1x2y2 位的物理含義一致。

　　true_xywh 表示真實矩形框的中心點長寬表示方法所描述的矩形框，xy 是相對於整個片幅左上角原點座標系的數值，是相對於整個片幅長寬的歸一化比例數值；wh 是相對於整個片幅長寬的歸一化比例數值。true_xywh 在可計算資料集中並沒有出現，需要在損失函式中計算得到，它與預測矩陣的 pred_xywh 位的物理含義一致。

　　true_dxdydwdh 表示真實矩形框中心點相對於感受野原點的偏移量，偏移量數值 dxdy 是相對於感受野長寬的歸一化比例數值，dwdh 是真實矩形框長寬相對於先驗錨框的倍數。true_dxdydwdh 在可計算資料集中並沒有出現，需要在損失函式中計算得到，它與預測矩陣的 pred_dxdydwdh 位的物理含義一致。

　　true_wh_log 表示真實矩形框長寬相對於先驗錨框的倍數的指數，它在可計算資料集中沒有出現，需要在損失函式中計算，它與預測矩陣的 conv_raw_dwdh 位的物理含義一致。

　　true_obj 表示真實矩形框的前背景資訊，若為 1，則表示包含物體；若為 0，則表示不包含物體。true_obj 儲存在可計算資料集最後一個維度的第 4 個切片上，恒為 1，表示真實矩形框包含物體的機率是 100%。它和預測矩陣最後一個維度的 pred_obj 位對應，即具有完全一致的物理含義。

true_class_idx 表示真實矩形框的物體分類編號，編號從 0 開始。true_class_idx 若為 0，則表示屬於第 1 個分類；若為 1，則表示屬於第 2 個分類；若為 NUM_CLASS-1，則表示屬於第 NUM_CLASS 個分類。true_class_idx 在物理意義上與預測矩陣最後一個維度的 pred_cls_prob 位對應。若 true_class_idx 等於 0，且預測準確，則 pred_cls_prob 的第 0 位應該具有最高的預測機率；若 true_class_idx 等於 NUM_CLASS-1，且預測準確，則 pred_cls_prob 的第 NUM_CLASS-1 位應該具有最高的預測機率。

真實資料與預測矩陣最後一個維度的物理含義的對應關係如表 7-2 所示。

→ 表 7-2　真實資料與預測矩陣最後一個維度的物理含義的對應關係

真實資料				預測資料		
變數名稱	動態範圍	位數	來源	變數名稱	動態範圍	位數
true_x1y1x2y2	[0, 1]	4	資料集	pred_x1y1x2y2	理論 (0, 1) 實際 (-inf,+inf)	4
true_xy	[0, 1]	2	計算	pred_xy	(0, 1)	2
true_wh	(0,+inf)	2		pred_wh	(0,+inf)	2
true_dxdy	(0, 1)	2	計算	pred_dxdy	(0, 1)	2
true_dwdh	(0,+inf)	2		pred_dwdh	(0,+inf)	2
true_wh_log	(-inf,+inf)	2	計算	conv_raw_dxdy	(-inf,+inf)	2
				conv_raw_dwdh	(-inf,+inf)	2
true_obj	恒為 1	1	資料集	pred_obj	恒為 1	1
true_class_idx	[0, NUM_CLASS-1]	1	資料集	pred_cls_prob	(0, 1)	NUM_CLASS

出於對資料精度和動態範圍的考慮，我們一定要從資料來源頭提取相關資料計算損失值，而不應該從資料鏈條的末端提取資料並經逆向推導後計算損失值。這個原則在動態範圍受限的情況下格外重要。舉例來說，需要計算真實矩形框和預測矩形框中心點的歐氏距離時，應該直接從 pred_xy 中提取資料，而不應該從 pred_ x1y1x2y2 中推導矩形框中心點，因為 pred_x1y1x2y2 的頂點資料來源於 pred_xy，pred_x1y1x2y2 的資料精度不可能高於 pred_xy 的資料精度，並且計算得到 pred_x1y1x2y2 時必定需要使用 pred_wh 資料，而 pred_wh 可能會出現類似於 INF 或 NaN 之類的資料異常。

　　一般來說，計算矩形框中心點誤差時，會直接從 true_xy 和 pred_xy 中提取資料；計算長寬比誤差時，會直接從 true_wh_log 和 conv_raw_dwdh 中提取資料；計算前背景損失時，會從 true_obj 和 pred_obj 中提取資料；計算預測機率損失時，會直接從 true_class_idx 和 pred_cls_prob 中提取資料。只有計算預測矩形框和真實矩形框的 IOU 時，才會從 true_x1y1x2y2 和 pred_x1y1x2y2 中提取資料。如果 IOU 損失值、中心點距離和長寬有關時，也建議開發者依次從最原始的 true_x1y1x2y2 和 conv_raw_dxdydwdh 中提取需要的資料進行計算。

　　資料集真實資料和神經網路預測資料各層級資料的對應關係如圖 7-2 所示。

　　由於神經網路預測資料的各層級資料在解碼網路中已經生成，因此只需要使用 tf.split 函式進行切片分割即可。因為可計算資料集只儲存了真實矩形框的頂點座標 true_x1y1x2y2，所以需要先進行切片分割，然後進行解碼計算得到 true_xywh。程式如下。

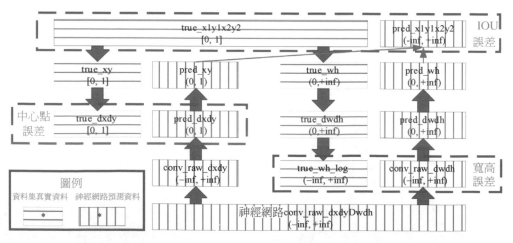

▲ 圖 7-2　資料集真實資料和神經網路預測資料各層級資料的對應關係

```
def create_loss_func(any_res_anchors):
    @tf.function
    def compute_loss(y_true,y_pred,  IOU_LOSS_THRESH=0.5):
        ……
        (pred_x1y1x2y2, pred_xywh,
         pred_dxdydwdh,conv_raw_dxdydwdh,
         pred_obj, pred_cls_prob) = tf.split(
            y_pred, (4,4,4,4, 1, NUM_CLASS), axis=-1)

        true_x1y1x2y2, true_obj, true_class_idx = tf.split(
            y_true, (4, 1, 1), axis=-1)
        true_xy=(true_x1y1x2y2[...,0:2]+
                true_x1y1x2y2[...,2:4])/2.0
        true_wh=true_x1y1x2y2[...,2:4]-true_x1y1x2y2[...,0:2]
        true_xywh=tf.concat([true_xy,true_wh],axis=-1)
        pred_xy = pred_xywh[...,0:2]
        pred_wh = pred_xywh[...,2:4]
        x_grid,y_grid = tf.meshgrid(
            tf.range(GRID_CELLS_W), tf.range(GRID_CELLS_H))
        xy_grid = tf.expand_dims(
            tf.stack([x_grid,y_grid], axis=-1), axis=2)
        xy_grid = tf.tile(
            tf.expand_dims(xy_grid, axis=0),
            [BATCH, 1, 1, ANCHOR_PER_SCALE, 1])
        true_dxdy = tf.stack(
            [true_xy[...,0]*tf.cast(GRID_CELLS_W,tf.float32),
             true_xy[...,1]*tf.cast(GRID_CELLS_H,tf.float32)],
            axis=-1) - tf.cast(xy_grid, tf.float32)
        true_wh_log = tf.math.log(true_wh / any_res_anchors)
        #range fro -inf, +inf
        true_wh_log=tf.where(
            tf.math.is_inf(true_wh_log),
            tf.zeros_like(true_wh_log),
            true_wh_log) # 防止先驗錨框太小
        ……
        return [ 損失值 1, 損失值 2,…, 損失值 n-1, 損失值 n]
    return compute_loss
```

至此，完成了損失函式輸入資料的分解和前置處理，接下來需要進行損失值的函式設計和計算。

7.3 預測矩形框的前背景歸類和權重分配

　　以 Faster-R-CNN 為代表的兩階段物件辨識在計算損失函式時，在做前背景判斷的階段需要進行大量的條件判斷，從而降低了演算法效率。一階段物件辨識將原先兩階段物件辨識中的前背景判斷轉化為遮罩計算，這樣就可以透過大量的矩陣運算代替大量的 if-else 判斷，從而提高計算效率。

　　YOLO 損失函式計算並不是對所有的預測都進行損失值計算的，而是需要在遮罩的指示下，對相應位置的損失值進行累加計算。遮罩矩陣具有和預測值、真實值完全相同的空間解析度。遮罩矩陣分為 3 類：前景遮罩 obj_mask、非前景非背景遮罩 partobj_mask、背景遮罩 no_obj_mask。可以約定當遮罩矩陣的對應元素為 1 時，表示該位置的資料屬於本範本；當遮罩矩陣的對應元素為 0 時，表示該位置的資料不屬於本範本。以前景遮罩為例，如果其中某個元素等於 0，那麼表示該位置的資料不屬於前景。類似於集合劃分的定義，3 種遮罩組成了對一個完整解析度矩陣的完整分割，即它們的並集等於整個片幅的全集，它們兩兩的交集為空集。

　　前景遮罩 obj_mask 是一個與神經網路輸出、真實資料集相同解析度的矩陣。在 obj_mask 中，數值為 1 的元素被標記為正樣本（前景），正樣本參與前背景損失值計算。正樣本被定義為滿足以下條件的神經網路的預測結果：位於真實矩形框所在的網格中。根據正樣本的定義，可以預見，正樣本數量少，所以前景遮罩中被標記為 1 的矩陣也較少。

　　非前景非背景遮罩 partobj_mask 是一個與神經網路輸出、真實資料集具備相同空間解析度的矩陣。在 partobj_mask 中，數值為 1 的元素被標記為非正非負樣本，它不參與前背景損失值計算。非正非負樣本被定義為需要同時滿足以下兩個條件的神經網路的預測結果：①與真實矩形框的 IOU 大於設定值；②不位於真實矩形框所在的網格中。

　　背景遮罩 no_obj_mask 是一個與神經網路輸出、真實資料集具有相同解析度的矩陣。在 no_obj_mask 中，數值為 1 的元素被標記為負樣本（背景），負樣本參與前背景損失值計算。負樣本被定義為需要同時滿足以下兩個條件的神經網路的預測結果：①與真實矩形框的 IOU 小於設定值（程式中預設為 0.5）；②不位於真實矩形框所在的網格中。可以預見，大部分網格都屬於背景，所以神經網路的預測結果大部分都會被判定為負樣本，背景遮罩中的被標記為 1 的元素較多。

前景遮罩 obj_mask、非前景非背景遮罩 partobj_mask、背景遮罩 no_obj_mask
的生成程式如下。

```
def create_loss_func(any_res_anchors):
    # @tf.function
    def compute_loss(y_true,y_pred,  IOU_LOSS_THRESH=0.5):
        ……
        obj_mask = tf.squeeze(true_obj, -1)
        best_iou = tf.map_fn(
            lambda x: tf.reduce_max(
                utils.broadcast_iou(
                    x[0],
                    tf.boolean_mask(
                        x[1], tf.cast(x[2], tf.bool))) ,
                axis=-1),
            (pred_x1y1x2y2, true_x1y1x2y2, obj_mask),
             tf.float32)
        # 而 tf.map_fn 函式可以以計算時間換記憶體空間，它們的第一個維度都是 batch
        no_obj_mask = (1-obj_mask)*tf.cast(
            best_iou < IOU_LOSS_THRESH, tf.float32)
        partobj_mask = (1-obj_mask)*(
            1-tf.cast(best_iou<IOU_LOSS_THRESH, tf.float32))
        ……
        return [ 損失值 1, 損失值 2,…, 損失值 n-1, 損失值 n]
    return compute_loss
```

假設某個圖像資料上有兩個真實矩形框，將它們轉化為可計算資料集後，提
取並查看其中的 13 像素 ×13 像素的解析度的網格，查看工具為 IDE 程式設計工
具的矩陣視覺化工具，矩陣中數值為 1 的元素在視覺化工具中被著色為深色，矩陣
中數值為 0 的元素在視覺化工具中被著色為淺色。可以看到前景遮罩 obj_mask、
非前景非背景遮罩 partobj_mask、背景遮罩 no_obj_mask 形成了對一個片幅的完整
分割，兩兩之間沒有交集，並且兩兩互斥。將 13 像素 ×13 像素解析度的網格完
整分割為前景遮罩、背景遮罩和非前景非背景遮罩 3 個子集，如圖 7-3 所示。

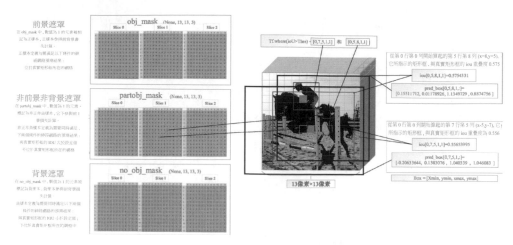

▲ 圖 7-3　將 13 像素 ×13 像素解析度的網格完整分割為前景遮罩、背景遮罩和非前景非背景遮罩原理圖

　　在前景遮罩的計算中，使用了 tf.map_fn 函式，這是矩陣計算中非常常見的「以計算時間換記憶體空間」的案例。tf.map_fn 函式能將所有的輸入資料都在第一個維度上進行拆分，先將從第一個維度上拆分的第一個切片送入函式進行計算和儲存，再將第二個切片送入函式進行計算和儲存，依此類推，直至將第一個維度上的所有切片都計算和儲存完畢，最後將每個切片的計算結果重新組合成第一個維度進行輸出。這麼操作雖然無法利用平行計算的快捷性，但能使得送入函式計算的資料減少一個維度，從而使得記憶體銷耗極大地降低，這就是我們說的以計算時間換記憶體空間的折中。事實上，best_iou = tf.map_fn(⋯) 的那行程式可以被拆分為多筆程式，但是由於 broadcast_iou 函式進行了矩陣形狀的廣播，導致記憶體銷耗極大，以至於 32GB 的記憶體也無法滿足拆分後的記憶體銷耗。感興趣的讀者可以自行測試以下等效程式。

```
best_iou = tf.map_fn(
    lambda x: tf.reduce_max(
        utils.broadcast_iou(
            x[0],
            tf.boolean_mask(
                x[1], tf.cast(x[2], tf.bool))) ,
        axis=-1),
    (pred_x1y1x2y2, true_x1y1x2y2, obj_mask),
```

```
        tf.float32)
    # 它們的第一個維度都是 batch，tf.map_fn 可以將計算時間轉為記憶體空間
    """ 以下以「#」開頭的程式記憶體銷耗極大
    # true_bboxes=tf.boolean_mask(
    #     true_x1y1x2y2, tf.cast(obj_mask, tf.bool))
    # true_x1y1x2y2.shape = [1, 13, 13, 3, 4]
    # obj_mask.shape       = [1, 13, 13, 3    ]
    # true_bboxes.shape TensorShape([2, 4])
    # iou_pred_on_each_gt=utils.broadcast_iou(
    #     pred_x1y1x2y2,true_bboxes) # 此步驟記憶體銷耗極大
    # iou_pred_on_each_gt .shape=[1, 13, 13, 3, 2]
    # best_iou=tf.reduce_max(iou_pred_on_each_gt, axis=-1)
    # best_iou.shape[1, 13, 13, 3]
    # 註釋起來的這種方法記憶體銷耗超過 32GB
    """
```

除了根據真實矩形框將預測矩形框進行前背景判定歸類，還需要根據真實矩形框的面積大小，對預測矩形框的損失值進行加權。

我們知道在低、中、高不同解析度的尺寸之間，小尺寸矩形框的誤差數值與大尺寸矩形框的誤差數值之間會存在尺度比例差異，這會導致在整體損失值中，小尺寸矩形框的誤差占比較小，即在同一個解析度內，小尺寸矩形框會較比它大的矩形框獲得較小的誤差值，從而導致迭代收斂較慢。一個常用的方法是，為小尺寸矩形框的損失值指定一個較大的補償權重。由於損失值是「能量」層面的量綱，尺度是「幅度」層面的量綱，所以損失值一般是尺度的平方倍量綱。舉例來說，均方誤差是誤差的平方倍，IOU 損失值是面積誤差也是長度的平方倍，所以可以採用矩形框的面積作為尺度的補償權重。將矩形框的面積記為 true_ area，將矩形框的補償權重記為 loss_scale。2-true_area 會使小尺寸矩形框獲得接近 2 的權重，大尺寸矩形框獲得接近 1 的權重，達到權重補償的目的。程式如下。

```
true_area = true_wh[...,0]*true_wh[...,1]
# trun_area 的動態範圍為 0 ～ 1，可以給小尺寸矩形框以更大的補償權重
loss_scale= 2 - true_area
```

以後計算損失值時，只需要將損失值都乘以這個 loss_scale 就可以使所有大小不同的矩形框的損失值都在尺度上進行歸一化。

7.4 　預測矩形框的誤差度量

預測矩形框和真實矩形框不可能出現完美的重合，度量這種不完美程度的方式有許多種，下面將一一介紹。開發者在實現自己的物件辨識神經網路損失函式及其他神經網路損失函式時，可以參考選擇適合自己的損失函式演算法。但需要特別注意的是，在同一種場景下，同一種誤差的度量一般採用一種損失度量方法即可，無須全部運用。

7.4.1 　用中心點表示的位置誤差

矩形框的中心點誤差計算的是 true_dxdy 和 pred_dxdy 變數之間的差異。true_dxdy 和 pred_dxdy 的物理意義是矩形框中心點相對於感受野原點座標系的座標，座標值單位 1 為感受野長寬資料，true_dxdy 和 pred_dxdy 的設定值範圍均為 [0,1]。

在量化方法上，將中心點位置的物理含義視為訊號幅度，因此預測矩形框和真實矩形框的中心點位置之間的差異使用平方和誤差演算法進行量化。在累加範圍上，預測矩形框中心點誤差僅累計前景部分，即需要使用前景遮罩 obj_mask 相乘後進行累加，累加後需要乘以每個前景的補償權重 loss_scale。

將 true_dx 用　　表示，將 true_dy 用 y_i 表示，它們合併起來用 xy_i 表示；將 pred_dx 用 $\hat{x}_i$ 表示，將 pred_dy 用 $\hat{y}_i$ 表示，它們合併起來用 $\widehat{xy_i}$ 表示，其中 i 的設定值範圍為 K 行 K 列的二維區域，在公式中用 $\sum\limits_{i=0}^{K \times K}$ 表示。將前景遮罩 obj_mask 用 I_{ij}^{obj} 表示，其中 j 的設定值範圍為 $0 \sim M$ 的整數，M 表示先驗錨框的數量。預測矩形框中心點誤差 xy_loss 的計算公式如式（7-1）所示。

$$\text{loss}_{xy} = \sum_{i=0}^{K \times K}\sum_{j=0}^{M} I_{ij}^{\text{obj}} \text{scale}_{ij} \text{SE}\left(xy_i, \widehat{xy_i}\right) = \sum_{i=0}^{K \times K}\sum_{j=0}^{M} I_{ij}^{\text{obj}}\left(2 - w_i \times h_i\right)\left[\left(x_i - \hat{x}_i\right)^2 + \left(y_i - y_i\right)^2\right] \tag{7-1}$$

函式程式如下。

```
xy_loss = obj_mask * loss_scale * tf.reduce_sum(
    tf.square( (true_dxdy - pred_dxdy) ) , axis=-1)
```

如果用 grid_size 表示當前預測矩陣的解析度，用 ANCHOR_PER_SCALE 表示當前解析度尺度下的先驗錨框數量，那麼 xy_loss 的形狀為 [batch, grid_size, grid_size, ANCHOR_ PER_SCALE]。

7.4.2　用寬度和高度表示的位置誤差

預測矩形框的寬度和高度的誤差度量的是 true_wh_log 和 conv_raw_dwdh 變數之間的差異，它們的物理含義是矩形框的寬度和高度與先驗錨框的寬度和高度的比例指數，設定值範圍為（0,+inf）。這裡的 true_wh_log 中涉及的矩形框指的是真實矩形框，conv_raw_dwdh 中涉及的矩形框指的是預測矩形框。

量化矩形框長寬誤差時，我們度量的是預測矩形框寬度和高度（在公式中將寬度和高度合併起來用 $\widehat{wh_i}$ 表示）相對於真實矩形框寬度和高度（在公式中將寬度和高度合併起來用 wh_i 表示）的比例指數的平方和。由於比例指數的平方和等效於指數的差的平方和，因此可以將其看作均方誤差，在公式中用 SE 表示。可以設想如果長寬一致，那麼比例為 1，指數為 0，平方和累積後能夠達到累積的誤差最小值。在累加範圍上，僅累計前景部分，即需要使用前景遮罩 obj_mask 與全部像素點的誤差相乘後進行累加，前景遮罩 obj_mask 用 I_{ij}^{obj} 表示。累加之前若考慮增加矩形框尺度上的補償，則需要將每個像素點的損失值乘以每個前景的補償權重 loss_scale，補償權重在公式中用 $scale_{ij}$ 表示，如式（7-2）所示。

$$
\begin{aligned}
loss_{wh} &= \sum_{i=0}^{K\times M}\sum_{j=0} I_{ij}^{obj} scale_{ij} SE\left(wh_i, \widehat{wh_i}\right) \\
&= \sum_{i=0}^{K\times M}\sum_{j=0} I_{ij}^{obj}\left(2 - w_i \times h_i\right)\left[\left(\ln\frac{w_{pred}}{w_{true}}\right)^2 + \left(\ln\frac{h_{pred}}{h_{true}}\right)^2\right]
\end{aligned} \tag{7-2}
$$

式中，i 的設定值範圍為 K 行 K 列的二維區域，在公式中用 $\sum_{i=0}^{K\times K}$ 表示；j 的設定值範圍為 $0 \sim M$ 的整數，表示第 j 個先驗錨框。

為了縮短神經網路輸出資料的解碼鏈條，我們直接利用了神經網路輸出的 conv_raw_ dwdh，因為根據指數的換底公式，預測矩形框相對於真實矩形框的比例指數，可以等於預測矩形框相對於先驗錨框的指數（在程式中對應 conv_raw_ dw 和 conv_raw_dh）與真實矩形框相對於先驗錨框的指數（在程式中對應 true_w_log 和 true_h_log）的差值。將 true_w_log 用 w_i 表示，將 true_h_log 用 h_i 表示，它們組合起來用 wh_i 表示；將 conv_raw_dw 用 $\hat{w}_i$ 表示，將 conv_raw_dh 用 $\hat{h}_i$ 表示，它們組合起來用 $\widehat{wh_i}$ 表示，由此得到等效的預測矩形框長寬誤差計算公式如式（7-3）所示。

$$
\begin{aligned}
\text{loss}_{wh} &= \sum_{i=0}^{K \times M} \sum_{j=0} \text{I}_{ij}^{\text{obj}} \text{scale}_{ij} \text{SE}\left(wh_i, \widehat{wh_i}\right) \\
&= \sum_{i=0}^{K \times M} \sum_{j=0} \text{I}_{ij}^{\text{obj}} \left(2 - w_i \times h_i\right)\left[\left(w_i - \hat{w}_i\right)^2 + \left(h_i - \hat{h}_i\right)^2\right]
\end{aligned}
\tag{7-3}
$$

式中，w_i 和 h_i 表示真實矩形框相對於先驗錨框的比例指數；$\hat{w}_i$ 和 $\hat{h}_i$ 表示預測矩形框相對於先驗錨框的比例指數，公式如式（7-4）所示。

$$
\begin{cases}
w_i = \ln \dfrac{w_{\text{true}}}{w_{\text{anchor}}}, \ h_i = \ln \dfrac{h_{\text{true}}}{h_{\text{anchor}}} \\[2ex]
\hat{w}_i = \ln \dfrac{w_{\text{pred}}}{w_{\text{anchor}}}, \ \hat{h}_i = \ln \dfrac{h_{\text{pred}}}{h_{\text{anchor}}}
\end{cases}
\tag{7-4}
$$

w_i 和 h_i 在程式中對應的是 true_wh_log 變數，$\hat{w}_i$ 和 $\hat{h}_i$ 在程式中對應的是 conv_raw_dwdh 變數，將式（7-3）轉化為程式，如下所示。

```
wh_loss = obj_mask * loss_scale * \
    tf.reduce_sum(
        tf.square(true_wh_log-conv_raw_dwdh),axis=-1)
```

7.4.3　用通用交並比表示的矩形框誤差

之前介紹了 IOU（交並比）的基本概念，IOU 是一個比值，它的設定值範圍為 [0,1]，並且對於具體尺度不敏感，作為矩形框的定性判斷是足夠的，但是作為損失函式是有缺陷的。IOU 在對於預測矩形框和真實矩形框存在交集，但又不完全包含的情況下，具有良好的連續度量能力。在矩形框不相交的情況下，IOU 設定值將恒為 0，缺乏度量能力；在矩形框出現全包含的情況下，IOU 設定值恒定，也缺乏度量能力；在有可能出現 IOU 相同但橫縱比不同的情況，IOU 同樣也缺乏判別能力。傳統 IOU 的度量局限性示意圖如圖 7-4 所示。

1 號預測矩形框和 2 號預測矩形框相比，它們與真實矩形框的 IOU 均為 0，但 1 號預測矩形框距離真實矩形框更近

1 號預測矩形框和 2 號預測矩形框相比，它們與真實矩形框的 IOU 相等，但 1 號預測矩形框的中心點更接近真實矩形框

1 號預測矩形框和 2 號預測矩形框相比，它們與真實矩形框的 IOU 相等，且矩形框中心點與真實矩形框重合，但 1 號預測矩形框的橫縱比更接近真實矩形框

▲ 圖 7-4 傳統 IOU 的度量局限性示意圖

　　如果將傳統 IOU 作為矩形框預測品質的度量損失函式，那麼當傳統 IOU 遇到缺乏度量能力的情況時，它將無法指導可訓練變數進行梯度下降收斂。通用交並比（Generalized Intersection Over Union，GIOU）概念的提出，使 IOU 演算法不僅能用於矩形框的定性，而且能在更廣闊的定義域內具備良好的矩形框預測品質度量能力，解決了傳統 IOU 演算法的局限性。

　　設計一個可以計算多種 IOU 的函式，將函式命名為 bbox_IOUS，它接受兩個矩形框的中心點表達方式：true_xywh 和 pred_xywh，這裡我們遵循真實資料在前、預測資料在後的良好程式設計習慣。bbox_IOUS 函式將計算傳回多個 IOU 的數值，包括 IOU 和本小節將介紹的 GIOU、DIOU、CIOU。

　　bbox_IOUS 函式處理輸入的兩個矩形框資料，計算與其等效的矩形框座標表示方式：true_x1y1x2y2 和 pred_x1y1x2y2。使用 inter_wh 表示兩個矩形框的交集部分的寬度和高度，計算出兩個矩形框的面積 true_area 和 pred_area、交集面積 inter_area、並集面積 union_area，進而可以得到第一個 IOU 指標，將其儲存在 IOU 變數中。程式如下。

```
def bbox_IOUS(true_xywh, pred_xywh):
    true_area = true_xywh[..., 2]*true_xywh[..., 3]
    pred_area = pred_xywh[..., 2]*pred_xywh[..., 3]

    true_x1y1x2y2 = tf.concat(
```

```
    [true_xywh[..., :2]-true_xywh[..., 2:]*0.5,
     true_xywh[..., :2]+true_xywh[..., 2:]*0.5,],
    axis=-1,)
pred_x1y1x2y2 = tf.concat(
    [pred_xywh[..., :2]-pred_xywh[..., 2:]*0.5,
     pred_xywh[..., :2]+pred_xywh[..., 2:]*0.5,],
    axis=-1,)

inter_left_up = tf.maximum(
    true_x1y1x2y2[..., :2], pred_x1y1x2y2[..., :2])
inter_right_down = tf.minimum(
    true_x1y1x2y2[..., 2:], pred_x1y1x2y2[..., 2:])
inter_wh = tf.maximum(
     (inter_right_down-inter_left_up), 0.0)
inter_area = inter_wh [...,0] * inter_wh [...,1]
union_area = true_area + pred_area - inter_area
iou = tf.math.divide_no_nan(inter_area, union_area)
......
return iou,giou,diou,ciou
```

　　針對傳統 IOU 度量方式在遇到矩形框不相交情況時只能取 0 的局限性，我們可以使用性能更優的 GIOU 作為預測矩形框吻合程度的度量方式。GIOU 專門針對 A、B 矩形框不相交的情況，補足重合度度量的定義。GIOU 的數學運算式如式（7-5）所示。

$$\mathrm{GIOU} = \mathrm{IOU} - \frac{C-(A\cup B)}{C} = \begin{cases} \mathrm{IOU}, & A\subseteq B \text{ 或 } B\subseteq A \\ \dfrac{A\cap B}{A\cup B} - \dfrac{C-(A\cup B)}{C}, & A-B\neq\varnothing \\ -\dfrac{C-(A\cup B)}{C}, & A\cap B=0 \end{cases} \qquad （7\text{-}5）$$

式（7-5）中的 C 表示剛好能覆蓋 A、B 矩形框的最小外接矩形框的面積。對 GIOU 進行分析。在 A、B 矩形框不相交的情況下，第一項（A、B 矩形框的 IOU）為 0，GIOU 退化為第二項。在 A、B 矩形框存在全包含的情況下，A、B 矩形框的最小外接矩形面積 C 等於 A、B 矩形的並集，第二項等於 0，GIOU 退化為第一項，如圖 7-5 所示。

A、B 矩形框不相交情況下 ,IOU 等於 0,IOU 已經無法度量矩形框的相似度 , 但 GIOU 依舊可以度量

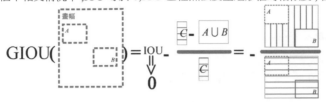

▲ 圖 7-5 兩矩形框無交集情況下的 GIOU 變化示意圖

在匹配度極差的極端情況下，即兩個矩形框的距離無窮遠時，GIOU 的第一項（IOU）為 0，第二項趨近於 1，兩項相減使得 GIOU 取到其極限值，極限值為 −1。

當兩個矩形框逐漸接近並剛剛要接觸時，GIOU 的第一項（IOU）仍舊為 0，GIOU 的第二項存在數值，這使得 GIOU 仍為負數，但隨著匹配度變好，GIOU 逐漸增大，GIOU 的設定值範圍為 (−1,0)。

當兩個矩形框相交但又不相互包含時，GIOU 的第一項（IOU）存在一個正值，但此時 GIOU 的第二項同樣存在，二者相減的計算結果的設定值範圍為 (−1,1)，即計算結果可能是負數、0、正數，具體設定值根據重合度而定。

當兩個矩形框相互包含時，GIOU 的第二項等於 0，GIOU 退化為第一項，GIOU 的設定值範圍為 (0,1)。

當兩個矩形框完全重合時，GIOU 的第二項為 0，GIOU 的第一項（IOU）等於 1，此時 GIOU 取到最大值 1。

根據 A、B 矩形框相互重合的品質從差到好的變化過程，繪製出的 GIOU 的變化趨勢圖，如圖 7-6 所示。

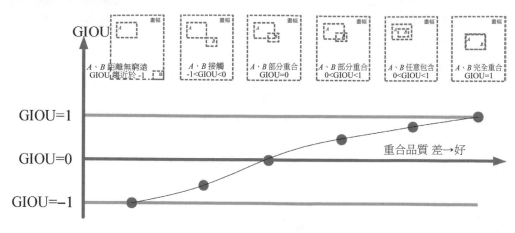

▲ 圖 7-6　兩矩形框重合品質從差到好的 GIOU 變化趨勢圖

在 GIOU 的計算程式中，使用 enclose_wh 儲存 A、B 矩形框最小外接矩形的寬度和高度，使用 enclose_area 儲存 A、B 矩形框最小外接矩形面積 C，使用 GIOU 計算公式計算 GIOU 並將得到的 GIOU 數值儲存在 giou 變數中。程式如下。

```
def bbox_IOUS(true_xywh, pred_xywh):
    ......
    enclose_left_up = tf.minimum(
        true_x1y1x2y2[...,:2], pred_x1y1x2y2[...,:2])
    enclose_right_down = tf.maximum(
        true_x1y1x2y2[...,2:], pred_x1y1x2y2[...,2:])
    enclose_wh = enclose_right_down - enclose_left_up
    enclose_wh = tf.maximum( enclose_wh, 0.0)
    enclose_area = enclose_wh [..., 0] * enclose_wh [..., 1]
    giou = iou - tf.math.divide_no_nan(
        enclose_area - union_area, enclose_area)
    ......
    return iou,giou,diou,ciou
```

根據 GIOU 的相關論文「Generalized Intersection Over Union: A Metric and A Loss for Bounding Box Regression」，在 PASCAL VOC2007、MS COCO2018 的資料集和 YOLOV3 演算法中，以 GIOU 作為損失度量的神經網路，較以矩形框長寬的比例指數的平方和作為損失度量的神經網路，能將準確率提高 4 ～ 8 個百分點。

7.4.4　用距離交並比表示的矩形框誤差

　　GIOU 使用面積比例的方法度量兩個矩形框的重合度，與其類似的還有距離交並比（Distance Intersection Over Union，DIOU）。DIOU 在 IOU 的基礎上，增加了使用預測矩形框和真實矩形框的中心點距離來度量兩個矩形框的重合度的方法。DIOU 使用 A、B 矩形框中心點距離 $\rho\left(xy,\widehat{xy}\right)$ 占 A、B 矩形框最小外接矩形對角線長度 c 的比例的平方來做 IOU 的修正項。之所以使用距離比例的平方，是因為第一項（IOU）是面積的比例，而距離比例需要平方後才能取到與 IOU 相同的量綱。DIOU 的數學運算式如式（7-6）所示。

$$\text{DIOU} = \text{IOU} - \frac{\rho^2\left(xy,\widehat{xy}\right)}{c^2} = \begin{cases} \text{IOU，當}A\text{和}B\text{兩兩個矩形框的中心點重合時} \\[2mm] \text{IOU} - \dfrac{\rho^2\left(xy,\widehat{xy}\right)}{c^2}\text{，其他情況下} \\[2mm] -\dfrac{\rho^2\left(xy,\widehat{xy}\right)}{c^2}\text{，當}A\text{和}B\text{兩兩個矩形框無交集時} \end{cases} \qquad (7\text{-}6)$$

　　分析 DIOU 的公式可以發現，當 A、B 矩形框沒有交集時，DIOU 的第一項（IOU）退化為 0，但 DIOU 的第二項（距離項）在發揮作用；當 A、B 矩形框的中心點重合時，DIOU 的第二項（距離項）設定值為 0，不發揮作用，但此時 A、B 矩形框必定有交集，因此 DIOU 的第一項（IOU）可以發揮作用。兩矩形框無交集情況下的 DIOU 變化示意圖如圖 7-7 所示。

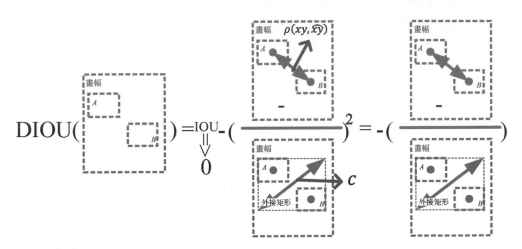

▲ 圖 7-7　兩矩形框無交集情況下的 DIOU 變化示意圖

當 *A* 矩形框包含 *B* 矩形框時，如果 *B* 矩形框的形狀不變，那麼無論 *B* 矩形框的中心點怎麼向 *A* 矩形框的中心點靠近，IOU 都將不會變化，但 DIOU 的第二項在這種情況下將隨著中心點的重合而逐漸減小，這能清晰地為神經網路指明最佳化方向。兩矩形框形狀中心點相向移動的 DIOU 變化示意圖如圖 7-8 所示。

A、*B* 矩形框形狀都保持不變並向彼此的中心點相向移動，那麼 IOU 將無法表現任何變化，但 DIOU 的第二項會逐漸減小，從而使 DIOU 逐漸增大

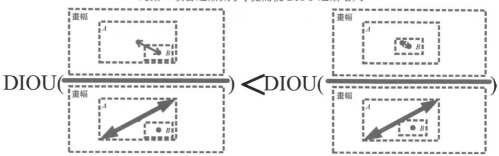

▲ 圖 7-8　兩矩形框形狀中心點相向移動的 DIOU 變化示意圖

考慮 *A*、*B* 矩形框偏離無窮遠的極端情況，此時 DIOU 的第一項（IOU）為 0，第二項趨近於 1，此時 DIOU 取最小值，最小值的極限為 -1。

當兩個矩形框逐漸接近並剛剛要接觸時，DIOU 的第一項（IOU）仍舊為 0，DIOU 的第二項存在數值，這使得 DIOU 仍為負數，但隨著匹配度變好，DIOU 逐漸增大，DIOU 的設定值範圍為 (-1,0)。

在兩個矩形框相交但又不相互包含時，DIOU 的第一項（IOU）存在一個正值，但此時 DIOU 的第二項同樣存在，二者相減的計算結果的設定值範圍為 (-1,1)，計算結果可能是負數、0 或正數，具體設定值根據重合度而定。

當兩個矩形框相互包含但中心點不重合時，IOU 和 GIOU 都只能度量面積的變化，無法度量位置的變化，而 DIOU 的第二項仍舊在工作，並且隨著兩個矩形框中心點的逐漸靠近而逐漸減小，從而使 DIOU 的整體數值逐漸增大，此時的 DIOU 設定值範圍為 (-1,1)。

當兩個矩形框的中心點完全重合時，DIOU 的第二項為 0，DIOU 就退化為 IOU，此時 DIOU 的設定值範圍為 (0,1)。

當兩個矩形框完全重合時，DIOU 的第一項（IOU）為 1，第二項為 0，此時 DIOU 取到最大值 1。

假設 *B* 矩形框的尺寸不變化，根據 *A*、*B* 矩形框相互重合的品質從差到好的變化過程，繪製出的 DIOU 的變化趨勢圖，如圖 7-9 所示。

在 DIOU 的計算程式中，使用 c_square 儲存 *A*、*B* 矩形框最小外接矩形的對角線長度的平方，使用 bboxes_centers_vector 儲存 *A*、*B* 矩形框中心點的向量，使用 rho_square 儲存 *A*、*B* 矩形框中心點的距離的平方，使用 DIOU 計算公式計算 DIOU 並將得到的 DIOU 數值儲存在 diou 變數中。程式如下。

```
def bbox_IOUS(bboxes1_xywh, bboxes2_xywh):
    ......
    c_square = enclose_wh[...,0]**2 + enclose_wh[...,1]**2
    bboxes_centers_vector=pred_xywh[...,:2]-true_xywh[...,:2]
    rho_square=bboxes_centers_vector[...,0]**2+\
        bboxes_centers_vector[...,1]**2
    diou = iou - tf.math.divide_no_nan(rho_square,c_square)
    ......
    return iou,giou,diou,ciou
```

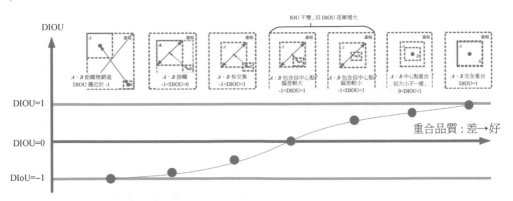

▲ 圖 7-9 兩矩形框重合品質從差到好的 DIOU 變化趨勢圖

根據 DIOU 的相關論文「Distance-IOU Loss: Faster and Better Learning for Bounding Box Regression」，在 PASCAL VOC2007 資料集和 YOLOV3 演算法中，以 DIOU 作為損失度量的神經網路，較以 GIOU 作為損失度量的神經網路，能將準確率提高 0.5 ～ 1 個百分點。

7.4.5 用完整交並比表示的矩形框誤差

GIOU 在 IOU 的基礎上引入了外接矩形的面積，以解決兩個矩形框不相交情況下的 IOU 為 0 的兩個矩形框的重合度測量問題，DIOU 在 IOU 的基礎上引入了兩個矩形框中心點距離，結合 IOU 能夠解決兩個矩形框從無窮遠到中心點重合和到兩個矩形完全重合過程的兩矩形框重合度測量問題。但 GIOU 和 DIOU 都沒有使用長寬比的資料，無法處理某些特殊情況，如當兩個預測矩形框與真實矩形框的中心點都完全重合，且兩個預測矩形框的面積一樣，只是兩個預測矩形框的長寬比不同時，GIOU 和 DIOU 都無法度量出這兩個預測矩形框與真實矩形框的重合度差異。完整交並比（Complete Intersection Over Union，CIOU）[47] 在 DIOU 的基礎上增加了一個長寬比的度量項，使得它能夠充分利用預測矩形框的面積資訊、中心點資訊、長寬比資訊，成為一個較為完整的交並比損失函式。

CIOU 最早由天津大學數學學院和智慧與計算學部的研究人員提出，它在 DIOU 的基礎上增加了一個關於矩形框長寬比的懲罰項，使得 CIOU 的公式包含 3 項，第 1 項是 IOU，第 2 項是由中心點距離帶來的懲罰項，第 3 項是由長寬比帶來的懲罰項。CIOU 的數學運算式如式（7-7）所示。

$$\text{CIOU} = \text{DIOU} - \alpha v = \text{IOU} - \frac{\rho^2\left(xy, \widehat{xy}\right)}{c^2} - \alpha v \qquad （7\text{-}7）$$

式中，v 是對預測矩形框長寬比吻合程度的度量，它使用反正切函式的差作為度量值，v 的計算公式如式（7-8）所示。

$$v = \left[\frac{2}{\pi}\left(\arctan\frac{w}{h} - \arctan\frac{\hat{w}}{\hat{h}}\right)\right]^2 \qquad （7\text{-}8）$$

由於公式中矩形框長寬比的反正切函式的設定值範圍為 $\left[0, \frac{\pi}{2}\right]$，如果預測矩形框和真實矩形框的長寬比嚴重失調，那麼二者的反正切函式的差取到最大值 $\frac{\pi}{2}$，所以式（7-8）中的反正切函式的差要乘以 $\frac{2}{\pi}$，以獲得 [0,1] 的動態範圍。v 的動態範圍從吻合程度極差到吻合程度極好的動態範圍是 [1,0]。

式（7-7）中的 α 是一個平衡參數，不參與梯度計算，α 的計算公式如式（7-9）所示。

$$\alpha = \frac{v}{(1-IOU)+v} \tag{7-9}$$

引入長寬比懲罰項後，在預測矩形框中心點不變、面積不變的情況下，損失函式依舊能為最佳化指明方向。舉例來說，一個真實 A 矩形框全包含 B 矩形框和 C 矩形框，B 矩形框和 C 矩形框的面積一樣，並且它們的中心點都與 A 矩形框的中心點完全重合，此時 B 矩形框和 C 矩形框的 GIOU 退化為 IOU，並且 DIOU 的第 2 項（距離懲罰項）也完全一樣，也就是說，GIOU 和 DIOU 已經無法為最佳化指明方向。但 CIOU 的第 3 項（長寬比懲罰項）還能度量出差異，因為 B 矩形框的長寬比更接近 A 矩形框，而 C 矩形框的長寬比與 A 矩形框相差較大，從而使得 B 矩形框的 CIOU 大於 C 矩形框的 CIOU，這符合我們的主觀判斷，也為 C 矩形框向 B 矩形框的方向最佳化提供了梯度下降的指引，如圖 7-10 所示。

在 CIOU 的第 3 項（關於矩形框長寬比的懲罰項）中，α 是一個平衡參數，用於調整 v 的權重。α 是 IOU 和 v 的增函式，即在 IOU 不變的情況下，隨著 v 不斷變小，α 也不斷變小；在 v 不變的情況下，隨著 IOU 不斷變大，α 也會不斷變大，這表現了第 3 項在最佳化的不同階段的參與程度。α 不參與梯度下降的最佳化，不參與梯度傳遞計算，我們只把它看成一個可變係數。這一點在程式設計中需要格外注意。

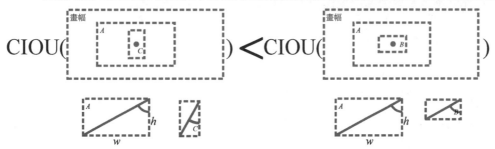

▲ 圖 7-10 矩形框長寬比變化引起的 CIOU 差異示意圖

另外，根據 CIOU 論文的分析，在使 v 對 $\hat{w}$ 和 $\hat{h}$ 進行求導時，v 對 $\hat{w}$ 和 $\hat{h}$ 的導數具有一個 $\dfrac{1}{\hat{w}^2 + \hat{h}^2}$ 因數，如式（7-10）所示。

$$\begin{cases} \dfrac{\partial v}{\partial \hat{w}} = -\dfrac{8}{\pi^2}\left(\arctan\dfrac{w}{h} - \arctan\dfrac{\hat{w}}{\hat{h}}\right) \times \dfrac{\hat{h}}{\hat{w}^2 + h^2} \\[3mm] \dfrac{\partial v}{\partial \hat{h}} = \dfrac{8}{\pi^2}\left(\arctan\dfrac{w}{h} - \arctan\dfrac{\hat{w}}{h}\right) \times \dfrac{w}{\hat{w}^2 + h^2} \end{cases} \qquad (7\text{-}10)$$

$\dfrac{1}{\hat{w}^2 + \hat{h}^2}$ 因數在 $\hat{w}$ 和 $\hat{h}$ 的 [0,1] 的動態範圍內可能導致梯度爆炸，所以在計算梯度時，一般會透過自訂梯度的辦法，抵消 $\dfrac{1}{\hat{w}^2 + \hat{h}^2}$ 因數的影響。在程式設計中遇到 CIOU 項出現 INF 或 NaN 的情況時，可以在 v 前增加一個調整係數的步驟。自訂 v 函式可以透過 TensorFlow 的自訂梯度裝飾器 @tf.custom_gradient 實現（根據 Python 程式設計規範，一般使用符號「@」作為各種用途裝飾器的識別字）。

設計一個 v 的計算函式 _get_v，它接收真實矩形框高度和寬度（gt_height 和 gt_width）、預測矩形框高度和寬度（pred_height 和 pred_width）的輸入，函式內部只有一個自訂梯度運算元 _get_grad_v。_get_grad_v 內部被分為兩個部分：一個部分負責計算 v 的數值，另一個部分是自訂梯度成員函式 _grad_v，_grad_v 根據式（7-10）進行了梯度的定義，但根據演算法要求排除 $\dfrac{1}{\hat{w}^2 + \hat{h}^2}$ 因數的影響，其中連鎖律求導中上一層級的梯度用 upstream 表示。_grad_v 的傳回值是 v 對 pred_w 和 pred_h 的梯度計算出來後所組成的串列。_get_grad_v 函式傳回的是 v 的數值和自訂梯度成員函式 _grad_v。v 的計算函式 _get_v 直接將自訂了梯度的 v 運算元 _get_grad_v 作為傳回輸出。程式如下。

```python
from typing import Union
import math
CompatibleFloatTensorLike = Union[
    tf.Tensor,float,np.float32, np.float64]
def _get_v(
    gt_height: CompatibleFloatTensorLike,
    gt_width: CompatibleFloatTensorLike,
    pred_height: CompatibleFloatTensorLike,
    pred_width: CompatibleFloatTensorLike,) -> tf.Tensor:
    @tf.custom_gradient
```

```
def _get_grad_v(pred_height, pred_width):
    arctan = tf.atan(
        tf.math.divide_no_nan(gt_width, gt_height))-\
        tf.atan(
            tf.math.divide_no_nan(
                pred_width, pred_height))
    v = 4 * ((arctan / math.pi) ** 2)

    def _grad_v(upstream): # upstream from 連鎖律求導
        gdw= -upstream*8*arctan*pred_height/(math.pi**2)
        gdh= upstream*8*arctan*pred_width/(math.pi**2)
        return [gdh, gdw]
    return v, _grad_v
return _get_grad_v(pred_height, pred_width)
```

　　測試自訂梯度的 _get_v 運算元。假設某時刻真實矩形框的寬度和高度分別為 0.6 和 0.3（此處數值表示真實矩形框相對於片幅寬度和高度的歸一化的寬度和高度），預測矩形框的寬度和高度都是 0.6。為簡化測試手段，我們假設預測矩形框的寬度已經完全準確且已被鎖定。可以計算出此時的 IOU 為 0.5，預測矩形框和真實矩形框的中心點完全重合，DIOU 退化為 IOU（等於 0.5）。CIOU 的自訂 v 運算元測試環境如圖 7-11 所示。

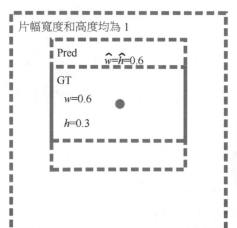
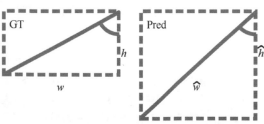

預測矩形框 (Pred) 和真實矩形框 (GT) 的中心點重合且寬度預測準確，那麼此時預測矩形框的高度需要依靠 CIOU 從當前設定值 0.6 向目標設定值 0.3 進行修正

▲ 圖 7-11　CIOU 的自訂 v 運算元測試環境

　　此時主觀直覺是，在 $\hat{w}$ 已經預測準確的情況下，$\hat{h}$ 應當從 0.6 減小到 0.3，當 $\hat{h}$ 朝著減小的方向修正時，CIOU 度量（在程式中對應 ciou）應該逐漸增大，而 CIOU 損失值（在程式中對應 loss_ciou）應當逐漸減小，即 $\hat{h}$ 與 CIOU 損失值同增同減，即 CIOU 損失值對 $\hat{h}$ 的導數是一個正數。測試程式如下。

```
iou=0.5;rho=0.0
diou=0.5-rho
gt_height=0.3;gt_width=0.6
pred_height=tf.Variable(0.6,dtype=tf.float32)
pred_width=tf.Variable(0.6,dtype=tf.float32)
optimizer=tf.optimizers.Adam(1e-1)

for epoch in range(200):
    print(
    'before:',(gt_height, gt_width),'VS',
     (pred_height.numpy().round(3),
      pred_width.numpy().round(3)))
    with tf.GradientTape() as tape:
        v = _get_v(
            gt_height, gt_width, pred_height, pred_width)
        alpha = tf.stop_gradient(
            tf.math.divide_no_nan(v, ((1 - iou) + v)))
        ciou = diou- alpha * v
        loss_ciou=1-ciou
    grads = tape.gradient(loss_ciou, [pred_height])
    print('tf grads:',[_.numpy().round(10) for _ in grads])
```

　　對 h 變數運用 TensorFlow 的梯度下降演算法（assign-sub 減法），放入的梯度是 CIOU 損失值對 $\hat{h}$ 的導數，那麼將使得 $\hat{h}$ 逐漸減小並逼近 0.3。程式如下。

```
    optimizer.apply_gradients(zip(grads, [pred_height]))
    print(
        'after:',(gt_height, gt_width),'VS',
         (pred_height.numpy().round(3),
          pred_width.numpy().round(3)))
```

輸出如下。

```
before: (0.3, 0.6) VS (0.6, 0.6)
tf grads: [0.012114217]
after: (0.3, 0.6) VS (0.5, 0.6)
before: (0.3, 0.6) VS (0.5, 0.6)
tf grads: [0.0046646213]
after: (0.3, 0.6) VS (0.411, 0.6)
before: (0.3, 0.6) VS (0.411, 0.6)
tf grads: [0.0009915617]
after: (0.3, 0.6) VS (0.337, 0.6)
before: (0.3, 0.6) VS (0.337, 0.6)
tf grads: [4.41844e-05]
after: (0.3, 0.6) VS (0.277, 0.6)
```

可見，$\hat{h}$ 在梯度下降的作用下，朝著 0.3 的真實值逐漸靠近；在 $\hat{h}$ 尚未減小到 0.3 附近時，CIOU 損失值對 $\hat{h}$ 的導數恒為正數。

確認 _get_v 函式無誤後，我們可以使用定義好梯度的 _get_v 函式得到 v 變數，計算平衡參數 α（在程式中對應 alpha）後，按照公式計算 CIOU 的數值。其中，由於論文中將平衡參數 α 設置為不參與梯度計算，所以此處使用 tf.stop_gradient 函式使 TensorFlow 對 α 停止梯度追蹤。CIOU 的程式設計程式如下。

```
def bbox_IOUS(bboxes1_xywh, bboxes2_xywh):
    ......
    gt_height=true_xywh[..., 3]
    gt_width=true_xywh[..., 2]
    pred_height=pred_xywh[..., 3]
    pred_width=pred_xywh[..., 2]
    v = _get_v(gt_height, gt_width, pred_height, pred_width)
    alpha = tf.stop_gradient(
        tf.math.divide_no_nan(v, ((1 - iou) + v)))
ciou = diou - alpha * v
    return iou,giou,diou,ciou
```

7.4.6 用交並比量化矩形框預測誤差的實踐

　　隨著深度學習技術的發展，物件辨識中使用的預測矩形框位置誤差也在不斷發展，從最開始的中心點誤差和長寬誤差，到 GIOU、DIOU 誤差，到目前最新的CIOU 誤差，都在不斷地為物件辨識神經網路提供性能更優良的損失度量方式。在實際專案中，並沒有一成不變的損失函式，開發者需要根據實際需要測試不同的損失函式，調整損失度量策略。對於某些條件下，中心點誤差和長寬誤差具有最高的計算穩定性，不容易出現 INF 或 NaN 的異常情況，適合初學者使用；GIOU 和DIOU 誤差在一般情況下已經足夠使用，CIOU 需要應對係數調整、梯度追蹤等複雜操作，偵錯的難度較大，一般在 GIOU 和 DIOU 提供的性能無法勝任的情況下，使用 CIOU 作為矩形框誤差的度量方式。

　　關於各種 IOU 的度量方式，都是隨著重合度升高，IOU 數值逐漸升高的，當使用 GIOU、DIOU、CIOU 作為損失函式時，需要使用 1 減去相關的 IOU 數值，才能作為損失函式，如式（7-11）所示。

$$\begin{cases} loss_{GIOU} = 1 - GIOU \\ loss_{DIOU} = 1 - DIOU \\ loss_{CIOU} = 1 - CIOU \end{cases} \quad （7\text{-}11）$$

　　在累加範圍上，交並比誤差同樣是僅累計前景部分，即需要使用前景遮罩obj_mask 相乘後進行累加，累加後需要乘以每個前景的補償權重 loss_scale。使用交並比指標度量預測矩形框和真實矩形框重合度的損失函式程式如下。

```
iou,giou,diou,ciou =utils.bbox_IOUS(
        true_xywh,pred_xywh)
# iou.shape(None, 13, 13, 3)
giou_loss = obj_mask * loss_scale * (1- giou)
diou_loss = obj_mask * loss_scale * (1- diou)
ciou_loss = obj_mask * loss_scale * (1- ciou)
```

　　測試我們設計的 IOU 誤差計算函式，設計一個真實矩形框和 3 個預測矩形框，計算 IOU、GIOU、DIOU、CIOU 的退化和變化情況。不同矩形框吻合情況下的 IOU 退化和變化示意圖如圖 7-12 所示。

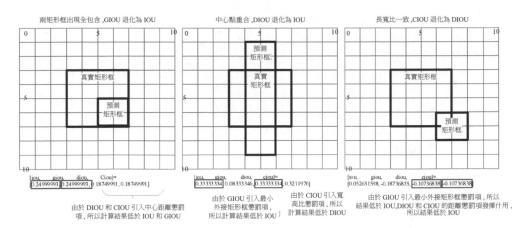

▲ 圖 7-12 不同矩形框吻合情況下的 IOU 退化和變化示意圖

計算它們的各種交並比結果，程式如下。

```
if __name__=='__main__':
    b1_x=2.0 ;b1_y=2.0 ;b1_w=4.0 ;b1_h=4.
    b2_x=3.0 ;b2_y=3.0 ;b2_w=2.0 ;b2_h=2.
    b1=np.array([b1_x,b1_y,b1_w,b1_h])/10.
    b2=np.array([b2_x,b2_y,b2_w,b2_h])/10.
    iou,giou,diou,ciou=bbox_IOUS(b1, b2)
    print(" 兩矩形框出現全包含，giou 退化為 iou")
    tf.debugging.assert_near(giou,iou)
    print("[iou,giou,diou,ciou] 分別為 ",[_.numpy() for _ in [iou,giou,diou, ciou]])

    b1_x=2.0 ;b1_y=2.0 ;b1_w=4.0 ;b1_h=4.
    b2_x=2.0 ;b2_y=2.0 ;b2_w=2.0 ;b2_h=8.
    b1=np.array([b1_x,b1_y,b1_w,b1_h])/10.
    b2=np.array([b2_x,b2_y,b2_w,b2_h])/10.
    iou,giou,diou,ciou=bbox_IOUS(b1, b2)
    assert diou==iou
    print(" 中心點重合，diou 退化為 iou")
    print("[iou,giou,diou,ciou] 分別為 ",[_.numpy() for _ in [iou,giou,diou, ciou]])

    b1_x=2.0 ;b1_y=2.0 ;b1_w=4.0 ;b1_h=4.
    b2_x=3.0 ;b2_y=3.0 ;b2_w=2.0 ;b2_h=2.
    b1=np.array([b1_x,b1_y,b1_w,b1_h])/10.
    b2=np.array([b2_x,b2_y,b2_w,b2_h])/10.
```

```
iou,giou,diou,ciou=bbox_IOUS(b1, b2)
print(" 長寬比一致，ciou 退化為 diou")
assert ciou==diou
print("[iou,giou,diou,ciou] 分別為 ",[_.numpy() for _ in [iou,giou,diou, ciou]])
```

由於計算精度限制，某些理論計算值應當等於 0.25 的，可能會顯示為 0.24999993，所以程式中使用 tf.debugging.assert_near 函式對精度問題引起的資料不相等情況進行模糊處理，互動介面的列印結果如下。

兩矩形框出現全包含，giou 退化為 iou
[iou,giou,diou,ciou] 分別為 [0.24999993, 0.24999993, 0.18749991, 0.18749991]
中心點重合，diou 退化為 iou
[iou,giou,diou,ciou] 分別為 [0.33333334, 0.08333346, 0.33333334, 0.3211976]
長寬比一致，ciou 退化為 diou
[iou,giou,diou,ciou] 分別為 [0.052631598, -0.18736835, -0.10736838, -0.10736838]

7.5　前景和背景的預測誤差

　　前景和背景的預測誤差指的是整個片幅上的每個網格是否包含物體（若包含物體則為前景，若不包含物體則為背景）的前背景屬性預測，與每個網格是否的確包含物體的真實情況之間的差異。為稱呼簡便，前景和背景的預測誤差可簡稱為前背景預測誤差，前背景預測的誤差量化，本質上是二分類預測的誤差量化，誤差量化的方式也採用分類計算中常用的交叉熵。

7.5.1　前景誤差和背景誤差的定義

　　網格前背景真實值被儲存在 **true_obj** 矩陣變數中，在公式中用 $\square_{ij}$ 表示。此變數取自訓練集，真實矩形框的所在網格已經被標記為 1，其餘網格被標記為 0。

　　網格前背景預測值被儲存在 **pred_obj** 矩陣變數中，在公式中用 $\widehat{obj}_{ij}$ 表示。此變數中的資料含義是，每個網格下面的預測矩形框是否框住了物體，0 表示沒有物體，1 表示有物體，此變數的設定值範圍為 [0,1]。

在量化方法上，網格前背景預測和網格前背景真實值之間的差異使用 binary_crossentropy（二元交叉熵）演算法進行量化，在公式中用 $\mathrm{CrossEntropy}\left(\mathrm{obj}_{ij}, \widehat{\mathrm{obj}}_{ij}\right)$ 表示。

在累加範圍上，僅對前景網格和背景網格進行累加計算，既非前景也非背景的部分（框住了物體的部分）不參與前背景誤差計算，實現方式則是分別乘以前景遮罩 obj_mask 和背景遮罩 no_obj_mask，前景遮罩在公式中用 $\mathrm{I}_{ij}^{\mathrm{obj}}$ 表示，背景遮罩在公式中用 $\mathrm{I}_{ij}^{\mathrm{noobj}}$ 表示。

前景預測誤差計算公式如式（7-12）所示。

$$\begin{aligned} \mathrm{loss}_{\mathrm{obj}} &= \sum_{i=0}^{K \times M}\sum_{j=0} \mathrm{I}_{ij}^{\mathrm{obj}}\mathrm{CrossEntropy}\left(\mathrm{obj}_{ij}, \widehat{\mathrm{obj}}_{ij}\right) \\ &= \sum_{i=0}^{K \times M}\sum_{j=0} \mathrm{I}_{ij}^{\mathrm{obj}}\left[\left(\mathrm{obj}_{ij}\times\ln\left(\widehat{\mathrm{obj}}_{ij}\right)+\left(1-\mathrm{obj}_{ij}\right)\right)\times\ln\left(1-\widehat{\mathrm{obj}}_{ij}\right)\right] \end{aligned} \quad (7\text{-}12)$$

式中，$\ln(x)$ 表示以自然數 e 為底的對數；i 的設定值範圍為 K 行 K 列的二維區域，在公式中用 $\sum_{i=0}^{K*K}$ 表示；j 的設定值範圍為 $0 \sim M$ 的整數，表示第 j 個先驗錨框；M 表示每個解析度下的先驗錨框的數量。

背景預測誤差計算公式如式（7-13）所示。

$$\begin{aligned} \mathrm{loss}_{\mathrm{noobj}} &= \sum_{i=0}^{K \times M}\sum_{j=0} \mathrm{I}_{ij}^{\mathrm{noobj}}\mathrm{CrossEntropy}\left(\mathrm{obj}_{ij}, \widehat{\mathrm{obj}}_{ij}\right) \\ &= \sum_{i=0}^{K \times M}\sum_{j=0} \mathrm{I}_{ij}^{\mathrm{noobj}}\left[\mathrm{obj}_{ij}\times\ln\left(\widehat{\mathrm{obj}}_{ij}\right)+\left(1-\mathrm{obj}_{ij}\right)\times\ln\left(1-\widehat{\mathrm{obj}}_{ij}\right)\right] \end{aligned} \quad (7\text{-}13)$$

總的來說，整體的前背景誤差等於前景誤差疊加背景誤差。

7.5.2　樣本均衡原理和 Focal-Loss 應用

根據前背景誤差的定義，讀者應該能想像到，神經網路關於一幅影像的預測，能對應上真實矩形框的正樣本預測數量的畢竟是少數，而大量的預測都是被定性為不與任何真實矩形框重合的背景。這會導致在整體誤差中，背景誤差占擦了較大份額，而前景誤差僅來源於少量的前景預測矩形框，二者相加相當於變相地抑制了前景預測的學習過程，這就是樣本不均衡的現象。

Focal-Loss 演算法最早出現在 2018 年的「Focal Loss for Dense Object Detection」論文中，是物件辨識中使用較為普遍的解決正負樣本均衡和難易樣本均衡問題的超參數解決方案。Focal-Loss 內的有兩個超參數：α 和 γ。它們不是神經網路的組成部分，不可透過訓練獲得。超參數 α 和超參數 γ 是需要開發者根據經驗設置的參數。一般來說，需要經過多次設置嘗試，獲得一個最佳的 γ。

根據前背景的定義，我們可以看到一個很明顯的解決方案，就是為前景誤差增加一個衰減係數 α，為背景誤差增加一個衰減係數（$1-\alpha$），α 的設定值範圍為 $[0,1]$。α 是一個根據經驗決定的超參數，當 α 的設定值範圍為 $[0,0.5)$ 時，正樣本被壓縮，負樣本被放大；當 α 的設定值為 0.5 時，不對前背景樣本的數量進行平衡；當 α 的設定值範圍為 $(0.5,1]$ 時，背景樣本被壓縮，前景樣本被放大。

如果超參數 α 選擇合理，使 α 大於（$1-\alpha$），那麼就能放大前景誤差，壓縮背景誤差，達到正負樣本均衡的目的。修改後的交叉熵公式如式（7-14）所示。

$$\text{CrossEntropy}\left(\text{obj}_{ij}, \widehat{\text{obj}}_{ij}\right) = \acute{a} \times \text{obj}_{ij} \times \ln\left(\widehat{\text{obj}}_{ij}\right) + \left(1-\quad\right)\left(1-\text{obj}_{ij}\right) \times \ln\left(1-\widehat{\text{obj}}_{ij}\right) \quad (7\text{-}14)$$

一般來說，前景數量小於背景數量，所以必須將 α 設置為大於 0.5 的數值。物件辨識中的物體辨識的種類數量越多，α 應當設置得越低（越接近 0.5）；物件辨識的種類數量越少，α 應當設置得越接近 1。根據 Focal-Loss 的相關論文，合理設置 α 能將準確率提升 1 ～ 3 個百分點，如圖 7-13 所示。

α	AP	AP_{50}	AP_{75}	
0.10	0.0	0.0	0.0	
0.25	10.8	16.0	11.7	
0.50	30.2	46.7	32.8	合理設置 α，
0.75	31.1	49.4	33.0	能提升準確率
0.90	30.8	49.7	32.3	
0.99	28.7	47.4	29.9	
0.999	25.1	41.7	26.1	

（表格左側標註：單獨使用時，α 大於 0.5）

▲ 圖 7-13　不同正負樣本均衡參數帶來的準確率變化

除了正負樣本不均衡帶來的訓練問題，還應該看到隨著訓練的推進，有的樣本已經被神經網路「學會」了，我們稱之為「易樣本」，有些樣本的辨識難度較大，神經網路還沒有「學會」，我們稱之為「難樣本」。從損失值的角度看，易樣本的損失值已經很低了，難樣本的損失值很高。Focal-Loss 內的超參數 γ 就是為了解決難易樣本均衡問題的。合理設置超參數 γ，可以放大難樣本的損失值，壓縮易樣本的損失值，從而使神經網路更關注難樣本的資料擬合，加快訓練過程和提升訓練效果。

為此，可以設計一個與二分類預測機率 $\widehat{\mathrm{obj}}_{ij}$ 相關的超參數 γ，γ 設定值為一個正數。為正樣本（ obj_{ij} 應當等於 1）搭配一個 $\left(1-\widehat{\mathrm{obj}}_{ij}\right)^{\gamma}$ 係數，為負樣本（ obj_{ij} 應當等於 0）搭配一個 $\widehat{\mathrm{obj}}_{ij}^{\gamma}$ 係數。修改後的交叉熵公式如式（7-15）所示。

$$\mathrm{CrossEntropy}\left(\mathrm{obj}_{ij},\widehat{\mathrm{obj}}_{ij}\right) = \left(1-\widehat{\mathrm{obj}}_{ij}\right)^{\gamma} \times \mathrm{obj}_{ij} \times \ln\left(\widehat{\mathrm{obj}}_{ij}\right)$$
$$+ \widehat{\mathrm{obj}}_{ij}^{\gamma}\left(1-\mathrm{obj}_{ij}\right) \times \ln\left(1-\widehat{\mathrm{obj}}_{ij}\right) \qquad (7\text{-}15)$$

透過簡單推理可以知道，對正樣本來說，其 $\square_{ij}$ 應當等於 1，如果是預測正確的易樣本，那麼 $\widehat{\mathrm{obj}}_{ij}$ 應當是一個接近 1 的預測，$\left(1-\widehat{\mathrm{obj}}_{ij}\right)^{a}$ 應當是一個非常小的小數，這樣易樣本的損失值就被壓制；如果是預測錯誤的難樣本，那麼 $\square_{ij}$ 應當是一個接近 0 的預測，$\left(1-\widehat{\mathrm{obj}}_{ij}\right)^{\gamma}$ 應當是一個比較接近 1 的小數，這樣難樣本的損失值就被放大了。對負樣本來說，同理，易樣本的損失值被壓制，難樣本的損失值被放大。

γ 設定值為一個根據經驗選取的正數，當 γ 大於 0 時，難易樣本均衡機制啟動。γ 設定值越大，難樣本的放大作用越明顯；γ 設定值越小，難樣本的放大作用越弱。當 γ 等於 0 時，超參數 γ 的作用被遮罩。在專案上，一般選擇 γ 等於 2。根據 Focal-Loss 的論文，合理地確定 γ 的設定值，可以將物件辨識準確率提升 1 ～ 3 個百分點，如圖 7-14 所示。

γ	α	AP	AP_{50}	AP_{75}
0	0.75	31.1	49.4	33.0
0.1	0.75	31.4	49.9	33.1
0.2	0.75	31.9	50.7	33.4
0.5	0.50	32.9	51.7	35.2
1.0	0.25	33.7	52.0	36.2
2.0	0.25	**34.0**	**52.5**	**36.5**
5.0	0.25	32.2	49.6	34.8

先選定 y，然後尋找最佳的 α

合理設置 y，能提升準確率

▲ 圖 7-14 不同難易樣本均衡參數帶來的準確率變化

結合了正負樣本平衡超參數 α 和難易樣本平衡超參數 γ 後，修正的交叉熵公式如式（7-16）所示。

$$\text{CrossEntropy}\left(\text{obj}_{ij}, \widehat{\text{obj}}_{ij}\right) = \acute{a} \times \left(1 - \widehat{\text{obj}}_{ij}\right)^{\tilde{a}} \times \text{obj}_{ij} \times \ln\left(\widehat{\text{obj}}_{ij}\right)$$
$$+ \left(1 - \acute{a}\right) \times \widehat{\text{obj}}_{ij}^{\tilde{a}} \times \left(1 - \text{obj}_{ij}\right) \times \ln\left(1 - \widehat{\text{obj}}_{ij}\right) \quad （7-16）$$

在 YOLO 演算法中，根據經驗一般預先設置正負樣本平衡超參數 $\alpha = 0.8$ 和難易樣本平衡超參數 $\gamma = 2$，然後根據效果適當微調嘗試。Focal-Loss 使用 conf_focal 變數儲存。前背景真實值被儲存在 true_obj 中，前背景預測值被儲存在 pred_obj 中，二者使用 TensorFlow 的二分類交叉熵函式計算未進行均衡的交叉熵損失值，計算結果被儲存在 obj_loss_all 中。經過正負樣本均衡和難易樣本均衡後的正樣本交叉熵損失值被儲存在 obj_loss_pos 中，負樣本交叉熵損失值被儲存在 obj_loss_neg 中。程式如下。

```
alpha=0.8;gamma=2
conf_focal = alpha*tf.pow(true_obj - pred_obj, gamma)
# conf_focal 的形狀為 [batch,grid_sizes,grid_size,3,1]
conf_focal = tf.squeeze(conf_focal,[-1]) # 縮減無效維度
# conf_focal.shape=( batch, grid_size, grid_size, 3)
obj_loss_all = tf.keras.losses.binary_crossentropy(
    true_obj, pred_obj)
obj_loss_pos = obj_mask * obj_loss_all
obj_loss_neg = no_obj_mask * obj_loss_all
obj_loss_pos=conf_focal*obj_loss_pos
obj_loss_neg=conf_focal*obj_loss_neg
# obj_loss 的形狀為 [batch, grid_size, grid_size, 3]
```

7.6　分類預測誤差

分類預測誤差指的是整個片幅上的每個網格在包含物體的條件下屬於何種物體的機率預測，與的確包含物體的那些網格內包含何種物體的機率（100%）之間的差異。

分類預測誤差被儲存在 pred_class 變數中。此變數中的資料含義是，每個網格下面的預測矩形框在框住物體的條件下具體屬於哪個種類的物體的機率，這個變數的最後一個維度有「物體類別數量」個位，每個位表示某一類物體的機率，每個位的數字的設定值範圍為 [0,1]。0 表示機率為 0，1 表示機率為 100%。

真實分類被儲存在 true_class_idx 變數中。此變數取自訓練集，這個變數的最後一個維度只有 1 個位，儲存的資料指示著真實矩形框的所在網格含有第幾類物體。如果物件辨識的分類數量有 20 類，那麼 true_class_idx 變數的最後一個維度的數字的設定值範圍為 [0,19]。

在量化方法上，分類預測和真實分類之間的差異使用 sparse_categorical_crossentropy（多分類交叉熵）演算法進行量化。

在累加範圍上，僅對前景網格進行累加計算，實現方式是將交叉熵損失值乘以前景遮罩 obj_mask。

一個 K 行 K 列的網格上的某一個網格（第 i 個）的第 j 個先驗錨框的第 c 個分類的機率預測用 $\hat{\mathrm{p}}_{ijc}$ 表示，網格上第 i 個網格的第 j 個先驗錨框對第 c 個分類的真值用 p_{ijc} 表示，列出分類預測誤差的計算公式，如式（7-17）所示。

$$
\begin{aligned}
\mathrm{loss}_{\mathrm{cls}} &= \sum_{i=0}^{K \times K}\sum_{j=0}^{M} \mathrm{I}_{ij}^{\mathrm{obj}}\mathrm{CrossEntropy}\left(\mathrm{p}_{ij}, \hat{\mathrm{p}}_{ij}\right) \\
&= \sum_{i=0}^{K \times K}\sum_{j=0}^{M}\left(\mathrm{I}_{ij}^{\mathrm{obj}}\sum_{c=0}^{\square\square=}\left[\mathrm{p}_{ijc}\times\ln\left(\hat{\mathrm{p}}_{ijc}\right)+\left(1-\mathrm{p}_{ijc}\right)\times\ln\left(1-\hat{\mathrm{p}}_{ijc}\right)\right]\right)
\end{aligned}
\qquad (7\text{-}17)
$$

式中，i 的設定值範圍為 K 行 K 列的二維區域，在公式中用 $\sum_{i=0}^{K \times K}$ 表示；j 的設定值範圍為 $0 \sim M$ 的整數，表示第 j 個先驗錨框；c 的設定值範圍為 $0 \sim$ NUM_CLS-1 之間的整數，NUM_CLS 表示待辨識物體分類的總數量。

在統計範圍上，分類預測誤差僅統計前景網格，所以需要將分類預測誤差乘以前景遮罩 obj_mask，在分類誤差計算上，使用 TensorFlow 的 sparse_categorical_crossentropy 函式。程式如下。

```
class_loss=obj_mask * \
    tf.keras.losses.sparse_categorical_crossentropy(
        true_class_idx, pred_cls_prob)
```

7.7 　總誤差的合併和數值合理性確認

截至目前，我們獲得了 3 類誤差。第 1 類誤差和預測矩形框形狀位置相關，它們是和預測矩形框位置相關的中心點誤差 xy_loss、長寬誤差 wh_loss，以及和預測矩形框面積相關的 giou_loss、diou_loss、ciou_loss。第 2 類誤差和預測矩形框前背景分類相關，它們是前景分類誤差 obj_loss_pos、背景分類誤差 obj_loss_neg。第 3 類誤差和預測矩形框物體分類相關，是分類誤差 class_loss。一般情況下，我們會從第 1 類形狀位置相關誤差中選擇一套度量方式，是 xy_loss+wh_loss，或是 giou_loss、diou_loss、ciou_loss 中的，如果多選，那麼相當於變相增加第 1 類誤差的累加權重。

此外，我們透過前背景歸類，還獲得了前景遮罩 obj_mask 和背景遮罩 no_obj_mask。由於不同資料集在不同解析度上的矩形框數量密度不同，損失度量方式的損失值的動態範圍不同，所以作者習慣將前景數量、背景數量、不同類別不同度量方式的誤差全部輸出，透過 TensorBoard 視覺化工具查看每個損失值的下降收斂情況，以便確定選擇何種損失度量方式作為最終的損失函式。

在損失函式生成器上，多設計一個損失值選擇開關 LOSSES，它是一串列它將根串列的遮罩選擇和損失值選擇，組合一個選擇串列 EL_LOSSES_RESULT。如果對損失值選擇開關不做配置，那麼它被預設為 None，含義是傳回全部前背景遮罩和全部損失度量值。程式如下。

```
def create_loss_func(any_res_anchors, LOSSES=None):
    @tf.function
    def compute_loss(y_true,y_pred,  IOU_LOSS_THRESH=0.5):
        ......
        if LOSSES:
            ALL_LOSSES_NAME= [
                'obj_mask','no_obj_mask',
                'xy_loss','wh_loss',
                'giou_loss','diou_loss','ciou_loss',
                'obj_loss_pos','obj_loss_neg',
                'class_loss']
            ALL_LOSSES_RESULT=[
```

```
        obj_mask,no_obj_mask,
        xy_loss,wh_loss,
        giou_loss,diou_loss,ciou_loss,
        obj_loss_pos,obj_loss_neg,
        class_loss]
    assert set(
        LOSSES).issubset(set(
            ALL_LOSSES_NAME)), 'ContainIllegalLossName!'
    assert set(
        LOSSES).intersection(
            set(ALL_LOSSES_NAME)),'NoneLegalLossName!'
    print('the losses select is :',LOSSES)
    SEL_LOSSES_RESULT=[
        loss  for (name,loss) in
        zip(ALL_LOSSES_NAME,ALL_LOSSES_RESULT)
        if name in LOSSES]
elif LOSSES==None:
    ALL_LOSSES_RESULT=[obj_mask,no_obj_mask,
                    xy_loss,wh_loss,
                  giou_loss,diou_loss,ciou_loss,
                  obj_loss_pos,obj_loss_neg,
                  class_loss]
    SEL_LOSSES_RESULT=ALL_LOSSES_RESULT
```

　　將選擇的損失值或遮罩組成一個串列 SEL_LOSSES_RESULT，我們可以用 TensorFlow 的 stack 函式將它們組成一個矩陣 losses_matrix，它的形狀是 [batch,gx,gy,anchors, losses]。如果選擇全部遮罩和損失值，那麼 losses 就等於 10；如果只選擇 ciou 損失值、前景損失值 obj_loss_pos、背景損失值 obj_loss_neg、分類損失值 class_loss 這 4 個損失值，那麼 SEL_ LOSSES_RESULT 矩陣的形狀就是 [batch,gx,gy,anchors, 4]。

　　對於這個損失矩陣，我們首先要做的就是對本次打包內的每個影像樣本進行損失值的求和計算，得到 loss_total_eachBatch，它的形狀應該是 [batch, losses]。然後對本次打包中的每個影像樣本的各種損失值進行平均，得到 loss_total_batchMean，它的形狀應該是 [losses,]。loss_total_batchMean 是一個一維向量，它表示本批次所有影像的所有損失值除以本批次內的影像數量所得到的商。它的含義是具有通用性的，因為隨著開發者硬體環境的切換，送入神經網路的打包數量可能變化，但平均每幅影像的總損失值是一個穩定的數值，具有可比性。損失函式將以 loss_total_batchMean 作為傳回輸出，而損失函式本身將作為損失函式生成器的輸出進行傳回。程式如下。

```
def create_loss_func(any_res_anchors, LOSSES=None):
    @tf.function
    def compute_loss(y_true,y_pred,  IOU_LOSS_THRESH=0.5):
        # y_pred 的形狀為 [batch, grid_size,grid_size,
                               9+NUM_CLASS(4+4+1+NUM_CLASS)]
        # y_true 的形狀為 [batch, grid_size,grid_size, 6(4+1+1)]
        # any_res_anchors 的形狀為 [3,2]
        ……
        # 將 losses_matrix 的形狀從 [batch,gx,gy,anchors] 改為 [batch,gx,gy,
anchors,losses]
        losses_matrix=tf.stack(SEL_LOSSES_RESULT,axis=-1)
        # 將 loss_total_eachBatch 的形狀從 [batch,gx,gy,anchors,losses] 改為
[batch,losses]
        loss_total_eachBatch=tf.reduce_sum(
            losses_matrix,axis=(1,2,3))
        # 將 loss_total_batchMean 的形狀從 [batch, losses] 改為 [losses,]
        loss_total_batchMean=tf.reduce_mean(
            loss_total_eachBatch, axis=0)
        return loss_total_batchMean
    return compute_loss
```

第一次設計損失函式時，一般會在損失函式的最後加上一個數值合理性的判定。舉例來說，定義大於 3000 的損失值屬於異常損失值，或當損失值出現 NaN 或 INF 時，需要進行異常值位置的列印提示。樣例程式如下。

```
        if tf.reduce_any(loss_total_batchMean>3000.):
            indices = tf.where(loss_total_batchMean>3000.)
            tf.print(indices)
            tf.print('loss_total_batchMean',
                loss_total_batchMean)
            ……

        if tf.reduce_any(
                tf.math.is_inf(loss_total_batchMean)):
            indices = tf.where(tf.math.is_inf(y_pred))
```

```
        tf.print("y_pred nan cnt:", tf.shape(indices)[0])
        tf.print(indices)
        ......
    if tf.reduce_any(
        tf.math.is_nan(loss_total_batchMean)):
        indices = tf.where(tf.math.is_nan(y_pred))
        tf.print("y_pred nan cnt:",tf.shape(indices)[0])
        tf.print(indices)
        ......
```

測試損失函式的輸入 / 輸出形狀。程式如下。

```
if __name__=="__main__":
    y_pred=tf.zeros([1,13,13,3,29])
    y_true=tf.zeros([1,13,13,3,6])
    low_res_compute_loss = create_loss_func(low_res_anchors)
    losses=low_res_compute_loss(
            y_true,y_pred,  IOU_LOSS_THRESH=0.5)
    print(losses.shape)
```

輸出如下。

```
(10,)
```

可見，每次損失函式計算中一共有 10 個損失值輸出，其中，前 2 個損失值是正樣本數量的計數，不應當加入總損失值中，後 8 個損失值需要有選擇性地加入總損失值中。確認函式執行無誤後，可以將 compute_loss 函式定義前的 @tf.function 裝飾符號重新啟用，使 TensorFlow 以靜態模式執行損失函式，可以大幅提高損失函式的計算效率。

第8章

YOLO 神經網路的
訓練

　　YOLO 神經網路的訓練分為參數配置、資料集前置處理、模型建立、動態模式訓練、靜態模式訓練 5 個部分。

　　參數配置主要是指根據選擇的模型，建立先驗錨框、XYSCALE、輸入解析度等常數；資料集前置處理主要是指讀取磁碟上的 TFRecord 檔案，並轉化可計算資料集，可計算資料集的樣本真實矩陣與神經網路輸出的樣本預測矩陣幾乎具有同樣的形狀和物理意義；模型建立是指根據參數配置建立 YOLO 神經網路模型並根據需要載入相應權重。這 3 個部分已經透過前面的章節進行了詳細的介紹，本章將一帶而過。

　　神經網路的訓練一般分為兩種模式：動態模式和靜態模式。動態模式訓練的主要工作是手動撰寫資料集迴圈，手動計算損失值，使用梯度下降原理最佳化神經網路參數，並使用 TensorBoard 工具監控訓練過程。動態模式訓練神經網路的速度較慢，但出錯有提示，可以隨時進行偵錯。專案中為了確保神經網路和損失函式設計無誤，一般會首先使用動態模式訓練神經網路，然後才使用靜態模式訓練神經網路。因為靜態模式訓練利用 Keras 模型物件的編譯方法指定損失函式和最佳化器，並使用 Keras 模型的 fit 方法自動進行模型的訓練收斂，靜態模式難以偵錯，但其訓練速度是動態模式的 1.5 ～ 2 倍。

8.1　資料集和模型準備

本節將快速回顧資料集準備工作和遷移學習模式下的模型載入工作。

8.1.1　參數配置

建立模型需要先確定兩個重要參數：模型類型參數 MODEL 和簡版開關的參數 IS_ TINY，其他參數都是根據這兩個參數提取或推導出來的。YOLO 模型的選擇配置表如表 8-1 所示。

➡ 表 8-1　YOLO 模型的選擇配置表

模型類型	MODEL 參數	IS_TINY 參數	預設模型名稱
YOLOV3 標準版	yolov3	False	yolov3
YOLOV3 簡版	yolov3	True	yolov3_tiny
YOLOV4 標準版	yolov4	False	yolov4
YOLOV4 簡版	yolov4	True	yolov4_tiny

以 YOLOV4 為例，建立一個字典物件 CFG，儲存兩個最重要的基礎資訊。程式如下。

```
CFG=edict()
CFG.MODEL="yolov4"
CFG.IS_TINY=False
CFG.MODEL_NAME=CFG.MODEL+('_tiny' if CFG.IS_TINY==True else '')
```

根據這兩個關鍵配置，使用 get_model_cfg 函式獲得其他常數資訊。這些常數資訊是根據模型研發的論文進行儲存的，在搞清楚原理的前提下，開發者可進行修改。程式如下。

```
CFG.WEIGHTS = get_model_cfg(CFG.MODEL,CFG.IS_TINY).WEIGHTS
CFG.NN_INPUT_SIZE = get_model_cfg(
CFG.MODEL,CFG.IS_TINY).NN_INPUT_SIZE
CFG.GRID_CELLS = get_model_cfg(CFG.MODEL,CFG.IS_TINY).GRID_CELLS
CFG.STRIDES = get_model_cfg(CFG.MODEL,CFG.IS_TINY).STRIDES
CFG.XYSCALE = get_model_cfg(CFG.MODEL,CFG.IS_TINY).XYSCALE
CFG.ANCHORS = get_model_cfg(CFG.MODEL,CFG.IS_TINY).ANCHORS
CFG.ANCHOR_MASKS = get_model_cfg(CFG.MODEL,CFG.IS_TINY).ANCHOR_MASKS
```

4 種 YOLO 模型的參數常數配置情況如圖 8-1 所示。

Key	Type	Size	YOLOV4	YOLOV4-tiny	YOLOV3	YOLOV3-tiny
ANCHOR_MASKS	pyth...	3	EagerTensor obj...	EagerTensor object...	EagerTensor objec...	EagerTensor object...
ANCHORS	pyth...	9	EagerTensor obj...	EagerTensor object...	EagerTensor objec...	EagerTensor object...
GRID_CELLS	list	3	[16, 32, 64]	[13, 26]	[13, 26, 52]	[13, 26]
IS_TINY	bool	1	False	True	False	True
MODEL	str	6	yolov4	yolov4	yolov3	yolov3
MODEL_NAME	str	6	yolov4	yolov4_tiny	yolov3	yolov3_tiny
NN_INPUT_SIZE	list	2	[512, 512]	[416, 416]	[416, 416]	[416, 416]
STRIDES	list	3	[32, 16, 8]	[32, 16]	[32, 16, 8]	[32, 16]
TBLOG_DIR_EAGERTF_MODE	str	34	./P07_logs_yolo...	./P07_logs_yolo_ea...	./P07_logs_yolo_e...	./P07_logs_yolo_ea...
TBLOG_DIR_FIT_MODE	str	30	./P07_logs_yolo...	./P07_logs_yolo_fi...	./P07_logs_yolo_f...	./P07_logs_yolo_fi...
WEIGHTS	str	29	./yolo_weights/ yolov4.weights	./yolo_weights/ yolov4_tiny.weights	./yolo_weights/ yolov3_416.weights	./yolo_weights/ yolov3_tiny.weights
XYSCALE	list	3	[1.05, 1.1, 1.2]	[1.05, 1.05]	[1.05, 1.1, 1.2]	[1.05, 1.05]

▲ 圖 8-1　4 種 YOLO 模型的參數常數配置情況

其中，根據標準版模型和簡版模型將先驗錨框 ANCHORS 分別配置為 9 個和 6 個，標準版模型的先驗錨框編號從 0 到 8，先驗錨框的尺寸從小到大，分別歸屬高、中、低 3 個解析度；簡版模型的先驗錨框編號從 0 到 5，先驗錨框的尺寸從小到大，分別歸屬中、低兩個解析度，歸屬情況由 ANCHOR_MASKS 常數記錄，如圖 8-2 所示。

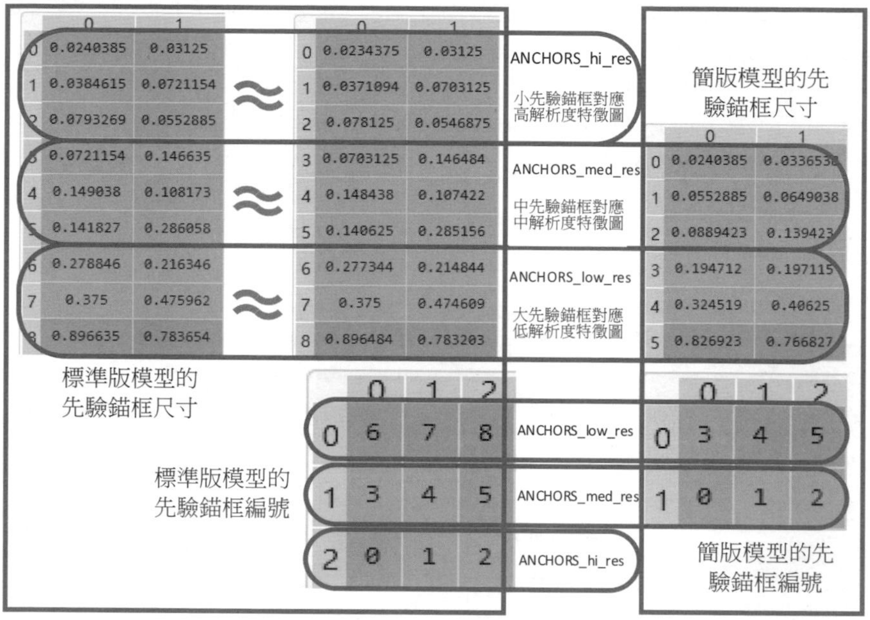

▲ 圖 8-2　YOLOV3、YOLOV4 的標準版和簡版的先驗錨框和錨框編號配置情況

使用先驗錨框 ANCHORS 和先驗錨框歸屬關係 ANCHOR_MASKS，提取不同解析度下的錨框和 XYSCALE。程式如下。

```
if CFG.IS_TINY:
    XYSCALE_low_res,XYSCALE_med_res = XYSCALE
    ANCHORS_med_res = tf.gather(ANCHORS, ANCHOR_MASKS[1])
    ANCHORS_low_res = tf.gather(ANCHORS, ANCHOR_MASKS[0])
else:
    XYSCALE_low_res,XYSCALE_med_res,XYSCALE_hi_res = XYSCALE
    ANCHORS_hi_res = tf.gather(ANCHORS, ANCHOR_MASKS[2])
    ANCHORS_med_res = tf.gather(ANCHORS, ANCHOR_MASKS[1])
    ANCHORS_low_res = tf.gather(ANCHORS, ANCHOR_MASKS[0])
```

為了將 TFRecord 格式資料集轉化為可計算資料集，需要先配置每張圖片最多支援的矩形框數量，本案例設置為 100 個，開發者可以根據自己的需要配置，沒有特別要求。然後設置每個 BATCH 內所容納的圖片張數，本案例受限於顯卡顯示記憶體只有 6GB，所以樣本打包數量只能是 2 張，建議實際專案中將打包數量設置為 32 張或 64 張，此時需要配備大顯示記憶體的機器學習伺服器進行神經網路的訓練。程式如下。

```
CFG.MAX_BBOX_PER_SCALE=100
CFG.BATCH_SIZE=2                    # 企業級訓練階段建議改為 32 或官方建議的 64
```

設置與訓練相關的參數：如將訓練的輪數 EPOCHS 設置為 40；將初始化學習率 LEARNING_RATE 設置為 0.001（在 Python 中可以用 1e-3 表示 0.001）；將神經網路用於物體辨識的物體分類數量 NUM_CLASS 設置為 20；將訓練方式關鍵字設置為 'eager_tf' 或 'fit'，前者使用動態模式訓練神經網路，後者使用靜態模式訓練神經網路。初始時，建議開發者使用動態模式訓練，確認無誤後再使用靜態模式訓練。程式如下。

```
CFG.EPOCHS=40
CFG.LEARNING_RATE = 1e-3           # 或設置為官方建議的 0.0013
CFG.NUM_CLASS=20
CFG.TRAINING_MODE = 'eager_tf'    # 將訓練方式關鍵字設置為 'eager_tf' 或 'fit'
```

8.1.2　資料集前置處理

案例中使用前面的章節介紹的 PASCAL VOC 資料集及當時製作好的 TRRecord 檔案。由於製作資料集時已經對資料集的準確性進行了驗證，所以當處於訓練階段時，就無須再次驗證集的準確性了，只需要提取與訓練相關的資料即可，即資料字典 IMAGE_FEATURE_MAP 中僅保留與影像、矩形框頂點座標、分類名稱這 3 個需要解析的欄位有關的資訊。程式如下。

```
IMAGE_FEATURE_MAP = {
    'image/encoded': tf.io.FixedLenFeature([], tf.string),
    'image/object/bbox/xmin': tf.io.VarLenFeature(
        tf.float32),
    'image/object/bbox/ymin': tf.io.VarLenFeature(
        tf.float32),
    'image/object/bbox/xmax': tf.io.VarLenFeature(
        tf.float32),
    'image/object/bbox/ymax': tf.io.VarLenFeature(
```

```
        tf.float32),
    'image/object/class/text': tf.io.VarLenFeature(
        tf.string),}
TRAIN_DS = 'D:/…/voc2012_train.tfrecord'
VAL_DS  = 'D:/…/voc2012_val.tfrecord'
CLASS_FILE = 'D:/…/voc2012.names'
```

使用前面的章節所製作的函式讀取資料集，並進行快取為 1000 的隨機打亂。程式如下。

```
train_dataset = load_tfrecord_dataset(
    TRAIN_DS, CLASS_FILE, IMAGE_FEATURE_MAP)
train_dataset=train_dataset.shuffle(
    1000,reshuffle_each_iteration=True)
```

在資料打包前，可以進行影像大小的重置、標注資訊規整對齊等工作。程式如下。

```
# 影像縮放
train_dataset=train_dataset.map(
    lambda x, y: (image_preprocess_resize(image=x,
                                 target_size=NN_INPUT_SIZE,
                                 gt_boxes=y)))
# 標注資訊規整對齊
# MAX_BBOX_PER_SCALE 可預設設置為 100
MAX_BBOX_PER_SCALE = CFG.MAX_BBOX_PER_SCALE
train_dataset=train_dataset.map(
    lambda x, y: (x,bboxes_align(
        bboxes=y,
        max_bbox_per_scale=MAX_BBOX_PER_SCALE)))
```

將資料集按照配置資訊進行打包。程式如下。

```
BATCH_SIZE = CFG.BATCH_SIZE
train_dataset = train_dataset.batch(BATCH_SIZE)
```

打包後，就可以為每個真實矩形框尋找與其匹配的先驗錨框，並根據真實矩形框的位置將真實矩形框放入與樣本預測矩陣具有相同空間解析度的網格。程式如下。

```
# 尋找與真實矩形框匹配的先驗錨框
train_dataset = train_dataset.map(lambda x, y: (x,find_overlay_anchors (y,ANCHORS,IOU_
THRESH=0.5)))
# 根據先驗錨框的匹配情況,將真實矩形框的儲存方式從串列儲存改為分散儲存,並將真實矩形框儲存在網
格中
train_dataset = train_dataset.map(lambda x, y: (x,bboxes_scatter_into_
gridcell(y,GRID_CELLS,ANCHOR_MASKS)))
```

對資料集進行預先讀取取處理。程式如下。

```
train_dataset=train_dataset.prefetch( tf.data.experimental.AUTOTUNE )
```

對驗證集也進行同樣的前置處理操作。程式如下。

```
val_dataset = load_tfrecord_dataset(
    VAL_DS, CLASS_FILE, IMAGE_FEATURE_MAP)
val_dataset=val_dataset.map(
    lambda x, y: (image_preprocess_resize(
        image=x,
        target_size=NN_INPUT_SIZE,
        gt_boxes=y)))
val_dataset=val_dataset.map(
    lambda x, y: (x,bboxes_align(
        bboxes=y,
        max_bbox_per_scale=MAX_BBOX_PER_SCALE)))
val_dataset = val_dataset.batch(BATCH_SIZE)
val_dataset = val_dataset.map(
    lambda x, y: (x,find_overlay_anchors(y,ANCHORS)))
val_dataset = val_dataset.map(
    lambda x, y: (
        x,bboxes_scatter_into_gridcell(
            y,GRID_CELLS,ANCHOR_MASKS)))
```

提取資料集的前 3 個樣本,確認一下可計算資料集的形狀。程式如下。

```
for i,(x,y_true) in enumerate(train_dataset.take(3)):
    print("="*30)
    print(' 第 {}batch 影像 '.format(i),x.shape)
    print(' 第 {}batch 標注 {} 個 '.format(i,len(y_true)))
    print([ y_t.numpy().shape for y_t in y_true])
```

以上程式執行輸出如下。

```
第 0batch 影像 (2, 512, 512, 3)
第 0batch 標注 3 個
[(2, 16, 16, 3, 6), (2, 32, 32, 3, 6), (2, 64, 64, 3, 6)]
==============================
第 1batch 影像 (2, 512, 512, 3)
第 1batch 標注 3 個
[(2, 16, 16, 3, 6), (2, 32, 32, 3, 6), (2, 64, 64, 3, 6)]
==============================
第 2batch 影像 (2, 512, 512, 3)
第 2batch 標注 3 個
[(2, 16, 16, 3, 6), (2, 32, 32, 3, 6), (2, 64, 64, 3, 6)]
```

可見，資料集已經將每兩幅影像進行打包，並且已經將影像的解析度調整為 512 像素 ×512 像素。可計算資料集樣本矩陣的解析度數值（grid_size）分別是 16 像素、32 像素、64 像素。可計算資料集樣本矩陣已經為每個解析度下的 3 個先驗錨框生成了 6 個元素。在這 6 個元素中，第 1 ～ 4 個元素儲存真實矩形框的座標資訊；第 5 個元素恒為 1，表示真實矩形框包含物體的機率為 100%；第 6 個元素為矩形框所包含的物體編號。

以上資料集已經被轉變為與神經網路輸出具有類似結構的可計算資料集。

8.1.3　模型參數載入和凍結

根據模型輸入影像的解析度，首先使用 tf.keras.layers.Input 類別定義輸入張量的預留位置物件，然後使用之前定義的 YOLO 模型輸入 / 輸出變數函式關係的 YOLO_MODEL 函式定義模型的輸入和輸出之間的函式關係。在定義 YOLO_MODEL 函式時，需要提供物體分類數量 NUM_CLASS 及其他資訊。最後使用 tf.keras.Model 類別所提供的函式式模型生成方法，建立 YOLO 模型。模型建立後，使用 load_weights 函式為其載入 YOLO 官方提供的 weight 格式的模型權重。程式如下。

```
input_layer = tf.keras.layers.Input(
    [NN_INPUT_H, NN_INPUT_W, 3])
model=tf.keras.Model(input_layer, YOLO_MODEL(
```

```
    input_layer, NUM_CLASS, CFG.MODEL, CFG.IS_TINY),
    name=CFG.MODEL_NAME)
utils.load_weights(
    model, weights_file=CFG.WEIGHTS,
    model_name=CFG.MODEL, is_tiny=CFG.IS_TINY)
```

此時的神經網路中的骨幹網路部分、中段網路部分已經載入好權重，唯獨預測網路部分的參數處於初始狀態，這是因為實際應用中的物品分類數量和預訓練權重的 80 類分類數量往往不同，導致預測網路的二維卷積層形狀不一致，不能載入權重。

骨幹網路的權重是在 COCO 資料集的訓練下獲得的，具有良好的特徵提取能力，訓練的必要性較低；而預測網路的初始參數是隨機產生的，訓練的必要性較高。此時，需要將骨幹網路的權重進行凍結，僅留下中段網路和預測網路部分進行訓練。為此，需要設計一個骨幹網路的凍結和解凍函式 set_backbone。

set_backbone 函式接收 4 個輸入：第 1 個輸入是模型物件，第 2 個和第 3 個輸入是模型的配置條件，用於告知 set backbone 函式正在處理的模型的屬性，第 4 個輸入（參數 frozen）是一個布林變數，該變數若為真，則凍結骨幹網路；該變數若為假，則解凍骨幹網路。

根據之前對 YOLO 神經網路的分析，首先透過一個串列定義骨幹網路的編號範圍常數，該串列被命名為 bb_convNo_range。然後使用 find_conv_layer_num_range 函式提取神經網路中的二維卷積層的編號起點，該編號起點被命名為 conv_no_min。將編號起點與骨幹網路的編號範圍相加，就是當前模型的全部二維卷積層的實際編號範圍。程式如下。

```
def set_backbone(
        model,model_name='yolov4',
        is_tiny=False,frozen=True):
    trainable= not frozen
    if is_tiny==True:
        if model_name == 'yolov3':
            bb_convNo_range = [0, 7] # 編號最大的二維卷積層的名稱為 conv2d_6
        elif model_name == 'yolov4':
            bb_convNo_range = [0, 15] # 編號最大的二維卷積層的名稱為 conv2d_14
    elif is_tiny==False:
        if model_name == 'yolov3':
```

```
        bb_convNo_range = [0, 52] # 編號最大的二維卷積層的名稱為 conv2d_51
    elif model_name == 'yolov4':
        bb_convNo_range = [0, 78] # 編號最大的二維卷積層的名稱為 conv2d_77
conv_no_min,conv_no_max =find_conv_layer_num_range(model)
bb_convNo_range=  [
    x+conv_no_min for x in bb_convNo_range]
for i in range(bb_convNo_range[0],bb_convNo_range[1]):
    ......
return None
```

由於骨幹網路中的二維卷積層和 BN 層是先後出現的，所以可以在二維卷積層的遍歷迴圈中先後凍結骨幹網路中的二維卷積層和 BN 層，這樣就無須逐一定位 BN 層了。程式如下。

```
def set_backbone(
        model,model_name='yolov4',
        is_tiny=False,frozen=True):
    ......
    for i in range(bb_convNo_range[0],bb_convNo_range[1]):
        bb_conv_layer_name='conv2d_%d' %i if i>0 else 'conv2d'
        bb_conv_layer=model.get_layer(bb_conv_layer_name)
        assert bb_conv_layer.use_bias==False
        bb_conv_layer.trainable=trainable

        bb_bn_layer_name='batch_normalization_%d' %i if i>0 else 'batch_normalization'
        bb_bn_layer=model.get_layer(bb_bn_layer_name)
        bb_bn_layer.trainable=trainable
    return None
```

新建網路和載入參數完成後，可以立即進行骨幹網路的凍結，待動態模式訓練若干（一般為 20 個）週期後，再將骨幹網路設置為「可訓練」模式，以便進行微調。程式如下。

```
for epoch in range(1, CFG.EPOCHS + 1):
    if epoch==1:
        set_backbone(
            model,model_name=CFG.MODEL,
            is_tiny=CFG.IS_TINY,frozen=True)
    elif epoch==20:
```

```
    set_backbone(
        model,model_name=CFG.MODEL,
        is_tiny=CFG.IS_TINY,frozen=False)
for step, (images, labels) in enumerate(train_dataset):
    ......
```

8.2　動態模式訓練

使用動態模式對神經網路進行訓練的好處是，我們可以很方便地透過 Python 的邏輯控制實現更為複雜的訓練行為定義和豐富的訓練資料提取。在動態模式下，我們希望不僅能使神經網路實現基本的損失函式梯度下降和神經網路的參數收斂，而且能監控訓練過程產生的許多資料。

8.2.1　監控指標的設計和日誌儲存

開發者需要定義好訓練過程所需要提取的關鍵指標，關鍵指標主要有兩類：多種度量方式下的具體損失值和正負樣本數量。這裡定義一個 SEL_LOSSES 變數，它是一串列我們使用它作為一個容器，將它作為參數傳遞給損失函式，使損失函式按照這個容器內所指定的關鍵字傳回具體的損失值或正負樣本統計結果。程式如下。

```
SEL_LOSSES=[
    'pos_cnt','neg_cnt',
    'xy_loss','wh_loss',
    'giou_loss','diou_loss','ciou_loss',
    'obj_loss_pos','obj_loss_neg',
    'class_loss']
```

其中，'pos_cnt' 和 'neg_cnt' 分別表示送入損失函式的前景樣本數量和背景樣本數量，'obj_loss_pos' 和 'obj_loss_neg' 分別表示前景的損失值和背景的損失值。開發者可以根據需要，刪除開關內的關鍵字。需要特別注意的是，在正式訓練（靜態模式訓練）階段，神經網路輸出的這些監控指標其實並不是全部都需要。

　　由於神經網路輸出的是 2 個或 3 個解析度下的預測矩陣，所以這些監控指標
也分為不同的解析度。我們設計一個網格，既能儲存某解析度下的某個指標，也能
按照指標維度進行統計，還能按照解析度維度進行統計。每個解析度的指標被列為
一行，多解析度形成多行。在網格的最後增加一列，該列元素儲存每個解析度的損
失值之和；在網格的最後增加一行，該行元素儲存每個指標在不同解析度下的和。
程式如下。

```python
def meshgrid_metrics_name(IS_TINY=False,NAMES=None):
    if IS_TINY==False:
        row_names=['low_res','med_res','high_res','all_res']
    elif IS_TINY==True:
        row_names=['low_res','med_res','all_res']
    if NAMES==None:
        NAMES=[
            'pos_cnt','neg_cnt',
            'xy_loss','wh_loss',
            'giou_loss','diou_loss','ciou_loss',
            'obj_loss_pos','obj_loss_neg',
            'class_loss']
    column_names=NAMES+['all_losses']
    metrics_names=[['/'.join([i,j]) for j in column_names] for i in row_names]
    return metrics_names
```

　　動態模式下訓練的多指標資料名稱陣列如圖 8-3 所示。圖中的多指標資料排列
中，只有深色部分的資料來源於損失函式，其餘淺色部分的資料是統計計算的結
果，是按照行或列累加後計算所得的數值。

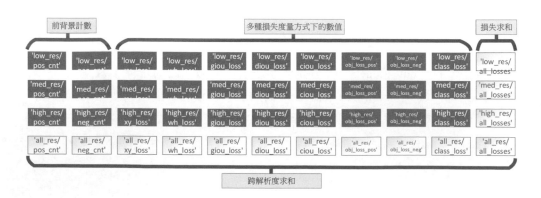

▲ 圖 8-3 動態模式下訓練的多指標資料名稱陣列

　　相應地，我們需要根據多指標結構，對損失函式輸出的資料進行對應的補充處理，使得資料的數值與多指標資料排列結構相同。假設將一個解析度的多個損失值組成一個串列，將多個解析度的串列組成一個串列 esult_list，那麼經過函式處理，將屬於損失值的數值按行進行累加，將不同解析度的數值按列進行累加。程式如下。

```python
def preprocess_metrics_output(result_list,NAMES=None):
    metrics_matrix=tf.convert_to_tensor(result_list)
    if NAMES==None:
        NAMES=['pos_cnt','neg_cnt',
                        'xy_loss','wh_loss',
                        'giou_loss','diou_loss','ciou_loss',
                        'obj_loss_pos','obj_loss_neg',
                        'class_loss']
    losses=[]
    for i, name in enumerate(NAMES):
        if 'loss' in name:
            # print(i)
            losses.append(metrics_matrix[:,i:i+1])
    _=tf.concat(losses,axis=-1)
    reduce_losses_sum=tf.reduce_sum(_,keepdims=True,axis=-1)
    metrics_matrix=tf.concat(
         [metrics_matrix,reduce_losses_sum],axis=-1)
    reduce_res_sum=tf.reduce_sum(
        metrics_matrix,keepdims=True,axis=0)
    output=tf.concat([metrics_matrix,reduce_res_sum],axis=0)
    return output
```

　　設計一個簡單的測試，透過輸入 / 輸出對比，確認損失值和前背景計數是否正確累加。

```python
if __name__=='__main__':
    a=tf.cast([1,2,3,4,5,6,7,8,9,10],dtype=tf.float32);
    b=tf.ones((10));c=tf.ones((10))
    d=preprocess_metrics_output([a,b,c])
    print(tf.convert_to_tensor([a,b,c]).numpy())
    print(d.numpy())
```

輸出如下。

```
[[ 1.  2.  3.  4.  5.  6.  7.  8.  9. 10.]
 [ 1.  1.  1.  1.  1.  1.  1.  1.  1.  1.]
 [ 1.  1.  1.  1.  1.  1.  1.  1.  1.  1.]]

[[ 1.  2.  3.  4.  5.  6.  7.  8.  9. 10. 52.]
 [ 1.  1.  1.  1.  1.  1.  1.  1.  1.  1.  8.]
 [ 1.  1.  1.  1.  1.  1.  1.  1.  1.  1.  8.]
 [ 3.  4.  5.  6.  7.  8.  9. 10. 11. 12. 68.]]
```

根據多指標資料陣列的設計原理，輸入資料的第 1 列和第 2 列儲存的是正負樣本的計數，第 2 ～ 10 列儲存的是損失值，從輸出結果看正負樣本並沒有被累加進總的損失值中，並且輸出資料的排列結構和指標名稱陣列的結構一一對應，輸出資料計算無誤。

在訓練神經網路時，我們需要記錄不同訓練階段的各個指標，這就需要使用 TensorFlow 的高階 Metric 物件，這裡我們使用用於計算平均值的 Metric 物件，物件數量等於指標名稱陣列 metrics_names 的元素個數。新建的這些 Metric 物件的程式如下。

```python
def create_metrics(metrics_names):
    I = len(metrics_names)
    J = len(metrics_names[0])
    metrics_matrix=[[None for j in range(J)] for i in range(I)]
    for i in range(I):
        for j in range(J):
            metrics_name=metrics_names[i][j]
            metrics_matrix[i][j]=tf.keras.metrics.Mean(
                metrics_name,dtype=tf.float32)
    return metrics_matrix
```

使用了 TensorFlow 的高階 Metric 物件，我們就可以使用 Metric 物件的 update 和 reset 成員函式對指標進行更新。更新這些 Metric 物件程式如下。其中，losses_matrix 來自 preprocess_metrics_output 函式的輸出結果。

```python
def update_state_metrics(losses_matrix,metrics_matrix):
    I,J=losses_matrix.shape.as_list()
```

```
    for i in range(I):
        for j in range(J):
            metrics_matrix[i][j].update_state(
                losses_matrix[i][j])
    return None
def reset_metrics(metrics_matrix):
    I = len(metrics_matrix)
    J = len(metrics_matrix[0])
    for i in range(I):
        for j in range(J):
            metrics_matrix[i][j].reset_states()
    return None
```

為了更進一步地監控各個指標的動態趨勢，我們還可以將這些指標寫入磁碟的記錄檔，方便使用 TensorBoard 進行可互動查看。由於這些指標都是純量，所以我們使用 tf.summary. scalar 函式進行純量寫入，在函式的最後不要忘記使用記錄檔控制碼的 flush 方法及時更新，以便我們在 TensorBoard 網頁視窗內隨時查看最新寫入的指標資料。寫入的記錄檔控制碼為 file_writer，寫入資料的水平座標編號用 epoch 變數儲存，這些都在 write_scalars 函式的輸入介面處進行命名。將 Metric 物件數值寫入磁碟的程式如下。

```
def write_scalars(metrics_matrix,metrics_names,
                  file_writer,epoch):
    I = len(metrics_matrix)
    J = len(metrics_matrix[0])
    with file_writer.as_default():
        for i in range(I):
            for j in range(J):
                tf.summary.scalar(
                    metrics_names[i][j],
                    metrics_matrix[i][j].result(),
                    step=epoch)
    file_writer.flush()
    return None
```

建構好這些函式後，我們就可以在動態模式訓練前新建指標名稱陣列、Metric 陣列、記錄檔控制碼了。對於記錄檔控制碼，我們為訓練和驗證提供不同的記錄檔控制碼，分別為 file_writer_train 和 file_writer_val。新建 Metric 物件的程式如下。

請讀者注意,這兩個控制碼所寫入的磁碟檔案位於 CFG.TBLOG_DIR_EAGERTF_
MODE 所指示的同一個磁碟資料夾下,這是日誌寫入的規範,方便 TensorBoard
後期讀取;另外,記錄訓練資料的 Metric 物件和記錄評估資料的 Metric 物件的命
名都使用了 metrics_names,這表示訓練和評估時所記錄的 Metric 物件是名稱相同
的,這樣做的好處是,可以讓「train」和「val」所產生的名稱相同曲線被畫在同
一張變化趨勢圖上,方便開發者進行視覺化對比。

```
metrics_names=meshgrid_metrics_name(
    CFG.IS_TINY,NAMES=SEL_LOSSES)
metrics_matrix=create_metrics(metrics_names)
val_metrics_matrix=create_metrics(metrics_names)
avg_loss = tf.keras.metrics.Mean(
    'total/avg_loss', dtype=tf.float32)
val_avg_loss = tf.keras.metrics.Mean(
    'total/val_avg_loss', dtype=tf.float32)

file_writer_train = tf.summary.create_file_writer(
    CFG.TBLOG_DIR_EAGERTF_MODE+'/train')
file_writer_val = tf.summary.create_file_writer(
    CFG.TBLOG_DIR_EAGERTF_MODE+'/val')
file_writer_train.set_as_default()
file_writer_val.set_as_default()
```

8.2.2　動態模式下神經網路的訓練和偵錯

　　對於標準版 YOLO 和簡版 YOLO,分別有 3 個解析度和 2 個解析度,相應地
要建立 3 個損失函式和 2 個損失函式。將損失函式組成一串列這樣 TensorFlow 會
自動根據輸出的 3 個 /2 個資料元組,與 3 個 /2 個損失函式清單 loss_funcs 自動逐
一對應。程式如下。

```
if CFG.IS_TINY==True:
    compute_loss_low_res = create_loss_func(
        ANCHORS_low_res,LOSSES=SEL_LOSSES)
    compute_loss_med_res = create_loss_func(
        ANCHORS_med_res,LOSSES=SEL_LOSSES)
    loss_funcs=[compute_loss_low_res,compute_loss_med_res]
else:
```

```
compute_loss_low_res = create_loss_func(
    ANCHORS_low_res,LOSSES=SEL_LOSSES)
compute_loss_med_res = create_loss_func(
    ANCHORS_med_res,LOSSES=SEL_LOSSES)
compute_loss_hi_res = create_loss_func(
    ANCHORS_hi_res,LOSSES=SEL_LOSSES)
loss_funcs=[compute_loss_low_res,
            compute_loss_med_res,
            compute_loss_hi_res]
```

在最佳化器方面，選擇最簡單且最有效的 Adam 最佳化器，開發者也可以根據自己的需要調整最佳化器類型。程式如下。

```
optimizer = tf.keras.optimizers.Adam(lr=CFG.LEARNING_RATE)
```

使用動態模式訓練神經網路，開發者需要建構週期迴圈和批次迴圈。在每個週期迴圈中，將全部的資料集進行一次全集合迭代，週期迴圈結束後，需要對指標記錄器進行重置。在每個批次迴圈中，首先記錄每個批次的總損失值 total_loss 和可訓練變數，然後計算總損失值對可訓練變數的梯度，最後使用最佳化器對神經網路內部的可訓練變數進行梯度方向上的最佳化。這裡設置了一個負責儲存批次編號（步數編號）的 global_step 變數，這樣記錄檔記錄的每個批次的指標數值都有一個批次編號與其對應，並且在進入下一個週期迴圈時，開發者可以手工撰寫程式，使批次編號繼續遞增而不會重置為 0。程式如下。

```
global_step=-1
for epoch in range(1, CFG.EPOCHS + 1):
    ......

    for step, (images, labels) in enumerate(train_dataset):
        global_step+=1
        print("\n step:{}".format(step))
        with tf.GradientTape() as tape:
            outputs = model(images, training=True)
            regularization_loss = tf.reduce_sum(model.losses)
            losses=[loss_fn(label,output)
                    for output, label, loss_fn
                    in zip(outputs, labels, loss_funcs)]
            losses_matrix=preprocess_metrics_output(
                losses,SEL_LOSSES)
```

```
        total_loss=losses_matrix[
            -1,-1]+regularization_loss
    grads = tape.gradient(
        total_loss, model.trainable_variables)
    grad_nan=tf.reduce_sum(
        [tf.reduce_sum(grads_i) for grads_i in grads])
    if tf.math.is_nan(grad_nan):
        print('grads nan!!!')
    optimizer.apply_gradients(
        zip(grads, model.trainable_variables))
    print('epoch:{}, step:{}, total_loss:{}'.format(
            epoch, step,total_loss.numpy().round(4)))
    print("losses_matrix",losses_matrix)
```

　　每個批次迴圈中的梯度計算都會進行資料合理性判定，如果梯度計算中出現 NaN 或 INF 的情況，那麼系統及時停止迴圈、顯示出錯，此時就可以利用動態模式訓練的優勢，對開發整合環境所暫存的各個變數進行仔細的檢查。由於整合環境中儲存了大量的指標，開發者甚至可以查看是哪個指標引起 NaN，是哪個解析度上的資料計算鏈條錯誤，引發了 NaN 擴散現象。

　　對於驗證集的動態模式驗證也類似，只是不需要對損失值計算梯度，只需要將各類損失和指標進行更新和寫入日誌即可。程式如下。

```
for step, (val_images, val_labels) in enumerate(val_dataset):
    val_global_step+=1
    val_outputs = model(val_images,training=False)
    val_regularization_loss = tf.reduce_sum(model.losses)
    val_losses = []
    for val_output, val_label, loss_fn in zip(
            val_outputs, val_labels, loss_funcs):
        val_losses.append(loss_fn(val_label,val_output))
    val_losses_matrix=preprocess_metrics_output(
        val_losses,SEL_LOSSES)
    val_total_loss = val_losses_matrix[-1,-1] + \
        val_regularization_loss
    print(
        '\r',"VAL - epoch:{:03d} step:{:04d} val_total_loss:{:.6f}". format(
            epoch, step, val_total_loss.numpy()), end='\r')
```

將訓練集和驗證集遍歷各個關鍵指標並寫入記錄檔。程式如下。

```
global_step=-1
for epoch in range(1, CFG.EPOCHS + 1):
    ......
    for step, (images, labels) in enumerate(train_dataset):
        global_step+=1
        ......
        # 開始寫入批次指標資料
        update_state_metrics(losses_matrix,metrics_matrix)
        write_scalars(
            metrics_matrix,metrics_names,
            file_writer_train,global_step)
        file_writer_train.flush()
        avg_loss.update_state(total_loss)

    reset_metrics(metrics_matrix)# 開始寫入週期指標資料
    with file_writer_train.as_default():
            tf.summary.scalar(
                'total_loss',avg_loss.result(),step=epoch)
    file_writer_train.flush()
    avg_loss.reset_states()

    for step,(val_images,val_labels) in enumerate(
            val_dataset):
        ......
        val_global_step+=1
        update_state_metrics(
            val_losses_matrix,val_metrics_matrix)
        write_scalars(
            val_metrics_matrix,metrics_names,
            file_writer_val,val_global_step)
        file_writer_val.flush()
        val_avg_loss.update_state(val_total_loss)

    reset_metrics(val_metrics_matrix)
    with file_writer_val.as_default():
        tf.summary.scalar(
            'total_loss',val_avg_loss.result(),step=epoch)
```

```
file_writer_val.flush()
val_avg_loss.reset_states()
val_global_step=global_step
```

啟動動態模式訓練後，可以透過互動介面看到每個批次資料訓練的各項指標。
互動介面輸出如下。

```
......
step:1257
2022-05-19 15:21:02 epoch:15, step:1257, total_loss:49.489498138427734
losses_matrix tf.Tensor(
[[    1.5          745.5          0.6566707      0.12298211
       0.20423235    0.05425854    1.0381438 ]
 [    2.5          3039.5         1.7559586      0.5408696
       0.04197795    3.3967195     5.7355256 ]
 [    0.           12288.         0.             0.
       0.11722418    0.            0.11722418]
 [    4.           16073.         2.4126291      0.66385174
       0.3634345     3.450978      6.8908935 ]], shape=(4, 7), dtype=float32)

 step:1258
2022-05-19 15:21:03 epoch:15, step:1258, total_loss:46.68619918823242
losses_matrix tf.Tensor(
[[    1.5          720.          0.5044115      0.11840896
       0.11807875    0.16446947    0.9053687 ]
 [    0.5          3063.5         0.18811841     0.33444571
       0.02931922    1.8046079     2.356491  ]
 [    1.           12281.5        0.52721083     0.18604809
       0.05630372    0.05637211    0.82593477]
 [    3.           16065.         1.2197407      0.6389028
       0.20370167    2.0254495     4.087795  ]], shape=(4, 7), dtype=float32)

 step:1259
2022-05-19 15:21:04 epoch:15, step:1259, total_loss:43.05099868774414
losses_matrix tf.Tensor(
[[    1.           734.5          0.22612381     0.01942621
       0.1321907     0.02155579    0.39929652]
 [    0.           3072.          0.             0.
       0.01322163    0.            0.01322163]
```

```
[    0.          12288.          0.            0.
     0.04031147    0.            0.04031147]
 [    1.          16094.5        0.22612381    0.01942621
     0.18572381    0.02155579    0.45282963]], shape=(4, 7), dtype=float32)
......
```

由於設置了 tf..summary 日誌寫入和及時刷新，所以開始訓練以後（在第一個週期完成、第一個驗證開始時），就可以很快透過 TensorBoard 看到訓練指標資料，當第一個驗證週期結束時，也可以很快檢測到驗證指標資料。第一個週期內的多指標資料監控如圖 8-4 所示。有賴於 TensorFlow 提供的日誌追蹤和互動機制，我們可以透過資料圖表看到，在訓練的初期，負樣本的數量最多，因此負樣本的訓練效果最為明顯，巨觀的表現就是負樣本損失值下降最為明顯。

雖然只採用 CIOU 作為損失函式，但從圖 8-4 中可見，在訓練的第一個週期內，引起損失函式快速下降的是負樣本（背景）損失值，而且其他損失值（交並比損失、分類損失、正樣本損失）並沒有明顯下降，並且由於採用的是公開的 PASCAL VOC 資料集，所以高、中、低 3 個解析度的矩形框數量基本均衡，3 個解析度的損失值下降速度也基本一致。

訓練日誌動態曲線顯示：在訓練初期，負樣本損失值下降最為明顯

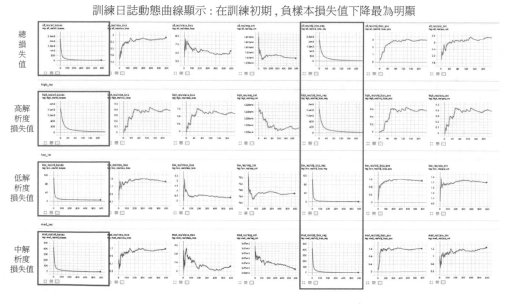

▲ 圖 8-4 第一個週期內的多指標資料監控（水平座標為批次）

持續監控 10 個週期，在 10 個週期內大約執行了 3 萬個批次的訓練，總損失值持續下降。查看此時總損失值下降的原因，可以看到是分類損失值和正樣本損失值的下降引發的總損失值下降。分類損失值下降表示神經網路在物體分類方面得到良好訓練；正樣本損失值下降表示神經網路在物體檢出方面得到良好訓練。雖然 CIOU 損失值也在持續下降，但在不同解析度下的下降速度不一致，以低解析度 CIOU 損失值下降最為明顯，可見神經網路在低解析度下（大尺寸矩形框）的預測準確率正在持續提升。第 10 個週期內的多指標資料監控如圖 8-5 所示（圖中被放大的曲線圖的水平座標為週期，未被放大的曲線圖的水平座標為批次）。

由於每次樣本被隨機打亂後，樣本順序不可能相同，所以每次模型收斂的速度和先後也會略有不同。如果開發者每次訓練使用相同的資料集，那麼大致都會呈現一個略有先後的收斂速度和最終收斂結果。如果開發者使用自己的資料集，而這個資料集恰好又在某個解析度特別富集、某個解析度特別稀少的情況下，可能就會發生不同解析度的收斂速度不一致的情況。從總的損失值看，在第 15 個週期出現了驗證集的指標最低值，之後雖然訓練集的損失值持續下降，但驗證集的指標在第 20 個週期時就已經停止下降，如圖 8-6 所示（圖中被放大的曲線圖的水平座標為週期，未被放大的曲線圖的水平座標為批次）。

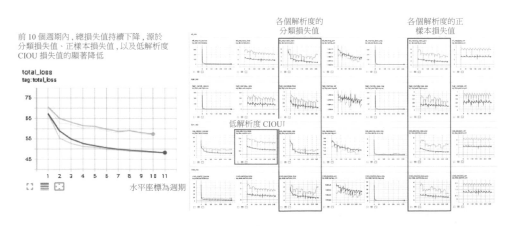

▲ 圖 8-5 第 10 個週期內的多指標資料監控

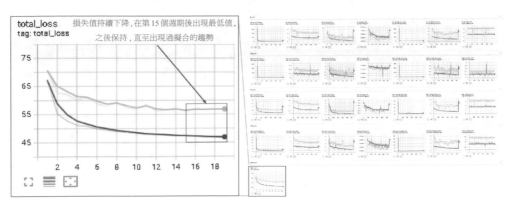

▲ 圖 8-6　評估指標在第 15 個週期後停止下降並出現過擬合趨勢

　　之所以此時出現過擬合的趨勢，是因為我們將擁有大量神經元的骨幹網路進行了凍結，神經網路中可訓練的部分僅是特徵融合和預測的子網路。這些子網路的參數量較少，擬合能力有限。所以在神經網路經過凍結和訓練 20 個週期之後，就一定要將骨幹網路解凍，進入神經網路的微調（Fine Tune）訓練階段。

　　至此，我們透過動態模式訓練，確認了神經網路訓練的程式可正常執行，並且找到了當前資料集下的凍結骨幹網路的損失最小值和過擬合時刻（第 15 個週期到第 20 個週期之間均可，但不宜遲於第 20 個週期），接下來我們需要做的就是進入靜態模式訓練，並使神經網路在過擬合到來的那個週期及時解凍骨幹網路，對整個神經網路進行微調訓練。開發者可以根據自己的總損失值和各指標細項的收斂最小值和過擬合時刻，折中確定神經網路的最佳解凍時刻。

8.3　訓練中非法數值的監控和偵錯

　　在神經網路訓練中，可能會出現 NaN 或 INF 的情況，遇到這種非法數值時，TensorFlow 並不會停止計算而是會使非法數值繼續進行計算。若非法數值的情況發生擴散，則必然會導致後續計算得出的損失值都變成 NaN，甚至由於梯度下降演算法的梯度傳遞和權重更新，導致整個神經網路的全部參數都變成 NaN。常見的引發訓練過程中出現 NaN 或 INF 現象的原因及說明如表 8-2 所示。

→ 表 8-2　常見的引發訓練過程中出現 NaN 或 INF 現象的原因及說明

原因	說明
運算元超定義域	神經網路的資料格式具有一定的動態範圍，指數、對數除法等運算元可能引起超動態範圍
不合格的運算元	穩定性較差的運算元（特別是自訂運算元）極可能對極端情況無法進行判斷和處理，引發 NaN 或 INF 現象。開發者應當特別注意，定義運算元中的自訂梯度能否應對過程資料超定義域的情況
梯度爆炸	在神經網路設計過程中，梯度的期望值若從 1 附近偏移到 0 附近，則會發生梯度消失；若偏移到遠大於 1 的數，則會發生梯度爆炸
「髒」資料	良好的「乾淨」資料會使神經網路的梯度和損失值逐漸變小，但「無效資料」會使神經網路的梯度和損失值瞬間變大，若超出資料表達的上限，則會發生 INF 現象

8.3.1　發現和監控非法數值計算結果

我們應當及時發現 NaN 或 INF 的非法數值現象，具體方法有兩個。

第一個方法是使用 enable_check_numerics 函式，開啟 TensorFlow 的全域非法數值核對機制。TensorFlow 預設該機制是關閉的，所以對於超出定義域的計算行為，能給出 NaN 或 INF 的計算結果，並沒有給開發者任何提示，如以下案例。

```
x = tf.cast([[0.0, 88.0], [-3.0, 89.0]],dtype=tf.float32)
print(tf.math.sqrt(x).numpy())
print(tf.math.log(x).numpy())
print(tf.math.exp(x).numpy())
```

雖然輸出正常，但是計算結果中出現 NaN 或 INF 的非法結果，如下所示。

```
[[0.         9.380832]
 [    nan 9.433981]]

[[    -inf 4.477337 ]
 [     nan 4.4886365]]

[[1.0000000e+00 1.6516363e+38]
 [4.9787067e-02         inf]]
```

如果開啟非法數值核對機制，那麼 TensorFlow 會在非法數值出現時拋出 InvalidArgumentError 錯誤類型並出現例外數值的輸入資料和對應運算元。程式如下。

```
tf.debugging.enable_check_numerics()
print(tf.math.sqrt(x).numpy())
print(tf.math.log(x).numpy())
print(tf.math.exp(x).numpy())
```

對於對負數求平方根的情況，會出現以下錯誤訊息。

```
InvalidArgumentError:

!!! Detected Infinity or NaN in output 0 of eagerly-executing op "Sqrt" (# of outputs: 1)
!!!
  dtype: <dtype: 'float32'>
  shape: (2, 2)
  # of +NaN elements: 1

  Input tensor: tf.Tensor(
[[ 0. 88.]
 [-3. 89.]], shape=(2, 2), dtype=float32)

 : Tensor had NaN values [Op:CheckNumericsV2]
```

對於對負數和 0 求對數的情況，會出現以下錯誤訊息。

```
InvalidArgumentError:

!!! Detected Infinity or NaN in output 0 of eagerly-executing op "Log" (# of outputs: 1)
!!!
dtype: <dtype: 'float32'>
shape: (2, 2)
# of -Inf elements: 1
# of +NaN elements: 1

Input tensor: tf.Tensor(
[[ 0. 88.]
[-3. 89.]], shape=(2, 2), dtype=float32)

 : Tensor had -Inf and NaN values [Op:CheckNumericsV2]
```

現有一個指數超出動態範圍的數，對於求其指數的情況，如在浮點 32 位元情況下，以自然數 e 為底，指數達到 89，就會出現 INF 的非法數值現象。

```
InvalidArgumentError:

!!! Detected Infinity or NaN in output 0 of eagerly-executing op "Exp" (# of outputs: 1)
!!!
  dtype: <dtype: 'float32'>
  shape: (2, 2)
  # of +Inf elements: 1

  Input tensor: tf.Tensor(
[[ 0. 88.]
 [-3. 89.]], shape=(2, 2), dtype=float32)

 : Tensor had +Inf values [Op:CheckNumericsV2]
```

第二個監控非法數值的方法就是撰寫函式程式進行監控。舉例來說，一般在損失函式的頭尾，使用 tf.math.is_inf 函式和 tf.math.is_nan 函式來監控非法數值。這些函式將核對神經網路輸出的樣本預測矩陣 y_pred，並將核對結果以一個矩陣的形式進行輸出。核對結果輸出矩陣的形狀和 y_pred 矩陣的形狀一模一樣，並在非法數值出現的位置出現 True，在合法數值的位置出現 False。結合 tf.reduce_any 函式就可以實現條件判斷，結合 tf.where 函式就可以實現非法數值位置的追蹤。此外，我們也可以用同樣的方法監控損失函式處理的異常值。樣例程式如下。

```
def create_loss_func(any_res_anchors,LOSSES=None):
    def compute_loss(y_true,y_pred,  IOU_LOSS_THRESH=0.5):
        if tf.reduce_any(tf.math.is_inf(y_pred)):
            decode_output=y_pred
            indices = tf.where(tf.math.is_inf(decode_output))
            tf.print("y_pred inf cnt:",tf.shape(indices))
            ......
        if tf.reduce_any(tf.math.is_nan(y_pred)):
            indices = tf.where(tf.math.is_nan(y_pred))
            tf.print("y_pred nan cnt:",tf.shape(indices))
            ......
        # ====================
        ......
```

```
    # ====================
    if tf.reduce_any(losses>30000.):
        indices = tf.where(losses>30000.)
        tf.print(indices)
        tf.print("y_pred TOO BIG cnt:",tf.shape(indices))
        tf.print('losses',losses)
    if tf.reduce_any(tf.math.is_inf(losses)):
        indices = tf.where(tf.math.is_inf(losses))
        tf.print(indices)
        tf.print("y_pred INF cnt:",tf.shape(indices))
        tf.print('INF - losses',losses)
    if tf.reduce_any(tf.math.is_nan(losses)):
        indices = tf.where(tf.math.is_nan(losses))
        tf.print(indices)
        tf.print("y_pred NaN cnt:",tf.shape(indices))
        tf.print('NAN - losses',losses)
    return loss_total_batchMean
```

8.3.2　計算結果出現非法數值的原因和對策

　　神經網路的自訂訂製程度越深，出現非法數值的機率越高。如果發現非法數值，那麼需要尋找引發非法數值的原因。在神經網路的計算中，出現輸入資料超出運算元定義域的情況，會出現 NaN 非法數值。當計算結果超出當前精度能表達的資料範圍時，會引發 INF（無窮）非法數值。從經驗看，經常導致非法數值的情況包括但不限於，除以 0、求負數對數 log、對大數值求指數 exp。遇到運算元輸入動態範圍的確可能超出運算元定義域的情況時，可以使用相應的 TensorFlow 的安全運算元進行前置處理。

　　舉例來說，某個節點的輸出需要進行被除運算時，可以使用 tf.math.divide_no_nan 安全除法函式，當出現除以 0 的情況時，函式將輸出 0，而不會輸出 INF 或 NaN。對於對數和指數運算，可以使用 tf.clip_by_value 函式對輸入資料的動態範圍進行鉗制，避免超出運算元定義域的情況發生。對於交並比演算法這類不可避免的需要除以 0 的場景，運用 divide_no_nan 安全除法的樣例程式如下。

```
x = tf.cast([[0.0, 88.0], [-3.0, 89.0]],dtype=tf.float32)
print((1.0/x).numpy())
```

```
print(tf.math.divide_no_nan(1.0,x).numpy())
```

輸出如下。

```
[[         inf  0.01136364]
 [-0.33333334  0.01123596]]

[[ 0.          0.01136364]
 [-0.33333334  0.01123596]]
```

可見，除以 0 的結果已經被替換為 0，而非 INF。

對於不可避免的需要對負數進行開根號或對非正數求對數的情況，可以使用 tf.clip_ by_value 函式，將輸入資料的動態範圍鉗制在相應資料精度的無限小和最大值之間。其中，浮點 32 位元的無限小可以透過 tf.keras.backend.epsilon() 獲得，浮點 32 位元的最大值可以透過 tf.float32.max 獲得。案例程式如下。

```
x = tf.cast([[0.0, 88.0], [-3.0, 89.0]],dtype=tf.float32)
x_hat=tf.clip_by_value(x,tf.keras.backend.epsilon(),tf.float32.max)
print('clip_by_value:',x_hat)
print(tf.math.sqrt(x_hat).numpy())
print(tf.math.log(x_hat).numpy())
```

輸出如下。

```
clip_by_value: tf.Tensor(
[[ 0.0000001 88.        ]
 [ 0.0000001 89.        ]], shape=(2, 2), dtype=float32)
[[0.00031623 9.380832  ]
 [0.00031623 9.433981  ]]
[[-16.118095    4.477337 ]
 [-16.118095    4.4886365]]
```

可見，0 和負數已經被鉗制在平方根函式和對數函式的合理定義域範圍內，從而避免了 NaN 的情況發生。

對於不可避免的需要對一個較大的數進行指數運算的情況，可以使用 tf.clip_ by_value 函式，把輸入資料的動態範圍鉗制在相應資料精度的負無限小和 88.72 之間。其中，浮點 32 位元的負無窮可以透過 tf.float32.min 獲得。案例程式如下。

```
x = tf.cast([[0.0, 88.0], [-3.0, 89.0]],dtype=tf.float32)
x_hat=tf.clip_by_value(x,tf.float32.min,88.72)
print('clip_by_value:',x_hat)
print(tf.math.exp(x_hat))
```

輸出如下。

```
clip_by_value: tf.Tensor(
[[ 0.    88.   ]
 [-3.    88.72]], shape=(2, 2), dtype=float32)
tf.Tensor(
[[1.0000000e+00 1.6516363e+38]
 [4.9787067e-02 3.3931806e+38]], shape=(2, 2), dtype=float32)
```

可見，導致出現 INF 的 exp(89) 已經被鉗制在 exp(88.72)，所以不會出現 INF 的運算結果。

了解了導致計算結果出現 NaN 或 INF 情況的原因，就需要考察神經網路訓練中，哪些環節可能導致出現這種非法數值的情況。一般來說，有 3 個環節的問題可能導致神經網路訓練過程的 NaN 或 INF 現象。

神經網路前向計算過程中自訂運算元可能導致前向計算時產生非法資料。一般情況下，優先選用 TensorFlow 的 Keras 高階層物件，它們能很有效地幫助我們規避 NaN 或 INF 現象，計算結果異常的情況一般發生在開發者自訂的自訂層。建議開發者關注自訂層（如 YOLO 神經網路的解碼網路部分）的過程數值的動態範圍，它們極有可能發生不安全計算行為。使用 Keras 的高階 API 層物件在某些特定時間也無法完全規避非法數值的出現。舉例來說，批次歸一化層對於推理階段的資料白化處理，需要除以滑動平均方差，在權重載入錯誤的情況下，滑動平均方差可能會出現 0，因此資料白化處理可能會出現除以 0 而產生 INF 的情況。遇到這種情況，開發者需要手動處理，提取可疑層的參數，確認異常來源。

自訂損失函式計算過程中也可能產生非法計算結果。神經網路的輸出資料一般是具有當前資料精度的負無窮到正無窮的動態範圍，如浮點 32 位元情況下，神經網路的輸出動態範圍是 [-3.4028235e+38, 3.4028235e+38]。如果神經網路的輸出緊接著一個 exp 指數運算，那麼只要輸入資料 x 大於 88.72284，就一定會造成 exp(x) 運算元輸出 INF 的情況。對於開根號、對數運算也類似，只是定義域範圍略有不同而已。

　　神經網路的梯度計算過程中也可能產生非法計算結果。梯度計算產生 NaN 的根本原因是眾所皆知的梯度爆炸。相比起梯度消失，其實梯度爆炸更容易處理。因為當梯度消失現象發生時，層內部參數的梯度會逐漸趨近於 0，趨近於 0 的梯度和正常梯度混合在一起，較難發現。但如果發生梯度爆炸，那麼一定是神經網路某一層的某一個參數或某一列參數出現 INF，這個非法數值隨著連鎖律求導法則的推進，進而「感染」與其存在函式關係的後續層的梯度，導致後續層的參數更新為 NaN。由於梯度計算是 TensorFlow 自動進行的，因此開發者較難偵錯，但可以透過以下程式追蹤神經網路中第一個出現非法數值梯度的層，以便進行故障排除。

　　假設在動態模式下進行訓練，並在梯度出現非法數值時觸發停止程式。此時的所有可訓練變數的梯度儲存在 grads 中。grads 是一串列其中的元素的數量等於可訓練層的可訓練矩陣的數量。此時可以對 grad 串列的全部梯度矩陣逐一核對，確定是否出現 NaN 或 INF 現象，以及可訓練變數的矩陣形狀。樣例程式如下。

```
cnt_grads_nan=[(tf.reduce_any(tf.math.is_nan(grad)).numpy(),
          grad.shape.as_list())
        for grad in grads if grad is not None]
cnt_grads_inf=[(tf.reduce_any(tf.math.is_inf(grad)).numpy(),
          grad.shape.as_list())
        for grad in grads if grad is not None]
print(tf.where(tf.math.is_nan(grads[218][0,0,:,:])))
print(tf.where(tf.math.is_nan(grads[219])))
```

　　使用整合程式設計環境查看 NaN 和 INF 的核對結果。可以發現此時在梯度傳播方向上的第 219 層和第 218 層首次出現 NaN 的梯度，自此往後尚未出現 NaN，但如果此時進行梯度下降演算法應用，那麼神經網路的參數和梯度全部都會變成 NaN。開發者應當及時查詢 NaN 出現的時間特徵和位置特徵，結合神經網路運算元的動態範圍和梯度特點，定位問題所在。舉例來說，在 CIOU 的計算中，v 參數對長寬的導數計算中有一個倒數的因數，在長寬數值很小時，很容易導致除以一個更小的數，從而產生一個極大的數，最終使計算結果超出當前精度的動態範圍。正是因為需要避免遇到此情況，所以 CIOU 的論文中及本書的樣例程式中不得不使用自訂梯度的運算元，使 v 的梯度乘以「歸一化的長寬平方和」（「歸一化的長寬平方和」是一個遠小於 1 的正數，乘以它相當於縮小 v 的梯度）以後，再向後傳遞梯度。雖然此時的梯度不準確，但並不影響梯度最佳化的方向。以作者所遇到的真實案例為例，此時第 219 層的 75 個可訓練變數的某一個梯度出現了 NaN，第 218 層的 512×75 個可訓練變數的某一列出現了 NaN，根據矩陣求導法則和演算法中的引數關係，定位到出現問題的原因是矩形的長寬計算，從而找到 CIOU 自訂梯度運算元的最佳化方案，如圖 8-7 所示。

另外，開發者應當謹慎並盡可能地避免大量使用 clip_by_value 函式。它固然可以避免 NaN 或 INF 計算結果的發生，但 clip_by_value 在鉗制數值的範圍外的導數是不可靠的，可能引起神經網路的大幅波動。因此，clip_by_value 函式一般僅在發現非法數值以後才會使用。

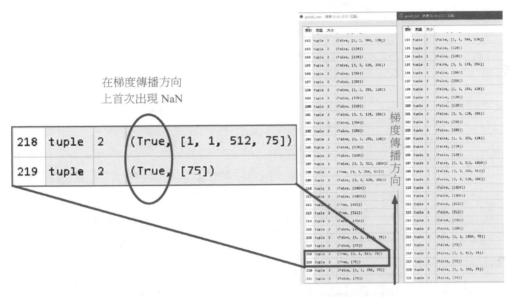

▲ 圖 8-7 首次出現梯度計算 NaN 的瞬間狀態追蹤

8.4 靜態模式訓練和 TensorBoard 監控

確認動態模式的訓練收斂無誤後，可以啟動靜態模式的訓練。靜態模式的訓練速度更快，在互動介面上的資訊管理更為簡潔。

首先使用同樣的方法新建不同解析度的相應損失函式，組合成損失函式清單 loss_funcs，然後使用同樣的 adam 最佳化器，進行模型的編譯。程式如下。

```
if CFG.IS_TINY==True:
    compute_loss_low_res = create_loss_func(ANCHORS_low_res,LOSSES=SEL_LOSSES)
    compute_loss_med_res = create_loss_func(ANCHORS_med_res,LOSSES=SEL_LOSSES)
    loss_funcs=[compute_loss_low_res,
                compute_loss_med_res]
else:
    compute_loss_low_res = create_loss_func(ANCHORS_low_res,LOSSES=SEL_LOSSES)
    compute_loss_med_res = create_loss_func(ANCHORS_med_res,LOSSES=SEL_LOSSES)
    compute_loss_hi_res = create_loss_func(ANCHORS_hi_res,LOSSES=SEL_LOSSES)
    loss_funcs=[compute_loss_low_res,
                compute_loss_med_res,
                compute_loss_hi_res]
optimizer = tf.keras.optimizers.Adam(lr=CFG.LEARNING_RATE)


model.compile(optimizer=optimizer,
              loss=loss_funcs,  )
```

　　設置 fit 訓練模式下的回呼函式，這裡新建 5 個回呼函式，這 5 個回呼函陣列成一串列第 1 個回呼函式是動態學習率調整的回呼函式。第 2 個回呼函式是早期停止回呼函式，早期停止回呼函式的高階 API 的「容忍度」（patience）參數被設置為 5，表示當驗證集的損失連續升高 5 個週期時標誌著過擬合現象發生，此時應當觸發停止訓練的操作。第 3 個回呼函式是檢查點自動儲存回呼函式，被設置為每個週期自動儲存檢查點，且使用損失函式值命名檢查點檔案名稱，方便後期辨識。第 4 個回呼函式是 TensorBoard 的自動日誌寫入回呼函式。第 5 個回呼函式是網路凍結和解凍的回呼函式。

　　網路凍結和解凍的回呼函式並無現成的 API 可呼叫，開發者可以利用自訂回呼，新建一個自訂的 FrozenCallback 的回呼類別，它繼承自 Keras 的回呼基礎類別。自訂的回呼類別只有兩個成員函式：初始化成員函式和週期開始成員函式。初始化成員函式中定義了兩個關鍵常數：froze_at 和 unfroze_at。froze_at 表示在訓練的第 froze_at 個週期凍結骨幹網路，unfroze_at 表示在訓練的第 unfroze_at 個週期解凍骨幹網路。

　　週期開始成員函式可以透過多載 on_epoch_begin 成員函式實現，週期開始成員函式內部定義了凍結或解凍骨幹網路的行為程式。注意，雖然訓練時程式列印介面顯示的 epoch 是從 1 開始計數的，但此處回呼函式的 epoch 是訓練機制內部的

epoch，是從 0 開始計數遞增的。兩個語境下的 epoch 的區別，可以從列印結果中看出端倪。程式如下。

```python
class FrozenCallback(tf.keras.callbacks.Callback):
    def __init__(self, froze_at=-1,unfroze_at=0):
        super(FrozenCallback, self).__init__()
        self.froze_at   = froze_at
        self.unfroze_at = unfroze_at
    def on_epoch_begin(self, epoch, logs=None):
        print("epoch:",epoch)
        if epoch==self.froze_at:
            set_backbone(
                self.model,model_name=CFG.MODEL,
                is_tiny=CFG.IS_TINY,frozen=True)
            tf.print(
                CFG.MODEL+('
                    _tiny' if CFG.IS_TINY==True else ''),
                ' is Freezed at epoch ',epoch,
                'until epoch ',self.unfroze_at-1)
        if epoch==self.unfroze_at:
            set_backbone(
                self.model,model_name=CFG.MODEL,
                is_tiny=CFG.IS_TINY,frozen=False)
            tf.print(
                CFG.MODEL+(
                    '_tiny' if CFG.IS_TINY==True else ''),
                ' is UN-Frozened at epoch ',epoch)
```

使用模型的 fit 方法設置訓練集和驗證集，設置訓練週期為 CFG. EPOCHS，設置回呼函式串列為 callbacks。在回呼函式串列中，網路凍結被設置在第 0 個週期，即第 0 ～ 19 個週期內的骨幹網路為凍結狀態，網路解凍被設置在第 20 個週期。程式如下。

```python
callbacks = [
    ReduceLROnPlateau(verbose=1),
    EarlyStopping(patience=5, verbose=1), # 若驗證集超過 5 個週期無改善，則停止訓練，也可以
將 patience 設置為 3
    ModelCheckpoint(('P07_peroid_cpkt_yolo/'+
                    CFG.MODEL_NAME+'/'+
```

```
                        CFG.MODEL_NAME+
                        '_train_{epoch:03d}'+
                        '_at_loss{loss:.5f}'+
                        '_valloss{val_loss:.5f}.tf'),
                    verbose=1,
                    save_weights_only=True,
                    # save_freq='epoch',# 每個週期都儲存一次
                    period=5,# 每間隔 5 個週期儲存一次
    TensorBoard(log_dir=CFG.TBLOG_DIR_FIT_MODE),
    FrozenCallback(froze_at=0,unfroze_at=20)
    ]
history = model.fit(train_dataset,
                    epochs=CFG.EPOCHS,
                    callbacks=callbacks,
                    validation_data=val_dataset)
```

開啟訓練後，互動視窗將訓練過程、檢查點儲存、動態學習率調整進行列印，列印輸出如下。

```
epoch: 0
yolov4 is Freezed at epoch 0 until epoch 15
Epoch 1/40
2859/2859 [==============================] - 1223s 419ms/step - loss: 50.6475 - Low_
Res_loss: 1.4797 - Med_Res_loss: 1.3638 - High_Res_loss: 1.6123 - val_loss: 48.8386 -
val_Low_Res_loss: 2.4689 - val_Med_Res_loss: 2.7700 - val_High_Res_loss: 0.9607 - lr:
0.0010
......
epoch: 4
Epoch 5/40
2859/2859 [==============================] - ETA: 0s - loss: 43.7119 - Low_Res_loss:
0.7134 - Med_Res_loss: 0.9781 - High_Res_loss: 0.4537
Epoch 5: saving model to P07_PeriodCpkt_yolo/yolov4/005\yolov4_train_005_at_
loss43.71186_valloss46.63668.tf
2859/2859 [==============================] - 1233s 430ms/step - loss: 43.7119 - Low_
Res_loss: 0.7134 - Med_Res_loss: 0.9781 - High_Res_loss: 0.4537 - val_loss: 46.6367 -
val_Low_Res_loss: 1.7235 - val_Med_Res_loss: 2.3151 - val_High_Res_loss: 1.0264 - lr:
0.0010
......
Epoch 40/40
```

```
2859/2859 [==============================] - ETA: 0s - loss: 42.3272 - Low_Res_loss:
0.3783 - Med_Res_loss: 0.4539 - High_Res_loss: 0.2353
Epoch 40: saving model to P07_PeriodCpkt_yolo/yolov4/040\yolov4_train_040_at_
loss42.32721_valloss44.71339.tf
2859/2859 [==============================] - 1206s 421ms/step - loss: 42.3272 - Low
Res_loss: 0.3783 - Med_Res_loss: 0.4539 - High_Res_loss: 0.2353 - val_loss: 44.7134 -
val_Low_Res_loss: 1.1156 - val_Med_Res_loss: 1.6085 - val_High_Res_loss: 0.7390 - lr:
1.0000e-04
```

與 eager 模型主要用來確認訓練流程是否無誤不同,靜態模式訓練主要追求準確和快速。因此,靜態模式的損失函式不能像 eager 模型那樣,將全部損失函式無差別累加作為總損失值,因為這樣可能會造成某些物理量的度量被重複計算,如在 CIOU、GIOU、DIOU、XYWH 均方誤差這 4 個關於預測矩形框長寬的誤差量化方式中,只能選擇一種而不能全部選擇。

靜態模式下,使用 TensorBoard 監控訓練過程的損失值變化趨勢如圖 8-8 所示。

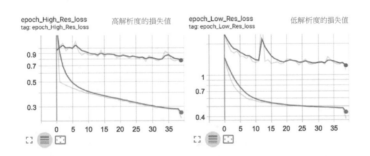

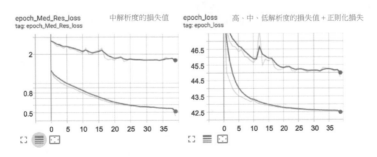

▲ 圖 8-8　使用 TensorBoard 監控訓練過程的損失值變化趨勢

第三篇

物件辨識神經網路的雲端和邊緣端部署

　　物件辨識神經網路的訓練模型和推理模型是有些許差異的。本篇旨在運用物件辨識神經網路的訓練成果，架設完整的物件辨識推理模型。推理模型支援雲端部署和邊緣端部署。雲端部署以主流的亞馬遜雲端為例介紹；邊緣端部署以 Google Coral 開發板為例，介紹神經網路量化模型的基礎原理和模型編譯邏輯。

第 **9** 章

一階段物件辨識神經網路的雲端訓練和部署

神經網路的雲端部署依靠 TensorFlow Serving 可以獲得很流暢的部署體驗，但邊緣端部署就需要根據邊緣計算硬體的特性進行訂製化調整，較為考驗開發者對神經網路的理解和調整能力。

9.1　一階段物件辨識神經網路的推理模型設計

由於物件辨識模型涉及不同尺度的目標，所以訓練時需要按照不同的尺度進行損失累加和訓練，但物件辨識的推理模型不需要考慮不同尺度的差異，只需要將不同尺度的預測結果合併起來，對合併後的預測結果進行後處理即可，因此物件辨識的訓練模型和推理模型會存在細微的差別。

9.1.1　一階段物件辨識神經網路的推理形態

　　截至解碼網路的輸出，我們可以得到不同解析度的預測結果。這些結果是分佈在二維網格上的。經過資料重組網路的輸出，我們進一步將二維網格上的預測輸出重組為關於矩形框座標的預測結果（4 列）和關於分類的預測結果（NUM_CLASS 列）。這些預測結果大部分是針對同一個物體的多次預測，這些容錯的預測結果需要使用 NMS 演算法進行預測結果的合併和篩選。

　　以上流程合併起來就組成了一個雲端部署的一階段物件辨識神經網路模型的全部結構。這樣，只需要以 POST 方式向伺服器輸入一幅影像，就可以獲得神經網路的預測結果，並且預測結果是經過解碼、重組和 NMS 演算法過濾的。最終輸出的將是目標檢出數量 x，以及 x 行 4 列的矩形框頂角座標、x 個分類編號、x 個分類機率。雲端的一階段物件辨識模型結構如圖 9-1 所示。

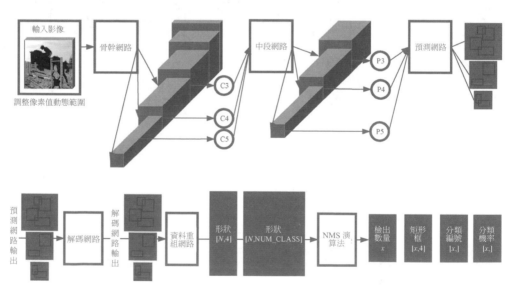

▲　圖 9-1　雲端的一階段物件辨識模型結構

9.1.2　推理場景下的資料重組網路

　　根據推理場景下的 YOLO 模型結構，建構其獨有的資料重組網路，將其命名為 gather_ decode_train。gather_decode_train 函式接收來自解碼網路的某個解析度的輸出，函式將分散在網格內的預測結構重組為 3 個矩陣。第 1 個矩陣是形狀為 [N,4]

的矩形框位置矩陣，被命名為 pred_x1y1x2y2_xxx_res，它儲存著全部矩形框的位置預測結果，其中的 xxx 可以是 low、med 或 high；第 2 個矩陣是形狀為 [*N*,4] 的前（背）景矩陣，被命名為 pred_objectness_xxx_res，它儲存著每個矩形框包含物體的機率；第 3 個矩陣是形狀為 [*N*,NUM_CLASS] 的分類矩陣，被命名為 pred_cls_prob_xxx_res，它儲存著每個矩形框所包含物體的具體分類的條件機率。矩陣形狀中的 *N* 等於各個解析度下的各個網格下的各個先驗錨框的數量總和。舉例來說，YOLOV4 標準版輸入影像的解析度為 512 像素 ×512 像素，神經網路預測分為 3 個解析度進行預測，3 個解析度的網格解析度分別是 16 像素 ×16 像素、32 像素 ×32 像素、64 像素 ×64 像素，3 個解析度的網格的像素點分別是 256 個、1024 個、4096 個，每個像素點中有 3 個先驗錨框負責預測物體，合計的預測矩形框總數為 16128 個（3×256+3×1024+3×4096=16128）。程式如下。

```python
def gather_decode_train(
        outputs,is_tiny=False,NUM_CLASS=None):
    if is_tiny==False:
        output_low_res,output_med_res,output_hi_res=outputs
        (pred_x1y1x2y2_low_res, _, _,_,
         pred_objectness_low_res,
         pred_cls_prob_low_res)=tf.split(
            output_low_res,[4,4,4,4,1,NUM_CLASS],axis=-1)
        (pred_x1y1x2y2_med_res, _, _,_,
         pred_objectness_med_res,
         pred_cls_prob_med_res)=tf.split(
            output_med_res,[4,4,4,4,1,NUM_CLASS],axis=-1)
        (pred_x1y1x2y2_hi_res, _, _,_,
         pred_objectness_hi_res,
         pred_cls_prob_hi_res)=tf.split(
            output_hi_res,[4,4,4,4,1,NUM_CLASS],axis=-1)

        pred_x1y1x2y2_low_res=tf.keras.layers.Reshape(
            (-1,4),name='pred_x1y1x2y2_low_res')(
                pred_x1y1x2y2_low_res)
        pred_x1y1x2y2_med_res=tf.keras.layers.Reshape(
            (-1,4),name='pred_x1y1x2y2_med_res')(
                pred_x1y1x2y2_med_res)
        pred_x1y1x2y2_hi_res=tf.keras.layers.Reshape(
            (-1,4),name='pred_x1y1x2y2_hi_res')(
```

```
                    pred_x1y1x2y2_hi_res)

    pred_objectness_low_res=tf.keras.layers.Reshape(
        (-1,1),name='pred_objectness_low_res')(
            pred_objectness_low_res)
    pred_objectness_med_res=tf.keras.layers.Reshape(
        (-1,1),name='pred_objectness_med_res')(
            pred_objectness_med_res)
    pred_objectness_hi_res=tf.keras.layers.Reshape(
        (-1,1),name='pred_objectness_hi_res')(
            pred_objectness_hi_res)

    pred_cls_prob_low_res=tf.keras.layers.Reshape(
        (-1,NUM_CLASS),name='pred_cls_prob_low_res')(
            pred_cls_prob_low_res)
    pred_cls_prob_med_res=tf.keras.layers.Reshape(
        (-1,NUM_CLASS),name='pred_cls_prob_med_res')(
            pred_cls_prob_med_res)
    pred_cls_prob_hi_res=tf.keras.layers.Reshape(
        (-1,NUM_CLASS),name='pred_cls_prob_hi_res')(
            pred_cls_prob_hi_res)
```

　　將不同解析度的預測結果組合起來，並將前背景機率乘以分類條件機率，得到最終的預測機率結果 prob_score。程式如下。

```
    pred_x1y1x2y2 = tf.keras.layers.Concatenate(
        axis=-2,name='pred_x1y1x2y2')(
            [pred_x1y1x2y2_low_res,
             pred_x1y1x2y2_med_res,
             pred_x1y1x2y2_hi_res,
            ],)
    pred_objectness = tf.keras.layers.Concatenate(
        axis=-2,name='pred_objectness')(
            [pred_objectness_low_res,
             pred_objectness_med_res,
             pred_objectness_hi_res,
            ],)
    pred_cls_prob = tf.keras.layers.Concatenate(
        axis=-2,name='pred_cls_prob')(
            [pred_cls_prob_low_res,
```

```
            pred_cls_prob_med_res,
            pred_cls_prob_hi_res,
         ],)
   elif is_tiny==True:
      ......
   pred_cls_prob = tf.cond(tf.equal(NUM_CLASS,1),lambda:tf.ones_like(pred_cls_prob),
lambda:pred_cls_prob)
   prob_score = tf.keras.layers.Multiply(name='prob_score')(
      [pred_objectness , pred_cls_prob])

   return pred_x1y1x2y2,prob_score
```

最終推理場景下的資料重組網路的輸出有兩個：形狀為 [*N*,4] 的預測矩形框位置的矩陣 pred_x1y1x2y2，它儲存著全部矩形框的位置預測結果；形狀為 [*N*, NUM_CLASS] 的預測矩形框分類機率的矩陣 prob_score，它儲存著全部預測矩形框的各分類的機率預測結果。

9.1.3 建構推理場景下的 YOLO 模型函式

根據推理場景下的 YOLO 模型結構，建構其輸入和輸出的函式關係，將函式關係命名為 YOLO_TFServe_MODEL。YOLO_TFServe_MODEL 的建構原理和訓練時建構的 YOLO_ MODEL 函式基本一致，只是增加了 gather_decode_train 函式對各個解析度輸出的處理，以及 NMS 演算法對 gather_decode_train 函式輸出的處理。程式如下。

```
def YOLO_TFServe_MODEL(
      input_layer, NUM_CLASS,MODEL, IS_TINY):
   fused_feature_maps = YOLO(
      input_layer, NUM_CLASS, MODEL,IS_TINY)
   ......
   if IS_TINY==False:
      hi_res_fm, med_res_fm,low_res_fm = fused_feature_maps
      XYSCALE_low_res,XYSCALE_med_res,XYSCALE_hi_res = XYSCALE
      ANCHORS_hi_res = tf.gather(ANCHORS, ANCHOR_MASKS[2])
      ANCHORS_med_res = tf.gather(ANCHORS, ANCHOR_MASKS[1])
      ANCHORS_low_res = tf.gather(ANCHORS, ANCHOR_MASKS[0])
```

```
    bbox_tensors = []
    bbox_tensor_high_res=decode_train(
        hi_res_fm , NUM_CLASS, ANCHORS_hi_res,
        XYSCALE_hi_res, 'High_Res')
    bbox_tensor_med_res=decode_train (
        med_res_fm, NUM_CLASS, ANCHORS_med_res,
        XYSCALE_med_res,'Med_Res',)
    bbox_tensor_low_res=decode_train(
        low_res_fm, NUM_CLASS, ANCHORS_low_res,
        XYSCALE_low_res, 'Low_Res')
    bbox_tensors=[
        bbox_tensor_low_res,
        bbox_tensor_med_res,
        bbox_tensor_high_res]

elif IS_TINY==True:
    ......
pred_x1y1x2y2,prob_score = gather_decode_train(
    bbox_tensors,is_tiny=IS_TINY,NUM_CLASS=NUM_CLASS)

(boxes, scores, classes, valid_detections
 ) = tf.image.combined_non_max_suppression(
    boxes=tf.reshape(
        pred_x1y1x2y2,
        (tf.shape(pred_x1y1x2y2)[0], -1, 1, 4)),
    scores=tf.reshape(
        prob_score,
        (tf.shape(prob_score)[0],-1,tf.shape(prob_score)[-1])),
    max_output_size_per_class=30,
    max_total_size=100,
    iou_threshold=0.4,   # 也可以根據經驗將此參數設置為 0.5
    score_threshold=0.5  # 也可以根據經驗將此參數設置為 0.3
    )

return boxes, scores, classes, valid_detections
```

　　最終形成的輸出有 4 個。在 NMS 演算法中的 max_total_size 被設置為 100 的
情況下，第 1 個輸出 boxes 的形狀為 [batch,100,4]，儲存著每幅影像的 100 個矩
形框預測結果；第 2 個輸出 scores 的形狀為 [batch,100]，儲存著每幅影像的 100

個矩形框預測結果的機率數值（從高到低排列）；第 3 個輸出 classes 的形狀為 [batch,100]，儲存著每幅影像的 100 個預測結果的分類編號；第 4 個輸出 valid_detections 的形狀為 [batch,]，儲存著每幅影像有效矩形框預測的數量，由於每幅影像內包含的目標數量往往少於 100 個，因此每幅影像有效的矩形框預測的數量往往少於 100 個，具體哪些矩形框作為有效預測被保留，是根據 NMS 演算法所設置的 score_threshold 決定的。

假設神經網路對於某幅影像所計算出的 valid_detections 的數值等於 N（N 小於或等於 100），那麼 boxes、scores、classes 的前 N 行對應著 N 個有效預測，其餘的 N+1 ～ 100 個預測則可以忽略。

9.1.4 建構和測試 YOLO 推理模型

以 80 分類的 YOLOV4 模型為例，建構模型輸入層 input_layer，模型輸出使用 YOLO_TFServe_MODEL 函式定義，載入 tmp_weights 中的權重後，形成用於雲端部署的推理模型，將該模型命名為 model_NMS。獲取推理模型輸入 / 輸出形狀的程式如下。

```
input_layer = tf.keras.layers.Input(
    [NN_INPUT_H, NN_INPUT_W, 3])
model_NMS = tf.keras.Model(
    input_layer,
    YOLO_TFServe_MODEL(
        input_layer, CFG.NUM_CLASS, CFG.MODEL, CFG.IS_TINY))
utils.load_weights(model_NMS, weights_file=tmp_weights, model_name=CFG.MODEL, is_
tiny=CFG.IS_TINY)
print(model_NMS.output_shape)
model_NMS.save(
    './ModelSaved_DIR/TFServe_Model/yolov4')
```

從以下輸出可以看出，神經網路處理 512 像素 ×512 像素的影像後，輸出的是 4 個矩陣，包含最多 100 個預測目標，符合模型設計構想。

```
((None, 100, 4), (None, 100), (None, 100), (None,))
```

將模型以 TensorFlow Serving 所要求的 PB 格式儲存在磁碟，用於伺服器推理。

將一幅影像送入神經網路，從輸出端提取 4 個輸出資料，並將 valid_detections 指定的前 N 個預測結果提取列印。程式如下。

```
outputs_keras=model(image_batch_float,training=False)
for i in range(len(outputs_keras)):
    output_keras=outputs_keras[i]
    output_keras_shape = output_keras.shape
    output_keras_dtype = output_keras.dtype
    print("model(iamge_batch) done! \n",
          "No {} output_shape is {},dtype is {}.".format(
        i,output_keras_shape,output_keras_dtype))
boxes, scores, classes, valid_detections=outputs_keras
print(valid_detections[0].numpy())
print(classes[0,0:valid_detections[0]].numpy())
print(boxes[0,0:valid_detections[0]].numpy())
print(scores[0,0:valid_detections[0]].numpy())
```

本地測試探測到的目標個數可能和雲端略微有所差別，這是因為雲端傳遞的影像矩陣是以 json 格式傳遞的，精度低於本地測試環境的浮點數值。

9.2　物件辨識推理模型的雲端部署

本節介紹如何使用亞馬遜雲端伺服器進行物件辨識神經網路的雲端部署。

9.2.1　亞馬遜 EC2 雲端運算實例選型

亞馬遜彈性雲端運算（Amazon Elastic Compute Cloud，Amazon EC2）是由亞馬遜雲端科技公司提供的網頁服務，借由該服務，使用者可以以租用雲端電腦的形式執行所需的應用。Amazon EC2（又稱 AWS EC2）提供的是網頁服務的方式，這使得使用者可以方便地執行自己的 Amazon 機器映射檔案和虛擬機器，使用者將可以在這個虛擬機器上執行任何自己想要的軟體或應用程式。

在 AWS EC2 介面上，選擇新建實例，在新建的頁面選擇適合自己的實例類型。AWS EC2 提供了適合機器學習的若干不同類型的實例選擇，如表 9-1 所示（截至 2022 年 12 月 31 日）。

→ 表 9-1 AWS EC2 的加速計算型雲端運算伺服器類型

實例類型	GPU 類型	GPU 數量 / 塊	GPU 顯示記憶體 /GB
P4 系列	NVIDIA A100 GPU	8	320、640
P3 系列	NVIDIA V100 GPU	8、4、1	256、128、64、16
P2 系列	NVIDIA K80 GPU	16、8、1	192、96、16

由於 TensorFlow 的電腦制在未進行設置的情況下會占用全部 GPU 顯示記憶體，但只會呼叫第一個 GPU 進行計算，因此如果未對程式進行多 GPU 平行計算最佳化，那麼建議選擇 P2 和 P3 系列的單 GPU 大顯示記憶體實例類型，大顯示記憶體表示開發者可以設置更大的批次數量，從而使神經網路的批次歸一化層獲得更大的樣本統計規模。對於剛剛使用 AWS EC2 的開發者而言，建議先使用免費的 Ubuntu 作業系統和免費的 t2 實例，熟練操作後再轉向費用較高的加速計算型雲端運算實例，如圖 9-2 所示。

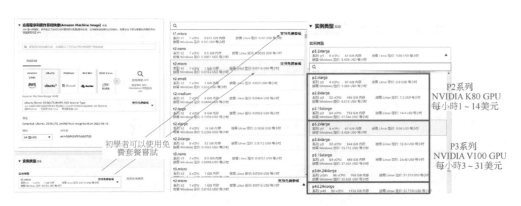

▲ 圖 9-2 AWS EC2 提供的實例資源

9.2.2 使用雲端伺服器部署模型並回應推理請求

生成雲端運算伺服器實例後，就可以使用 SSH 進行遠端連接了。AWS EC2 預設支援金鑰檔案的非對稱加密連接，需要將 AWS EC2 管理背景的 pem 金鑰進行本地儲存，並透過 SSH 使用者端使用 pem 金鑰連接 AWS EC2 實例。以 xshell 使用者端為例，使用 pem 金鑰連接伺服器。使用 SSH 連接 AWS EC2 實例如圖 9-3 所示。

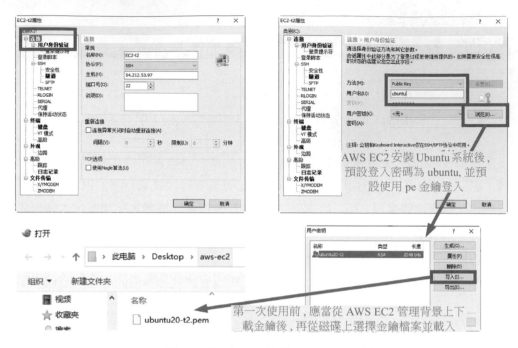

▲ 圖 9-3 使用 SSH 連接 AWS EC2 實例

　　TensorFlow Serving 使用的是伺服器的 8500 和 8501 通訊埠，因此需要在 AWS EC2 管理背景伺服器的安全性原則中將 8500 和 8501 通訊埠打開。具體可參考 AWS EC2 管理背景的幫助，這裡不一一展開。確認通訊埠打開後，可以透過 SSH 使用者端的命令列執行 TensorFlow Serving，執行時期指定伺服器模型的名稱和儲存位置。SSH 使用者端遠端啟動伺服器的 TensorFlow Serving 的程式如下。

```
ubuntu@ip-172-31-29-142:~$ pwd
/home/ubuntu
ubuntu@ip-172-31-29-142:~$ tree
.
└── yolov4_models
    └── 1
        ├── assets
        ├── saved_model.pb
        ├── this_is_yolov4_realds5717_clip5.txt
        └── variables
            ├── variables.data-00000-of-00001
            └── variables.index
```

```
4 directories, 4 files
ubuntu@ip-172-31-29-142:~$ tensorflow_model_server --rest_api_port=8501 --model_
name=yolov4 --model_base_path="/home/ubuntu/yolov4_models/"
......
[evhttp_server.cc : 245] NET_LOG: Entering the event loop ...
```

透過電腦的任意瀏覽器打開伺服器 IP 位址的 8501 通訊埠，查看此時正在服務的模型的輸入 / 輸出資訊。

```
http://xxx.xxx.xxx.xx:8501/v1/models/yolov4/metadata
```

使用 POSTMAN 模擬使用者端發起的影像物件辨識請求，請求根據 TensorFlow Serving 的規範設置為 POST 格式。從雲端可以獲得推理請求的回覆結果，回覆結果分為 4 個部分：目標機率、目標分類編號、目標數量、目標矩形框頂點座標，如圖 9-4 所示。

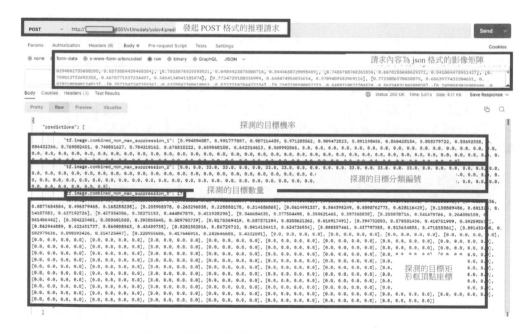

▲ 圖 9-4　使用雲端部署的推理模型進行物件辨識

9.3 在亞馬遜 SageMakerStudio 上訓練雲端運算模型

　　亞馬遜的人工智慧雲端運算產品都包含在 AWS SageMaker 中。AWS SageMaker 中包含多個子產品，如提供機器學習訓練服務的 SageMakerStudio，提供機器學習推理部署的 SageMakerMLOps，以及無程式機器學習 Canvas。其中，與機器學習密切相關的主要是 SageMakerStudio 和 SageMakerMLOps，服務機器學習訓練的 SageMakerStudio 下設大量訓練工具，如提供程式設計環境的 SageMakerNotebook，提供資料處理服務的 SageMaker Ground Truth 等。

　　使用 SageMakerStudio 進行機器學習的雲端運算訓練，首先要透過亞馬遜的 S3 儲存桶上傳標注資料。亞馬遜簡單儲存業務（Amazon Simple Storage Service，Amazon S3）又稱 AWS S3，是一種物件儲存服務，它提供行業領先的可擴展性、資料可用性、安全性和高性能服務。各種規模和行業的客戶都可以使用 AWS S3 儲存和保護任意數量的資料，用於資料湖、網站、行動應用程式、備份和恢復、歸檔、企業應用程式、IoT 裝置和巨量資料分析。AWS S3 提供了管理功能，使開發者可以最佳化、組織和配置對資料的存取，以滿足特定業務、組織和符合規範性要求。AWS S3 網路儲存功能的具體使用方法是，在 AWS S3 的管理介面新建一個儲存桶，選擇上傳檔案或資料夾，等待上傳完成，如圖 9-5 所示。

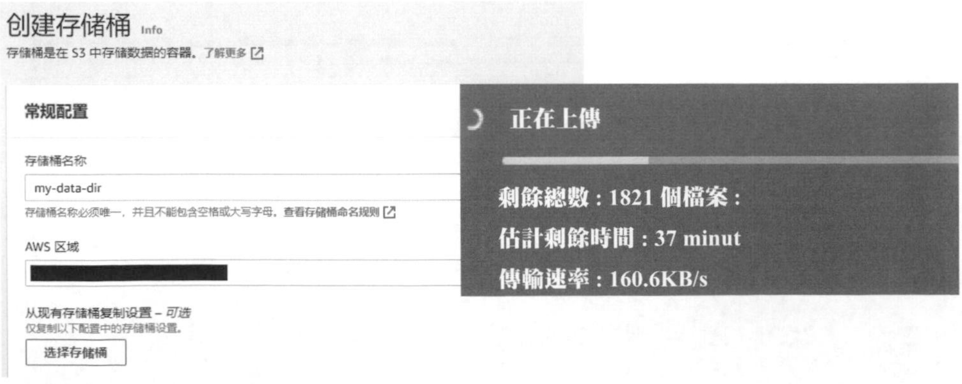

▲ 圖 9-5 使用 AWS S3 提供的免費空間儲存圖像資料

　　完成資料上傳工作後，就可以使用 SageMaker 下的 Notebook 了，借助 AWS S3 提供的大顯示記憶體 GPU，進行大量（將 Batch 設置為 32 或 64）訓練，大量訓練不僅可以加快訓練過程，而且可以使神經網路的批次歸一化層學習到更多的統計特性。AWS SageMaker 的 Notebook 和 Google 的 Colab 一樣，使用 Jupyter 提供網頁互動的程式設計環境，所有程式編輯自動儲存，列印結果自動儲存。Jupyter 網頁程式設計環境的背後，是亞馬遜提供的配備 GPU 的機器學習實例的算力支撐。AWS SageMaker 為新註冊的帳戶提供免費的 Notebook 服務時長，使用者可以根據當時的免費政策，申請使用。AWS SageMaker 的 StudioNotebook 產品提供的免費額度如圖 9-6 所示。

　　使用 AWS SageMaker 不僅可以使用線上的 Notebook 等資源，而且可以透過 AWS SageMaker 自動建構叢集做分散式訓練，自動調優，自動獲取訓練中的即時指標，針對特定硬體做指令級最佳化等，這對於機器學習專案化、雲端訓練非常實用。

▲ 圖 9-6　AWS SageMaker 的 StudioNotebook 產品提供的免費額度

第10章

神經網路的 INT8 全整數量化原理

神經網路在訓練時使用的是浮點模型，它們大部分是工作在 float32 或 float64 的資料格式下。在進行邊緣計算時，出於對硬體效率、速度和功耗的要求，往往需要神經網路工作在 INT8 或 float16 的資料格式下。如果神經網路需要在邊緣計算環境中執行，那麼模型一定要根據邊緣計算硬體的特點，轉為符合目標執行環境的資料格式要求的量化模型。常見的量化方式有 INT8、float16 等。本章將重點介紹 INT8 全整數量化的工作原理，其他量化方式工作原理類同。

在使用整型態資料時，要特別注意整型態資料的特點。整型態資料在超出動態範圍時，不會像浮點資料那樣給出 INF 的無窮數值，而是會給出其補數，即令動態範圍上限的那個資料增加 1，該資料會變成動態範圍的下限。以無號 8 位元整型態資料（UINT8）為例，其動態範圍為 0 ～ 255，對應二進位的 0b00000000 和 0b11111111（其中的 b 代表 binary 二進位）。如果在 0b11111111 的基礎上增加 1，那麼理論上會形成 0b100000000。但 0b100000000 是一個 9 位元資料，會造成硬體暫存器溢位，資料溢位的暫存器只能儲存其最後的 8 位元，所以實際儲存的資料只有 0b00000000，該資料是原資料（0b11111111）的補數，0b00000000 對應等效浮點資料「–128」，所以從程式設計角度看，如果 UINT8 資料格式下的 127 加 1，那麼會得到 –128 的計算結果。這在神經網路資料處理過程中極容易造成異常資料，且難以發現，請開發者特別關注。

10.1　神經網路量化模型的基本概念

本節重點為讀者建立量化模型的基本概念。

10.1.1　神經網路量化模型速覽和視覺化

神經網路從結構上可以被抽象為節點和邊。節點就是神經網路的各個運算元，它們按照一定順序進行排列和連接；邊就是神經網路計算過程中產生的張量，某條邊一定是某個節點的輸出，同時也是下一個節點的輸入。Netron 是一款跨平臺開放原始碼軟體，它支援以視覺化的方式查看神經網路內部的節點和邊。使用 Netron 不僅可以看到神經網路的結構，而且可以看到神經網路儲存的權重。Netron 既支援 Windows、macOS、Linux，也支援瀏覽器打開模型，Netron 支援多平臺生成的神經網路，它支持的檔案副檔名如表 10-1 所示。

➜ 表 10-1　Netron 支持的神經網路檔案副檔名

支援的計算框架	檔案副檔名
ONNX 格式	*.onnx
TensorFlow Lite 格式	*.tflite
TensorFlow 格式	*.pb
Keras 格式	*.h5
TorchScript 格式	*.pt
Core ML 格式	*.mlmodel
DarkNet 格式	*.cfg

Netron 是一個非常強大的神經網路視覺化工具，感興趣的開發者可以登入其 GitHub 主頁下載使用。接下來設計一個極簡的雙層 Conv2D 模型，分別儲存為 Keras

的 h5 格式和 INT8 量化的 TFLite 格式，使用 Netron 進行視覺化。其中，INT8 的量化設定值範圍為 [−128, 127]。

　　極簡雙卷積層神經網路封包含兩個二維卷積層。將第一個二維卷積層的卷積核心設置為 0.6，偏置變數設置為 −0.3，第一個 BN 層的 γ（在程式中使用 gamma 表示）和 β（在程式中使用 beta 表示）分別設置為 0.2 和 2.0，滑動平均和滑動方差設置為 0 和 1/12。將第二個二維卷積層的卷積核心設置為 0.6，無偏置變數，第二個 BN 層的 γ 和 β 分別設置為 1.0 和 0.0，滑動平均和滑動方差設置為 0.0 和 1.0。將兩個 BN 層後面緊接著的 PReLU 啟動函式的負軸斜率設置為 0.1。程式如下。

```python
input_layer = tf.keras.layers.Input([20, 20, 4])
x=input_layer
y=tf.keras.layers.Conv2D(
    filters=8,kernel_size=3,strides=1,padding='same',
    kernel_initializer=tf.keras.initializers.Constant(0.6),
    bias_initializer=tf.keras.initializers.Constant(-0.3),
    )(x)
y=tf.keras.layers.BatchNormalization(
moving_mean_initializer=tf.keras.initializers.Constant(0.0),
moving_variance_initializer=tf.keras.initializers.Constant(1/12),
gamma_initializer=tf.keras.initializers.Constant(0.2),
beta_initializer=tf.keras.initializers.Constant(2.),)(y)
y = tf.keras.layers.PReLU(
    alpha_initializer=tf.initializers.constant(0.1),
    shared_axes=[1, 2],
    )(y)
y=tf.keras.layers.Conv2D(
    filters=16,kernel_size=3,strides=2,padding='same',
    kernel_initializer=tf.keras.initializers.Constant(0.6),
    use_bias=False )(y)
y=tf.keras.layers.BatchNormalization(
moving_mean_initializer=tf.keras.initializers.Constant(0.0),
moving_variance_initializer=tf.keras.initializers.Constant(1.0),
gamma_initializer=tf.keras.initializers.Constant(1.0),
beta_initializer=tf.keras.initializers.Constant(0.0),)(y)
y = tf.keras.layers.PReLU(
    alpha_initializer=tf.initializers.constant(0.1),
    shared_axes=[1, 2],
```

```
    )(y)
tmp_model=tf.keras.Model(x, y,name='tmp_model')
tmp_model.summary()
print([_.name for _ in tmp_model.layers])
tmp_model.save('P08_quantization_demo.h5')
```

　　該神經網路接收解析度為 20 像素 ×20 像素的 4 通道影像，輸入資料的動態範圍為 -1 ～ 1，其網路結構和所包含的層名稱列印如下。

```
['input_1', 'conv2d', 'batch_normalization', 'p_re_lu', 'conv2d_1', 'batch_
normalization_1', 'p_re_lu_1']
```

```
Layer (type)              Output Shape          Param #
=============================================================
input_1 (InputLayer)      [(1, 20, 20, 4)]      0
conv2d (Conv2D)           (None, 20, 20, 8)     296
batch_normalization (Batc (None, 20, 20, 8)     32
hNormalization)
p_re_lu (PReLU)           (None, 20, 20, 8)     8
conv2d_1 (Conv2D)         (None, 10, 10, 16)    1152
batch_normalization_1 (Ba (None, 10, 10, 16)    64
tchNormalization)
p_re_lu_1 (PReLU)         (None, 10, 10, 16)    16
=============================================================
Total params: 1,568
Trainable params: 1,520
Non-trainable params: 48
```

　　使用 Netron 打開其儲存的 h5 模型。可以看到 h5 模型內包含一個「input_1」輸入節點，緊接著一個 Conv2D 二維卷積層，按一下這個二維卷積層可以看到程式中對其設置的濾波器數量、卷積核心尺寸、步進及初始化的權重變數和偏置變數等。使用 Netron 打開其儲存的量化後的 TFLite 模型，可以看到進行了 INT8 量化後的模型出現了 3 個變化。

　　第 1 個變化是增加了「Quantize」（量化）和「Dequantize」（去量化）運算元，如圖 10-1 所示，這對運算元是用於資料轉換的。在 Quantize 運算元之後的所有其他運算元都會執行在相同的資料格式下，當資料即將進入一個不同資料格式的運算元時，神經網路會將資料進行去量化操作，待這個運算元計算完畢後，透過另一個

Quantize 運算元將資料格式轉化為當前所需的資料格式。所以，當一個 INT8 模型
中反覆出現 INT8 和 float32 資料格式的運算元時，就會在 INT8 運算元出現之前放
置一個 Quantize 運算元，在 float32 運算元出現之前放置一個 Dequantize 運算元，
以確保資料格式不斷交替變換，如圖 10-1 所示。

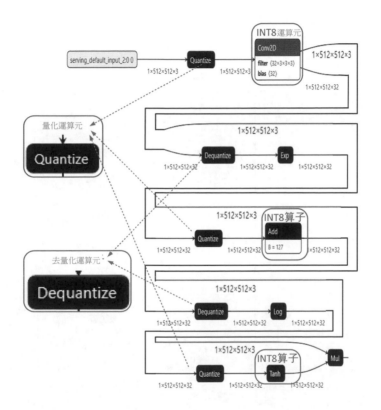

▲ 圖 10-1　使用量化運算元和去量化運算元實現資料格式的轉換

　　第 2 個變化是模型內部的第 2 個二維卷積層的權重從原先的 0.6 變成了 127。
原先的 0.6 是 float32 資料型態，轉換後的 127 是 INT8 資料型態，127 乘以該二維
卷積層運算元的縮放因數 0.004722048528492451 等於 0.6。

　　第 3 個變化是運算元的合併和映射。TensorFlow 對 Conv2D 層和 BN 層的兩個
運算元進行 INT8 量化時，將它們合併映射成了一個 Conv2D 運算元。這是因為 BN
層的操作只是使用線性變換對同一個特徵通道內的資料進行重分佈，這與稍後會提
到的量化操作的線性變換複合起來後，在計算層面上是容錯的，所以必須進行簡化

合併。因此，雖然第 1 個二維卷積層的權重從原先的 0.6 變成了 127，縮放因數等於 0.003253702772781253，但顯然 127 乘以該二維卷積層運算元的縮放因數 0.0032537 並不等於 0.6，這是因為 TensorFlow 對二維卷積層和與其相鄰的 BN 層做了運算元的合併，如果去掉 BN 層合併的影響，那麼 127 乘以縮放因數就等於 0.6 了。

　　量化前的 h5 模型和 INT8 量化後的 TFLite 模型在運算元映射和權重映射方面的差異可以透過 Netron 視覺化介面查看，如圖 10-2 所示。

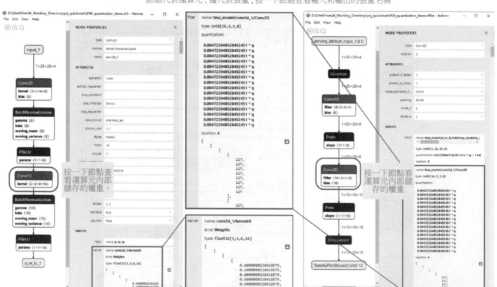

節點代表運算元，邊代表張量，按一下節點查看輸入和輸出的張量名稱

▲ 圖 10-2　使用 Netron 查看量化模型的運算元映射和權重映射

　　針對量化模型的這些變化，可以相應地使用 TensorFlow 的 TFLiteConverter 工具，對儲存在磁碟上的靜態圖檔案或儲存在記憶體中的 Keras 模型進行量化和儲存。

　　限制模型的輸入批次為 1（表示只進行單樣本推理），新建一個讀取記憶體 Keras 模型的轉換器，將其命名為 converter。程式如下。

```
tmp_model.input.set_shape((1,) + tmp_model.input.shape[1:])
converter = tf.lite.TFLiteConverter.from_keras_model(
    tmp_model)
```

　　將轉換器的最佳化設置為預設，設置神經網路輸入資料為偽資料（滿足 –1 ～ 1 的均勻分佈）。程式如下。

```
converter.optimizations = [tf.lite.Optimize.DEFAULT]
def representative_dataset():
    for img_bat in range(100):
        data = np.random.rand(1, 20, 20, 4)*2-1
        print('representative_dataset:',data.shape,
                'from',data.min(),'to',data.max())
        yield [data.astype(np.float32)]
converter.representative_dataset = representative_dataset

converter.experimental_new_converter = True
```

　　設置轉換器的內部計算資料格式為 INT8、輸入資料格式為 UINT8，若輸出格式不做限制，則預設輸出 float32 類型態資料。

```
converter.target_spec.supported_types = [tf.int8]
converter.inference_input_type = tf.uint8
```

　　進行模型量化時，需要指定轉換器對神經網路運算元進行轉化的目標運算子集，此處設置為 TensorFlow 內建的 INT8 運算子集。程式如下。

```
converter.target_spec.supported_ops = [
    tf.lite.OpsSet.TFLITE_BUILTINS_INT8,]
```

　　設置完畢後，就可以使用轉換器的 convert 方法執行轉換操作了。轉換操作需要完成多個工作，若模型較大，則轉換時間可能長達 30min 以上，具體視模型大小和運算元複雜程度而定。程式如下。

```
tflite_model = converter.convert()
```

　　接下來，將轉換器轉換成功的模型寫入磁碟檔案即可。轉換好的 TFLite 檔案是按照 FlatBuffer 資料格式進行儲存的。FlatBuffer 資料格式是 Google 公司開放原始碼的一種二進位序列化格式，它類似於用於儲存 pb 模型檔案的 Protobuf 資料格式。程式如下。

```
tflite_model_filename='P08_quantization_demo.tflite'
with open(tflite_model_filename, 'wb') as f:
    f.write(tflite_model)
```

以上程式中的 **f.write** 方法執行完成後，磁碟中將出現 TFLite 量化模型檔案，如圖 10-3 所示。

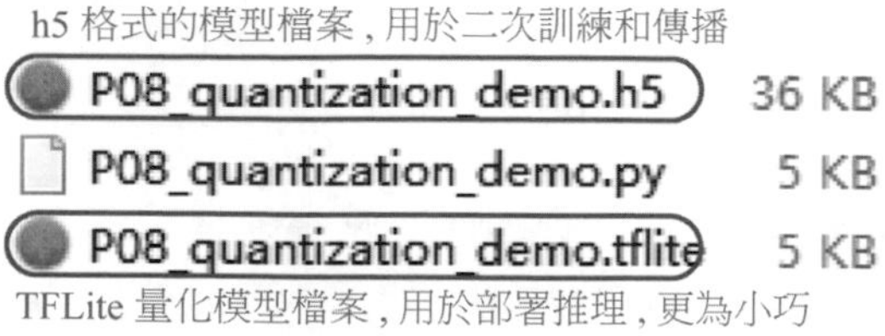

h5 格式的模型檔案，用於二次訓練和傳播

● P08_quantization_demo.h5　　36 KB

📄 P08_quantization_demo.py　　5 KB

● P08_quantization_demo.tflite　5 KB

TFLite 量化模型檔案，用於部署推理，更為小巧

▲ 圖 10-3　磁碟保存的模型 h5 檔案和量化模型 TFLite 檔案

總的來說，模型量化儲存需要經歷幾個步驟：新建模型或從磁碟中讀取靜態圖檔案，新建和配置轉換器，讓轉換器執行轉換操作，儲存轉換好的模型檔案。由於 TensorFlow 將轉換器所要執行的量化操作進行了封裝，所以只要呼叫轉換器的 convert 方法即可實現模型量化的複雜操作。

10.1.2　浮點數值的量化儲存和計算原理

整數量化，簡稱量化（Quantization），指的是使用有限個離散值表示無窮多個連續值的技術。以影像像素為例，如果用 0 表示黑，用 1 表示白，那麼在 0 ～ 1 的範圍內有無窮多個連續值，它們表示從黑到白的無窮多個灰度階梯。但實際上，我們無法使用數值表達這麼精細的顆粒度，只能使用有限的位數表示有限個離散數值，離散數值之間的連續值只能使用最臨近的值代替。舉例來說，使用 8 位元整數量化一個 0 ～ 255 的連續區間，那麼 8 位元變數擁有從 00000000 到 11111111 的一共 2^8（256）種表達方式，那麼這 256 種表達方式就是 8 位元變數所能表達的離散數值數量上限。我們只能將 0 ～ 1 的連續區間劃分為 256 份，對應 8 位元變數的 256 種表達方式。

8 位元整數量化（簡稱 8 位元量化）是方式又細分為兩種：INT8 和 UINT8。INT8 量化具有 [-128, 127] 的動態範圍，它的第一位是用來表示正負的符號位元；UINT8 沒有號位元，它的 8 個位元全部用來表達數字絕對值，它具有 [0,255] 的動態範圍。16 位元量化、32 位元量化技術依此類推。

從本質上看，整數量化技術是將真實數值按照一定的規律重新調整到新位置上的技術，新位置上的數值叫作仿射數值。仿射數值和真實數值組成一個映射關係，這個映射關係是一個可逆的雙射，從仿射數值到真實數值的映射叫作反量化（Dequantization）。如果這個映射關係是線性的，那麼就是線性映射量化；如果這個映射關係是非線性的，那麼就是非線性映射量化。浮點數是典型的非線性量化，但一般情況下，邊緣計算使用較多的是線性映射量化（簡稱量化），如果量化的結果是 8 位元整數，那麼這個量化稱為 8 位元量化。

8 位元量化與 32 位元浮點量化相比，不可避免地會出現精度的下降，但模型大小將下降為後者的四分之一，硬體資源銷耗呈指數級下降，推理速度大幅提升。在 16 位元計算硬體尚未普及之前，8 位元量化是工業界的主流選擇。

8 位元量化的線性映射分為對稱量化和非對稱量化。對於非對稱量化技術，我們使用兩個量化參數進行定義：縮放因數（scale）和零點（zero-point）。縮放因數表示浮點數值的動態範圍與 INT8 量化的動態範圍（256）的比例關係，零點的物理含義是二者動態範圍的偏置關係。我們以一個具有足夠精度的浮點數 float 來表示一個動態區間上的某個連續值，用一個 8 位元的數值 INT8 來表達量化後的離散值，浮點數 float 和量化數 INT8 的關係如式（10-1）所示。對於對稱量化，式（10-1）中的零點恒為 0。

$$\text{float} = \text{scale} \times (\text{INT8} - \text{zero-point}) \tag{10-1}$$

從幾何角度看，zero-point 表示 INT8 數值在縮放前應當平移的長度。以縮放因數和零點偏置為基礎的線性量化映射關係圖如圖 10-4 所示。舉例來說，設定值為 -128 的 INT 數值在進行縮放前必須先向左平移 zero-point 的長度，平移後的數值為 -128-zp，其中，zp 是 zero-point 的縮寫。

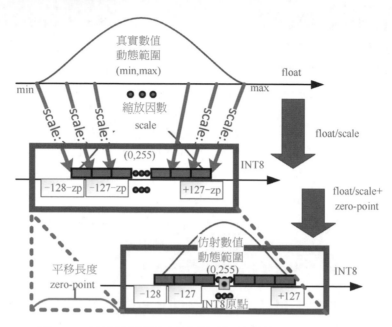

▲ 圖 10-4　以縮放因數和零點偏置為基礎的線性量化映射關係圖

　　打開生成的二層範例模型，按一下第一個量化運算元 Quantization，就可以看到該運算元對輸入資料和輸出資料的量化處理方式。在量化處理方式的展示介面，可以看到量化後的變數 q 的相關屬性（q 一般用來表示量化後的整數數值）。

　　對於第一個量化運算元的輸入端，資料張量名稱為「serving_default_input_1:0」，張量資料格式為 UINT8，張量形狀為 [1,20,20,4]，從量化張量求取對應的浮點值的計算方法為 $0.00784297101199627 \times (q - 127)$，即將仿射線性變換的縮放因數設置為 0.00784302782267332，將零點設置為 127，其中，q 為一個格式為 UINT8 的量化數值。因為是按照 UINT8 量化的，所以 q 是設定值範圍為 0 ～ 255 的整數，進而可以透過量化數值和浮點數值的映射關係得到浮點數值的動態範圍為 [-1,1]，這與我們設計神經網路所使用的輸入資料動態範圍一致。

　　對於第一個量化運算元的輸出端，資料張量名稱為「tfl.quantize」，張量資料格式為 INT8，張量形狀為 [1,20,20,4]，張量對應的浮點值計算方法為 $0.00784297101199627 \times (q+1)$，即將仿射線性變換的縮放因數設置為 0.00784302782267332，將零點設置為 -1，其中 q 為一個格式為 INT8 的量化數值。因為是按照 INT8 量化的，所以 q 是設定值範圍為 -128 ～ 127 的整數，進而可以透過量化數值和浮點數值的映射關係得到浮點數值的動態範圍為 [−1,1]，這與我們設計神經網路所使用的輸入資料動態範圍一致，因為量化運算元只負責資料的格式轉換，不應當對浮點數值做任何修改。

以縮放因數和零點偏置為基礎的線性量化映射案例如圖 10-5 所示。

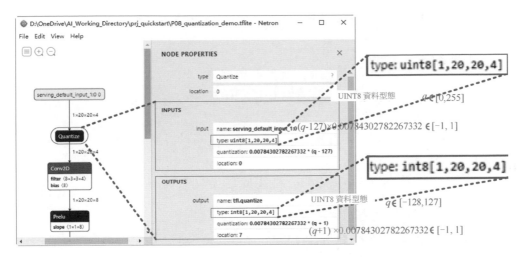

▲ 圖 10-5　以縮放因數和零點偏置為基礎的線性量化映射案例

對於 INT8 線性量化可以預料到：如果真實浮點數值的分佈較為平均，那麼 INT8 量化能較好地擬合浮點運算結果；如果真實浮點數值的確出現過極少數設定值很大的情況（真實浮點數值是非均勻分佈的），那麼 INT8 量化將不得不模擬很大的動態範圍，但其實大部分真實浮點數值都集中在一個很小的區間內。顯然大部分設定值接近的真實浮點數值，將被量化為同一個整數，在這種情況下，INT8 線性量化的擬合性能較差。合理規劃神經網路每個中間張量的動態範圍、合理設定整數量化的縮放因數和零點，不僅可以在很大程度上獲得整數量化的效率優勢，而且可以保持較高的精度。

資料的整數量化不僅需要解決數值的儲存表達問題，而且需要解決數值的乘法和加法計算問題。神經網路中每個運算元之間的張量並不一定具有相同的動態範圍，它們也並非使用相同的量化參數，這裡就需要了解量化計算的基本原理。假設有兩個不同量化參數的浮點數值 a_{float} 和 b_{float} 需要進行相乘運算，那麼顯然有

$$\begin{cases} a_{\text{float}} = a_{\text{scale}} \times \left(a_{\text{INT8}} - a_{\text{zero-point}}\right) \\ b_{\text{float}} = b_{\text{scale}} \times \left(b_{\text{INT8}} - b_{\text{zero-point}}\right) \end{cases}$$ （10-2）

我們需要計算 a_{float} 與 b_{float} 的乘積，結果用 y_{float} 表示，那麼有

$$y_{\text{float}} = a_{\text{float}} \times b_{\text{float}} = a_{\text{scale}} \times \left(a_{\text{INT8}} - a_{\text{zero-point}}\right) \times b_{\text{scale}} \times \left(b_{\text{INT8}} - b_{\text{zero-point}}\right)$$ （10-3）

化簡後得到

$$y_{\text{float}} = a_{\text{scale}} b_{\text{scale}} \times \left(a_{\text{INT8}} - a_{\text{zero-point}}\right)\left(b_{\text{INT8}} - b_{\text{zero-point}}\right)$$ （10-4）

得到 y_{float} 之後，還需要對 y_{float} 進行量化，於是可以得到

$$y_{\text{INT8}} = \frac{a_{\text{scale}} b_{\text{scale}}}{y_{\text{scale}}} \times \left(a_{\text{INT8}} - a_{\text{zero-point}}\right)\left(b_{\text{INT8}} - b_{\text{zero-point}}\right) + y_{\text{zero-point}}$$ （10-5）

式中，$\dfrac{a_{\text{scale}} b_{\text{scale}}}{y_{\text{scale}}}$ 是常數，可以預先計算得到足夠精度的精確數值，$y_{\text{zero-point}}$ 的計算結果也是一個整數。實際上，我們需要在推理現場臨時計算的只有 $\left(a_{\text{INT8}} - a_{\text{zero-point}}\right)\left(b_{\text{INT8}} - b_{\text{zero-point}}\right)$ 的結果，而這 4 個數值都是整數，可以很方便地透過硬體進行加速。

對於加法也是一樣的，結果用 z_{float} 表示，那麼有

$$z_{\text{float}} = a_{\text{float}} + b_{\text{float}} = a_{\text{scale}} \times \left(a_{\text{INT8}} - a_{\text{zero-point}}\right) + b_{\text{scale}} \times \left(b_{\text{INT8}} - b_{\text{zero-point}}\right)$$ （10-6）

這裡設計兩個整數 a_q 和 b_q，並確保它們與 a_{scale} 和 b_{scale} 的乘積相等，由於運算元的 a_{scale} 和 b_{scale} 是預先計算的，所以 a_q 和 b_q 也是可以預先計算儲存的，如式（10-7）所示。

$$a_q \times a_{\text{scale}} = b_q \times b_{\text{scale}}$$ （10-7）

有了 a_q 和 b_q 後，我們可以將 $a_{\text{float}} + b_{\text{float}}$ 改寫為式（10-8），

$$a_{\text{float}} + b_{\text{float}} = b_q \times \frac{1}{b_q} \times a_{\text{scale}} \times \left(a_{\text{INT8}} - a_{\text{zero-point}}\right) + a_q \times \frac{1}{a_q} \times b_{\text{scale}} \times \left(b_{\text{INT8}} - b_{\text{zero-point}}\right) \quad （10\text{-}8）$$

根據式（10-7），我們定義 scale_{ab}，如式（10-9）所示，

$$\text{scale}_{ab} = \frac{a_{\text{scale}}}{b_q} = \frac{b_{\text{scale}}}{a_q} \quad （10\text{-}9）$$

那麼此時加法運算的結果如式（10-10）所示。

$$a_{\text{float}} + b_{\text{float}} = \text{scale}_{ab} \left[b_q \left(a_{\text{INT8}} - a_{\text{zero-point}}\right) + a_q \times \left(b_{\text{INT8}} - b_{\text{zero-point}}\right) \right] \quad （10\text{-}10）$$

進而得到加法結果的整數形式 z_{INT8}，如式（10-11）所示。

$$z_{\text{INT8}} = \frac{\text{scale}_{ab}}{y_{\text{scale}}} \left[b_q \left(a_{\text{INT8}} - a_{\text{zero-point}}\right) + a_q \times \left(b_{\text{INT8}} - b_{\text{zero-point}}\right) \right] + z_{\text{zero-point}} \quad （10\text{-}11）$$

式中，$\dfrac{\text{scale}_{ab}}{y_{\text{scale}}}$ 是可以提前計算和儲存的，剩下的部分都是整數，可以使用硬體進行加速。

　　神經網路的運算元雖然複雜，但是運算元內部用到的運算只是初等數學運算，它們都可以被抽象為乘法和加法運算。使用兩個 INT8 整數數值的乘法和加法，只要能成功模擬兩個高精度的浮點數的乘法和加法，就可以對神經網路各種複雜的運算元進行 INT8 量化模擬計算。

　　以本章提供的極簡二層神經網路為例，查看量化模型中第二個二維卷積層所儲存的卷積核心，可以看到其內部儲存的卷積核心都已經是量化後的 INT8 整數數值（即圖中左側的浮點數值 0.6 經過量化後，變為了圖中右側的整數數值 127），並搭配了相應的縮放因數 0.004722，如圖 10-6 所示。

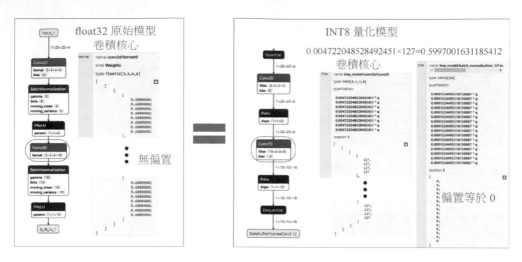

▲ 圖 10-6　模型檔案內儲存的卷積核心變數和偏置變數

在推理量化模型時，只需要將前一個運算元輸出的整數數值與此二維卷積層儲存的卷積核心整數數值進行等效乘法，其結果與偏置的整數數值進行等效加法，從而實現高精度的乘法和加法運算。等效乘法和等效加法實際上就是透過本小節介紹的 INT8 量化乘法和加法技巧實現的。具體可以參考高通公司在 2021 年發表的關於神經網路量化的神經網路量化白皮書 *a White Paper on Neural Network Quantization*。

10.2　神經網路量化模型的製作和分析

了解了神經網路量化模型的基本概念，接下來我們從原理的角度剖析 TensorFlow 在模型量化轉換中所做的具體工作。

10.2.1　運算元的映射和合併

就像每個 CPU 都有自己的指令集一樣，神經網路的執行環境也有自己能支持的獨特的運算子集。神經網路在 x86 架構的主機上執行時期，x86 主機一般有著容錯的計算硬體和充足的計算精度，因此 x86 主機的神經網路執行環境可以提供龐大的運算子集支撐，此時神經網路可以利用的運算子集一般比較豐富。

　　神經網路經過量化後，生成的模型為 TFLite 格式的模型。TFLite 格式是一種跨平臺的模型格式，只能用於推理。TFLite 格式的模型並不能支援所有的 TensorFlow 運算子，它所能支持的運算子集有 3 類，如表 10-2 所示。

→ 表 10-2　TensorFlow Lite 在 tf.lite.OpsSet 下的運算子集

運算子集	運算子集使用
TFLITE_BUILTINS	TensorFlow Lite 內建運算元
TFLITE_BUILTINS_INT8	TensorFlow Lite 內建的 8 位元量化運算元
SELECT_TF_OPS	使用 TensorFlow 運算元轉換模型。已經支援的 TensorFlow 運算元的完整列表可以在白名單 lite/delegates/flex/white listed_flex_ops.cc 中查看

　　TensorFlow 官方推薦優先使用 TFLITE_BUILTINS 轉換模型，也可以同時使用 TFLITE_BUILTINS 和 SELECT_TF_OPS，或只使用 SELECT_TF_OPS。同時使用兩個選項（TFLITE_BUILTINS 和 SELECT_TF_OPS）會讓轉換器呼叫 TensorFlow Lite 內建的運算子轉換支持的運算子，遇到某些 TensorFlow Lite 無法支援的 TensorFlow 運算子時，可以使用 SELECT_TF_OPS 選項。

　　模型在為邊緣端部署進行轉換時，其內部運算元不僅受到 TFLite 模型的相關限制，也受到硬體規格的限制。對功耗敏感的邊緣端來說，其支持的運算子集一般更少，有些運算元雖然被支持但是仍然有許多限制條件。以 Google 推出的 Edge TPU 為例，它支持了大部分的 TensorFlow 運算元，但對於指數函式 exp、對數函式 log 等運算，就無法支援；另外，矩陣拼接運算元、形狀變換運算元、二維卷積運算元在超過 512 解析度 4 通道的情況下，也無法支援。具體硬體的運算子集及其限制條件，可以登入相應硬體的官網查看，Google 的 Edge TPU 的運算子集可以在其官網上查到。Edge TPU 的運算元支援情況如圖 10-7 所示。

　　進行模型量化時，不僅要針對模型格式（如 TFLite 格式）進行運算元的核對檢查，而且要針對最終目標硬體進行運算元的核對和檢查。對於 TFLite 格式的邊緣端模型，一般需要為模型量化轉換器設置運算子集。為轉換器配置運算子集可以透過向 target_spec.supported_ops 介面傳串列方式實現串列包含表 10-2 所示的 3 個運算子集的或若干。典型的配置程式如下。

```
import tensorflow as tf
converter=tf.lite.TFLiteConverter.from_saved_model(
    saved_model_dir)
converter.target_spec.supported_ops = [
    tf.lite.OpsSet.TFLITE_BUILTINS,
    # 將 TensorFlow Lite ops. 運算元納入模型轉換的運算子集中
    tf.lite.OpsSet.SELECT_TF_OPS
    # 將 TensorFlow ops. 運算元納入模型轉換的運算子集中 ]
tflite_model = converter.convert()
open("converted_model.tflite", "wb").write(tflite_model)
```

> 運算元支援情況

When building your own model architecture, be aware that only the operations in the following table are supported by the Edge TPU. If your architecture uses operations not listed here, then only a portion of the model will execute on the Edge TPU.

Note: When creating a new TensorFlow model, also refer to the list of **operations compatible with TensorFlow Lite**.

Table 1. All operations supported by the Edge TPU and any known limitations

運算元名稱	運行環境版本	運算元限制
Add	All	
AveragePool2d	All	不允許帶啟動函式
Concatenation	All	不允許帶啟動函式 如果是常數進行矩陣拼接，那麼最多允許兩個輸入
……		

▲ 圖 10-7　Edge TPU 的運算元支援情況

　　這裡需要特別注意的是，對於硬體無法支援的運算元，開發者依舊可以對其強行進行量化，但這些無法支持的運算元是無法在硬體上找到相應的硬體資源進行計算加速的。屆時，這些無法支持的運算元將在 CPU 上執行，雖然不影響模型的推理運算，但付出的代價是降低神經網路推理的速度。編譯完成的模型會被迫加入大量的成對出現的「去量化」和「量化」運算元，被去量化運算元和量化運算元包裹住的就是那些硬體無法加速的運算元，這會導致資料在加速硬體和記憶體之間反覆複製，從而降低推理速度。如果模型的大部分運算元都無法被邊緣計算硬體加速，那麼邊緣計算加速也就失去了意義。

　　TensorFlow 在進行模型量化時，不僅完成了運算元的替換映射，還進行了運算元的合併融合。細心的讀者可能已經發現，在本章圖 10-6 所演示的極簡二層神經網路中，在 h5 模型中成對出現的二維卷積層和批次歸一化層，在 TFLite 模型中只出現了二維卷積層，而批次歸一化層不見了。這是因為 TensorFlow 在進行模型量化時，將二維卷積層和批次歸一化層進行了運算元融合。

　　我們知道資料的量化會引入誤差，誤差隨著層的疊加而不斷累加。從計算原理上看，批次歸一化層的計算實際上是一個輸入資料到輸出資料的線性仿射變換，它與對二維卷積層進行量化操作所使用的線性仿射變換是可以進行融合的，因為線性變換對乘法和加法運算封閉（連續兩次線性變換可以等效於單次線性變換）。

　　極簡二層神經網路的 h5 模型中的二維卷積層和批次歸一化層在 TFLite 模型中融合成單一二維卷積層，如圖 10-8 所示。從圖中所展示的輸出張量名稱可以看到，這些合併後的運算元包含了原始模型的二維卷積層和批次歸一化層的名稱資訊，方便開發者「望文生義」。

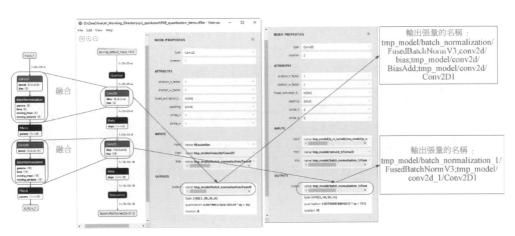

▲ 圖 10-8　模型量化中的運算元融合

　　這裡以極簡二層模型的第一個二維卷積層和第一個 BN 層的運算元融合為例，進行運算元融合在權重上的等價變換理論推導。

　　假設第一個二維卷積層的輸入資料為 x，形狀為 [1,20,20,4]；二維卷積層的卷積核心變數為 kernel，形狀為 [3,3,4,8]；偏置變數為 bias，形狀為 [8,]；輸出資料為 conv，形狀為 [1,20,20,8]。如果使用 ◎ 表示影像的卷積運算，並且加法運算使用廣播加法（在最後一個維度進行廣播），有

$$\text{conv} = x \odot \text{kernel} + \text{bias}$$

（10-12）

如果批次歸一化層的輸入對應二維卷積層的輸出，那麼批次歸一化層的輸入變數為 conv。令批次歸一化層的資料重分佈演算法中的縮放因數為 γ，偏置為 β，從訓練資料中提取的滑動平均為 moving_mean，從訓練資料中提取的滑動方差為 moving_variance，它們的形狀都是 [8,]。令批次歸一化層的輸出為 y，那麼根據 BN 層在推理階段的演算法行為，有

$$y = \gamma \times \frac{\text{conv} - \text{moving\_mean}}{\sqrt{\text{moving\_variance}}} + \beta$$

（10-13）

將式（10-12）中二維卷積層的輸出 conv 代入式（10-13），化簡後有

$$y = \frac{\gamma}{\sqrt{\text{moving\_variance}}} \times x \odot \text{kernel} + \left[\frac{\text{bias} - \text{moving\_mean}}{\sqrt{\text{moving\_variance}}} \times \gamma + \beta \right]$$

（10-14）

將式（10-14）轉為標準的二維卷積運算式，有

$$y = x \odot \text{kernel}_{\text{identical}} + \text{bias}_{\text{identical}}$$

（10-15）

式中，◎ 表示影像的卷積運算；$\text{kernel}_{\text{identical}}$ 和 $\text{bias}_{\text{identical}}$ 表示運算元合併後等效的新卷積核心變數和新偏置變數，它們由式（10-16）計算得到。

$$\begin{cases} \text{kernel}_{\text{identical}} = \dfrac{\gamma}{\sqrt{\text{moving\_variance}}} \times \text{kernel} \\ \text{bias}_{\text{identical}} = \dfrac{\text{bias} - \text{moving\_mean}}{\sqrt{\text{moving\_variance}}} \times \gamma + \beta \end{cases}$$

（10-16）

這樣，進行模型量化時，轉換器將提取所有前後相連的二維卷積層和批次歸一化層進行運算元合併，根據運算元融合計算原理，合併後的等效二維卷積層內部的權重變數和偏置變數根據式（10-16）計算得出，合併後的等效二維卷積層的名

稱也將表現被合併的二維卷積層和批次歸一化層的原名稱，方便開發者定位和偵錯。

實際上，TensorFlow 會對所有可以實施運算元合併的多個運算元實施合併操作，並在量化階段提早使用高精度的運算資源，將等效的卷積核心變數和等效偏置變數提前儲存好。使用提前計算並儲存好的等效卷積核心變數和等效偏置變數進行量化計算，可以避免拆分量化帶來的誤差累積。

10.2.2 量化參數搜尋和代表資料集

在介紹浮點數的整數量化原理時，我們引入了關鍵的兩個參數：縮放因數和零點。縮放因數和零點的確定，取決於轉換器探測到的等效浮點數的動態範圍。如果浮點數的動態範圍很大，那麼縮放因數也要相應設置為較大的數值；如果浮點數的動態範圍偏移，那麼零點也需要相應偏移。

儲存在模型運算元內部的權重是靜態的，開發者可以很容易地獲得其動態範圍，但神經網路從輸入節點到模型內部每個張量（邊）的動態範圍，就需要取決於外部輸入激勵了。因此，TensorFlow 引入了代表資料集的概念。

代表資料集是訓練資料或驗證資料的小子集（大約 100 ～ 500 個樣本），轉換器將使這個代表資料集的樣本流過神經網路，這樣轉換器就可以使用高精度運算資源，探知每個樣本將在神經網路的輸入端、內部每個「邊」、輸出端產生什麼動態範圍的高精度資料了。當代表資料集的樣本足夠多時，轉換器就可以確定在整個神經網路的計算過程中，將在內部張量上製造多大的動態範圍。

在 TensorFlow 中，代表資料集生成函式是一個以 yeild 為關鍵字傳回的可迭代生成器。該生成器在每次迭代時可以提供一個資料樣本。假設輸入資料的動態範圍是 0 ～ 1，那麼一個能提供 100 個偽資料的代表資料集生成器的程式如下。

```
def representative_dataset():
    for _ in range(100):
        data = np.random.rand(1, 244, 244, 3)
        yield [data.astype(np.float32)]
```
使用這個偽資料生成器可以依次獲得累計 100 個偽資料樣本，測試程式如下。
```
def representative_dataset():
```

```
    for _ in range(100):
        data = np.random.rand(1, 244, 244, 3)
        yield [data.astype(np.float32)]
for i in representative_dataset():
  print(np.sum(i)/(244*244*3))
```
測試輸出如下。
```
0.49982731036683686
0.507663867939846
......
0.5002079449128819
0.4981200100219475
```

需要特別注意的是，這裡僅是為了說明而使用了 NumPy 的隨機數來模擬代表資料集，在實際生產中應當避免使用。因為虛擬隨機數也許在神經網路的頭幾層能充分模擬真實資料的動態範圍，但在神經網路的後端，將產生沒有明顯特徵的資料輸出，會給轉換器傳遞虛假的動態範圍資訊，因為只有在真實資料激勵下的神經網路才能在神經網路的輸出層產生低熵資料，而隨機資料在神經網路的最後幾層的輸出依舊保持高熵狀態，無法充分模擬影像分類或物件辨識結果的低熵資料（高機率預測值）分佈。

以真實資料為基礎的代表資料集可以根據具體資料集自行撰寫，一個簡易的真實代表資料集的函式程式如下。

```
def representative_dataset():
    for img_bat in train_dataset.batch(1).take(200):
        data=tf.cast(img_bat,tf.float32)
        # 確認輸入資料的動態範圍
        data = data.numpy()
        print('representative_dataset:',data.shape,
              'from',data.max(),'to',data.min())
        yield [data.astype(np.float32)]
```

製作好代表資料集的函式後，將函式命名為 representative_dataset，就可以將函式名稱傳遞給轉換器的 representative_dataset 欄位了。程式如下。

```
converter.representative_dataset = representative_dataset
```

使用轉換器的 convert 方法執行轉換操作，轉換器將自動生成代表資料集樣本張量，讓樣本張量在神經網路內部的傳遞，從而確認神經網路內部各個張量的動態範圍，並自動確定張量量化時所需要使用的縮放因數和零點。convert 方法執行完畢後，就可以使用磁碟寫入工具，將量化模型寫入磁碟檔案。程式如下。

```
converter.experimental_new_converter = True
converter.inference_input_type = tf.uint8
tflite_model = converter.convert()
tflite_model_filename='P08_quantization_demo.tflite'
with open(tflite_model_filename, 'wb') as f:
    f.write(tflite_model)
```

在實際轉換過程中，開發者將看到代表資料集生成器的列印結果，可以二次確認輸入資料的動態範圍是否滿足要求。輸出如下。

```
representative_dataset: (1, 512, 512, 3) from 0.972628 to 0.0
representative_dataset: (1, 512, 512, 3) from 0.925201 to 0.0
representative_dataset: (1, 512, 512, 3) from 1.0 to 0.0
representative_dataset: (1, 512, 512, 3) from 1.0 to 0.0
representative_dataset: (1, 512, 512, 3) from 0.987633 to 0.0
......
```

值得注意的是，由於每次進行模型轉換時，TensorFlow 的轉換器會使用內建的量化演算法重新感知一次張量的浮點數值的動態範圍，所以同樣的資料在兩次轉換時所找到的縮放因數和零點可能會有細微差別，這屬於正常現象。另外，轉換器的 convert 方法是較為耗時的，因為它需要進行多次資料的前向傳播，需要對神經網路內部的全部張量進行動態範圍的統計分析。以作者的經驗，轉換器對大型模型執行量化操作的計算耗時可能超過 30min，甚至達到數小時。

10.2.3　TFLite 量化模型的運算元和張量分析

以 FlatBuffer 格式製作或儲存好量化模型檔案後，TensorFlow 提供了模型的分析工具，用於查看模型結構和模擬推理。TensorFlow 提供的量化模型分析工具是 tf.lite.experimental. Analyzer.analyze。它接收兩種形式的 FlatBuffer 格式量化模型輸入：可以向 model_path 標識位傳遞磁碟上的 TFLite 量化模型檔案，或向

model_content 標識位元傳遞儲存在記憶體中的 **TFLite** 量化模型物件。此外，分析工具還支援檢查 TFLite 量化模型檔案對 GPU 代理器的支援情況，具體方法是設置其 gpu_compatibility 標識位為 True。

使用模型分析工具檢查剛剛儲存的 TFLite 量化模型檔案。程式如下。

```
tf.lite.experimental.Analyzer.analyze(
    model_path=tflite_model_filename, gpu_compatibility=True)
```

分析工具將提交分析結論和模型運算元張串列分析結論包括 GPU 支援情況、量化模型子圖數量、輸入 / 輸出張量編號、模型尺寸分析等。分析結論樣例如下。

```
Your model looks compatibile with GPU delegate with TFLite runtime version 2.8.0.
But it doesn't guarantee that your model works well with GPU delegate.
There could be some runtime incompatibililty happen.
------------------------------------------------------------
Your TFLite model has '1' signature_def(s).

Signature#0 key: 'serving_default'
- Subgraph: Subgraph#0
- Inputs:
    'input_1' : T#0
- Outputs:
    'p_re_lu_1' : T#12

------------------------------------------------------------
            Model size:        5016 bytes
   Non-data buffer size:       3440 bytes (68.58 %)
  Total data buffer size:      1576 bytes (31.42 %)
    (Zero value buffers):        64 bytes (01.28 %)
......
```

分析工具還將提供整個模型的運算串列張串列本案例中使用的極簡二層模型加上量化運算元和反量化運算元後，一共擁有 8 個運算元。量化後將兩個 BN 層運算元合併進二維卷積層，所以減掉兩個運算元合計 6 個運算元（Op#0 ～ Op#5）。分析工具的輸出範例如下。

```
=== P08_quantization_demo.tflite ===
Your TFLite model has '1' subgraph(s). In the subgraph description below,
```

```
T# represents the Tensor numbers. For example, in Subgraph#0, the QUANTIZE op takes
tensor #0 as input and produces tensor #7 as output.

Subgraph#0 main(T#0) -> [T#12]
  Op#0 QUANTIZE(T#0) -> [T#7]
  Op#1 CONV_2D(T#7, T#1, T#2) -> [T#8]
  Op#2 PRELU(T#8, T#3) -> [T#9]
  Op#3 CONV_2D(T#9, T#4, T#5) -> [T#10]
  Op#4 PRELU(T#10, T#6) -> [T#11]
  Op#5 DEQUANTIZE(T#11) -> [T#12]
```

應該說，運算元的本質是對兩個或兩個以上的張量的計算，運算元對量化模型來說只是計算圖上的「節點」，張量才是計算圖上的「邊」，分析工具還提供了量化模型內的全部張量的分析清單。本案例中使用的極簡二層模型的張量數量遠遠多於運算元數量。量化模型內部的張量被分為兩類：變數張量和常數張量。變數張量指的是由輸入資料激勵所形成的資料鏈條上的過程張量，常數張量指的是運算元內部儲存的常數。

對變數張量來說，其數量與運算元數量存在相關性，在全部都是單輸入和單輸出運算元的情況下，變數張量的數量比運算元數量多 1。以本例來看，量化模型內部的運算元數量為 6，變數張量的數量為 7。

對常數張量來說，其數量計算需要考慮運算元融合的影響，接下來我們將舉兩個例子。第一個例子是附帶偏置變數的二維卷積層和 BN 層所組成的微結構，它們經過融合後形成了融合的二維卷積運算元，其內部擁有兩個融合後的常數張量（融合卷積核心和融合偏置）。第二個例子是不附帶偏置變數的二維卷積層和 BN 層所組成的微結構，雖然二維卷積層不附帶偏置，但它經過與 BN 層融合後就相當於有了偏置，也形成了一個融合二維卷積運算元，其內部也擁有兩個融合後的常數張量（融合卷積核心和融合偏置）。二維卷積層和 BN 層進行運算元融合的兩個例子及這兩個例子的常數張量分佈示意圖如圖 10-9 所示。

兩個融合二維卷積運算元的 4 個常數張量，加上兩個啟動層的兩個常數張量，合計 6 個常數張量。6 個常數張量加上 7 個變數張量合計 13 個張量，所以該模型一共具有 13 個張量，張量編號為 T#0 ～ T#12。模型分析工具輸出的張量名稱也能表現出運算元融合的關鍵單字，模型分析工具輸出如下。

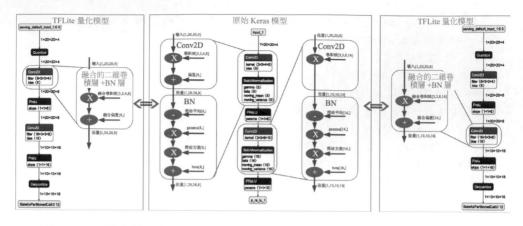

▲ 圖 10-9 二維卷積層和 BN 層進行運算元融合的兩個例子及這兩個例子的常數張量分佈示意圖

```
Tensors of Subgraph#0
  T#0(serving_default_input_1:0) shape:[1, 20, 20, 4], type:UINT8
  T#1(tmp_model/conv2d/Conv2D) shape:[8, 3, 3, 4], type:INT8 RO 288 bytes
  T#2(tmp_model/batch_normalization/FusedBatchNormV3;conv2d/bias;tmp_model/ conv2d/
BiasAdd;tmp_model/conv2d/Conv2D) shape:[8], type:INT32 RO 32 bytes
  T#3(tmp_model/p_re_lu/add;tmp_model/p_re_lu/Relu;tmp_model/p_re_lu/Neg_1; tmp_model/
p_re_lu/Relu_1;tmp_model/p_re_lu/mul) shape:[1, 1, 8], type:INT8 RO 8 bytes
  T#4(tmp_model/conv2d_1/Conv2D) shape:[16, 3, 3, 8], type:INT8 RO 1152 bytes
  T#5(tmp_model/batch_normalization_1/FusedBatchNormV3;tmp_model/conv2d_1/ Conv2D)
shape:[16], type:INT32 RO 64 bytes
  T#6(tmp_model/p_re_lu_1/add;tmp_model/p_re_lu_1/Relu;tmp_model/ p_re_lu_1/Neg_1;tmp_
model/p_re_lu_1/Relu_1;tmp_model/p_re_lu_1/mul) shape:[1, 1, 16], type:INT8 RO 16
bytes
  T#7(tfl.quantize) shape:[1, 20, 20, 4], type:INT8
  T#8(tmp_model/batch_normalization/FusedBatchNormV3;conv2d/bias;tmp_model/ conv2d/
BiasAdd;tmp_model/conv2d/Conv2D1) shape:[1, 20, 20, 8], type:INT8
  T#9(tmp_model/p_re_lu/add;tmp_model/p_re_lu/Relu;tmp_model/p_re_lu/Neg_1; tmp_model/
p_re_lu/Relu_1;tmp_model/p_re_lu/mul1) shape:[1, 20, 20, 8], type:INT8
  T#10(tmp_model/batch_normalization_1/FusedBatchNormV3;tmp_model/conv2d_1/ Conv2D1)
shape:[1, 10, 10, 16], type:INT8
  T#11(StatefulPartitionedCall:01) shape:[1, 10, 10, 16], type:INT8
  T#12(StatefulPartitionedCall:0) shape:[1, 10, 10, 16], type:FLOAT32
```

　　TensorFlow 除了提供了量化模型分析工具,還提供了量化模型的解譯器。量化模型解譯器是一個邊緣計算硬體的模擬器,它能夠模擬邊緣計算硬體上的量化模型推導行為。量化模型解譯器位於 tf.lite.Interpreter 位置下,它接收兩種形式的 FlatBuffer 格式量化模型輸入:可以向 model_path 標識位傳遞磁碟上的 TFLite 量化模型檔案,或向 model_content 標識位元傳遞儲存在記憶體中的 TFLite 量化模型物件。此外,分析工具還支援透過設置 num_threads 標識位元使解譯器呼叫當前電腦的中央處理器的多核心處理機制進行量化模型的推導加速。由於解譯器使用軟體模擬量化模型的邊緣計算硬體進行計算,所以速度較慢。因此,建議讀者在進行解譯器模擬推導時,合理設置多核心機制,縮短模擬推導的耗時。另外,解譯器為了模擬邊緣計算硬體的記憶體重複使用機制,不會儲存模擬過程中產生的中間張量,這對於逐層偵錯量化模型十分不利。TensorFlow 在 2.6 版本以後,為解譯器配備了是否保留全部張量的配置開關,可以透過在編譯器中設置 experimental_preserve_all_tensors 選項為 True 的方法開啟「保留全部張量」的開關。解譯器預設此項為關閉,關閉狀態下中間張量的數值是隨機的,不可用於偵錯。

　　解譯器擁有多個成員方法供呼叫。解譯器常用的成員方法及用途如表 10-3 所示。

➜ 表 10-3 解譯器常用的成員方法及用途

成員方法	用途
allocate_tensors()	張量初始化
set_tensor()	將張量資料給予值給某編號的張量
invoke()	量化模型執行一次推導
get_tensor()	提取某編號的張量資料
get_input_details()	獲取模型輸入端的張量資料詳情
get_output_details()	獲取模型輸出端的張量資料詳情
get_tensor_details()	獲取模型所有張量的全部資料詳情,傳回長度為張量數量的串列,每個張量資料詳情為一個字典

使用模型解譯器載入剛剛儲存的 **TFLite** 量化模型檔案，將模型解譯器的 num_threads 配置參數設置為 8，這樣讓模型解譯器使用 CPU 的全部 8 核心參與推理，可以大幅提高推理速度，同時將模型解譯器的 experimental_preserve_all_tensors 配置參數設置為布林變數 True，這樣模型解譯器將保留中間張量，方便開發者提取量化模型中的中間張量用於偵錯。程式如下。

```
interpreter = tf.lite.Interpreter(
    model_path=tflite_model_filename,
    num_threads=8,
    experimental_preserve_all_tensors=True)
```

使用解譯器的 get_input_details 和 get_output_details 成員方法，獲取模型的輸入 / 輸出張量的細節。程式如下。

```
interpreter.allocate_tensors()
input_details = interpreter.get_input_details()
output_details = interpreter.get_output_details()

# 探索模型輸入 / 輸出的形狀
print(input_details)
print(output_details)
input_shape = input_details[0]['shape']
input_dtype = input_details[0]['dtype']
print("input_shape is ",input_shape,input_dtype)

for i, output_detail in enumerate(output_details):
    output_shape = output_detail['shape']
    output_dtype = output_detail['dtype']
    print("No. {} output_shape is {}, type is {}.".format(
        i,output_shape,output_dtype))
```

對本例的極簡二層模型來說，輸入 / 輸出的資料型態和張量形狀如下。

```
input_shape is  [ 1 20 20  4] <class 'numpy.uint8'>
No. 0 output_shape is [ 1 10 10 16], type is <class 'numpy.float32'>.
```

列印輸入 / 輸出的張量詳情，可以看到張量的詳細資訊。每個張量的詳細資訊是一個字典，它具有的欄位和含義如表 10-4 所示。

➜ 表 10-4 解譯器獲取的量化模型張量詳情字典的欄位及含義

欄位			含義
name			張量名稱
index			張量編號
shape			張量形狀
shape_signature			形狀簽名
dtype			張量資料型態
quantization			張量量化參數
quantization_parameters		scales	縮放因數
		zero_points	零點
		quantized_dimension	量化維度
		sparsity_parameters	稀疏參數

　　對本例的極簡二層模型來說，輸入的張量名稱為 serving_default_input_1:0，張量編號為 0；輸出的張量名稱為 StatefulPartitionedCall:0，張量編號為 12。更多關於輸入 / 輸出的資料型態和張量形狀情況如下。

```
[{'name': 'serving_default_input_1:0',
  'index': 0,
  'shape': array([ 1, 20, 20,  4]),
  'shape_signature': array([ 1, 20, 20,  4]),
  'dtype': <class 'numpy.uint8'>,
  'quantization': (0.00784297101199627, 127),
  'quantization_parameters': {
      'scales': array([0.00784297], dtype=float32),
      'zero_points': array([127]),
      'quantized_dimension': 0},
      'sparsity_parameters': {}}
]

[{'name': 'StatefulPartitionedCall:0',
  'index': 12,
  'shape': array([ 1, 10, 10, 16]),
  'shape_signature': array([ 1, 10, 10, 16]),
  'dtype': <class 'numpy.float32'>,
```

```
'quantization': (0.0, 0),
'quantization_parameters': {
    'scales': array([], dtype=float32),
    'zero_points': array([], dtype=int32),
    'quantized_dimension': 0},
    'sparsity_parameters': {}}
]
```

　　我們當然可以使用解譯器的 get_tensor 方法獲得整數張量的數值，並透過 get_
tensor_ details 方法獲得整數張量的配置資訊，從而獲得神經網路中張量的等效浮
點數值，但需要記憶張量詳情字典的關鍵字。為方便量化模型的檢查，作者設計了
自訂的量化模型張量檢查工具 interpreter_inspector，具體可以登入 GitHub 網站上
使用者名為 fjzhangcr 的程式倉庫獲取自訂張量檢查工具原始程式碼。自訂的量化模
型張量檢查工具 interpreter_inspector 被設計為一個類別，初始化時需要向其傳遞一
個具體的解譯器物件。它具有多個成員函式，函式名稱可「望文生義」，具體不再
展開敘述。自訂的量化模型張量檢查工具成員函式如表 10-5 所示。

➜ 表 10-5　自訂的量化模型張量檢查工具成員函式

成員函式名稱	用途
__init__	初始化函式，僅需要傳遞一個解譯器物件
get_tensors_details	獲取全部張量的詳情字典，傳回一個清單
get_detail_by_name	輸入張量名稱，傳回張量詳情字典
get_detail_by_index	輸入張量編號，傳回張量詳情字典
get_name_by_index	透過張量編號查詢張量名稱
get_index_by_name	透過張量名稱查詢張量編號
get_tensor_by_index	輸入張量編號，獲取張量的整數數值
get_tensor_by_name	輸入張量名稱，獲取張量的整數數值
get_scale_and_zero_point_by_index	輸入張量編號，獲取張量的縮放因數和零點
get_scale_and_zero_point_by_name	輸入張量名稱，獲取張量的縮放因數和零點
get_float_value_by_index	輸入張量編號，獲取張量的浮點數值
get_float_value_by_name	輸入張量名稱，獲取張量的浮點數值

使用以上工具可以提取第一個融合二維卷積層的卷積核心張量和偏置張量。注意，由於第一個融合二維卷積層對模型中的二維卷積層和 BN 層執行了運算元融合操作，所以其內部的整數參數的等效浮點參數相應地也融合了二維卷積層和 BN 層的參數資訊，這些等效參數是轉換器在量化搜尋時計算出來的。

從 TFLite 量化模型中提取第一個融合二維卷積層的卷積核心張量。使用 Netron 查看 TFLite 量化模型結構，可以看到融合二維卷積層的卷積核心張量名稱為 'tmp_model/conv2d/ Conv2D'，使用量化模型張量檢查工具 interpreter_inspector 提取名稱為 'tmp_model/conv2d/ Conv2D' 的張量，該張量是整數的張量，將提取出的張量儲存在 kernel_tflite_INT8 中。注意，TFLite 量化模型檔案中的卷積核心矩陣的維度順序為 [輸出通道 , 卷積核心尺寸 , 卷積核心尺寸 , 輸入通道]，這與 TensorFlow 的 Keras 模型的卷積核心矩陣的維度順序 [卷積核心尺寸 , 卷積核心尺寸 , 輸入通道 , 輸出通道] 是不同的，所以需要使用 tf.transpose 函式對矩陣的維度進行調換，調換好的卷積核心矩陣命名為 kernel_tflite_INT8_T。程式如下。

```
from P08_interpreter_tools import interpreter_inspector
it=interpreter_inspector(interpreter)

tensor_name='tmp_model/conv2d/Conv2D'
kernel_tflite_INT8=it.get_tensor_by_name(tensor_name)
kernel_tflite_INT8_T=tf.transpose(kernel_tflite_INT8,[1,2,3,0])
print('kernel_tflite_INT8[out,ks,ks,in]:',kernel_tflite_INT8.shape)
print('kernel_tflite_INT8_T[ks,ks,in,out]: ',kernel_tflite_INT8_T.shape)
print(kernel_tflite_INT8.shape,'->',kernel_tflite_INT8_T.shape)
```

輸出如下。

```
kernel_tflite_INT8    [out,ks,ks,in]: (8, 3, 3, 4)
kernel_tflite_INT8_T  [ks,ks,in,out]:  (3, 3, 4, 8)
(8, 3, 3, 4)  ->  (3, 3, 4, 8)
```

此時提取的卷積核心張量只是 INT8 的整數數值，需要繼續透過其張量名稱提取張量的縮放因數和零點，去找到其所代表的浮點數值。我們將提取到的縮放因數和零點分別儲存在名為 scale 和 zero_point 的變數中，根據量化原理恢復量化前的等效浮點數值將儲存在 kernel_ tflite_float 變數中。程式如下。

```
scale,zero_point=it.get_scale_and_zero_point_by_name(tensor_name)
kernel_tflite_float=scale*(tf.cast(kernel_tflite_INT8_T,tf.float32)-zero_point)
```

　　同理，我們提取 INT8 整數的偏置張量，將其儲存在 bias_tflite_INT8 中，計算出的等效浮點偏置張量將儲存在 bias_tflite_float 變數中。程式如下。

```
tensor_name='tmp_model/batch_normalization/FusedBatchNormV3;conv2d/bias;tmp_model/
conv2d/BiasAdd;batch_normalization/beta'
bias_tflite_INT8=it.get_tensor_by_name(tensor_name)
scale,zero_point=it.get_scale_and_zero_point_by_name(tensor_name)
bias_tflite_float=scale*(tf.cast(bias_tflite_INT8,tf.float32)-zero_point)
```

　　以上已經從量化模型中提取了融合二維卷積層的權重張量和偏置張量，接下來要提取浮點 32 位元模型中的權重張量和偏置張量。我們直接從記憶體的 tmp_model 中提取第一個二維卷積層和第一個 BN 層的權重資訊。卷積層的卷積核心張量和偏置張量被儲存在 kernel_keras 和 bias_keras 變數中，BN 層的 4 個參數分別使用 gamma、beta、moving_mean 和 moving_var 變數儲存。程式如下。

```
kernel_keras=tmp_model.layers[1].kernel
bias_keras=tmp_model.layers[1].bias
gamma=tmp_model.layers[2].gamma.numpy()
beta=tmp_model.layers[2].beta.numpy()
moving_mean=tmp_model.layers[2].moving_mean.numpy()
moving_var=tmp_model.layers[2].moving_variance.numpy()
print('BN: gamma={},beta=={},ma={},mv={}'.format(
    gamma,beta,moving_mean,moving_var))
```

　　BN 層的 4 個參數輸出如下。

```
BN: gamma=[0.2 0.2 0.2 0.2 0.2 0.2 0.2 0.2],
beta==[2. 2. 2. 2. 2. 2. 2. 2.],
ma=[0. 0. 0. 0. 0. 0. 0. 0.],
mv=[0.08333334 0.08333334 0.08333334 0.08333334 0.08333334 0.08333334
 0.08333334 0.08333334]
```

　　根據運算元融合計算原理，利用二維卷積層和 BN 層運算元融合的等效卷積核心矩陣與等效偏置矩陣計算公式，我們可以計算出等效的卷積核心矩陣和偏置的矩陣，分別用 fused_kernel_keras 和 fused_bias_keras 儲存。程式如下。其中，moving_std 為滑動標準差，它等於滑動方差的平方根。

```
moving_std=tf.sqrt(moving_var)
fused_kernel_keras=gamma*kernel_keras/moving_std
fused_bias_keras=(bias_keras-moving_mean)/moving_std*gamma+beta
```

理論上，等效卷積核心 fused_kernel_keras 應當等於從量化模型中提取的融合二維卷積運算元的卷積核心浮點數值 kernel_tflite_float，等效偏置矩陣 fused_bias_keras 應當等於從量化模型中提取的融合二維卷積運算元的偏置浮點數值 bias_tflite_float。由於這些矩陣都是超過三維的矩陣，並且元素數量許多，所以這裡僅提取一個切片查看誤差。程式如下。

```
check_fused_kernel_keras=fused_kernel_keras[:,:,0,0].numpy()
check_fused_bias_keras=fused_bias_keras.numpy()
check_kernel_tflite=kernel_tflite_float[:,:,0,0].numpy()
check_bias_tflite=bias_tflite_float.numpy()
```

透過整合程式設計工具的記憶體變數查看工具，我們可以看到量化模型中的融合二維卷積運算元已經成功地將 Keras 模型中的二維卷積層和 BN 層進行了融合，並且進行了權重量化，量化誤差在可以接受的範圍之內。運算元融合後的卷積矩陣與偏置矩陣的精確數值和量化數值對比如圖 10-10 所示。

▲ 圖 10-10　運算元融合後的卷積核心矩陣與偏置矩陣的精確數值和量化數值對比

對於整個模型的量化推導，我們可以採用同樣的方法，對比量化模型輸出和浮點模型輸出是否吻合。為量化模型生成一個虛擬的樣本資料 input_batch_uint8，它是 UINT8 的資料格式。我們使用解譯器的 set_tensor 方法，將樣本資料給予值給量化模型的輸入節點，呼叫解譯器的 invoke 方法進行一次推理，使用 get_tensor 方法從輸出節點提取輸出資料，將輸出資料儲存在 outputs_tflite 中。由於模型輸出的資料格式已經被設置為浮點 32 位元（float32），所以輸出的資料無須進行格式轉換。程式如下。

```
input_batch_uint8=tf.random.uniform(
    (1,20,20,4),minval=0,maxval=255,dtype=tf.int32)
input_batch_uint8=tf.cast(input_batch_uint8,tf.uint8)
interpreter.set_tensor(input_details[0]['index'], input_batch_uint8)
interpreter.invoke()
outputs_tflite = interpreter.get_tensor(
    output_details[i]['index'])
```

我們使用同樣的樣本資料將送入記憶體的 Keras 模型進行推導，對比量化模型推導的誤差。由於記憶體模型是接受 float32 資料登錄的，所以我們必須使用輸入張量的資料轉換參數，將量化模型的 UINT8 格式的輸入轉為 float32 格式。轉換方法是，首先透過 Netron 找到輸入張量的名稱（名稱為 'serving_default_input_1:0'），然後使用工具提取縮放因數和零點，最後使用縮放因數和零點計算等效的浮點數值，將等效的浮點數值儲存在 input_batch_ float 中。程式如下。

```
tensor_name='serving_default_input_1:0'
scale,zero_point=it.get_scale_and_zero_point_by_name(
    tensor_name)
input_batch_float=tf.cast(input_batch_uint8,tf.float32)
input_batch_float=scale *(input_batch_float-zero_point)
```

使用等效的浮點數值對神經網路進行一次精確推導，將推導結果儲存在 outputs_keras 中。程式如下。

```
outputs_keras=tmp_model(
    input_batch_float,training=False).numpy()
```

由於量化模型的輸出 outputs_tflite 和記憶體模型的輸出 outputs_keras 都是四維矩陣，所以我們提取其中的切片進行對比。程式如下。

```
check_outputs_tflite=outputs_tflite[0,:,:,0]
check_outputs_keras=outputs_keras[0,:,:,0]
```

透過整合程式設計工具的記憶體變數查看工具對比二者在第一個切片上的推理結果數值，可以看到數值計算的結果已經非常接近。同等條件下量化模型輸出和記憶體（精確）模型輸出的誤差對比如圖 10-11 所示。

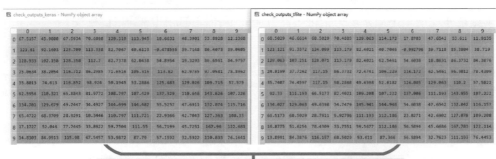

▲ 圖 10-11　同等條件下量化模型輸出和記憶體（精確）模型輸出的誤差對比

至此，我們充分理解了模型量化的基本原理，對其量化工作所完成的工作有了充分理解，具備了對今後任何量化模型的偵錯能力，接下來將介紹量化模型的偵錯方法。

10.3　量化性能分析和量化模型的逐層偵錯

量化性能分析的核心是度量模型量化前後的資訊損失。假設某張量節點在樣本資料集的激勵下產生了 5 次輸出，分別是 [-0.9, -0.1, 0.2, 0.9, 126]，顯然大部分的數值都分佈在 -1 ～ 1 範圍內，只有 126 這一個離群點分佈在 -1 ～ 1 範圍之外。此時量化策略有兩種選擇：一種選擇是保持 -1 ～ 1 的量化動態範圍，這樣能保證大部分資料獲得較為精確的量化，但離群點將被錯誤量化，引入量化誤差；另一種選擇是兼顧離群點，使量化策略支援從 −1 ～ 126 的動態範圍，那麼代價是由於動態範圍太大將導致 0.2 和 0.9 很可能被量化為同一個整數數值，從而引入量化誤差。目前有很多方法可以度量這種資訊損失程度，最常用的如歐氏距離（L2 距離）、L1 距離、KL 散度、餘弦距離等，感興趣的讀者可以參考不同的量化手冊，本書將介紹從訊號雜訊比（平均值、方差）角度出發的量化誤差度量方式。

10.3.1　量化訊號雜訊比分析原理

任何精確的模擬訊號經過量化都會引入誤差，無論是 32 位元還是 8 位量化，無論是非均勻量化還是均勻量化，都會造成不同程度的訊號雜訊比損失。

以最簡單的 M 位元均勻量化為例，假設 M 位元均勻量化函式的輸入訊號（signal）的動態區間是 [a,b]，輸入訊號符合區間內的均勻分佈，即 $\text{signal} \in \text{uniform}(a,b)$，那麼定義輸入訊號的滿量程動態範圍（Full Scale Range，FSR）為 $\text{FSR} = b - a$。

經過 M 位元的均勻量化後的量化輸出訊號用 $q_M = Q_M(\text{signal})$ 表示。量化誤差（ noise_M ）等於輸入訊號和輸出訊號的差，即

$$\text{noise}_M = q_M - \text{signal} = Q_M(\text{signal}) - \text{signal}$$

（10-17）

如果將滿量程區間根據均勻量化原則分為 2^M 份，那麼每一份代表 M 位元量化所能表達的最小顆粒度，將其定義為最低有效位（Least Significant Bit，LSB），即 $\text{LSB} = \dfrac{\text{FSR}}{2^M}$。量化誤差 Error_M 顯然在 $\left(-\dfrac{\text{FSR}}{2^M}, +\dfrac{\text{FSR}}{2^M} \right)$ 區間內也符合均勻分佈，即

$$\text{Error}_M \in \text{uniform}(-\text{LSB}, +\text{LSB})$$

（10-18）

此時，量化函式和量化誤差示意圖如圖 10-12 所示。

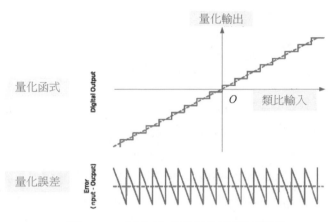

▲ 圖 10-12　量化函式和量化誤差示意圖

根據均勻分佈的一階和二階統計特徵，可以知道動態範圍是 [a,b] 的均勻分佈隨機變數的平均值為 $\frac{a+b}{2}$、方差為 $\frac{(b-a)^2}{12}$，所以可以得到輸入訊號和量化誤差訊號（noise）的平均值和方差，即

$$\begin{cases} E(\text{signal}) = \dfrac{a+b}{2}, \ D(\text{signal}) = \dfrac{\text{FSR}^2}{12} \\ E(\text{noise}) = 0, \ D(\text{noise}) = \dfrac{\text{LSB}^2}{12} \end{cases} \tag{10-19}$$

實際上可以證明，當輸入訊號均勻分佈時，均勻量化函式可以使量化誤差取到理論最小值，因此均勻量化器也被稱為輸入訊號在均勻分佈假設下的最佳量化器。當輸入訊號在設定值區間上的分佈發生變化以後，均勻量化器就不再是最佳量化器了，量化誤差也會隨之上升。

INT8 全整數量化使用的是均勻量化器，它是以輸入訊號為均勻分佈作為假設前提的，INT8 全整數量化是輸入訊號在均勻分佈假設條件下，能使量化誤差達到最小的最佳量化器。本書關於 INT8 全整數量化的訊號雜訊比估值也是以輸入訊號為均勻分佈作為假設前提的。

如果使用訊號雜訊比（Signal to Noise Ratio，SNR）來估計每一層量化模型的計算結果優劣，那麼一般使用訊號能量與雜訊能量的比值來定義訊號雜訊比，即

$$\text{SNR} = \frac{P_{\text{signal}}}{P_{\text{noise}}} = \frac{D(\text{signal})}{D(\text{noise})} \tag{10-20}$$

為將訊號雜訊比的除法轉化為減法，在訊號處理中，一般使用以 10 為底的對數表示訊號雜訊比，即 $\text{SNR}_{\text{dB}}(\text{SNR}) = 10\lg(\text{SNR})$，此時訊號雜訊比的單位就轉化為分貝（dB）。當輸入訊號經過多次訊號處理後，獲得訊號雜訊比增益的同時也將引入額外的雜訊。如果多次訊號處理演算法相互獨立，那麼引入的雜訊可以相互疊加；如果訊號雜訊比採用分貝為單位，那麼訊號雜訊比乘除運算就可以變為加減運算。

以 M 位元均勻量化為例，其訊號雜訊比用 SNR_M 表示，有

$$\text{SNR}_M = \frac{D(\text{signal})}{D(\text{noise})} = \frac{\dfrac{\text{FSR}^2}{12}}{\dfrac{\text{LSB}^2}{12}} = \left(2^M\right)^2 \tag{10-21}$$

將訊號雜訊比單位轉化為分貝後，有

$$\text{SNR}_{M-\text{dB}} = 10\lg\left[\left(2^M\right)^2\right] = 20\lg\left(2^M\right) = 20M\lg(2) = 6.02M \tag{10-22}$$

式（10-22）表明，每一位位元將獲得 6.02dB 的訊號雜訊比增益，8 位元均勻量化的理論訊號雜訊比上限為 48.16dB。對應地，定點 32 位元的訊號雜訊比等於 192.64dB，對應的訊號能量和量化雜訊的能量比值是 1.8365e+19，所以一般情況下，我們認為定點 32 位元的訊號的量化誤差約等於 0，可以使用定點 32 位元（或非線性量化的浮點 32 位元）的數值當作無損的原模擬訊號。

要想取到量化的訊號雜訊比上限，需要同時滿足兩個條件：第一，輸入訊號是滿量程的；第二，輸入訊號的分佈服從滿量程範圍內的均勻分佈。在實際的量化模型計算中，往往無法使每一層的張量都滿足這兩個條件。如果使用某個單樣本激勵量化模型，那麼我們提取模型內部各個層形成計算過程張量並加以分析，以作者的偵錯經驗，越靠近輸入層的張量的機率密度分佈越接近均勻分佈，越靠近輸出層

的張量的機率密度分佈越偏離均勻分佈（機率密度分佈類似於截斷正態分佈）；輸入層和輸出層的動態範圍往往接近量化模型所估計的全部資料樣本所產生的動態範圍，神經網路中間層的動態範圍往往小於全部資料樣本所塑造的動態範圍。

因此，有必要對非滿量程和非均勻分佈的資料張量的訊號雜訊比進行估值統計。

假設量化模型某中間層的量化張量所對應的等效 32 位元浮點矩陣為 y'，浮點 32 位元的 Keras 模型計算的理論 32 位元浮點矩陣為 x'，理論上 y' 和 x' 應當具有相同的動態範圍。但實際上，理論計算的數值 x' 的元素的動態範圍 FSR 並非滿量程 FSR，而是存在一個小於 1 的比例 k（$k < 1$），即 $FSR' = k \times FSR$，那麼在同分佈的情況下，非滿量程訊號的能量（方差）相應縮小為滿量程訊號能量的 k^2 倍，但誤差的分佈不變，相應的訊號雜訊比縮小為滿量程訊號能量的 k^2 倍，訊號雜訊比分貝增加 $10\lg\left(k^2\right)$〔$10\lg\left(k^2\right)$ 是一個負數，所以訊號雜訊比分貝數實際上是減少的〕，此時的訊號雜訊比 SNR'_M 和以分貝計算的訊號雜訊比 $SNR'_{M\text{-}dB}$ 如式（10-23）所示。

$$\begin{cases} SNR'_M = \dfrac{\dfrac{FSR'^2}{12}}{\dfrac{LSB^2}{12}} = k^2 \times \dfrac{\dfrac{FSR^2}{12}}{\dfrac{LSB^2}{12}} = k^2 \times SNR_M = k^2 \times \left(2^M\right)^2 \\ SNR'_{M\text{-}dB} = 10\lg\left(k^2 \times SNR_{M\text{-}dB}\right) = 6.02M + 20\lg(k) \end{cases} \quad (10\text{-}23)$$

因此，我們有推論，如果量化模型某一層輸出的張量的動態範圍並沒有利用到量化器所設計的滿量程，動態範圍使用率為 k（$k < 1$），那麼訊號雜訊比將平方倍下降，（下降到原有訊號雜訊比的 k^2 倍，$k^2 < 1$），訊號雜訊比分貝將相應降低，降低的分貝數是 $20\lg(k)$ 的絕對值。

假設神經網路輸入層是一幅 RGB 三通道影像，它的像素點設定值的動態範圍是 0 ～ 255。一般情況下，影像的像素動態範圍符合均勻分佈的假設，且像素設定值的分佈在 0 ～ 255 的動態範圍內滿足滿量程均勻分佈要求，那麼輸入層的訊號雜訊比應當能達到 48.16dB 的理論極限值。隨著神經網路的計算，其內部各個中間張量的元素設定值分佈逐漸呈現出一定的非隨機性。舉例來說，某些元素對於輸入影像的高維度特徵表現出較高的回應速度，其他元素則被抑制。因此，如果用 x''

表示實際神經網路內部張量，其方差 $D(x'')$ 一般小於或遠小於與 x'' 同動態範圍的均勻分佈 x' 的方差。如果考慮非均勻分佈的方差與均勻分佈方差的比例，該比例用 a 表示（ $a < 1$ ），那麼此時的方差 $D(x'')$ 如式（10-24）所示。

$$D(x'') = a^2 \times \frac{\text{FSR}^{'2}}{12} = a^2 k^2 \times \frac{\text{FSR}^2}{12}$$　　　　　（10-24）

在實際操作中，量程比例係數 k 的計算較為簡單，但係數 a 的計算銷耗較大，一般從整體上提取量化模型張量的方差，將其與非滿量程且均勻分佈的理想訊號方差做對比，從而確定由於資料分佈不理想和資料分佈非均勻所產生的兩種訊號能量衰減，這兩種衰減分別由非滿量程係數 k 和非均勻分佈方差係數 a 決定。考慮這兩種具有能量衰減作用的訊號雜訊比分貝值 $\text{SNR}_{M\text{-dB}}$ 可以透過理想訊號雜訊比分貝值 $\text{SNR}_{-\text{dB}}$ 計算得到，有

$$\text{SNR}''_{M\text{-dB}} = 10\lg\left(a^2 \times k^2 \times \text{SNR}_{M\text{-dB}}\right) = 6.02M + 20\lg(a) + 20\lg(k)$$　　　　（10-25）

因此，我們有推論，如果量化模型某一層輸出的張量的統計分佈不服從均勻分佈，其方差較均勻分佈的方差縮小為原來的 a^2 倍（ $a < 1$ ），那麼訊號雜訊比將按比例下降，訊號雜訊比分貝將增加 $20\lg(a)$ （ $20\lg(a)$ 是一個負數，所以訊號雜訊比分貝數實際上在減小）。

神經網路的推理計算是逐層向前計算的，每一層的量化誤差和每一層內建硬體運算元的計算誤差也會逐層向前傳遞，所以將神經網路量化模型中的某一層的計算結果張量減去浮點 32 位元模型中與該層對應的層的輸出，所得到的誤差的能量是包含了本層所產生的誤差能量和前面若干層的誤差能量的總和。由此可以預見，神經網路越往後的層，輸出張量的誤差的動態範圍一定會突破 [−LSB/2,LSB/2] 的上下限。

總的說來，量化模型的輸入訊號品質最高，隨著量化模型的逐層推理，訊號品質逐層下降，我們使用訊號雜訊比 SNR 來量化每一層輸出資料的品質惡化程度。對於某層的輸出張量，我們用 y_{Keras} 表示精準的浮點 32 位元模型提供的精確浮點張量，用 y_{TFLite} 表示量化模型提供的等效浮點張量，用 error ＝ $y_{\text{Keras}} - y_{\text{TFLite}}$ 表示二者之間的差，那麼我們可以獲得誤差的平均值 mean(error) 和能量 var(error)，將訊號的

能量使用 y_{Keras} 的方差 $\text{var}(y_{\text{Keras}})$ 表示。最終，量化模型中某層的訊號雜訊比可以由訊號能量除以誤差能量計算得到，如式（10-26）所示。

$$\text{SNR} = 10\lg\left(\frac{\text{var}(y_{\text{Keras}})}{\text{var}(\text{error})}\right) = 10\lg\left(\frac{\text{var}(y_{\text{Keras}})}{\text{var}(y_{\text{Keras}} - y_{\text{TFLite}})}\right) \quad\quad （10\text{-}26）$$

訊號雜訊比 SNR 從輸入層到輸出層呈現出遞減的規律。在輸入層，張量僅做了量化處理，並沒有任何運算元操作，因此訊號雜訊比 SNR 等於理論量化訊號雜訊比，即等於 48.16dB。隨著神經網路逐層推理，訊號幅度的機率密度分佈逐漸遠離均勻分佈的假設，因此訊號能量逐漸低於理論極限；同時由於訊號幅度的動態範圍往往低於滿量程動態範圍，因此量化雜訊逐步增大。總之，每一層神經網路的訊號雜訊比由三個方面組成，第一個方面是輸入資料攜帶前一層雜訊疊加在本層輸出的張量上，第二個方面是本層運算元產生的計算誤差形成的雜訊，第三個方面是本層量化所產生的誤差雜訊。

訊號雜訊比只是觀測量化模型性能的手段之一，它關注的是訊號絕對值的差異；與之形成對比的是度量兩個向量相似程度的餘弦距離度量函式，餘弦距離度量函式能分辨真實值和量化值在維度之間的差異，但不關注每個維度上數值的絕對值之間的差異。

10.3.2 量化模型的單層誤差偵錯

TensorFlow 從 2.7 版本之後，開始提供 TFLite 量化模型偵錯工具，它會提供每一層的實際輸出張量和理想輸出張量的誤差統計資料。感興趣的讀者可以登入 TensorFlow 官網學習使用。

生成一個偵錯器物件，將其命名為 debugger。在生成偵錯器時，需要為其指定兩個輸入：量化模型轉換器和代表資料集。由於量化模型轉換器已經包含了浮點 32 位元的精準模型和量化模型生成參數，所以實際上，此時的偵錯器已經可以對精準模型和量化模型的內部張量進行對比統計了。代表資料集為偵錯器提供模型偵錯時必備的資料來源，代表資料集越大，偵錯耗時越長，建議代表資料集規模為 3 ～ 10 個樣本。呼叫偵錯器的 run 方法，使偵錯器逐層偵錯，偵錯耗時較長。

偵錯完成後，偵錯器會將獲得的結果儲存在偵錯器內部，需要使用偵錯器的 layer_
statistics_dump 方法提取偵錯結果，並將偵錯結果儲存到磁碟中。提取偵錯結果的
樣例程式如下。

```
debugger = tf.lite.experimental.QuantizationDebugger(
  converter=converter, debug_dataset=representative_dataset)
debugger.run()
RESULTS_FILE = './P02_flower_classifier_tflite_debug.csv'
with open(RESULTS_FILE, 'w') as f:
  debugger.layer_statistics_dump(f)
```

將獲得的偵錯結果以 CSV 的格式儲存在磁碟中，我們可以使用 Python 下的
Pandas 模組讀取和處理 CSV 檔案，也可以使用 Excel 打開 CSV 檔案。打開 CVS
檔案後，我們可以看到張量名稱及其統計資訊。在統計資訊中，偵錯器已經將多樣
本激勵下的量化模型張量編號、名稱、縮放因數、零點、矩陣元素個數進行了記錄，
同時統計了誤差的絕對值、極值、平均值、平均值方差等資訊。以某花卉分類神經
網路的量化模型分析為例，逐層分析其內部的訊號串流和訊號雜訊比，如圖 10-13
所示。

透過 CSV 檔案提供的偵錯資訊，我們可以進一步透過 pandas 的函式推導獲得
量化模型的每個張量的動態範圍、訊號能量等資訊。

為方便自訂偵錯，TensorFlow 提供的量化模型偵錯器還提供了自訂的誤差統
計回呼函式選擇。開發者可以透過向偵錯器物件的 debug_options 標識位傳遞回呼
函式，實現自訂的偵錯演算法。回呼函式可以使用偵錯器提供的精確的輸出張量
（用 f 作變數名稱）、量化模型輸出的張量（用 q 作變數名稱）、量化模型中該層
的縮放因數（用 s 作變數名稱）、量化模型中該層的零點（用 zp 作變數名稱）。
新建一個自訂回呼函式，將函式命名為 debug_options，並將其傳遞給偵錯器的典
型程式如下。

運算類型和輸出張量編號 | 矩陣元素個數 | 誤差的平均值和標準差 | 縮放因數和誤差的幅度平均值 | 和平均值方差零點 | 輸出張量名稱

	A	B	C	D	E	F	G	H	I	J	K	L
1	op_name	tensor_idx	num_elem	stddev	mean_erro	max_abs_e	mean_squared_	scale	zero_point	tensor_name		
2												
3	PAD	217	111747	0.002362	0.000182	0.003922	5.70E-06	0.00784	-1	functional_5/Conv1_pad/Pad		
4												
5	CONV_2D	221	294912	0.009009	-0.00022	0.084483	8.39E-05	0.02353	-128	functional_5/Conv1_relu/Relu6;fur		
6												
7	DEPTHWIS	225	294912	0.040043	-0.00245	0.237879	0.001624113	0.02353	-128	functional_5/expanded_conv_dep		
8												
9	CONV_2D	229	147456	0.122102	0.030455	0.512394	0.015842626	0.36671	8	functional_5/expanded_conv_proj		
10												
11	CONV_2D	233	884736	0.008871	8.65E-05	0.21615	8.04E-05	0.02353	-128	functional_5/block_1_expand_relu		
12												
13	PAD	237	903264	0	0	0	0	0.02353	-128	functional_5/block_1_pad/Pad		
14												
15	DEPTHWIS	241	221184	0.0114	0.000			0.02353	-128	functional_5/block_1_depthwise_r		
16												
17	CONV_2D	245	55296	0.114525	0.004			0.32014	8	functional_5/block_1_project_BN/I		
18												
19	CONV_2D	249	331776	0.008743	4.31E-05	0.088036	7.67E-05	0.02353	-128	functional_5/block_2_expand_relu		
20												
21	DEPTHWIS	253	331776	0.013663	0.000375	0.178876	0.000187659	0.02353	-128	functional_5/block_2_depthwise_r		
22												
23	CONV_2D	257	55296	0.148641	0.002924	0.54802	0.022106392	0.45221	-10	functional_5/block_2_project_BN/I		
24												
25	ADD	261	55296	0.132971	0.000161	0.239537	0.017682549	0.461	-5	functional_5/block_2_add/add		

PAD 層只添加元素，不涉及任何運算，不引入誤差

▲ 圖 10-13 某花卉分類神經網路量化模型的各層誤差分析

```
debug_options=tf.lite.experimental.QuantizationDebugOptions(
    layer_debug_metrics={
        'mean_abs_error':(lambda diff:np.mean(np.abs(diff)))
    },
    layer_direct_compare_metrics={
        'correlation':
            lambda f, q, s, zp: (
                np.corrcoef(f.flatten(),
                (q.flatten() - zp) / s)[0, 1])},
    model_debug_metrics={
        'argmax_accuracy': (lambda f, q: np.mean(
            np.argmax(f) == np.argmax(q)))})
debugger=tf.lite.experimental.QuantizationDebugger(
    converter=converter,
    debug_dataset=representative_dataset(ds),
    debug_options=debug_options)
```

需要特別注意的是，TensorFlow 提供的偵錯器預設進行的是各層隔離的單層偵錯。即如果該層的輸入資料精確無誤，那麼測量的是在此精確無誤的輸入資料的激勵下所產生的理論輸出和實際輸出之間的誤差。它並沒有將前幾層的誤差累加到本層，所以透過該方法能快速找到引起誤差最大的層，但是無法知曉模型到該層已經累積了多少誤差。讀者可以在合適的時候使用該偵錯功能。

≪ **10.3.3** 量化模型的誤差累積偵錯

對於大型模型的量化處理，如果僅對每一層做孤立的誤差分析可能不夠，因為可能每一層的誤差有限，但誤差最終會相互疊加在神經網路的輸出端，從而發生嚴重的資料失真。此時我們就需要使用逐層累積偵錯的方法，從輸入層到輸出層逐層尋找資料發生最大失真的位置，才可能找到針對性的方法。

逐層偵錯要考慮每一層的縮放因數（也是 LSB），因為縮放因數越大，產生的誤差絕對值也相應會放大；逐層偵錯也要考慮每一層的訊號能量，訊號能量越小，受誤差的影響越顯著。透過計算每一層的訊號能量、誤差能量，計算訊號與雜訊的比例，可以達到將誤差歸一化的目的，使不同的層的訊號雜訊比分析變得具備可比性。設計一個自訂的量化模型偵錯工具 tflite_debugger 類別，根據表 10-6 所示的用途設計若干成員函式。

➜ 表 10-6　量化模型偵錯工具 tflite_debugger 類別成員函式表

成員函式名稱	成員函式用途
__init__	初始化成員函式，儲存高精度的 Keras 模型和 TFLite 量化模型解譯器，以及其他變數、常數
'get_expected_keras_statics'	輸入 TFLite 量化模型張量名稱，根據其縮放因數（LSB）和零點，計算該張量節點在設計之初，訊號在理論上的最大動態範圍、平均值方差（dB），即 $E(\text{signal})$ 和 $D(\text{signal})$
'get_expected_quantize_error_statics'	輸入 TFLite 量化模型張量名稱，根據其縮放因數（LSB）和零點，計算該張量節點在設計之初，雜訊在理論上的最大動態範圍、平均值方差（dB），即 $E(\text{noise})$ 和 $D(\text{noise})$
'get_tensor_keras'	輸入 Keras 層名稱，計算該層輸出的精確的浮點 32 位元張量
'get_tensor_tflite'	輸入量化張量名稱，獲得該張量對應的浮點 32 位元張量

成員函式名稱	成員函式用途
'get_real_keras_statics'	輸入 Keras 層名稱，獲得 Keras 模型的輸出張量 x'' 的相關統計特徵。這被認為是無任何誤差的精準模擬量。輸出內容包括該張量的動態範圍、平均值方差（dB），即 $E(x'')$ 和 $D(x'')$
'get_real_tflite_statics'	輸入 TFLite 模型的張量名稱，獲得該張量的統計特徵，即與 y_{TFLite} 相關的動態範圍和平均值方差。這是附帶雜訊的訊號，雜訊不僅包含該節點上級傳遞給該節點的雜訊，還疊加上了該節點自身產生的雜訊
'get_real_error_statics'	輸入 Keras 層的名稱和 TFLite 模型的張量名稱，獲得 TFLite 量化模型輸出和 Keras 精確模型輸出的差異，統計這個差異的動態範圍和平均值方差（dB），即 $y_{\text{Keras}}-y_{\text{TFLite}}$ 及其相關的動態範圍和平均值方差

我們關心 TFLite 量化模型的張量 y_{TFLite} 的能量與該訊號中包含的誤差張量 $y_{\text{Keras}}-y_{\text{TFLite}}$ 的能量的比值，比值越接近理論極限值 48.16dB，說明量化模型的性能越好。以某花卉分類神經網路的量化模型為例，提取輸入層、骨幹網路關鍵節點、輸出層張量合計 9 個監測節點的訊號雜訊比。量化模型關鍵層的訊號雜訊比對比摘要如圖 10-14 所示。

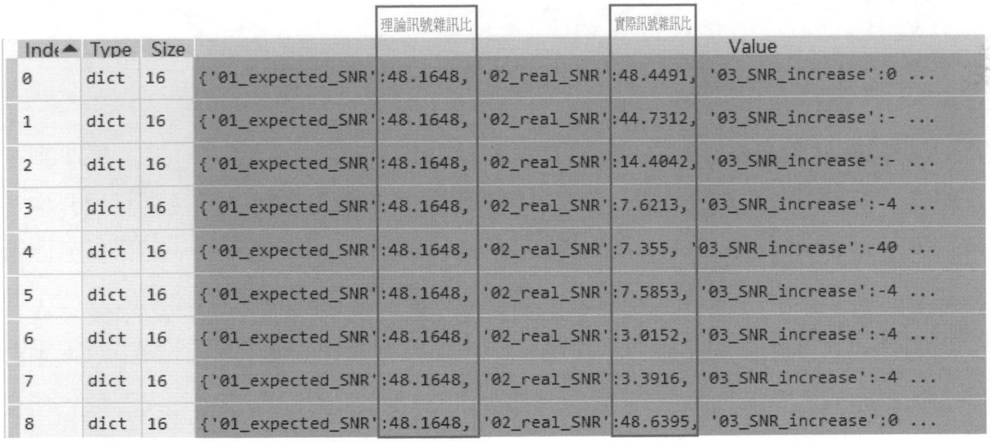

Index	Type	Size	Value
0	dict	16	{'01_expected_SNR':48.1648, '02_real_SNR':48.4491, '03_SNR_increase':0 ...
1	dict	16	{'01_expected_SNR':48.1648, '02_real_SNR':44.7312, '03_SNR_increase':- ...
2	dict	16	{'01_expected_SNR':48.1648, '02_real_SNR':14.4042, '03_SNR_increase':- ...
3	dict	16	{'01_expected_SNR':48.1648, '02_real_SNR':7.6213, '03_SNR_increase':-4 ...
4	dict	16	{'01_expected_SNR':48.1648, '02_real_SNR':7.355, '03_SNR_increase':-40 ...
5	dict	16	{'01_expected_SNR':48.1648, '02_real_SNR':7.5853, '03_SNR_increase':-4 ...
6	dict	16	{'01_expected_SNR':48.1648, '02_real_SNR':3.0152, '03_SNR_increase':-4 ...
7	dict	16	{'01_expected_SNR':48.1648, '02_real_SNR':3.3916, '03_SNR_increase':-4 ...
8	dict	16	{'01_expected_SNR':48.1648, '02_real_SNR':48.6395, '03_SNR_increase':0 ...

▲ 圖 10-14 量化模型關鍵層的訊號雜訊比對比摘要

對於輸入層，由於只是執行訊號的量化，所以量化模型輸出的訊號雜訊比約等於理論極限值 48.16dB，並且訊號、雜訊的動態範圍和平均值方差都與精準的浮點 32 位元 Keras 模型無限接近，如圖 10-15 所示。

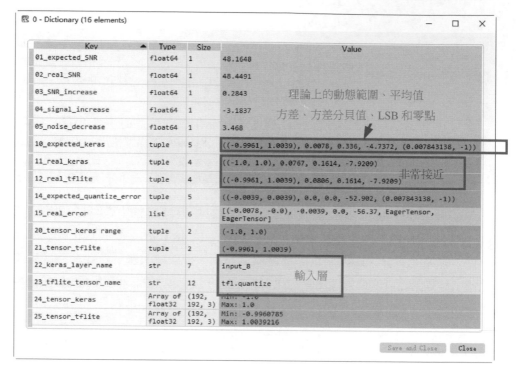

▲ 圖 10-15 輸入層的訊號雜訊比分析

對於模型的 block_5_add 節點的輸出，TensorFlow 在全部資料集上探測到了 (−41.2409, 37.83) 的動態範圍，但在單樣本激勵下的模型張量不滿足滿量程條件，僅達到了 (−29.4886, 24.2041) 的動態範圍，所以訊號能量大幅下降。如果僅考慮量化誤差，那麼雜訊的動態範圍較小，僅有 (−0.155,0.155)，但該節點輸出疊加了前面所有節點的雜訊，所以動態範圍較大，達到 (−11.3403,14.6889)，雜訊能量也較大，如圖 10-16 所示。

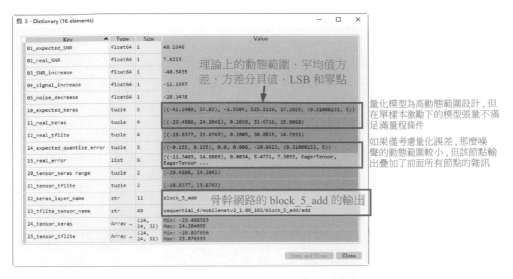

▲ 圖 10-16 量化模型 block_5_add 層輸出訊號雜訊比分析

對於模型的 block_15_add 節點的輸出，它位於骨幹網路的最後，在全部資料集上，TensorFlow 探測到了 (-74.771, 34.8072) 的動態範圍，但在單樣本激勵下的浮點 32 位元模型張量只有 (-62.7442, 34.7205) 的動態範圍，將會帶來訊號雜訊比損失。另外，8 位元整數量化的等效浮點張量受到前幾層的雜訊傳遞影響，動態範圍縮小到 (-15.0401, 13.751)，將會使得這一層的輸出對雜訊干擾更為敏感。實際上，該層的實際雜訊的動態範圍達到 (-65.3225, 35.1502)，雜訊的主要成分已經不是量化雜訊，而是前幾層傳遞下來的累積雜訊。訊號能量下降和雜訊能量上升使得該層的訊號雜訊比降到最低的 3.0152dB，換算成比例的話，訊號能量只有雜訊能量的兩倍，如圖 10-17 所示。

雖然骨幹網路的輸出層訊號雜訊比惡化嚴重，但骨幹網路負責提取特徵，後面的決策網路（Dense 層和 Softmax 啟動函式）會提取具有高回應幅度的神經節點，丟棄低回應幅度的神經節點，這會帶來處理增益，處理後的訊號雜訊比將迴歸正常數值，這就是神經網路的特點。舉例來說，我們提取分類神經網路的最後一層，可以看到經過 Dense 層的特徵組合和 Softmax 啟動函式的篩選，大動態範圍的骨幹網路輸出已經被壓縮到 0 ～ 1，實際訊號雜訊比重新迴歸理論極限，達到 48.6359dB，如圖 10-18 所示。

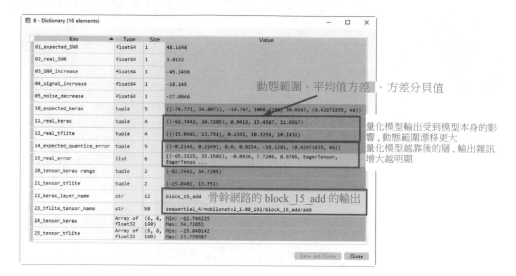

▲ 圖 10-17　量化模型 block_15_add 層輸出訊號雜訊比分析

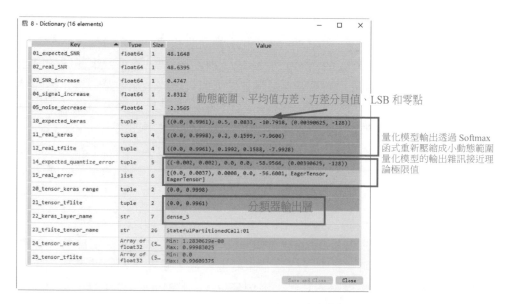

▲ 圖 10-18　量化模型輸出層的訊號雜訊比分析

　　逐層查看訊號雜訊比情況，可以找到訊號雜訊比急劇惡化的層，開展針對性的偵錯。遇到動態範圍異常的層，建議增加 BN 層進行特徵設定值範圍的重分佈，遇到誤差較大的運算元，可以尋找該運算元的最佳動態範圍，在神經網路內部強制進行資料動態範圍調整，使其分佈在合理的定義域內。某些同時處理分類和迴歸計算的運算元，可能無法調整，需要進行運算元拆分或運算元替換。某些大動態範圍的運算元在訓練階段可以不做任何域值限制，因為在訓練時必須保持較大的動態範圍，用於計算梯度；但在推理時，根據具體張量的物理含義進行峰值、穀值的抑制，才可以使量化模型工作在一個較小的量程範圍內，因為量程範圍越小，量化性能越優秀。

總之，量化模型的偵錯策略僅能提供量化誤差的量化和定位，具體解決策略要根據開發者對模型的理解和對量化原理的掌握，針對特定情況下的特定運算元進行等效或替換。

10.4　不支持運算元的替換技巧

由於資源限制，無法對所有運算元進行硬體加速。具體的資源限制分為以下幾類。

第一，殘差類運算元可能影響量化模型的性能，典型的有矩陣拼接運算元和加法運算元。一般情況下，這兩個運算元本身不存在特殊的量化誤差問題，但當這兩個運算元在處理多分支資料整理時，可能因為多分支的動態範圍差異，引入較大的量化誤差。舉一個例子，假設直連通路的動態範圍是 $0 \sim 15$，殘差通路的動態範圍是 $100 \sim 500$，那麼殘差類運算元就需要應付 $0 \sim 500$ 的動態範圍，不可避免地引入量化誤差，並且直連通路受量化誤差的影響極大，編譯器很可能輸出一個性能極差的編譯模型甚至爆出編譯錯誤。相對應的處理策略是，找到那些可能導致動態範圍失配的層，透過歸一化方法改造模型，對不同通路的資料的動態範圍進行約束。

第二，大尺寸矩陣運算可能影響模型的運算元替換，典型的有矩陣拆分運算元、二維卷積運算元、池化運算元等。由於資源限制，邊緣計算硬體對所處理的矩陣尺寸是有限制的。多通道特徵圖是三維矩陣，但隨著神經網路的計算，中間張量可能出現四維甚至五維的矩陣，某些硬體可能無法支援超過三維的矩陣運算。類似的還有矩陣拆分運算元，某些硬體無法支援拆分數量超過 8 的矩陣拆分。舉例來說，將一個形狀為 $[1,13,13,17]$ 的矩陣在最後一個維度拆分為 $[2,2,2,2,2,2,2,2,1]$ 的 9 個切片，超過了拆分數量 8 的限制，就無法被硬體所支援。又舉例來說，某些硬體無法支援卷積核心尺寸超過 31 的二維卷積運算元，或池化尺寸超過 7 的池化運算元。相對應的處理策略是，根據運算元的基本原理，將大尺寸矩陣運算拆分為小尺寸矩陣運算的複合或疊加，如使用多級小核心池化代替大核心池化，用矩陣分步拆分代替矩陣一步拆分等。

第三，融合性大運算元可能涉及動態尺寸矩陣，導致無法被硬體所支援，典型的有 NMS 運算元。大部分 NMS 運算元由於使用了 if-else 的程式設計邏輯來處理矩陣尺寸，編譯器無法預先獲知將要處理的矩陣的尺寸，因此這種類型的動態尺寸矩陣也無法被硬體所支援。相對應的處理方法是，使用遮罩矩陣（設定值只能是 0 或 1）和乘法加法運算代替程式設計邏輯，使用特殊權重的矩陣和矩陣乘法實現等效的矩陣邏輯判斷操作，或在模型結構上作大範圍改動，將 DETR 模型的集合預測和注意力機制替換傳統的 NMS 運算元。由於注意力機制處理的矩陣不是動態矩陣，是被邊緣端硬體進行計算加速的。

第四，大動態範圍的非線性運算也無法被硬體所支援，典型的有指數、對數運算元。目前的邊緣計算硬體大多數是採用均勻量化策略，根據量化原理，均勻量化要求資料在動態範圍內均勻分佈，而大動態範圍的非線性運算元極大地偏離這種機率分佈假設，在這些運算元計算結果分佈較密集的區域，量化間隔顯得太大、太寬，但在運算元計算結果分佈較為稀疏的區域，量化間隔顯得太小，無論怎樣調整量化策略都會使誤差超出預期。目前，除非做特別的運算元調配，否則大動態範圍的非線性運算元一般無法被邊緣計算硬體所支援。相應的處理方法是以多項式擬合為基礎的運算元替換。

接下來以指數運算元為例，介紹邊緣計算中面對大動態範圍的非線性運算時使用的運算元替換技巧。

10.4.1　大動態範圍非線性運算元替換原理

大動態範圍非線性運算元支援問題，一般發生在使用全整數均勻量化技術的邊緣計算硬體上。此時，我們可以根據非線性運算元的定義域和值域情況，使用多項式擬合技術進行運算元替換。

以指數函式 exp 為例，它具有非常大的動態範圍，甚至於 exp(89) 已經超出了浮點 32 位元的表達範圍，大多數的高速低功耗整數量化裝置都無法支援指數函式。儘管如此，如果我們能清晰地知曉用到的指數函式的定義域（如 [-5,+5] 的範圍），那麼就可以透過多項式擬合找到精確的等效函式。等效函式雖然引入了擬合誤差，但在可控範圍之內。最為關鍵的是在硬體上實現多項式計算，只需要用乘法器和加法器即可實現，這樣可以確保計算任務能被邊緣計算硬體所接受。

　　用多項式擬合指數運算元的前提是確定多項式係數。確定多項式係數需要使用 NumPy 的多項式擬合工具 np.polyfit()，具體方法如下。首先確定指數運算元的動態範圍和打算擬合的多項式階數，一般來說，動態範圍越大，階數越要相應增加。假設神經網路中某個指數運算元的動態範圍是 [−5,+5]，那麼可以憑藉經驗確定多項式的階數為 8。然後在動態範圍內提取足夠多的樣本點輸入 x 和精確輸出 y，設置多項式擬合的階數為 8，最後將 x、y 和階數 8 傳遞給 np.polyfit() 方法，將獲得擬合的多項式的係數。將多項式係數從高到低排列，使用 coefficients_high_2_low 變數名稱儲存。程式如下。

```
x = np.arange(-5,5,0.001)
y = np.exp(x)
coefficients_high_2_low = np.polyfit(x, y, 8)
# 用 8 次多項式擬合可改變多項式階數
poly = np.poly1d(coefficients_high_2_low) # 得到的多項式係數按照階數從高到低排列
print('coefficients_high_2_low:',coefficients_high_2_low)
print(poly)  # 顯示多項式
```

　　顯示的多項式係數和多項式如下。

```
coefficients_high_2_low: [
4.6e-05 4.0e-04 8.8e-04 4.3e-03 4.6e-02 1.9e-01 4.8e-01 9.5e-01 1.00e+00]
          8          7           6          5            4
4.69e-05 x +0.0004 x +0.00088 x +0.00437 x +0.04602 x
           3            2
 + 0.1934 x +0.4871 x +0.9532 x +1.006
```

　　繼續監測 8 階多項式擬合的效果，分別獲得多項式擬合輸出和指數函式的精確輸出，對比它們在定義域 [−5,+5] 內的差異。程式如下。

```
yvals=poly(x) # 可直接使用 yvals=np.polyval(coefficients_high_2_low,x)
plt.plot(x, y, '*',label='original values')
plt.plot(x, yvals, 'r',label='polyfit values')
e=np.abs(y-yvals);e_mae=np.mean(e)
e_max=e.max();e_min=e.min()
e_mse=np.sqrt(np.mean(np.square(e)))
print('[{},{}]'.format(e_min,e_max))
# [2.947891067472952e-06,0.13330039726793075]
print('mae:',e_mae,' mse:',e_mse)
```

```
#mae: 0.020114841074557636  mse: 0.023912647073989768
```

繪製出擬合函式曲線和對比得出的誤差曲線，如圖 10-19 所示。

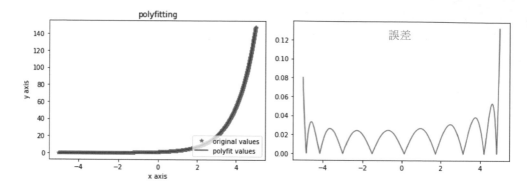

▲ 圖 10-19　在 [−5,+5] 範圍內的 8 階多項式擬合的指數函式及誤差

可見，在整個定義域內，擬合的誤差已經足夠小，在定義域的兩端誤差稍微增大，但也屬於可以接受的範圍。讀者如果在實際使用時遇到精確率不足的情況，可以稍微擴大定義域，並提高多項式擬合的階數，一般可以透過計算的複雜度換取計算的精確率。不同函式的擬合方法和精確率評估方法大同小異，需要在實驗室內做好驗證再進行運算元替代部署，這裡就不展開敘述了。

以 YOLOV3 為例演示如何進行運算元替換。YOLOV3 神經網路低、中、高 3 個解析度下的融合特徵圖輸出緊接著解碼網路，解碼網路內對 3 個解析度輸入分別使用了 3 個指數函式，3 個解析度合計 9 個指數函式。一般情況下這 9 個指數函式將由 CPU 負責計算，耗時較長。根據大動態範圍非線性運算元的替換技巧，對動態範圍進行了控制，根據變數的物理含義將指數函式的定義域控制在 −5 ～ +5 範圍內，並找到一個 8 階多項式，以擬合此處的指數運算元。

程式設計時，原指數運算元被封裝在一個包含了 tf.exp 運算元的 Lambda 層內，現在將舊的 Lambda 層替換為包含了 tf.math.polyval 運算元的新 Lambda 層。程式如下。

```
# pred_dwdh_0=tf.keras.layers.Lambda(
# lambda x: tf.exp(x),
# name=decode_output_name+'_pred_dwdh_0')(conv_raw_dwdh_0)
# 使用「#」註釋起來的程式包含了 tf.exp 運算元的 Lambda 層，以下程式為等效的包含了多項式運算元的
```

```
Lambda 層
pred_dwdh_0=tf.keras.layers.Lambda(
    lambda x: tf.math.polyval([
        4.69518036e-05,4.03236951e-04,
        8.89445931e-04,4.37066110e-03,
        4.60172547e-02,1.93350180e-01,
        4.87116924e-01,9.53157208e-01,
        1.00595776], x),
    name=decode_output_name+'_pred_dwdh_0')(conv_raw_dwdh_0)
```

反覆使用此方法，就可以將多個動態範圍的不同指數運算元都替換為邊緣計算硬體支援的多項式運算元了。

10.4.2 大動態範圍非線性運算元替換效果

運算元替換後，進行同樣的模型量化和模型編譯操作，可以看到編譯後的模型的子圖從原先的 3 個減少為 2 個。圖 10-20 中，左側為未進行運算元替換的編譯模型，可見一共有 9 個指數函式沒有被編譯進 Edge TPU 的子圖；右側為進行了運算元替換的編譯模型，可見原有的 9 個指數運算元已經被替換並完全被映射到 TPU 執行的子圖中。

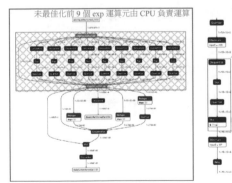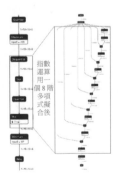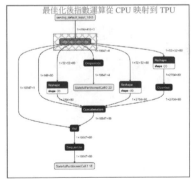

▲ 圖 10-20 非線性運算元被替換後可以合併到 TPU 可以執行的子圖中

9 個指數運算元被編譯到 TPU 能執行的子圖中，這表示模型避免了 18 次往返 TPU 和 CPU 的記憶體複製時間，指數運算本身也更為快速。相較於未最佳化前，推理時間約節約 56ms，處理每秒顯示畫面從 3.4fps 提升到 4.2fps，如圖 10-21 所示。

▲ 圖 10-21　將指數運算元替換為多項式後帶來的加速效果

　　在實際專案中，讀者首先需要根據對邊緣加速硬體的理解，找到影響推理速度和精度的運算元，然後根據對神經網路的了解，合理地確定動態範圍和精確率敏感性，合理運用數學知識從理論上設計出替換運算元。相信如果針對具體情況進行具體分析，就一定可以將全部運算元均映射到邊緣加速硬體的子圖中，從而達到量化模型的推理速度極限。

第11章

以 YOLO 和 Edge TPU 為例的邊緣計算實戰

　　人工智慧在國際市場上近幾年的發展，在很大程度上受到美國的 Google 公司科學研究部門（Google Research）的 Google 大腦（Google Brain）團隊於 2015 年 11 月發佈的 TensorFlow 人工智慧計算框架的影響。TensorFlow 在發佈之後，以其技術優勢和開放原始碼技術的吸引力，在很短的時間內發展成為業界人工智慧模型開發的首選框架。當時這個新技術的快速發展趨勢和未來發展前景激發了全球科技界對人工智慧技術研發的大批投資，刺激和帶動了更多的深度學習模型（Deep Learning Model）的發佈。

　　Google 公司看到了這個市場變化，意識到人工智慧對未來技術發展影響的潛力，在公司內部也開始大力推動人工智慧技術的應用，包括 Google 雲端運算部門和科學研究部門合作開發的用在雲端運算平臺上的 TPU（Tensor Processing Unit，張量處理單元）產品，並於 2016 年的 Google 開發者大會上做了該產品的發佈。

TPU 是一個專門為計算 TensorFlow 模型而最佳化了的特製的晶片，其基本特性就是為以 TensorFlow 框架為基礎所開發的人工智慧模型提供特別的運算加速。TPU 的運算速度遠遠超過當時市場上普遍使用的採用影像加速器 GPU 做人工智慧運算加速的速度，其運算能力達到了 23 TOPS（每秒 23MB 次運算操作），因此在市場上獲得了高度關注並被大量使用。

　　Google 科學研究部門看到了深度學習模型運算加速的市場潛力，接著又用類似於 TPU 的技術開發了 Edge TPU，並於 2018 年 7 月發佈了該產品。Edge 的英文原意是邊緣，特指那些網際網路的邊緣端裝置，也就是各種不見得能隨時連接網際網路，甚至完全不聯網的各種小型和微型裝置（因此它們屬於網際網路的邊緣端裝置）。那些不聯網的裝置，無法將深度學習模型所需的資料傳送到雲端伺服器上進行運算加速，這也表示雲端平台上的 TPU 無法為這些不聯網的邊緣端裝置提供深度學習模型的運算加速服務。為解決邊緣端裝置在離線（本地）情況下的人工智慧模型計算加速需求，Edge TPU 應運而生，Edge TPU 能夠以 4 TOPS（每秒 4MB 次操作）的高速運算能力為邊緣端裝置提供深度學習模型的運算加速服務。

　　Google 科學研究部門的 AIY 團隊緊接著圍繞 Edge TPU 開發了一整套讓使用者方便使用的模組和開發套件產品，將產品系列命名為 Coral，並於 2019 年 1 月發佈了 Coral 產品系列中的第一個產品——Coral Dev Board。Coral Dev Board 是一個開發板，它是一個帶有各種功能的單板電腦（Single Board Computer，SBC），它和市場上其他 SBC 的區別是它直接在開發板上嵌入了一個 Edge TPU 晶片模組，這樣能讓開發者和企業在這個開發平臺上直接部署以 TensorFlow Lite 框架為基礎的機器學習模型。AIY 產品團隊因此也改名為 Coral 產品團隊，並從 2019 年初至今持續發佈了一系列的 Coral 產品，除了幾種不同功能和性能的單板電腦，還有各種可接插的模組產品，比如 USB 外掛程式、M.2 外掛程式等。Coral 的模組產品，旨在不改變原有邊緣端裝置形態的前提下，以接外掛程式的形態為邊緣端裝置賦能。不論開發者原有的邊緣端裝置是一個 Linux 電腦還是樹莓派開發板，只需要插上 Coral 模組，就能進行不依賴雲端的本地的深度學習模型的運算加速，這為企業和開發者們提供了巨大方便。內嵌了 Edge TPU 的 Coral 產品家族如圖 11-1 所示。

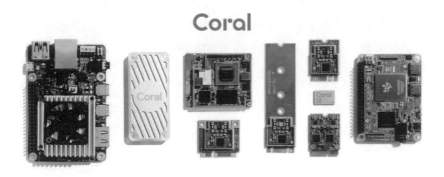

▲ 圖 11-1 內嵌了 Edge TPU 的 Coral 產品家族

正是因為 Coral 產品家族豐富的產品形態，Edge TPU 和深度學習被帶到無數邊緣端裝置和物聯網裝置上。Coral 產品家族也被全球開發者和企業大量採用，僅在 Coral Dev Board 發佈後的頭兩年中，全球就有超過兩千家企業使用 Coral 產品進行了各種新產品的開發和發佈。Coral 產品家族的應用幾乎覆蓋了各個行業，從能觀察和辨識人體動作的各種智慧相機到利用各種深度學習模型進行物件辨識、影像分析的智慧化管理系統等，也包括智慧化生產管線、智慧化倉庫和物流管理、智慧化農業裝置、智慧化城市應用、智慧化醫療裝置和車載裝置，以及無數的各種帶有人工智慧的家電裝置和產品等。應該說，邊緣端裝置的人工智慧掀起了一個可以與電腦面世相提並論的創新大潮。經過人工智慧賦能的邊緣端裝置具有巨大的創新潛力，這表示這些創新型產品有著廣闊的市場前景。這也是為什麼本書後面的章節將專門介紹如何利用 Coral Dev Board 開發板和 Edge TPU 的運算能力進行機器學習模型的開發和部署。

TensorFlow 模型要在 Edge TPU 上進行部署，就要先進行必要的量化、儲存和編譯操作。

所謂量化，指的是神經網路根據所接收的資料型態進行的內部運算元和張量的量化調整。訓練時我們一般使用 float32 或 float64 的資料格式，模型內部參數也是浮點 32 位元或浮點 64 位元的，這樣可以確保較高的精準度。在推理時我們一般使用 INT8 全整數量化的資料格式，以便加快推理速度，當然也有少部分硬體支援 float32、float16 的量化技術。

所謂儲存，指的是將量化後的神經網路以檔案的格式儲存在磁碟上後，網路中的運算元和張量都將固定下來。運算元編號以索引的方式指向運算子集中的某個運算元，量化張量以仿射變換的方式指向真實的浮點數值。

所謂編譯，指的是根據硬體的支援情況，將硬體能夠支援的臨近運算元合併為一個子圖，將硬體無法支援的臨近運算元合併為另一個子圖。編譯後的模型內包含多個子圖，邊緣端的執行時期（Runtime）工具將在邊緣加速硬體和 CPU 之間交換資料，以便交替執行不同的子圖。

11.1 TensorFlow 模型的量化

TensorFlow 提供了兩種獲得量化模型的方法：量化感知訓練（Quantization-Aware Training）和訓練後量化（Post-Training Quantization）。獲得量化模型的兩種方式如圖 11-2 所示。

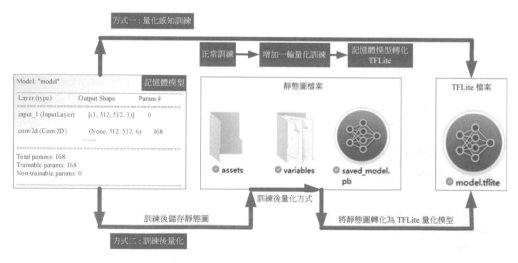

▲ 圖 11-2 獲得量化模型的兩種方式

量化訓練是 TensorFlow 官方推薦的方式，它能夠最大限度地控制量化帶來的性能損失，開發者可以根據實際情況選擇合適的方式。

11.1.1　量化感知訓練獲得 INT8 整數模型

　　量化感知訓練指的是先使用常規的 float32 方式對自訂神經網路進行訓練，然後再 float32 訓練的最後，使用 TensorFlow 提供的量化工具，將模型轉為可訓練的量化模型，然後再進行一個週期的量化感知訓練，最終獲得 INT8 量化模型。

　　接下來，我們將在個人電腦上新建一個簡單模型進行演示。這個簡單模型只包含一個二維卷積層，模型被命名為 model。程式如下。

```
mnist = tf.keras.datasets.mnist
(train_images, train_labels), (test_images, test_labels) = mnist.load_data()
# 將輸入影像的像素點設定值範圍從 [0,255] 映射到 [0,1]
train_images = train_images / 255.0
test_images = test_images / 255.0
# 進行模型結構的定義
model = tf.keras.Sequential([
  tf.keras.layers.InputLayer(input_shape=(28, 28)),
  tf.keras.layers.Reshape(target_shape=(28, 28, 1)),
  tf.keras.layers.Conv2D(filters=12, kernel_size=(3, 3), activation='relu'),
  tf.keras.layers.MaxPooling2D(pool_size=(2, 2)),
  tf.keras.layers.Flatten(),
  tf.keras.layers.Dense(10)
])
model.summary()
```

　　查看此神經網路的結構，輸出如下。

```
Model: "hand_written_digit_reg"
_____
 Layer (type)            Output Shape        Param #
=================================================
 reshape_1 (Reshape)     (None, 28, 28, 1)    0
 conv2d_136 (Conv2D)     (None, 26, 26, 12)  120
 max_pooling2d_1 (Max    (None, 13, 13, 12)   0
 Pooling2D)
 flatten_1 (Flatten)     (None, 2028)         0
 dense_28 (Dense)        (None, 10)          20290
=================================================
Total params: 20,410
```

```
Trainable params: 20,410
Non-trainable params: 0
```

正常情況下，我們需要對網路進行若干週期的訓練。程式如下。

```
model.fit(train_images,train_labels,
          epochs=1, validation_split=0.1,)
```

完成模型訓練後，需要先使用模型量化工具 tfmot 對模型進行前置處理。
tfmot 前置處理工具將對模型內的每一層進行量化感知（也稱量化標記）。量化標
記後，tfmot 將生成一個全新的量化模型，模型被命名為 q_aware_model。程式如
下。

```
import tensorflow_model_optimization as tfmot
quantize_model = tfmot.quantization.keras.quantize_model
# q_aware 表示量化標記
q_aware_model = quantize_model(model)
# 量化標記後的模型需要重新編譯
q_aware_model.compile(optimizer='adam',
    loss=tf.keras.losses.SparseCategoricalCrossentropy(
        from_logits=True),
    metrics=[‹accuracy›])
q_aware_model.summary() # 能看到所有的層都加上了 quantize 的首碼
```

雖然此時的 q_aware_model 內部的參數尚未被量化，但是查看這個被量化標
記後的模型，可以看到其內部的每個層都被加上了「QuantizeWrapperV2」的尾碼，
這表示在接下來的量化感知訓練中，這些層都將被 TensorFlow 自動進行 INT8 的
量化。量化標記後的模型的摘要如下。

```
Model: "hand_written_digit_reg"

_____
Layer (type)            Output Shape        Param #
=======================================================
quantize_layer_2 (Quan  (None, 28, 28)        3
tizeLayer)
quant_reshape_2 (Quant  (None, 28, 28, 1)     1
izeWrapperV2)
quant_conv2d_137 (Quan  (None, 26, 26, 12)   147
tizeWrapperV2)
```

```
quant_max_pooling2d_2    (None, 13, 13, 12)    1
 (QuantizeWrapperV2)
quant_flatten_2 (Quant   (None, 2028)          1
 izeWrapperV2)
quant_dense_29 (Quanti   (None, 10)            20295
 zeWrapperV2)
=====================================================
Total params: 20,448
Trainable params: 20,410
Non-trainable params: 38
```

　　使用少量的資料集對量化標記後的模型進行至少一個週期的訓練。

```
train_images_subset = train_images[0:1000]
train_labels_subset = train_labels[0:1000]
q_aware_model.fit(
    train_images_subset, train_labels_subset,
    batch_size=500, epochs=1, validation_split=0.1)
```

　　對比模型正常訓練的 97.13% 準確率和量化後訓練的 97% 準確率，可見精度沒有明顯下降。

```
1688/1688 [====================] - 18s 10ms/step - loss: 0.2898 - accuracy: 0.9198 -
val_loss: 0.1136 - val_accuracy: 0.9713
2/2 [========================] - 1s 388ms/step - loss: 0.1378 - accuracy: 0.9600 -
val_loss: 0.1625 - val_accuracy: 0.9700
```

　　之後，我們可以使用 TensorFlow 的量化工具，將記憶體中的模型的 TFLite 量化模型檔案寫入磁碟。程式如下。

```
q_aware_model.input.set_shape(
    (1,) + q_aware_model.input.shape[1:])
converter = tf.lite.TFLiteConverter.from_keras_model(
    q_aware_model)
converter.optimizations = [tf.lite.Optimize.DEFAULT]
quantized_tflite_model = converter.convert()
tflite_model_filename='P08_tflite_INT8_Quantization_aware_training.tflite'
with open(tflite_model_filename, 'wb') as f:
    f.write(quantized_tflite_model)
print("wirte tflite file done!")
```

此時，磁碟出現名為 'P08_tflite_INT8_Quantization_aware_training.tflite' 的模型量化檔案，可以使用 Netron 軟體將其打開，查看模型結構，如圖 11-3 所示。

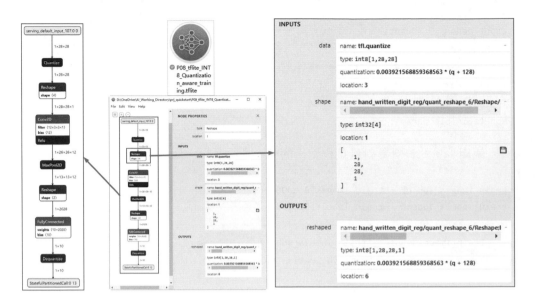

▲ 圖 11-3　模型量化後的結構和 Netron 視覺化

生成模型後，一定要用 TensorFlow 提供的 TFLite 模型檢查工具 Analyzer 或透過 TFLite 解譯器嘗試進行推理，確認 TFLite 量化模型檔案轉化成功。TFLite 模型檢查工具 Analyzer 的用法如下。

```
tf.lite.experimental.Analyzer.analyze(
    model_path=›model.tflite›, gpu_compatibility=True)
```

檢查工具輸出如下。

```
=== P08_tflite_INT8_Quantization_aware_training.tflite ===
Your TFLite model has '1' subgraph(s). In the subgraph description below,
......
Your model looks compatibile with GPU delegate with TFLite runtime version 2.8.0.
----------------------------------------------------------
......
----------------------------------------------------------
           Model size:     23856 bytes
```

```
    Non-data buffer size:        3340 bytes (14.00 %)
  Total data buffer size:       20516 bytes (86.00 %)
    (Zero value buffers):          0 bytes (00.00 %)
......
```

可見，模型正常生成並被量化為一個子圖，可以進行編譯。

接下來我們需要使用 TFLite 解譯器對生成的 TFLite 量化模型檔案進行一次推理。解譯器會解讀 TFLite 量化模型檔案，提供輸入資料的類型要求。根據該要求生成隨機輸入資料 input_data，呼叫解譯器的 set_tensor 方法向模型輸入資料，透過解譯器的 invoke 方法迫使模型進行一次推理，最後透過解譯器的 get_tensor 方法提取模型輸出 output_data_tmp。此時可以分析模型輸出 output_data_tmp，查看是否符合設計要求。模型解譯器嘗試推理的樣例程式如下。

```python
interpreter=tf.lite.Interpreter(model_path=tflite_model_filename)
interpreter.allocate_tensors()
input_details = interpreter.get_input_details()
output_details = interpreter.get_output_details()
# 展示輸入、輸出資料規格
print(input_details)
print(output_details)
# 根據輸入規範，產生隨機資料
input_data = np.array(np.random.random_sample(input_shape), dtype=np.float32)
interpreter.set_tensor(input_details[0]['index'], input_data)
print(" 模型輸入完畢，輸入格式為 ",input_data.shape)
# 執行一次模型推理
interpreter.invoke()
for i in range(len(output_details)):
    output_data_tmp=interpreter.get_tensor(
        output_details[i]['index'])
    output_shape_tmp = output_data_tmp.shape
    print(" 模型推理完成，第 {} 個輸出格式為 {}".format(i,output_shape_tmp))
```

以上程式執行後的列印結果如下。

```
[{'name': 'serving_default_input_108:0',
  'index': 0,
  'shape': array([ 1, 28, 28]),
  'shape_signature': array([ 1, 28, 28]),
```

```
  'dtype': <class 'numpy.float32'>,
  'quantization': (0.0, 0),
  'quantization_parameters': {
    'scales': array([],
    dtype=float32),
    'zero_points': array([], dtype=int32),
    'quantized_dimension': 0},
'sparsity_parameters': {}}
]
[{'name': 'StatefulPartitionedCall:0',
  'index': 13,
  'shape': array([ 1, 10]),
  'shape_signature': array([ 1, 10]),
  'dtype': <class 'numpy.float32'>,
  'quantization': (0.0, 0),
  'quantization_parameters': {
    'scales': array([], dtype=float32),
    'zero_points': array([],
    dtype=int32),
    'quantized_dimension': 0},
    'sparsity_parameters': {}}
]
模型輸入完畢，輸入格式為 (1, 28, 28)
模型推理完成，第 0 個輸出格式為 (1, 10)
```

　　從以上列印結果可以看出，量化模型的輸入節點和輸出節點規格符合設計要求，向模型輸入一幅 28 像素 ×28 像素的影像後，將獲得一個 10 個元素的向量，這 10 個元素將分別指示影像屬於這 10 個類別的機率預測結果。

　　使用 TFLite 解譯器檢查量化模型的能力有限，即使檢查成功或推理成功，也並不代表模型可以被正常編譯或在邊緣端裝置上執行，但能在一定程度上排除量化過程中可能存在的問題。

11.1.2　訓練後量化獲得 INT8 整數模型

　　訓練後量化指的是使用常規 float32 資料格式對神經網路進行訓練，訓練完成後將神經網路儲存為靜態圖。使用 TensorFlow 的模型量化工具打開這個靜態圖，將內部參數全部轉化為 INT8 或 float16。訓練後量化方法產生的量化模型較使用量化感知訓練方法產生的模型，精確率會稍有降低，但訓練後量化方法的原理較為直觀，也能支援跨平臺量化。接下來將使用訓練後量化方法將手寫數字辨識的模型製作成 INT8 量化模型，將原模型命名為 model。

首先讀取餘型，TensorFlow 支持讀取磁碟上的靜態圖檔案和記憶體 Keras 模型。如果讀取的是記憶體中的 Keras 模型檔案，那麼需要將記憶體模型傳遞給 from_keras_model 方法；如果讀取的是磁碟中的靜態圖模型檔案，那麼需要將磁碟檔案位置傳遞給 from_saved_model 方法。程式如下。

```
model.input.set_shape((1,) + model.input.shape[1:])
# 如果讀取磁碟模型檔案，那麼執行下方程式行
converter = tf.lite.TFLiteConverter.from_saved_model(
    SAVED_MODEL_DIR)
# 如果讀取記憶體模型 model，那麼執行下方程式行
converter = tf.lite.TFLiteConverter.from_keras_model(model)
converter.optimizations = [tf.lite.Optimize.DEFAULT]
```

TensorFlow 將內部權重轉為 INT8 資料型態時，需要使用代表資料集估算內部資料的動態範圍，從而確定合適的量化參數。代表資料集可以採用隨機數代替，但出於性能考慮，建議開發者使用真實資料製作代表資料集生成器。用 NumPy 的「0-1」均勻分佈亂數產生 np.random.rand 函式，製作代表資料集生成器的樣例程式如下。

```
def representative_dataset():
    for _ in range(100):
        data = np.random.rand(1, 28, 28)
        yield [data.astype(np.float32)]
converter.representative_dataset = representative_dataset
```

然後設置目標資料的資料型態為 tf.int8，設置輸入、輸出的資料型態為 tf.uint8。由於 Edge TPU 僅支援 8 位元整數量化，所以此處必須將運算元類型設置為 TFLITE_BUILTINS_INT8。程式如下。

```
converter.target_spec.supported_types = [tf.int8]
converter.target_spec.supported_ops = [
    tf.lite.OpsSet.TFLITE_BUILTINS_INT8,]
converter.experimental_new_converter = True
```

```
converter.inference_input_type = tf.uint8
converter.inference_output_type = tf.uint8
```

最後呼叫轉換器的 convert 方法轉換模型，將轉換好的模型寫入磁碟。程式如下。

```
tflite_model = converter.convert()
tflite_model_filename='P08_tflite_INT8_Posttraining_quantization.tflite'
with open(tflite_model_filename, 'wb') as f:
    f.write(tflite_model)
print("wirte tflite file done!")
```

使用同樣的方法，使 TFLite 模型檢查工具 Analyzer 檢查 TFLite 檔案，並使用解譯器打開 TFLite 檔案，嘗試輸入 UINT8 的資料，獲得模型的輸出。程式如下。由於訓練後量化獲得的 TFLite 檔案與量化感知訓練後獲得的 TFLite 檔案的輸入、輸出驗證方法完全一致，此處略去具體程式。

```
input_data = np.array(
    np.random.random_sample(input_shape), dtype=np.uint8)
......
```

測試模型輸出的相關程式與量化感知訓練方法獲得的輸出一致，此處同樣略去。

11.2　神經網路模型的編譯

雖然模型量化後的以 tflite 為副檔名的量化模型檔案生成完畢，但我們僅完成了模型的量化。由於每個硬體對於運算元的支援情況也不同，所以接下來需要依靠硬體生產商提供的編譯器對模型進行編譯。編譯工作的輸入是量化好的模型檔案。編譯工作的輸出雖然也是一個以 tflite 為副檔名的檔案，但它是編譯後的模型檔案，它已經將硬體能支援的運算元和不能支持的運算元編譯為不同的子圖。

11.2.1 模型編譯的工作原理

開發者通常可以對模型進行全面的量化，但並不見得所有量化的運算元都被邊緣計算硬體所支援。舉例來說，NMS 運算元由於涉及動態尺寸資料，就不被 Edge TPU 支持，exp 指數運算元和 log 對數運算元就很少被整數計算加速硬體支援。

與硬體配套的編譯器會根據運算元支援情況，將量化好的模型分成不同的子圖。硬體支援的相鄰運算元將被合併成一個子圖，這個子圖將在邊緣計算硬體上執行；硬體不支援的相鄰運算元將被合併成另一個子圖，這個子圖將在 CPU 上執行，依此類推。子圖和子圖之間使用量化運算元和去量化運算元連接，如圖 11-4 所示。

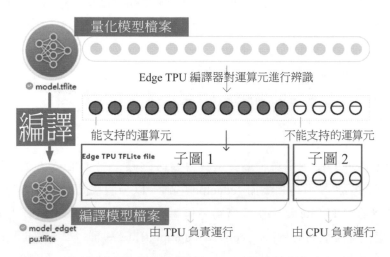

▲ 圖 11-4 編譯工具將量化模型 TFLite 檔案轉化為不同的子圖

以 Edge TPU 為例，Edge TPU 提供的編譯器叫作 edgetpu_compiler，僅支援 Linux 作業系統，可以透過官網指導進行安裝。編譯器在編譯模型時，支援若干編譯選項，如表 11-1 所示。

→ 表 11-1　edgetpu_compilerV16 的編譯選項及其含義

標識位元	含義
-s	顯示編譯日誌
-a	多子圖開關，開啟後模型可以被編譯為多個子圖
-d	編譯器無法編譯一個子圖時，開啟搜尋模式，自動從輸出端朝輸入端的方向搜尋可以委託給 TPU 的子圖
-i <中間張量名稱>	指定中間張量，在編譯器無法編譯時，需要找到中間張量，然後用 -i 選項指定這個中間張量名稱進行編譯，多個中間張量用逗點分隔
-k <整數>	指定委託搜尋時的步進
-t <整數>	指定編譯失敗的逾時時間，預設是 180s
-n <整數>	指定編譯後的模型擁有多少個子圖
-o, --out_dir	指定輸出目錄
-m <版本編號>	指定編譯器最低版本編號
-v	查看當前編譯器版本編號
-h	幫助

　　根據編譯器的使用指導，編譯工具會讀取磁碟上的 TFLite 檔案，執行編譯工作，生成的編譯模型自動添加 _edgetpu 尾碼。以一個最簡單的二維卷積層模型為例，編譯前的 TFLite 量化模型檔案名稱為 just_conv2d.tflite，編譯生成的新的 TFLite 量化模型檔案名稱為 just_ conv2d_edgetpu.tflite。編譯命令和編譯日誌如下。

```
indeed@indeed-virtual-machine:~/Desktop/tflite$ edgetpu_compiler just_conv2d. tflite  -s
Edge TPU Compiler version 16.0.384591198
Model compiled successfully in 387 ms.
Input model: just_conv2d.tflite
Input size: 1.65KiB
Output model: just_conv2d_edgetpu.tflite
Output size: 76.62KiB
On-chip memory used for caching model parameters: 2.75KiB
On-chip memory remaining for caching model parameters: 7.39MiB
Off-chip memory used for streaming uncached model parameters: 0.00B
Number of Edge TPU subgraphs: 1
Total number of operations: 3
```

```
Operation log: just_conv2d_edgetpu.log
Operator                    Count       Status
QUANTIZE                    2           Mapped to Edge TPU
CONV_2D                     1           Mapped to Edge TPU
Compilation child process completed within timeout period.
Compilation succeeded!
```

從量化日誌上看，二維卷積操作都已經映射到了 Edge TPU 上。

使用 Edge TPU 的編譯工具對 11.1 節中使用量化感知訓練方法和訓練後量化方法獲得的兩個 INT8 手寫數字辨識模型進行編譯。使用編譯工具得到的記錄檔和編譯模型檔案如圖 11-5 所示。

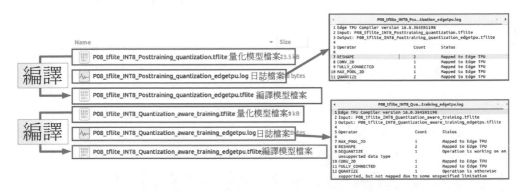

▲ 圖 11-5　使用編譯工具得到的記錄檔和編譯模型檔案

如果硬體運算元支援較少，或甚至模型量化階段就已經出現量化方式不匹配的現象，那麼此時編譯器將編譯成功日誌給出大量告警資訊，告訴開發者大量的神經網路運算元無法在加速硬體中執行，只能透過 CPU 執行。舉例來說，某 YOLOV4 模型被錯誤地量化為 float16，那麼此時執行全整數量化的編譯器，雖然模型可以被成功編譯，但將出現相應提示。提示說明，在 Edge TPU 上執行的運算元數量（子圖數量）為 0，在 CPU 上執行的運算元數量為 935。程式如下。

```
indeed@indeed-virtual-machine:~/Desktop/tflite$ edgetpu_compiler yolov4_ 512_fp16_
OFFICIAL.tflite  -s
Model compiled successfully in 753 ms.
......
Number of Edge TPU subgraphs: 0
```

```
Total number of operations: 935
Operation log: yolov4_512_fp16_OFFICIAL_edgetpu.log
Model successfully compiled but not all operations are supported by the Edge TPU. A
percentage of the model will instead run on the CPU, which is slower. If possible,
consider updating your model to use only operations supported by the Edge TPU.
Number of operations that will run on Edge TPU: 0
Number of operations that will run on CPU: 935
......
Compilation succeeded!
```

11.2.2　在 Edge TPU 上部署模型的注意事項

　　神經網路的程式設計實際上是類似於 Verilog 和 VHDL 的硬體程式設計，但由於目前的機器學習程式設計框架的 API 介面友善，訓練主機的硬體資源充足且計算精度足夠高，所以如果採用軟體思維進行神經網路程式設計不會出現太大問題。但當開發者面對硬體資源受限且計算精度有限的邊緣端時，就需要從硬體程式設計的角度去思考神經網路設計問題了。

　　在電腦或雲端的硬體資源充足的情況下，軟體程式設計思維認為，使資料連續經過一個正變換和一個逆變換，對計算結果不會產生太大影響。但對邊緣端，使資料流程過一對可逆運算元必然引起計算的延遲和精度的下降。舉例來說，神經網路中的矩陣重組（Reshape）運算元、矩陣拼接（Concat）運算元和矩陣分割（Split）運算元都是可逆操作。但無謂的可逆操作會增加不必要的延遲和誤差。舉例來說，矩陣拼接運算元使用同一套縮放因數來應對動態範圍不一致的矩陣拼接，必將造成資料精度的下降；矩陣重組、矩陣拼接和矩陣分割還會受到硬體對矩陣維度和尺寸的限制，也是引起模型量化故障的根源。

　　在軟體程式設計思維下，為追求程式設計的簡潔，往往會使用大量封裝完備的高階運算元，這些高階運算元內部往往包含了大量可能被硬體所支援或不被硬體所支援的許多運算元。神經網路的一行程式設計程式中，只要包含了一個不被支援的運算元或一個動態範圍太大的運算元，就會造成邊緣計算的誤差擴散，甚至根本無法被編譯。

由於邊緣端採用了有限位數的量化技術和硬體資源取捨，所以對張量的形狀和動態範圍較為敏感。對於軟體思維下的神經網路計算，開發者可能關注更多的是演算法的邏輯，對於運算元的輸出（張量矩陣）形狀和動態範圍不會給予過多關注。如果計算過程中的某個矩陣擁有過大的動態範圍，那麼會造成運算元的量化輸出顆粒度過於粗糙，從而引入較大的量化誤差，並造成後續計算的誤差擴散。

Edge TPU 和任何硬體一樣，都會根據自身的硬體限制，對模型的設計提出相應要求和限制。Edge TPU 對運算元的要求包括靜態尺寸、單樣本推導、量化方式、張量尺寸、矩陣維度、運算元支持等。

1 · 靜態尺寸

Edge TPU 目前僅支援靜態尺寸的矩陣計算加速。Edge TPU 要求神經網路內含的張量必須是靜態尺寸張量（static-sized tensors），如果神經網路封包含了動態尺寸張量（dynamic-sized tensors），那麼即使 TFLite 量化模型可以生成，也無法透過 TFLite 解譯器的 invoke 方法進行推理。舉例來說，典型的 NMS 演算法，其內部的矩陣尺寸是不固定的，需要有大量的循環或可變尺寸的矩陣，這無法被 Edge TPU 所支援。

2 · 單樣本推導

Edge TPU 僅支援單樣本推導，即輸入矩陣的第一個維度必須為 1。這就是模型在進行量化轉化之前，必須將模型的輸入資料尺寸（input_shape）透過呼叫模型的 set_shape 方法設置為單樣本尺寸的原因。

3 · 量化方式

硬體一旦完成選型，它所支援的數值量化方式也就相應確定。如果硬體被設計成 INT8 量化方式，那麼對 float16 的量化模型是無法支援的，反之亦然。舉例來說，Edge TPU 在量化方式上僅支援 INT8 的量化方式，若模型被錯誤地量化為 float16，則會造成模型在 Edge TPU 上執行緩慢，因為此時模型完全靠嵌入式裝置的 CPU 在執行。

4 · 張量尺寸

　　Edge TPU 的硬體資源有限，對於所能處理的張量內的元素個數是有總量上限的。以一個 4 個維度的張量為例，假設這個張量已經達到了 Edge TPU 的張量尺寸極限，張量的具體形狀為 [batch, size, size, channel]，其中，batch 表示輸入批次的維度，size 表示解析度的維度，channel 表示通道數的維度。那麼如果將新張量的解析度維度的數值變成兩倍（size 的數值增加到原來的兩倍），那麼必須將 channel 的數值下降到原來數值的四分之一，以確保新張量的元素個數不超過 Edge TPU 的處理上限，即不超過原張量的元素個數。

5 · 矩陣維度

　　Edge TPU 對神經網路內部的矩陣的維度有特殊要求。它最多允許矩陣的最後 3 個維度的自由度大於 1。舉例來說，形狀為 [1,52,52,255] 的矩陣是符合要求的，但形狀為 [1,52,52,3,85] 的矩陣就不符合要求，因為最後的 3 個維度的自由度分別為 52、3、85，但倒數第 4 個維度的自由度為 52，超過了 1。

6 · 運算元支持

　　Edge TPU 有一個運算元支持列表，該列表上的運算元可以由 Edge TPU 進行推理，超出這個列表的運算元會被編譯器拒絕。大部分情況下，常用的層和運算元都是邊緣計算硬體支援的。舉例來說，Edge TPU 支持的運算元包括 tanh、sigmoid、Reduce_max 等，支持的層包括 Conv2D 層、Dense 層、Concatenation 層等。不支援的運算元包括 LeakyReLU 啟動函式、指數函式、對數函式等。每個邊緣計算硬體都會提供運算元支援清單，感興趣的讀者可以登入 Edge TPU 官網查看運算元支援情況。

　　不了解硬體支援的運算元情況也沒關係，編譯器一般情況下會給出明確的編譯資訊。舉例來說，支援的運算元被標記為「Mapped to Edge TPU」，不被支援的運算元被標記為「Operation not supported」，送入運算元的資料格式類型不合法（如 float16）的編譯錯誤會被標記為「Operation is working on an unsupported data type」。Edge TPU 編譯器的告警資訊及其含義如表 11-2 所示。

➔ 表 11-2 Edge TPU 編譯器的告警資訊及其含義

運算元編譯結果提示	含義
Mapped to Edge TPU	運算元成功映射至 TPU
Operation not supported	運算元無法支持
Operation is working on an unsupported data type	送入運算元的資料格式類型不支援
Operation is otherwise supported, but not mapped due to some unspecified limitation	運算元可以支援，但由於限制無法支援
Tensor has unsupported rank (up to 3 innermost dimensions mapped)	資料最內層 3 個維度外還會有尺寸超過 1 的維度
More than one subgraph is not supported	靜態圖中由 Edge TPU 支援的靜態圖部分超過了一個
Attempting to use a delegate that only supports static-sized tensors with a graph that has dynamic-sized tensors	Edge TPU 僅支援固定尺寸輸入資料，模型內不得出現動態尺寸資料

　　對運算元可以支援、但由於限制無法支援的提示，一般情況下將運算元處理資料的尺寸減小就可以支援了。舉例來說，UpSample2D 層在 [512,512] 解析度下最多支援 2 通道，在 [256,256] 解析度下最多支援 8 通道，依此類推。

　　對資料最內層 3 個維度外還會有尺寸超過 1 的維度的資料，可以在演算法內進行形狀修改。舉例來說，[1,52,52,3,97] 的矩陣，其最後 4 個維度的尺寸都是大於 1 的，可以使用 Reshape 運算元將其形狀改為 [1,52,52,291]，或在演算法中將其拆分為 3 個 [1,52,52,97] 的矩陣進行處理，就可以解決此類告警了。

　　對於靜態圖中子圖部分超過了一個的告警，可以在編譯時增加 -a 選項，使編譯器支援多子圖編譯模式。樣例虛擬程式碼如下。

```
edgetpu_compiler model.tflite -a
# 開啟多運算元圖模式
```

　　對於動態尺寸矩陣不支援的錯誤，可以查看神經網路中是否出現動態尺寸矩陣，或是否忘記將模型的輸入形狀的第一個維度設置為 1。因為 TensorFlow 預設所生成的靜態圖模型的第一個維度是不固定的（顯示為 None），這樣對於多樣本推理沒問題，但對於僅支援單樣本推理的 Edge TPU 而言，就需要將模型的輸入資料形狀的第一個維度固定為 1。樣例程式如下。

```
model.input.set_shape((1,) + model.input.shape[1:])
```

此外，Edge TPU 還要求編譯階段的模型內部變數必須是常數。這裡就不展開敘述了。

11.3　YOLO 物件辨識模型的量化和編譯

與所有邊緣計算硬體的神經網路部署一樣，Edge TPU 的硬體資源限制使得 YOLO 神經網路必須根據邊緣端的獨特性進行調整調配，解決相容性問題。本節將專門介紹 YOLO 模型的邊緣端量化和編譯技巧。

11.3.1　YOLO 變種版本選擇和骨幹網路修改

1 · 變種版本選擇

預設版本的 YOLOV4 神經網路使用了大量的 Mish 非線性啟動函式，這些啟動函式使用了無法被 Edge TPU 支援的指數函式。由於 YOLO 神經網路的骨幹網路的每一個二維卷積層後面都包含一個 Mish 非線性啟動函式，所以量化模型在編譯時，會被數量許多的 Mish 非線性啟動函式切割成數量許多的子圖。因此，進行 YOLO4 變種版本選擇時，對於邊緣端適用的 YOLOV4 版本，應當選擇 LeakyReLU 的變種版本。加載 YOLOV4 的 LeakyReLU 版本的核心程式如下。

```
tmp_weights='./yolo_weights/yolov4-leaky.weights'
utils.load_weights(
    model weights_file=tmp_weights,
    model_name=CFG.MODEL, is_tiny=CFG.IS_TINY)
```

2 · 運算元替換

YOLO 模型中的 LeakyReLU 啟動函式並不在 Edge TPU 的支援列表中，但在 Edge TPU 支援的啟動函式中，有 PReLU 啟動函式可以與 LeakyReLU 啟動函式等價。因此，需要對 YOLO 原始程式碼中的 DarkNet 專用卷積模組 DarkNetConv 進行修改，將所有的 LeakyReLU 啟動函式替換為 PReLU 啟動函式。程式如下。

```
def darknetconv(x, filters_shape, downsample=False,
                activate=True,bn=True,activate_type='leaky',
                name=None):
    ......
    if activate == True:
        fake='lite'
        if activate_type == "leaky":
            if fake=='lite': # edgetpu 僅支持 prelu 運算元
                conv = tf.keras.layers.PReLU(
                alpha_initializer=tf.initializers.constant(
                    0.1),
                shared_axes=[1, 2],)(conv)
            else:
                conv = tf.keras.layers.LeakyReLU(
                    alpha=0.1)(conv)
    ......
    return conv
```

11.3.2　針對硬體限制進行解碼網路的修改

　　解碼網路接受的輸入是特徵融合網路輸出的張量 conv_output，其矩陣形狀為 [batch, grid_size, grid_size, 3*(5+NUM_CLASS)]，解碼網路在處理 conv_output 張量時所使用的演算法實際上有兩種。第一種是針對訓練場景的演算法，該演算法將四維矩陣 conv_output 直接調整為形狀為 [batch, grid_size, grid_size, 3, (5+NUM_CLASS)] 的五維矩陣，並在 3 個（或 2 個）解析度維度上實施解碼演算法。第二種是針對邊緣端的推理場景的演算法。進行邊緣端推理時，由於 Edge TPU 的硬體限制，Edge TPU 無法處理這個五維矩陣。因此，針對 Edge TPU 的邊緣端推理場景，需要設計一個略微不同的解碼演算法。

　　為適應 Edge TPU 硬體資源的限制，需要新建一個全新的解碼函式 decode_tflite，其處理邏輯與原先訓練階段使用的 decode_train 處理邏輯完全一致，改動內容主要有 3 個方面。第一，全程使用低維度矩陣進行處理；第二，根據張量的物理含義進行張量元素設定值的動態範圍壓制；第三，從節約運算資源的角度考慮，解碼網路的輸出無須像訓練模型那樣提供計算中間量的輸出，只需要輸出和預測結果展示有關的張量即可。

　　針對維度自由度超限的問題，可以採取多個低維度矩陣的等效演算法代替。特徵融合網路輸出的矩陣張量 conv_output 的形狀是 [batch, grid_size, grid_size, 3×(5+NUM_CLASS)]，可以使用 Split 函式對高維度矩陣進行拆分，拆分為 6 個尺寸為 [batch, grid_size, grid_size, 2]、3 個尺寸為 [batch, grid_size, grid_size, 1]、3 個尺寸為 [batch, grid_size, grid_size, NUM_CLASS] 的矩陣，這樣 decode_tflite 解碼函式所處理的每個張量只有最後 3 個維度的尺寸大於 1，符合 Edge TPU 的限制。核心程式如下。

```
def decode_tflite(
        conv_output,  NUM_CLASS, anchors, xyscale=1,
        decode_output_name=None,grid_size=None):
    ......
(conv_raw_dxdy_0,conv_raw_dwdh_0,conv_raw_conf_0,conv_raw_prob_0,
conv_raw_dxdy_1,conv_raw_dwdh_1,conv_raw_conf_1,conv_raw_prob_1,
conv_raw_dxdy_2,conv_raw_dwdh_2,conv_raw_conf_2,conv_raw_prob_2,
    )=tf.keras.layers.Lambda(lambda x: tf.split(x,
                    (2, 2, 1, NUM_CLASS,
                     2, 2, 1, NUM_CLASS,
                     2, 2, 1, NUM_CLASS), axis=-1)
        ,name=decode_output_name+'_split_conv_output')(
                conv_output)
    ......
```

　　根據物理含義進行動態範圍壓制。理論上，神經網路輸出的數值可以是資料格式表達範圍的上下限，但對 conv_raw_dwdh 來說，它的物理含義是預測矩形框除以先驗錨框的比例指數，顯然這不可能是一個具有極大動態範圍的數值。憑藉經驗可以估計 conv_raw_dwdh 在推理過程中，其合理設定值範圍一定是 [-5.0,+5.0]，這樣預測矩形框除以先驗錨框的比例的設定值範圍就是 [exp(-5),exp(+5)]，即 [0.0067, 148.4131]。利用此動態範圍，我們可以設計一個動態範圍壓制演算法。在訓練時，動態範圍壓制演算法會造成梯度傳遞的截斷，但對推理階段來說卻毫無影響，不僅毫無影響，而且它能明顯收縮 INT8 量化環境下 conv_raw_dwdh 節點的動態範圍。較小的動態範圍表示流經 conv_raw_dwdh「邊」的訊號能盡可能地占據滿量程範圍，提高該邊的訊號雜訊比，從而提高 INT8 模型的計算精度。程式如下。請注意，程式中使用的 tf.exp() 運算元的 Lambda 層無法被 Edge TPU 所支持，今後只能在邊緣端的中央處理器上執行。實際上，可以使用本書介紹的非線性運算元替換技巧，將 tf.exp() 運算元替換為若干乘法和加法運算元。若執行運算元替換，則以下程式中的使用 tf.exp() 運算元的 Lambda 層需要刪除。

```
conv_raw_dwdh_0=tf.keras.layers.Lambda(
    lambda x: tf.clip_by_value(x,-5.,5.),
    name=decode_output_name+'_clip_conv_raw_dwdh_0')(
        conv_raw_dwdh_0)
#pred_dwdh_0=tf.keras.layers.Lambda(
#    lambda x: tf.exp(x),
#    name=decode_output_name+'_pred_dwdh_0')(conv_raw_dwdh_0)
```

對於神經網路預測出的矩形框中心點座標，可能也有極大的動態範圍，但根據矩形框中心點的物理含義，可以將其設定值壓制在 0 ～ 1 範圍內，以便獲得更大的計算精度。程式如下。

```
pred_xy_0=tf.clip_by_value(pred_xy_0,0.0,1.0)
pred_xy_1=tf.clip_by_value(pred_xy_1,0.0,1.0)
pred_xy_2=tf.clip_by_value(pred_xy_2,0.0,1.0)
```

decode_tflite 解碼函式輸出的只有矩形框頂角座標、前背景機率、分類機率這 3 個與預測結果展示相關的張量所組成的「大」張量，其他資訊無須輸出，以減少資源占用。針對邊緣端應用場景的解碼網路的整體程式結構如下。

```
def decode_tflite(
    conv_output,  NUM_CLASS, anchors, xyscale=1,
    decode_output_name=None,grid_size=None):
    # 多個低維度矩陣處理演算法等效於一個高維度矩陣處理演算法，並根據物理含義進行動態範圍壓制
    decode_output = tf.keras.layers.Concatenate(axis=-1,name=decode_output_ name)(
        [pred_x1y1x2y2_0, pred_objectness_0, pred_cls_prob_0,
         pred_x1y1x2y2_1, pred_objectness_1, pred_cls_prob_1,
         pred_x1y1x2y2_2, pred_objectness_2, pred_cls_prob_2,
         ])
    return decode_output
```

此外，盡可能地使用 Keras 成熟元件（如儘量使用 tf.keras.layers.reshape 層代替 tf.reshape 運算元），並為每一個層命名，有利於後期的模型偵錯。

11.3.3　預測矩陣的整理重組

雖然解碼網路獲得了與預測矩形框相關的全部必要資訊，但是預測資訊是分散在 grid_size 像素 ×grid_size 像素的網格上的，接下來需要將不同解析度下的每個網格下的預測資訊整理起來。預測資訊整理所用到的整理重組網路也需要使用低維度矩陣進行等效實現。

首先對於解碼網路提供的輸出，需要按照解析度進行分解，對於低解析度的解碼輸出用 output_low_res 表示，然後使用 Split 運算元進一步將 output_low_res 分解為 3 個關於座標的預測 pred_x1y1x2y2_{0/1/2}_low_res、3 個關於前景的預測 pred_objectness_{0/1/2}_low_ res、3 個關於分類的預測 pred_cls_prob_{0/1/2}_low_res。程式如下。

```
def gather_decode_tflite(
        outputs,is_tiny=False,NUM_CLASS=None):
    if is_tiny==False:
        output_low_res,output_med_res,output_hi_res=outputs
        (pred_x1y1x2y2_0_low_res, pred_objectness_0_low_res, pred_cls_prob_ 0_low_res,
         pred_x1y1x2y2_1_low_res, pred_objectness_1_low_res, pred_cls_prob_ 1_low_res,
         pred_x1y1x2y2_2_low_res, pred_objectness_2_low_res, pred_cls_prob_ 2_low_
res,)=tf.split(
            output_low_res,[4,1,NUM_CLASS,
                            4,1,NUM_CLASS,
                            4,1,NUM_CLASS,],axis=-1)
    ……
```

其中，預測矩形框座標的 pred_x1y1x2y2_{0/1/2}_low_res 矩陣的形狀是 [batch, grid_size, grid_size, 4]，可以將分散在網格上的合計 grid_size×grid_size 個的座標合併為一個 4 列的矩陣。具體來說，就是使用 Reshape 層產生形狀為 [batch, grid_size×grid_size, 4] 的輸出，輸出變數名稱不變。程式如下。

```
        pred_x1y1x2y2_0_low_res=tf.keras.layers.Reshape(
            (-1,4),
```

```
        name='pred_x1y1x2y2_0_low_res')(
            pred_x1y1x2y2_0_low_res)
    ......
```

　　預測矩形框前背景機率的矩陣 pred_objectness_{0/1/2}_low_res 的形狀是 [batch, grid_size, grid_size, 1]，也可以將分散在網格上的合計 grid_size×grid_size 個的前背景機率預測合併為一個一列的矩陣，產生的輸出變數名稱不變，但形狀變為 [batch, grid_size×grid_size, 1]。同理，預測矩形框物體分類機率矩陣 pred_cls_prob_{0/1/2}_low_res 的 形 狀 是 [batch, grid_size, grid_size, NUM_CLASS]， 經過 Reshape 層的處理後形成形狀為 [batch, grid_size×grid_size, NUM_CLASS] 的矩陣。程式如下。

```
    pred_objectness_0_low_res=tf.keras.layers.Reshape(
        (-1,1),
        name='pred_objectness_0_low_res')(
            pred_objectness_0_low_res)
    ......
    pred_cls_prob_0_low_res=tf.keras.layers.Reshape(
        (-1,NUM_CLASS),
        name='pred_cls_prob_0_low_res')(
            pred_cls_prob_0_low_res)
    ......
```

　　完成低解析度的預測資訊搜集重組後，可以將不同解析度在不同先驗錨框基礎上所產生的預測資訊進行拼接組合。以 YOLOV4 為例，在 512 輸入影像解析度的情況下，高、中、低 3 個解析度分別為 64 像素 ×64 像素、32 像素 ×32 像素、16 像素 ×16 像素，那麼一共將形成 16128（64×64×3+32×32×3+16×16×3=16128）個預測。將預測矩形框座標的張量的拼接層命名為 'pred_x1y1x2y2'，拼接發生在倒數第二個維度（axis=-2）。程式如下。

```
pred_x1y1x2y2 = tf.keras.layers.Concatenate(
    axis=-2,name='pred_x1y1x2y2')(
[pred_x1y1x2y2_0_low_res,pred_x1y1x2y2_1_low_res,pred_x1y1x2y2_2_low_res,
pred_x1y1x2y2_0_med_res,pred_x1y1x2y2_1_med_res,pred_x1y1x2y2_2_med_res,
pred_x1y1x2y2_0_hi_res,pred_x1y1x2y2_1_hi_res,pred_x1y1x2y2_2_hi_res,],)
```

　　將預測矩形框前背景機率的張量的拼接層命名為 'pred_objectness'，拼接發生在倒數第二個維度。程式如下。

```
pred_objectness = tf.keras.layers.Concatenate(
    axis=-2,name='pred_objectness')(
[pred_objectness_0_low_res,pred_objectness_1_low_res,pred_objectness_2_ low_res,
pred_objectness_0_med_res,pred_objectness_1_med_res,pred_objectness_2_ med_res,
pred_objectness_0_hi_res,pred_objectness_1_hi_res,pred_objectness_2_hi_ res,],)
```

　　將預測矩形框前背景機率的張量的拼接層命名為 'pred_objectness'，拼接發生在倒數第二個維度（axis=-2）。程式如下。

```
pred_cls_prob = tf.keras.layers.Concatenate(
    axis=-2,name='pred_cls_prob')(
[pred_cls_prob_0_low_res,pred_cls_prob_1_low_res,pred_cls_prob_2_low_res,
pred_cls_prob_0_med_res,pred_cls_prob_1_med_res,pred_cls_prob_2_med_res,
pred_cls_prob_0_hi_res,pred_cls_prob_1_hi_res,pred_cls_prob_2_hi_res, ],)
```

　　將前背景機率乘以分類條件機率得到矩形框關於物體預測的全機率。程式如下。

```
prob_score = tf.keras.layers.Multiply(name='prob_score')(
    [pred_objectness , pred_cls_prob])
```

　　預測資訊被搜集整理後，形成的輸出只有兩個矩陣：一個是儲存了全部預測矩形框座標資訊的 pred_x1y1x2y2，它有 4 列；另一個是儲存了全部預測矩形框分類機率資訊的 prob_score，它有 NUM_CLASS 列。它們的行數都等於 (grid_size_hi× grid_size_hi ×3)+ (grid_size_hi × grid_size_med ×3)+ (grid_size_low × grid_size_low ×3)，其中 grid_size_hi、grid_size_med、grid_size_low 分別表示高、中、低 3 個解析度的網格數量。程式如下。

```
def gather_decode_tflite(
        outputs,is_tiny=False,NUM_CLASS=None):
    ......
    return pred_x1y1x2y2,prob_score
```

需要特別注意的是，大部分邊緣計算廠商將本節所描述的預測資訊整理重組功能排除在邊緣加速範圍之外，甚至將解碼網路都排除在邊緣加速範圍之外。當然，Reshape 運算元、Split 運算元、Concat 運算元固然與邊緣計算硬體的相容性不佳，但作者認為從功能上看，解碼網路和預測資訊重組網路必然屬於物件辨識神經網路的一部分，甚至將 NMS 演算法視為集合預測（Set Prediction）問題之後的演算法，NMS 演算法也能透過硬體進行加速。作者相信邊緣端的物件辨識應用一定能實現點對點的部署，即全部計算工作都由 TPU 負責，無須依賴 CPU。

11.3.4　YOLO 推理模型的建立

建立 YOLO 的邊緣端推理模型的步驟與建立用於訓練的 YOLO 全模型類似，新建一個推理模型的函式 YOLO_TFLITE_MODEL，它首先搜集參數，建立骨幹網路和特徵融合網路。程式如下。

```
def YOLO_TFLITE_MODEL(input_layer, NUM_CLASS,
               MODEL, IS_TINY):
    fused_feature_maps = YOLO(
        input_layer, NUM_CLASS, MODEL,IS_TINY)
    XYSCALE = get_model_cfg(MODEL,IS_TINY).XYSCALE
    ANCHORS = get_model_cfg(MODEL,IS_TINY).ANCHORS
    ANCHOR_MASKS = get_model_cfg(MODEL,IS_TINY).ANCHOR_MASKS
    GRID_CELLS= get_model_cfg(MODEL,IS_TINY).GRID_CELLS
```

根據完整模型和簡版模型的解析度數量，分別建立不同解析度的解碼網路，這裡使用的解碼網路是專門針對邊緣端進行設計的解碼網路 decode_tflite。程式如下。

```
def YOLO_TFLITE_MODEL(input_layer, NUM_CLASS,
               MODEL, IS_TINY):
    if IS_TINY==True:
        ......
    elif IS_TINY==False:
        hi_res_fm, med_res_fm,low_res_fm = fused_feature_maps
        (XYSCALE_low_res,
         XYSCALE_med_res,
         XYSCALE_hi_res   ) = XYSCALE
```

```
        ANCHORS_hi_res = tf.gather(ANCHORS, ANCHOR_MASKS[2])
        ANCHORS_med_res = tf.gather(ANCHORS, ANCHOR_MASKS[1])
        ANCHORS_low_res = tf.gather(ANCHORS, ANCHOR_MASKS[0])
        (GRID_SIZE_low_res,
         GRID_SIZE_med_res,
         GRID_SIZE_hi_res)=GRID_CELLS

        bbox_tensors = []
        bbox_tensor_high_res=decode_tflite(
            hi_res_fm,NUM_CLASS,
            ANCHORS_hi_res,XYSCALE_hi_res,
            'High_Res',
            [GRID_SIZE_hi_res,GRID_SIZE_hi_res])
        bbox_tensor_med_res=decode_tflite (
            med_res_fm,NUM_CLASS,
            ANCHORS_med_res,XYSCALE_med_res,
            'Med_Res',
             [GRID_SIZE_med_res,GRID_SIZE_med_res])
        bbox_tensor_low_res=decode_tflite (
            low_res_fm, NUM_CLASS,
            ANCHORS_low_res, XYSCALE_low_res,
             'Low_Res',
            [GRID_SIZE_low_res,GRID_SIZE_low_res])
```

　　使用負責搜集整理預測資訊的函式 gather_decode_tflite，將預測的座標資訊整理為 4 列矩陣，將預測的機率資訊整理為 NUM_CLASS 列矩陣，將預測的座標資訊和機率資訊作為模型的傳回輸出。程式如下。

```
        bbox_tensors=[
            bbox_tensor_low_res,
            bbox_tensor_med_res,
            bbox_tensor_high_res]
        pred_x1y1x2y2,prob_score = gather_decode_tflite(
            bbox_tensors,is_tiny=IS_TINY,NUM_CLASS=NUM_CLASS)
    return pred_x1y1x2y2,prob_score
```

11.3.5　YOLO 模型的量化

　　本小節介紹使用訓練後量化的方法,對儲存在記憶體中的 YOLO 模型進行量化,將儲存在記憶體中的 YOLO 模型命名為 model_decode_collect。首先建立模型並載入預訓練參數,然後利用 Keras 模型的 set_shape 方法將模型的第一個維度(批次維度)設置為 1,最後將模型儲存為 h5 模型,儲存在磁碟上。程式如下。

```
model_decode_collect = tf.keras.Model(
    input_layer,
    YOLO_TFLITE_MODEL(
        input_layer, CFG.NUM_CLASS, CFG.MODEL,CFG.IS_TINY))
utils.load_weights(
    model_decode_collect, weights_file=tmp_weights,
    model_name=CFG.MODEL, is_tiny=CFG.IS_TINY)
model_decode_collect.input.set_shape(
    (1,) + model_decode_collect.input.shape[1:])
model_decode_collect.save(
    './ModelSaved_DIR/yolov4_realds5717_clip5.h5')
```

　　有了 h5 模型後,就可以新建一個轉換器,並提前設置好擬儲存的量化模型檔案的檔案名稱。

```
converter = tf.lite.TFLiteConverter.from_keras_model(
    model_decode_collect)
tflite_model_filename='./ModelSaved_DIR/yolov4_realds5717_clip5.tflite'
```

　　按照常規方案,將轉換器的最佳化選項設置為預設、推理資料格式設置為 INT8、輸入資料格式設置為無號 8 位元資料格式(UINT8,這也是影像所使用的資料格式)、運算子集設置為 tf.int8 運算子集等。程式如下。

```
converter.optimizations = [tf.lite.Optimize.DEFAULT]
converter.target_spec.supported_types = [tf.int8]
converter.target_spec.supported_ops = [
    tf.lite.OpsSet.TFLITE_BUILTINS_INT8, ]
converter.experimental_new_converter = True
converter.inference_input_type = tf.uint8
```

在代表資料集的選取上，有條件的可以將全部資料集（5717 個樣本）都作為代表資料集，也可以選擇部分資料集，但應當確保每個分類都在代表資料集中出現過足夠的次數。程式如下。

```python
def representative_dataset():
    i=0
    for img_bat in train_dataset.batch(1).take(5717):
        data=tf.cast(img_bat,tf.float32) # 已經是 0 ～ 1 的分佈範圍
        data = data.numpy()
        print(i,'representative_dataset:',data.shape,
                'from',data.min().round(4),
                'to',data.max().round(4))
        i+=1
        yield [data.astype(np.float32)]
converter.representative_dataset = representative_dataset
```

使用轉換器的 convert 方法，執行量化轉化，並寫入磁碟。具體執行時間根據代表資料集大小和模型複雜程度而定。程式如下。

```python
print('start  converter.convert() !')
convert_t1=datetime.now()
print('converter.convert() 開始：',str(convert_t1))
tflite_model = converter.convert()
convert_t2=datetime.now()
print('converter.convert() 完成：',str(convert_t2))
print('converter.convert() 耗時（秒）：',(convert_t2-convert_t1).seconds)
with open(tflite_model_filename, 'wb') as f:
    f.write(tflite_model)
```

以 YOLOV4 為例，磁碟上將形成 TFLite 量化模型檔案，與之前的 h5 格式的模型相比，尺寸下降到了原來的四分之一。使用 Netron 打開 TFLite 量化模型檔案，將看到整個神經網路的靜態圖結構。此時的神經網路僅進行了量化，尚未進行編譯，暫時無法被邊緣計算硬體所使用。將量化模型視覺化結果的部分截圖，如圖 11-6 所示。

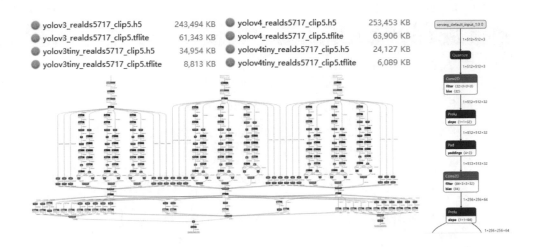

▲ 圖 11-6 YOLOV4 量化模型視覺化

其他 YOLOV3 和 YOLOV4 的簡版和標準版模型按照同樣的方法進行量化，對於自訂的 Keras 層需要額外定義 get_config 方法，並在載入 h5 模型時指定這個自訂層，這裡不再展開敘述。

11.3.6 量化模型的測試和訊號雜訊比分析

模型量化完成後，需要使用不同的方法對模型進行訊號雜訊比測試。

由於目前的神經網路層數都比較多，無法一一測試，所以要根據神經網路結構確定內部關鍵節點的張量名稱。以在 416 像素 ×416 像素輸入解析度下的 YOLOV3 為例，我們可以特別注意骨幹網路的特徵圖輸出、融合網路的融合特徵圖輸出、解碼網路的輸出、資料重組網路的輸出等重要張量，具體方法是使用 Netron 軟體打開編譯後的模型，找到 Keras 模型層名稱與 TFLite 量化模型張量名稱的對應關係，如表 11-3 所示。

➡ 表 11-3 YOLOV3 模型的 Keras 模型層名稱和 TFLite 量化模型的關鍵張量對應表

張量含義		Keras 模型層名稱	TFLite 量化模型張量名稱
輸入節點		'input'	'tfl.quantize'
骨幹網路	高解析度特徵圖	'add_10'	'model/add_10/add'
	中解析度特徵圖	'add_18'	'model/add_18/add'
	低解析度特徵圖	'add_22'	'model/add_22/add'
特徵融合網路	中解析度特徵圖和高解析度特徵圖融合	'med_high_Concat'	'model/med_high_Concat/concat'
	低解析度特徵圖和中解析度特徵圖融合	'low_med_Concat'	'model/low_med_Concat/concat'
	高解析度融合結果	'conv2d_74'	'model/conv2d_74/BiasAdd;model/conv2d_74/Conv2D;conv2d_74/bias1'
	中解析度融合結果	'conv2d_66'	'model/conv2d_66/BiasAdd;model/conv2d_74/Conv2D;model/conv2d_66/Conv2D;conv2d_66/bias1'
	低解析度融合結果	'conv2d_58'	'model/conv2d_58/BiasAdd;model/conv2d_74/Conv2D;model/conv2d_58/Conv2D;conv2d_58/bias1'
解碼網路	高解析度解碼結果	'High_Res'	'model/High_Res/concat'
	中解析度解碼結果	'Med_Res'	'model/Med_Res/concat'
	低解析度解碼結果	'Low_Res'	'model/Low_Res/concat'
資料重組	座標預測結果	'pred_x1y1x2y2'	'StatefulPartitionedCall:01'
	機率預測結果	'prob_score'	'StatefulPartitionedCall:11'

將這些層名稱和張量名稱畫在 YOLOV3 的結構圖上，如圖 11-7 所示。

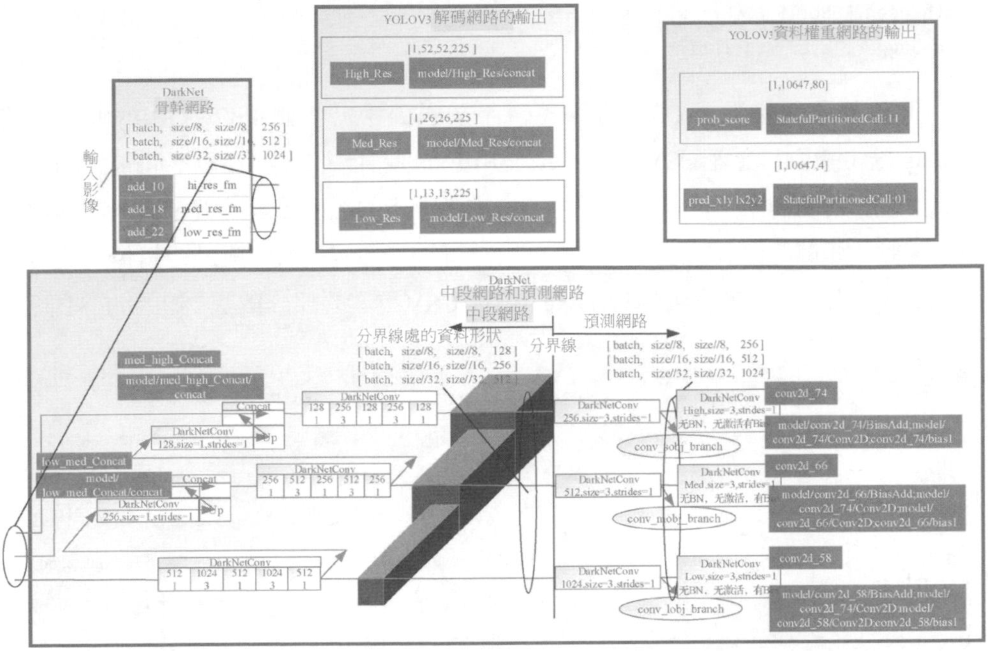

▲ 圖 11-7　YOLOV3 的 Keras 模型和量化模型的關鍵張量對應圖

使用 TensorFlow 提供的 TFLite 量化模型偵錯工具 QuantizationDebugger，它會提供每一層的實際輸出張量和理想輸出張量的誤差統計資料。具體方法是生成一個偵錯器物件，將其命名為 debugger。在生成偵錯器時，指定量化模型轉換器，因為量化模型轉換器中已經指定了浮點 32 位元的精準模型和量化模型生成參數，所以偵錯器此時就已經可以對精準模型和量化模型的內部張量進行對比統計了。此外，在偵錯器生成的敘述中，還應當加上代表資料集，因為偵錯器的逐層偵錯較為耗時（5min 左右），建議將代表資料集規模設置為 3 ～ 10 個樣本。呼叫偵錯器的 run 方法，啟動偵錯器的逐層偵錯。將獲得的結果儲存在偵錯器內部，如果需要將偵錯結果轉存到磁碟中，那麼需要使用偵錯器的 layer_statistics_dump 方法進行提取。程式如下。

```
debugger = tf.lite.experimental.QuantizationDebugger(
    converter=converter,
    debug_dataset=representative_dataset)
```

```
debugger.run()
RESULTS_FILE = './ModelSaved_DIR/yolov3_realds5717_clip5.csv'
with open(RESULTS_FILE, 'w') as f:
  debugger.layer_statistics_dump(f)
```

　　獲得的偵錯結果以 CSV 的格式儲存在磁碟中，我們可以使用 Python 下的
Pandas 模組讀取和處理 CSV 檔案，或使用 Excel 打開 CSV，查看不同張量的統計
資訊。在統計資訊中，偵錯器已經將多樣本激勵下的各個張量編號、名稱、縮放因
數、零點、矩陣元素個數進行了記錄，同時統計了各個張量的誤差絕對值、極值、
平均值、平均值方差等資訊。使用 Excel 打開 CSV 檔案的部分截圖，如圖 11-8 所示。

	A	B	C	D	E	F	G	H	I	J	K	L
1	op_name	tensor_idx	num_elem	stddev	mean_erro	max_abs_e	mean_squ	scale	zero_point	tensor_name		
2												
3	CONV_2D	407	5537792	0.08318	-0.00531	1.849922	0.007041	0.204852	-25	model/batch_normalization/Fuse		
4												
5	PRELU	411	5537792	0.037591	0.001795	0.064786	0.001418	0.130055	-112	model/p_re_lu/add;model/p_re_l		
6												
7	PAD	415	5564448	0	0	0	0	0.130055	-112	model/zero_padding2d/Pad		
8												
9	CONV_2D	419	2768896	0.05649	-0.00416	1.028473	0.003209	0.185498	12	model/batch_normalization_1/Fu		
10												
11	PRELU	423	2768896	0.02017	0.007301	0.04709	0.000462	0.093998	-100	model/p_re_lu_1/add;model/p_re		
12												
13	CONV_2D	427	1384448	0.050653	0.000975	0.6142	0.002568	0.164114	30	model/batch_normalization_2/Fu		
14												
15	PRELU	431	1384448	0.020621	0.003689	0.036289	0.000439	0.072557	-92	model/p_re_lu_2/add;model/p_re		
16												
17	CONV_2D	435	2768896	0.065747	-0.00249	0.71099	0.00433	0.22001	11	model/batch_normalization_3/Fu		
18												
19	PRELU	439	2768896	0.032461	0.00442	0.055758	0.001074	0.112224	-101	model/p_re_lu_3/add;model/p_re		
20												
21	ADD	443	2768896	0.031403	-0.00329	0.166456	0.000999	0.118208	-98	model/add/add		
22												
23	PAD	447	2795584	0	0	0	0	0.118208	-98	model/zero_padding2d_1/Pad		

▲ 圖 11-8　YOLOV3 量化模型的單層誤差分析表（部分截圖）

　　透過 CSV 檔案提供的偵錯資訊，我們可以進一步透過 pandas 的函式推導獲得
量化模型的每個張量的動態範圍、訊號能量等資訊。此外，還可以向偵錯器提供自
訂的誤差統計回呼函式、函式內統計資料的動態範圍等資訊，這裡不再展開敘述。

　　使用 TensorFlow 提供的 QuantizationDebugger 量化模型偵錯工具對量化模型
進行各層獨立偵錯分析後，我們還可以進行累積訊號雜訊比分析，用於分析量化模
型中各層的累積訊號雜訊比。累積訊號雜訊比分析需要使用自訂工具，工具將對配
置的關鍵節點的訊號雜訊比進行測量。首先設置一下希望監測的關鍵節點。Keras
模型中關鍵層的名稱儲存在 keras_ layer_name 變數中，TFLite 量化模型中的關鍵

張量名稱儲存在 tflite_tensor_name 變數中，多個關鍵層和關鍵張量透過兩個串列進行儲存。設置程式樣例如下。

```
keras_layer_names=[];tflite_tensor_names=[]
check_results=[]

keras_layer_name='input'
tflite_tensor_name='tfl.quantize'
keras_layer_names.append(keras_layer_name)
tflite_tensor_names.append(tflite_tensor_name)

keras_layer_name='add_10' # 產生 high_res_fm 輸出
tflite_tensor_name='model/add_10/add'
keras_layer_names.append(keras_layer_name)
tflite_tensor_names.append(tflite_tensor_name)
......
keras_layer_name='prob_score'
tflite_tensor_name='StatefulPartitionedCall:11'
keras_layer_names.append(keras_layer_name)
tflite_tensor_names.append(tflite_tensor_name)

keras_layer_name='pred_x1y1x2y2'
tflite_tensor_name='StatefulPartitionedCall:01'
keras_layer_names.append(keras_layer_name)
tflite_tensor_names.append(tflite_tensor_name)
```

向自訂的偵錯器傳遞浮點 32 位元模型 model 和量化模型解譯器 interpreter。

```
debugger=tflite_debugger(
    model,image_batch_float,
    interpreter,image_batch_uint8=None)
```

向自訂偵錯器下的各個統計方法傳遞我們希望監測的關鍵節點的 Keras 層名稱和量化模型張量名稱。程式如下。

```
SNR_results=[]
for keras_layer_name, tflite_tensor_name in zip(
        keras_layer_names,tflite_tensor_names):
    expected_SNR=expected_pwr_dB-expected_error_pwr_dB
```

```
real_SNR=real_keras_pwr_dB-real_error_pwr_dB
signal_increase=real_keras_pwr_dB-expected_pwr_dB
noise_decrease=expected_error_pwr_dB-real_error_pwr_dB
SNR_increase=signal_increase+noise_decrease
SNR_results.append([
    expected_SNR.round(4),real_SNR.round(4),
    signal_increase.round(4),noise_decrease.round(4),
    SNR_increase.round(4),
    (debugger.get_expected_keras_statics(
        tflite_tensor_name)),
    (debugger.get_real_keras_statics(tensor_keras)),
    (debugger.get_real_tflite_statics(
        tflite_tensor_name)),
    (debugger.get_expected_quantize_error_statics(
        tflite_tensor_name)),
    (debugger.get_real_error_statics(
        keras_layer_name,tflite_tensor_name)),
    (check_tensor_keras.min().round(4),
        check_tensor_keras.max().round(4)),
    (check_tensor_tflite.min().round(4),
        check_tensor_tflite.max().round(4)),
    keras_layer_name,tflite_tensor_name,
    it.get_index_by_name(tflite_tensor_name),
    check_tensor_keras,check_tensor_tflite])
```

　　透過整合程式設計工具的變數檢視器查看各層誤差累積傳遞情況，可見，骨幹網路末端的 add_10、add_18、add_22 和特徵融合網路的末端都保持了良好的訊號雜訊比，預測網路的末端訊號雜訊比大幅下降，但預測矩形框的座標經過解碼網路後，重新回到較高的訊號雜訊比水準，雖然那些負責預測的座標和機率的相關節點的訊號雜訊比較低，但經過 NMS 演算法的處理後，也能夠保持較高的準確率水準。YOLOV3 量化模型的逐層累積誤差分析如圖 11-9 所示。

　　確認量化模型的誤差在可接受範圍之內後，就可以使用解譯器打開量化模型並進行初始化了，將測試影像的矩陣給予值給量化模型的輸入節點，使用解譯器的 invoke 方法迫使量化模型進行一次推理，從量化模型輸出節點獲取推理結果，進行視覺化展示。YOLO 量化模型的物件辨識結果視覺化如圖 11-10 所示。

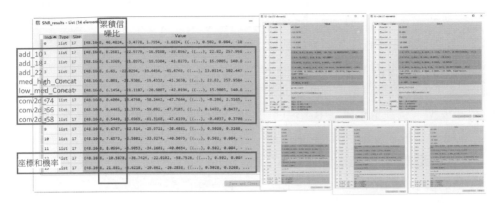

▲ 圖 11-9 YOLOV3 量化模型的逐層累積誤差分析

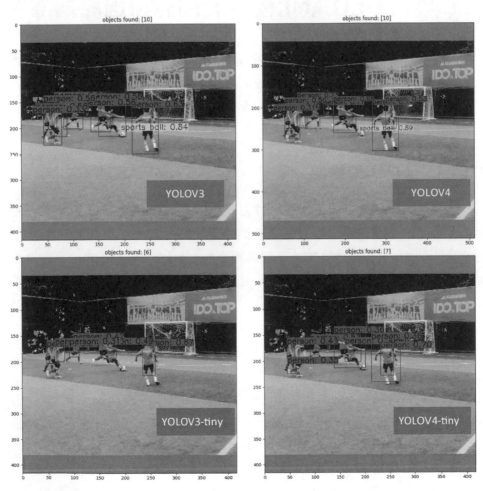

▲ 圖 11-10 YOLO 量化模型的物件辨識結果視覺化

模型經過量化後，機率預測的數值必然會有所降低，但並不影響物件辨識的決策。在實際開發過程中，如果模型量化後的辨識靈敏度不高，那麼可以透過調整 NMS 演算法中的 IOU 設定值和物件辨識機率設定值，從而調整神經網路的靈敏度。如果對量化模型的計算結果有疑惑，那麼可以生成一個和量化模型一模一樣的浮點 32 位元模型，找到量化模型中出現問題的張量名稱和運算元名稱，透過名稱查詢的方式找到其在浮點模型中的對應位置，進行一個一個位置的定點分析。讀者在進行自訂模型編譯時，雖然模型與作者的不盡相同，遇到的問題也不可能完全一樣，但量化模型的計算原理和測試分析方法是完全一致的。

11.4　YOLO 量化模型的編譯和邊緣端部署

使邊緣端載入 YOLO 模型推理，應當先讓編譯器對量化模型進行編譯，然後撰寫邊緣端推理程式。邊緣端推理程式可以是 C 語言或 Python 語言，具體由邊緣作業系統的執行時期（Runtime）的支援情況而定。為簡便起見，這裡以 Python 語言為例介紹如何撰寫邊緣端推理程式。

11.4.1　量化模型轉為編譯模型

將生成的 TFLite 量化模型檔案複製到個人電腦的 Ubuntu 作業系統，使用 Edge TPU 廠商提供的 TFLite 量化模型檔案編譯器（edgetpu_compiler）對量化模型檔案進行編譯。編譯器將 TFLite 檔案編譯為一個以 _edgetpu.tflite 為副檔名的 TFLite 量化模型檔案。解讀作者編譯 YOLOV4 模型的編譯日誌，可以看到神經網路中的 651 個運算元，其中的 639 個運算元已經映射為 Edge TPU 可以執行的子圖，其中包括了全部的二維卷積運算元，它們是耗費運算資源較大的運算元。從編譯日誌上看，仍然有 12 個運算元需要依靠邊緣端的 CPU 才能執行，其中包括了部分的乘法（Mul）運算元、池化（MaxPool）運算元、矩陣拼接（Concat）運算元等，它們原本是被硬體所支援的，但因為各種原因超過硬體的支援限制，導致無法透過 TPU 進行載入。這些運算元可以全部映射到 Edge TPU 中，具體方法是針對硬體的具體限制進行運算元拆分或替換。但如果這些運算元透過 CPU 執行的計算耗時不長，也可以不做特別處理。編譯日誌如下。

```
indeed@indeed-virtual-machine:~/Desktop/tflite/yolov4_polyfit_exp$ edgetpu_compiler -s
-a  -i "model/p_re_lu_74/add;model/p_re_lu_74/Relu;model/p_re_lu_74/Neg_1;model/p_ re_
lu_74/Relu_1;model/p_re_lu_74/mul"  ./yolov4_realds5717_clip5.tflite
Edge TPU Compiler version 16.0.384591198
Started a compilation timeout timer of 180 seconds.


Model compiled successfully in 63970 ms.


Input model: ./yolov4_realds5717_clip5.tflite
Input size: 62.43MiB
Output model: yolov4_realds5717_clip5_edgetpu.tflite
Output size: 64.54MiB
On-chip memory used for caching model parameters: 6.85MiB
On-chip memory remaining for caching model parameters: 0.00B
Off-chip memory used for streaming uncached model parameters: 54.99MiB
Number of Edge TPU subgraphs: 2
Total number of operations: 651
Operation log: yolov4_realds5717_clip5_edgetpu.log


Number of operations that will run on Edge TPU: 639
Number of operations that will run on CPU: 12


Operator                        Count      Status


PRELU                           107        Mapped to Edge TPU
PAD                             7          Mapped to Edge TPU
RELU                            18         Mapped to Edge TPU
LOGISTIC                        27         Mapped to Edge TPU
SPLIT_V                         6          Mapped to Edge TPU
RESIZE_NEAREST_NEIGHBOR         2          Mapped to Edge TPU
MUL                             1          Operation is otherwise supported, but not
mapped due to some unspecified limitation
MUL                             108        Mapped to Edge TPU
CONV_2D                         110        Mapped to Edge TPU
MINIMUM                         27         Mapped to Edge TPU
RESHAPE                         3          Operation is otherwise supported, but not
mapped due to some unspecified limitation
RESHAPE                         24         Mapped to Edge TPU
MAX_POOL_2D                     3          More than one subgraph is not supported
CONCATENATION                   23         Mapped to Edge TPU
CONCATENATION                   1          More than one subgraph is not supported
```

11-39

```
CONCATENATION              1        Operation is otherwise supported, but not
mapped due to some unspecified limitation
SUB                        18       Mapped to Edge TPU
DEQUANTIZE                 2        Operation is working on an unsupported data type
QUANTIZE                   40       Mapped to Edge TPU
QUANTIZE                   1        Operation is otherwise supported, but not
mapped due to some unspecified limitation
MAXIMUM                    9        Mapped to Edge TPU
ADD                        113      Mapped to Edge TPU
ssCompilation child process completed within timeout period.
```

使用 Netron 視覺化工具查看編譯後的附帶 edgetpu 副檔名的編譯後的模型檔案，可以看到編譯器將整個神經網路分割成了若干子圖，其中 Edge TPU 可以執行的子圖有兩個，它們已經被包裝成名為 edgetpu-custom-op 的子圖。熟悉神經網路結構的讀者可以知道，這兩個子圖分別對應 YOLO 神經網路的骨幹網路和解碼網路，這兩部分也是計算銷耗最大的部分，它們被成功編譯到 TPU 上執行，這表示邊緣端的推理速度將大幅提高，如圖 11-11 所示。

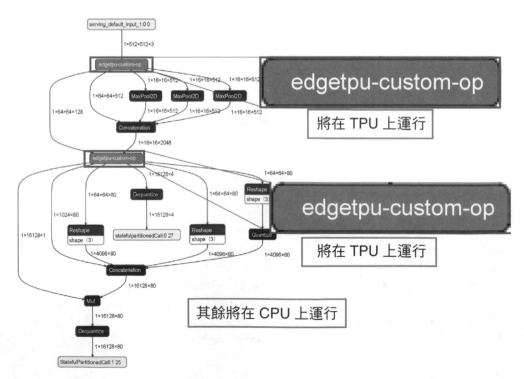

▲ 圖 11-11 編譯工具將 YOLOV4 量化模型的 TFLite 檔案轉化為兩個子圖

　　對於其他模型的編譯,可以使用同樣的方法,在 compile 編譯時,增加 asd 選項,使編譯器盡可能地將最多的合法運算元編譯成 Edge TPU 能執行的子圖。經過編譯,除了量化和反量化運算元,以及少部分的超限運算元由於不受硬體支援而被映射到 CPU 之外,其他大部分較為消耗運算資源的二維卷積運算元和乘法加法運算元都被映射到 TPU 執行的子圖中。經過編譯後,編譯模型的結構就分為了 TPU 執行的子圖和 CPU 執行的運算元,對於 YOLOV3 和 YOLOV4 的標準版和簡版,使用 Netron 軟體查看它們的編譯模型,編譯模型的結構如圖 11-12 所示。

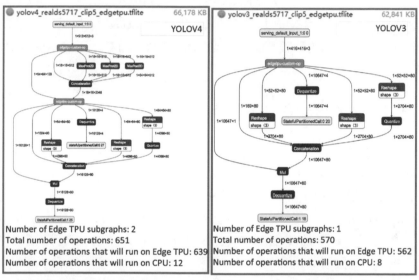

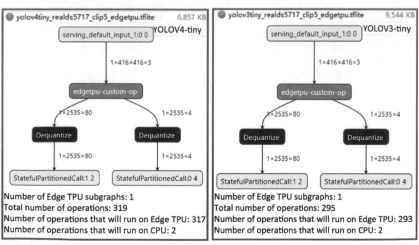

▲ 圖 11-12　YOLOV3 和 YOLOV4 的標準版和簡版的編譯模型結構圖

　　模型編譯工作是比較考驗開發者對神經網路理解程度的工作。當模型還在訓練主機上架設和訓練時，模型程式的撰寫方式千變萬化，不同的程式寫法在執行結果上可能並不會有太大差別，但到了編譯階段，這種差別就顯現出來了。每替換掉一個不合理的運算元，或使用了更合理的演算法描述，很可能會使編譯模型少拆分一個子圖。少拆分一個子圖就表示少進行一次從 TPU 到 CPU，再從 CPU 到 TPU 的資料複製，也表示硬體計算的一次加速。感興趣的讀者可以根據自己的設想，並根據邊緣計算硬體特徵，不斷追求演算法結構的速度極限。另外，硬體的運算子集在不斷地更新迭代中，不少由於硬體資源限制引發的運算元限制也正在逐漸地被廣大硬體廠商解決。舉例來說，Edge TPU 在第 16 個版本就開始支持多子圖的切換了，只要及時跟進硬體廠商的軟體最佳化工具迭代，就能充分享受編譯器最佳化帶來的性能提升。

11.4.2　撰寫邊緣端編譯模型推理程式

　　邊緣端一般不支援 TensorFlow 的執行，邊緣端呼叫編譯模型往往依賴硬體廠商提供的模型執行時期（Runtime）支援。對於附帶 Edge TPU 的 Coral 開發板而言，我們需要在邊緣端的 Python 程式中引入廠商提供的邊緣端解譯器函式程式庫（make_interpreter）和通用工具函式程式庫（common）。make_interpreter 將負責生成模型解譯器，解譯器和 common 通用工具函式程式庫將一起負責模型的節點給予值、推理、節點讀取等操作。

　　邊緣端解譯器函式程式庫（make_interpreter）和通用工具函式程式庫（common）的引入和初始配置程式如下。

```
from pycoral.utils.edgetpu import make_interpreter
from pycoral.adapters import common
model = "yolo.tflite"
interpreter = make_interpreter(model)
interpreter.allocate_tensors()
input_details = interpreter.get_input_details()
output_details = interpreter.get_output_details()
```

　　打開攝影機，開啟迴圈不斷讀取攝影機。攝影機輸入的影像解析度不一，需要根據編譯後的量化模型的輸入尺寸要求進行調整，建議使用 cv2 函式程式庫，因為該函式程式庫的尺寸調整函式不改變影像矩陣的資料型態，此時的影像矩陣 cv2_im_rgb 的資料型態是 UINT8。程式如下。

```
inference_size=input_details[0]['shape'][1:3]
inference_size=tuple(inference_size)
cap = cv2.VideoCapture(camera_idx)
for i in range(10000):
    ret, frame = cap.read()
    if not ret:
        break
    cv2_im = frame
    cv2_im_rgb = cv2.cvtColor(cv2_im, cv2.COLOR_BGR2RGB)
    cv2_im_rgb = cv2.resize(cv2_im_rgb, inference_size)
```

使用廠商提供的通用工具的 set_tensor 方法為編譯模型的輸入端給予值，並呼叫解譯器的 invoke 方法進行一次推導，使用解譯器的 get_tensor 方法在輸出端提取資料。由於模型輸出資料封包含了所檢測到的目標的座標和機率，所以輸出張量有兩個，分別是 boxes_x1y1x2y2 和 prob。程式如下。

```
common.set_input(interpreter, cv2_im_rgb)
t1= time.time()
interpreter.invoke()
t2=time.time()
FPS = 1/(t2-t1)
print('FPS',FPS)
boxes_x1y1x2y2 = interpreter.get_tensor(
    output_details[0]['index'])
prob=interpreter.get_tensor(output_details[1]['index'])
```

輸出資料的第一個維度是批次維度，需要被去除。對於分類機率張量 prob，我們需要從中提取分類機率最高的機率 socres，也需要提取分類機率最高的分類序號，分類序號儲存在 labels 中，使用 NMS 演算法對提取到的目標座標、目標分類機率和目標分類序號進行後處理，從而得到有效的預測結果。在有效的預測結果中，boxes 儲存了有效矩形框的座標，scores 儲存了有效矩形框的機率，classes 儲存了有效矩形框的分類編號。由於邊緣端沒有 TensorFlow 執行環境，所以需要使用 Python 程式手工實現 NMS 演算法（具體說，是 WBF 演算法），這會對 CPU 運算資源造成一定的銷耗。程式如下。

```
    boxes_x1y1x2y2,prob=boxes_x1y1x2y2[0],prob[0]
    scores=np.max(prob,axis=1)
    labels=np.argmax(prob,axis=1)
    (boxes, scores, classes ) = weighted_boxes_fusion(
        [boxes_x1y1x2y2], [scores],[labels],
        weights=None,  iou_thr=iou_thr,
        skip_box_thr=skip_box_thr )
    valid_detections=len(scores)
```

接下來，我們設計一段程式，將預測到的矩形框、分類名稱、預測機率等資訊疊加在原圖上，從而完成從讀取影像到視覺化顯示的全套工作。完成單次全套工作後，需要重新進入下一輪攝影機讀取迴圈，直至收到鍵盤輸入的「q」字元，退出物件辨識的迴圈。程式如下。

```
    boxes=np.expand_dims(boxes ,axis=0)
    scores=np.expand_dims(scores ,axis=0)
    classes=np.expand_dims(classes ,axis=0)
    valid_detections=np.expand_dims(valid_detections ,axis=0)
    outputs0 = (boxes,scores,classes,valid_detections)
    cv2_im_rgb_out = draw_output(
        cv2_im_rgb,outputs0,class_id_2_name,show_label=True)
    cv2_im_bgr_out = cv2.cvtColor(
        cv2_im_rgb_out, cv2.COLOR_RGB2BGR)
    cv2_im_bgr_out=cv2.resize(
        cv2_im_bgr_out, (1024, 1024),
        interpolation=cv2.INTER_AREA)
    text='found={},FPS={}'.format(valid_detections,FPS)
    cv2.putText(
        cv2_im_bgr_out, text, (3, 50),
        cv2.FONT_HERSHEY_COMPLEX, 1.0, (100, 200, 200), 3)
    cv2.imshow('frame', cv2_im_bgr_out)
    if cv2.waitKey(1) & 0xFF == ord('q'):
        break
cv2.destroyAllWindows()
```

作者將 YOLOV3 和 YOLOV4 的簡版和標準版模型都進行了邊緣端推理測試。測試時，使用攝影機捕捉影像，然後呼叫模型進行物件辨識，最後將辨識結果即時展示在 Coral 開發板的 HDMI 介面的顯示器上，效果如圖 11-13 所示。

　　由於我們設定了推理時間的監測函式，所以可以從影像上直接提取到當前模型在 Edge TPU 上的推理每秒顯示畫面。YOLOV4 模型的推理每秒顯示畫面約為 2.03fps，YOLOV3 模型的推理每秒顯示畫面約為 4.28fps，YOLOV4-tiny 模型的推理每秒顯示畫面約為 38.3fps，YOLOV3-tiny 模型的推理每秒顯示畫面約為 27.2fps。具體模型編譯時的最佳化不同，推理耗時也略有不同。

　　請讀者注意，此處的邊緣端的推理過程包含了預測網路和資料重組網路，並且對於部分池化運算元和重組運算元並沒有做特殊最佳化，推理速度會低於官方的理論極限，但並不影響實際使用。實際上，我們還可以嘗試進行自訂神經網路最佳化，如將尺度不合理的先驗錨框刪除或增加某些尺寸的先驗錨框，用以提高準確率或增強性能。

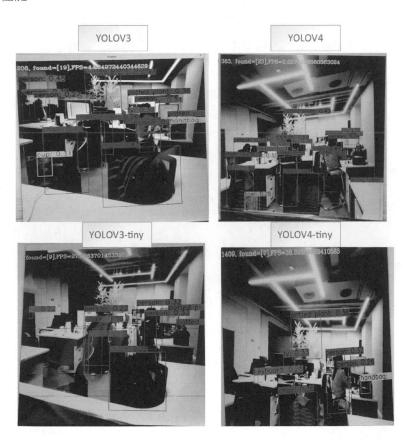

▲　圖 11-13　YOLO 模型在邊緣端對攝影機獲得的影像進行即時判定

第四篇

自訂資料增強和物件辨識神經網路性能測試

本篇將介紹作者經歷的兩個物件辨識應用及其背後的資料增強技術和神經網路測試技術。其中,一個是關於智慧交通場景的物件辨識,該場景的資料集規模有限,必須使用資料增強增廣技術;另一個是對神經網路性能較為敏感的智慧後勤辨識和結算場景,這裡將介紹如何針對該場景特點對神經網路的性能進行調整和測試。

第**12**章

自訂物件辨識資料集處理

　　在電腦視覺專案中，開發人員獲取的資料集品質參差不齊，格式五花八門。有的資料集提取自連續的視訊檔案，那麼就需要每隔一定時間間隔提取視訊影像；有的資料集以 http 超連結形式呈現，那麼就需要設計影像下載指令稿，根據連結獲得原始圖像資料。原始的資料集中一般會包含一定的無關資料，它們是「髒」資料，可能導致神經網路計算出現異常，一定要進行人工審核剔除。假設資料集已經通過了人工的審核篩選，本書從此處開始介紹自訂資料的增強增廣技術和自訂資料集製作。

12.1　農村公路占道資料的物件辨識應用

本節將介紹一個農村公路占道專案中所使用的資料增強增廣技術。

12.1.1　專案資料背景

糧食和農業生產始終是人類社會的頭等大事，中國用不足全球 9% 的耕地解決了約占全球五分之一人口的吃飯問題，為世界糧食生產做出巨大貢獻。農業的進步要依靠農業生產，也要依靠農村地區的公路、物流等基礎設施。當農村公路管理人員在對農村公路占道行為進行拍照取證時，往往會出現分類錯誤的情況。為此，以深度學習為基礎的農村公路占道智慧辨識模組應運而生，它透過深度學習技術學習了許多不同的違法占道的視覺特徵，如沙堆、石塊、占道擺攤、建築垃圾、晾曬穀物等。農村公路占道行為如圖 12-1 所示。

▲ 圖 12-1　農村公路占道行為

神經網路將根據公路管理人員上傳的圖片，智慧給出違法類型判斷，方便下一流程的人員進行處理。由於採用智慧化技術，所以原始資料和後處理資料、人工修正資料都可即時整理到公路管理 App 和公路交通一張圖系統中，這樣一方面可以將上傳的圖片作為資料檔案進行儲存，另一方面可以定期提取神經網路判斷錯誤的圖片，針對性地進行二次訓練迭代。神經網路融入公路管理系統的結構方塊圖如圖 12-2 所示。

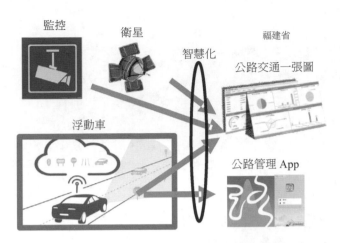

▲ 圖 12-2 神經網路融入公路管理系統的結構方塊圖

　　由於所有圖片都由人工拍攝上傳,資料集規模有限,並且摻雜著不少人為誤操作帶來的無關圖片、模糊圖片、過曝光圖片、失焦圖片。面對這類資料,必須使用資料增強增廣技術,將有限的資料集利用好,並且增強神經網路對過曝光圖片、失焦圖片的穩健性,以確保在生產環境中再次面對過曝光圖片或失焦圖片時,也能做出準確的判斷。

12.1.2 資料的前置處理

　　對於物件辨識,比較常用的標注工具是 LabelImg。LabelImg 是一個完全開放原始碼的圖片標注工具,它是使用 Python 語言撰寫的,圖形介面介面使用的是 Qt(PyQt),LabelImg 支援多作業系統。標注後的資訊是以 XML 檔案形式儲存的,便於閱讀和檢查。XML 的標注格式也廣泛用在 PASCAL VOC、ImageNet 等資料集中。LabelImg 可以在 GitHub 上帳號為 tzutalin 的軟體倉庫下載,其操作介面如圖 12-3 所示。

▲ 圖 12-3　LabelImg 物件辨識資料標注工具介面

　　使用 LabelImg 資料標注工具，需要將多個圖片檔案放入同一個資料夾中，預設情況下該工具會生成與圖片檔案名稱相同的 XML 檔案，並將 XML 檔案和 JPG 檔案放在同一個資料夾中。為提高標注效率，建議開發者採用按類標注模式（Single Class Mode）和自動儲存策略進行資料標注。在按類標注的方式下，開發者需要先完成一處目標的標注，為該標注資料填寫分類，然後將選單切換到按類標注模式，不斷切換下一張圖片完成該類型目標的下一個標注。切換圖片時，可以使用快速鍵 D 快速切換下一張圖片。完成一種分類的全部圖片標注時，按一下取消按類標注模式，然後選擇另外一個分類進行持續標注，依次迴圈直至完成全部分類別的標注。LabelImg 標注軟體的快速鍵如表 12-1 所示。

➔ 表 12-1　LabelImg 標注軟體的快速鍵

快速鍵	用途	快速鍵	用途
Ctrl + U	載入目錄中的所有圖片，按一下 Open dir 同功能	W	建立一個矩形框
Ctrl + R	更改預設註釋目標目錄（XML 檔案儲存的位址）	D	下一張圖片
Ctrl + S	儲存	A	上一張圖片
Ctrl + D	複製當前標籤和矩形框	Del	刪除選定的矩形框

快速鍵	用途	快速鍵	用途
Space	將當前圖片標記為已驗證	Ctrl++	放大
↑ → ↓ ←	鍵盤箭頭移動選定的矩形框	Ctrl--	縮小

標注好的圖片和標注檔案分別位於 images 和 annotations 資料夾中，如圖 12-4 所示。

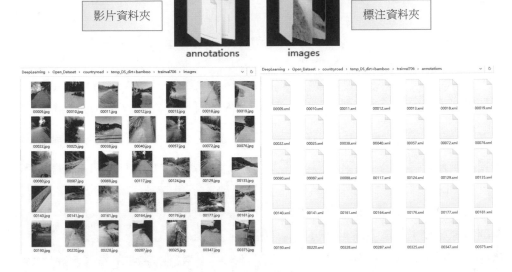

▲ 圖 12-4 將標注成果存入單獨資料夾

一般來說，總資料中的 80% 用於訓練，20% 用於驗證。所以，對作者當前擁有的 706 張圖片來說，需要被分為兩部分：用於訓練的 565 個樣本和用於驗證的 141 個樣本。為方便區分，同時新建兩個資料夾，分別存放訓練資料和驗證資料，每個資料夾下同時新建 images 和 annotations 兩個子資料夾，將樣本圖片和樣本標注放入這兩個子資料夾中，如圖 12-5 所示。

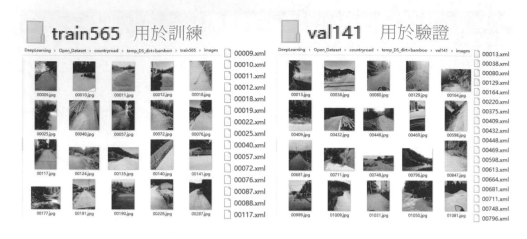

▲ 圖 12-5　將總資料分為訓練資料和驗證資料

可以看出，本案例的樣本是依靠基層工作人員手工拍照獲得的，因此數量偏少，需要對訓練集執行資料增強增廣策略，而驗證集則不需要做資料增強增廣。

除了 LabelImg 標注工具，網際網路上還有其他可替代甚至更強大的標注軟體或標注平臺。舉例來說，支援物件辨識和影像分割標注的 LabelMe 軟體，LabelMe 是一個圖形介面的圖片標注工具，它不僅支援矩形框標注，還支持影像分割標注。LabelMe 是使用 Python 語言撰寫的，圖形介面使用的是 Qt（PyQt）。此外還有開放原始碼並且支持本地部署的視訊註釋工具 CVAT 等。對非保密資料，還可以使用支援協作標注的線上標注平臺。舉例來說，來自麻省理工學院的線上標注平臺，它最先在網際網路上實現了線上標注，以及來自百度的智慧資料服務平臺 EasyData 等。

12.2　資料的增強

隨著神經網路設計的日益成熟，神經網路設計的進步帶來的性能貢獻率越來越低。更多情況下，我們需要透過資料增強技術提高神經網路的性能。此外，由於資料增強的可解釋性更強，對資料增強的超參數進行微調，可以為神經網路的性能帶來大幅提升。

12.2.1　資料增強技術的概念和效果

下面看一個電腦視覺的案例。假設現在要辨識的是 A 種類汽車（如皮卡）和 B 種類汽車（如兩廂轎車）。而此時，我們手上的訓練集中，恰好關於 A 種類汽車的照片都是車頭向左且顏色是藍色的，恰好關於 B 種類汽車的照片都是車頭向右且顏色是紅色的。那麼神經網路經過訓練，就極有可能將凡是車頭向左或顏色是藍色的汽車判定為 A 種類汽車，將車頭向右或顏色是紅色的汽車判定為 B 種類汽車。這種神經網路誤判現象被稱為機器偏見，這種偏見是來源於資料集的。電腦視覺中資料集偏見引起的神經網路誤判如圖 12-6 所示。

▲ 圖 12-6　電腦視覺中資料集偏見引起的神經網路誤判

第二個機器偏見的案例是自然語言處理領域的文字分類。2018 年普林斯頓大學資訊技術政策中心電腦科學家 Arvind Narayanan 從網上用爬蟲軟體收集了包含 220 萬個詞的英文文字，用來訓練一個關於人類情感的機器學習系統。他發現人工智慧系統找到的與「愉快」「不愉快」相連結的詞彙中，「花朵、音樂」大多與「愉快」具有緊密的聯繫，而「昆蟲、武器」大多與「不太愉快」具有緊密的聯繫。

Data Augmentation 可以被翻譯為資料增強、資料擴增或資料增廣。一方面，這 3 種翻譯具有幾乎一樣的含義，其含義是在不實質性地增加資料的情況下，透過加入雜訊、旋轉翻轉、峰值抑制等資料處理技術,使有限的資料產生等價於更多資料的價值。舉例來說,針對電腦視覺領域,我們可以放大、調亮、旋轉原圖,獲得更多的圖像資料集,針對語音領域,我們可以提高 / 降低音訊樣本的音調或放慢 / 加快速度,獲得更大的聲音資料集。另一方面,資料增強、資料擴增、資料增廣又有著不同的出發點,資料增強強調的是對資料進行特殊的演算法處理,因此在強調資料處理演算法原理的上下文中,我們一般稱之為資料增強;而資料擴增和資料增廣強調的是資料處理的效果,因此在具體資料處理演算法不明或非描述重點的上下文中,我們一般稱之為資料擴增或資料增廣。本書不對這 3 種翻譯進行刻意的區分。

舉一個真實的案例,假設我們此時的資料集只有 cat、lion、tiger 和 leopard 這 4 種動物的圖片,訓練集和評估資料集為每一種分類僅提供了 50 個影像樣本。在未使用資料增強技術的情況下,訓練一個 VGG19 的影像分類神經網路最高只能達到 76% 的分類準確率;但使用了資料增強技術後,準確率可以提高 18.5 個百分點,達到 94.5% 的準確率。資料增強技術同樣適用於大型態資料集,對於 Baseline 採用 EfficientNet-B7 結構的神經網路,在原始 ImageNet 資料集上訓練的準確率上限為 84%,在資料增強的 ImageNet 資料集上訓練的準確率上限為 84.4%。在物件辨識方面,在 Baseline 採用 ResNet 結構的情況下,使用資料增強技術相比不使用資料增強技術,能使神經網路的性能提高 1.0 ～ 1.3 個百分點。

12.2.2 以空間變換為基礎的資料增強方法

以空間變換(也稱幾何變換)為基礎的資料增強方法,一般會改變影像的原有座標系統。影像分類任務的資料集在以空間變換為基礎的資料增強方法作用下,無須修改標注;但對物件辨識或影像分割的資料集運用以空間變換為基礎的資料增強方法,一般需要修改標注資訊。

常用的以空間變換為基礎的資料增強方法有垂直 / 水平翻轉、裁剪填充、平移填充、中心旋轉、比例縮放。其中除了旋轉和翻轉,其他方法都會使影像資訊有所遺失;裁剪填充和比例縮放方法,由於都對影像進行了縮放,所以能提供更豐富的尺度資訊。以空間變換為基礎的資料增強方法如表 12-2 所示。

→ 表 12-2　以空間變換為基礎的資料增強方法

不同的空間變換方式	像素資訊	座標資訊	尺度資訊
垂直 / 水平翻轉	—	豐富	—
裁剪填充	遺失	豐富	豐富
平移填充	遺失	豐富	—
中心旋轉	—	豐富	—
比例縮放	遺失	—	豐富

　　翻轉圖片指的是使圖片沿垂直軸或水平軸進行 180° 鏡像翻轉，水平翻轉通常比垂直翻轉更通用。垂直 / 水平翻轉能消除目標位置造成的過擬合現象，使得神經網路能專注於非鏡像資訊的學習擬合。翻轉的資料增強技術對於某些特定場景（如字元辨識）可能不適用。圖 12-7 中，從左到右的處理案例依次是原圖、垂直翻轉、水平翻轉。

原圖　　　　　　　　　垂直翻轉　　　　　　　　水平翻轉

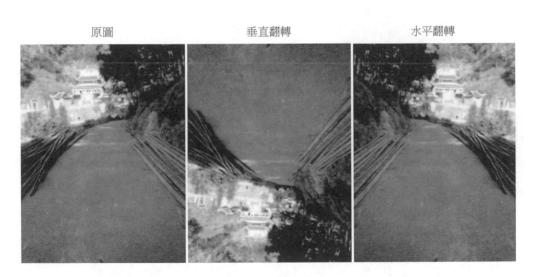

▲ 圖 12-7　透過翻轉圖片進行資料增強

　　裁剪是一個比較常用的資料增強方式，使用效果也較為明顯。裁剪方式具體可分為中心位置裁剪（或填充）和任意位置裁剪，通常在輸入影像的尺寸不一致時會進行中心位置裁剪操作。裁剪某種程度上和平移操作有相似性。根據裁剪幅度的變化，該操作具有一定的不安全性，但是能提供更加豐富的座標資訊和尺度資訊。透過裁剪圖片進行資料增強如圖 12-8 所示。

　　平移分為向左平移、向右平移、向上平移和向下平移，它能夠提供豐富的座標資訊，是一個非常有用的變換，可以避免資料中的位置偏見。如果資料集中的所有影像都是置中的（這在人臉辨識資料集中很常見），那麼容易使得模型在非置中位置的影像檢測準確率降低。運用平移資料增強方法時，對於原圖被平移後造成的空白區域，可以用一個常數值填充，如 0 或 255，也可以用隨機雜訊或高斯雜訊填充，這種填充可以使影像增強後的空間尺寸保持不變。透過平移圖片進行資料增強如圖 12-9 所示。

原圖　　　　　　　　　　　　　　裁剪

▲ 圖 12-8　透過裁剪圖片進行資料增強

原圖 平移

▲ 圖 12-9 透過平移圖片進行資料增強

中心旋轉指的是圍繞畫面中心點,對整張圖片進行一定角度的旋轉。對於大部分情形,旋轉 ±30° 是安全的,但對於某些特殊場景(如數字辨識),旋轉超過 90° 可能導致標籤標注錯誤。中心旋轉的資料增強方法可以提供更豐富的座標資訊,不會造成資訊遺失,但對尺度資訊則沒有改善。圖 12-10 所示為透過旋轉圖片進行資料增強。

原圖

旋轉

▲ 圖 12-10 透過旋轉圖片進行資料增強

比例縮放指的是將圖片向外或向內縮放。由於最終圖片尺寸要等於原圖尺寸，所以當原圖向外放大時，相當於特寫；當原圖向內縮小時，相當於全域預覽。特別地，當原圖向內縮小時，需要我們對超出原圖的片幅做出假設，一般假設為 0，即不含圖片的畫布是黑色的。比例縮放使原圖所攜帶的資訊有所遺失，但在尺度資訊上能增強神經網路對於更大或更小目標的辨識能力。透過縮放圖片進行資料增強如圖 12-11 所示。

原圖　　　　　　　　　向外放大　　　　　　　　　向內縮小

▲ 圖 12-11　透過縮放圖片進行資料增強

12.2.3　以顏色空間為基礎的資料增強方法

圖像資料是 RGB 三通道資料，人眼在辨識物體時，對於顏色失真的容忍度是比較高的，因此，在顏色空間內對色彩資料進行合理隨機變換，能有效幫助神經網路克服光照條件和感光元件的差異帶來的辨識局限性，提高辨識能力。

以顏色空間變換為基礎的資料增強方式主要處理的是 RGB 三通道的資料資訊，不改變影像座標系統。因此，無論是影像分類任務還是物件辨識、影像分割任務，都不需要修改標注資訊。但同時也應當注意到某些任務對顏色的依賴性很強，比如分辨油漆、水和血液，因為此時顏色（紅色）可能是一個非常重要的資訊。不當的顏色空間變換，可能反而降低神經網路的辨識能力。

隨機亮度指的是隨機調整影像的亮度，避免神經網路對影像的亮度過於敏感，從而引起過擬合現象。透過隨機亮度進行資料增強如圖 12-12 所示。

原圖　　　　　　　　　　　　　隨機亮度

▲ 圖 12-12　透過隨機亮度進行資料增強

　　隨機對比度指的是隨機調整影像的對比度，避免神經網路由於影像的對比度不合適引起的過擬合現象。透過隨機對比度進行資料增強如圖 12-13 所示。

原圖　　　　　　　　　　　　　隨機對比度

▲ 圖 12-13　透過隨機對比度進行資料增強

隨機飽和度指的是隨機調整影像的飽和度，避免神經網路由於影像的飽和度不合適引起的過擬合現象。透過隨機飽和度進行資料增強如圖 12-14 所示。

原圖　　　　　　　　　　　隨機飽和度

▲ 圖 12-14 透過隨機飽和度進行資料增強

隨機色相又稱隨機色調，指的是隨機調整影像的色相，避免神經網路對影像的色相過於敏感，從而引起過擬合現象。透過隨機色相進行資料增強如圖 12-15 所示。

原圖　　　　　　　　　　　隨機色相

▲ 圖 12-15 透過隨機色相進行資料增強

　　隨機加噪指的是向影像中添加隨機雜訊。隨機加噪可以增強神經網路對雜訊干擾或成像異常等特殊情況的穩健性。添加的雜訊可以是白色雜訊或脈衝雜訊。透過隨機加噪進行資料增強如圖 12-16 所示。

　　此外，還有影像標準化處理，標準化處理可以使得 RGB 不同通道的特徵具有相同的尺度。這樣在使用梯度下降法學習參數時，不同特徵對參數的進化（調整）的影響程度（導數）就一樣了。為了得到影像的標準化，需要首先得到全部像素的平均值，然後得到全部像素的方差，最後運用標準差公式：$(x - \text{mean}) / \text{adjusted\_stddev}$ 獲得。其中，x 為影像的 RGB 三通道像素值，mean 為三通道像素的平均值，adjusted_stddev 為三通道像素的方差，這樣，得到的新影像就是一個擁有 0 平均值、1 方差的標準化矩陣。

原圖　　　　　　　　　　　　隨機加噪

▲ 圖 12-16　透過隨機加噪進行資料增強

12.2.4　其他圖像資料的增強手法

　　像素擦拭（Cutout）指的是將影像中的某些區域進行像素等級的擦拭，即隨機將若干矩形區域的像素值改成 0。隨機擦拭某些區域的像素可以增強模型的泛化能力，根據論文，像素擦拭方法能夠將神經網路性能提升大約 0.1 ～ 0.5 個百分點。隨機擦拭（Random Erase）與像素擦拭類似，只是刪除後不是使用 0 填充，而是使用平均值填充。根據論文，隨機擦拭可以帶來不超過 0.2 個百分點的性能提升。透過像素擦拭和隨機擦拭進行資料增強如圖 12-17 所示。

像素擦拭　　　　　　　　　　　　　　　　隨機擦拭

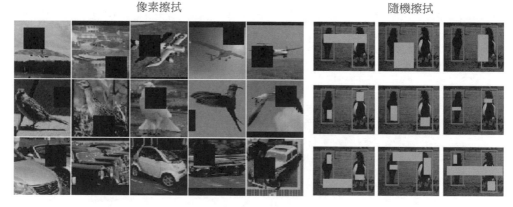

▲ 圖 12-17　透過像素擦拭和隨機擦拭進行資料增強

　　像素遮擋增強方法指的是透過生成遮罩，用遮罩遮擋原圖的部分區域，生成新的樣本進行訓練，像素遮擋的資料增強方法不會改變標注資料。像素遮擋的資料增強方法能夠迫使神經網路根據遺留的部分資訊尋找關鍵資訊，增強模型性能，但也要注意，這類方法所生成的遮罩區域有可能會完全覆蓋掉較小目標的視覺特徵，為此開發者需要為像素遮擋策略添加一些限制，以保證標籤的正確性。

　　網格遮擋（GridMask）指的是透過定量計算生成多個比例的遮擋塊來提升模型性能，圖 12-18 的左圖就是用了大、中、小 3 個尺度的網格進行遮擋的。這樣做一方面可以避免類似於像素擦拭方法的錯誤生成過大的遮擋塊覆蓋目標的問題，另一方面方便控制原圖中遮擋部分與保留部分的面積比例。網格遮擋資料增強方法在 ImageNet 和 COCO2017 資料集上能為神經網路帶來 1 ～ 2 個百分點的性能提升。

如果將網格遮擋資料增強方法的遮擋塊隨機分佈，那麼是 HS（HideAndSeek）方法。HS 方法將影像分為若干區域，對於每塊區域，都以一定的機率生成遮罩，如圖 12-18 所示。

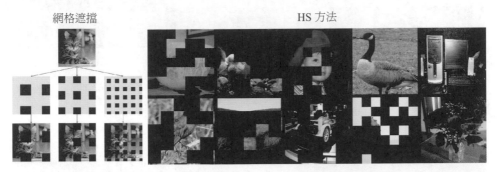

▲ 圖 12-18 透過網格遮擋和 HS 方法進行資料增強

其他高級資料增強方法還包括生成對抗網路和多圖混合。

生成對抗網路資料增強指的是利用對抗神經網路可以將影像從一個影像空間轉換到另一個影像空間，生成對抗網路的資料增強方法可以保持影像的視覺特徵不變。舉例來說，辨識景觀（凍結苔原、草原、森林等）的任務，原始資料集可能集中拍攝於春季，對夏、秋、冬季節的影像較少，那麼此時就可以使用生成對抗網路方法，為資料集增補夏、秋、冬季節的影像。舉例來說，街景辨識（大樓、街道、車輛、行人）的任務，原始資料集可能集中拍攝於白天，對於夜景的影像較少，那麼此時就可以使用生成對抗網路方法，為資料集增加夜景的影像，如圖 12-19 所示。

多圖混合方法又稱標籤不一致方法。具體做法是，對兩幅影像或兩幅影像的局部區域進行像素差值計算，其中最為典型的是 Mixup 方法、CutMix 方法和 Attentive CutMix 方法。Mixup 方法是直接將兩幅影像的像素和標籤都進行平均；CutMix 方法是對被 Cutout 的區域進行像素填充；Attentive CutMix 方法不是隨機選擇塊，而是借助預訓練網路確定影像中最具區分性的區域進行像素填充。經過實踐證明，這些資料增強方法可以帶來 1 ～ 3 個百分點的性能提升，這種性能提升被證明對小資料集的增強作用更明顯。多圖混合資料增強效果如圖 12-20 所示。

▲ 圖 12-19 使用生成對抗網路方法進行資料增強

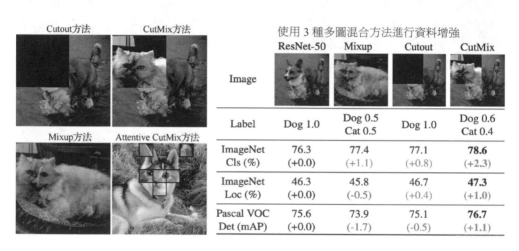

使用 3 種多圖混合方法進行資料增強

Image	ResNet-50	Mixup	Cutout	CutMix
Label	Dog 1.0	Dog 0.5 Cat 0.5	Dog 1.0	Dog 0.6 Cat 0.4
ImageNet Cls (%)	76.3 (+0.0)	77.4 (+1.1)	77.1 (+0.8)	**78.6** (+2.3)
ImageNet Loc (%)	46.3 (+0.0)	45.8 (-0.5)	46.7 (+0.4)	**47.3** (+1.0)
Pascal VOC Det (mAP)	75.6 (+0.0)	73.9 (-1.7)	75.1 (-0.5)	**76.7** (+1.1)

▲ 圖 12-20 多圖混合資料增強效果

　　2018 年，Google 在論文「AutoAugment:Learning Augmentation Policies from Data」中提出了以策略搜尋為基礎的自動資料增強方法。該方法建立一個資料增強策略的搜尋空間，利用搜尋演算法選取適合特定資料集的資料增強策略。此外，從一個資料集中學到的策略能夠極佳地遷移到其他相似的資料集上。

　　根據論文描述，Google 設計了一個搜尋空間，該搜尋空間中的策略包含了許多子策略，Google 為每個小量策略中的每張圖片隨機選擇一個子策略。每個子策略由兩個操作組成，每個操作都是類似於平移、旋轉或剪貼的影像處理函式，以及應用這些函式的機率和幅度。Google 使用搜尋演算法來尋找最佳策略，這樣神經網路就能在目標資料集上獲得當時最高的驗證準確率。自動資料增強的方法在 CIFAR-10、CIFAR-100、SVHN 和 ImageNet 上獲得了當時最高的準確率（在不加入額外資料的情況下）。舉例來說，自動資料增強方法在 ImageNet 上獲得了

83.54% 的 Top-1 準確率；在 CIFAR-10 上獲得了 1.48% 的誤差率，比之前最佳模型的誤差率低 0.65%。

資料增強技術近年來也在快速發展，不少最新的資料增強技術已經經過證明，是行之有效的。我們可以用全球最新的研究成果進行資料增強。但不論是傳統的以幾何（空間）變換為基礎的資料增強方法、以顏色空間為基礎的資料增強方法，還是高級資料增強方法，都需要根據自己神經網路的特徵，不斷嘗試找到最能夠幫助性能提升的有效資料增強方法。

12.2.5 圖像資料集的增強工具和探索工具

在實際專案中，我們很少直接從 0 開始撰寫資料增強演算法，而是借用成熟的資料增強工具來實現。典型的資料增強工具有 Imgaug、Albumentations、Augmentor、Torchvision 等。

Imgaug 是常用的第三方資料增強函式庫，它以 Python 語言為基礎，提供了多樣的資料增強方法，如仿射變換、視圖變換、對比度變化、高斯雜訊、區域遺失、色相 / 飽和度變化，裁剪 / 填充、模糊等具體增強方法。Albumentations 是一個以 Python 為基礎的第三方資料增強函式庫，它提供了 30 多種不同類型的增廣功能，對影像分類、語義分割、物體檢測和關鍵點檢測都支援且速度較快。Imgaug 和 Albumentations 資料增強軟體可在 GitHub 上下載得到。

Augmentor 是管道化的影像增強函式庫，每一個增強操作都是逐步疊加在影像上的，可以實現的操作有旋轉、裁剪、角度傾斜、彈性變換、座標軸傾斜、鏡像等。此外，對於輸入影像，可以選擇按照一定的機率進行增強，比如隨機對 50% 的影像進行資料增強。在具體使用方面，可以透過 Augmentor.Pipeline 方法建立一個管道實例，透過各種資料增強類別生成各種資料增強方法的實例，這些資料增強方法的實例串列式添加進管道實例中。管道的 status 方法支援顯示當前管道的狀態，管道中的每個操作都有一個對應的索引號，透過索引號可以移除管道中的某些資料增強操作。此外，還有 PyTorch 官方提供的資料增強函式庫——Torhvision。它提供了基本的資料增強方法，可以無縫地與 Torch 進行整合，但資料增強方法種類較少，且速度中等。

以上 4 種資料增強工具較為常用，此外還有其他資料集擴增工具，感興趣的讀者可以自行搜尋，嘗試適合自己的工具。

　　在資料集探索方面，較為知名的是 2020 年由 Google 推出的資料處理平臺，該平臺的名稱為「了解你的資料」（Know Your Data，KYD）。這個平臺能夠幫助機器學習協作團隊理解資料集。該平臺使用視覺化的方法，不僅可以對資料的均衡性進行統計分析，而且可以對資料中的連結性進行互動式探索，幫助開發者提早發現資料集偏見。舉例來說，使用 KYD 對某資料集中關於運動和年齡的相關性分析可以看出，所有運動的資料對於年齡較大的人存在大量的資料集不均衡問題，這很有可能造成運動影像中的年齡判斷偏見。使用 KYD 互動式資料分析工具查看運動影像中的年齡資料不均衡問題如圖 12-21 所示。

→CAPTIONS_WORDS_AGE ↓CAPTIONS_WORDS_MOVEMENT	elderly 316	old 4,936	older 1,460	teenage 133	young 12,701	younger 108
NONE 12,090	↗ 1.19x 245(206)	↗ 1.37x 4,419(3,217)	↗ 1.2x 1,141(952)	↘ 0.73x 63(86.7)	↘ 0.84x 6,982(8,278)	↗ 1.14x 80(70.4)
catching 176	↘ 0.33x 1(3)	↘ 0.09x 4(46.8)	↘ 0.51x 7(13.9)	↗ 2.38x 3(1.3)	↗ 1.38x 166(121)	↘ 0(1)
dancing 23	↗ 2.55x 1(0.4)	↘ 0.33x 2(6.1)	↘ 0(1.8)	↗ 6.06x 1(0.2)	↗ 1.21x 19(15.7)	↘ 0(0.1)
jogging 2	↘ 0(0)	↘ 0(0.5)	↘ 0(0.2)	↘ 0(0)	↗ 1.46x 2(1.4)	↘ 0(0)
jumping 528	↘ 0(9)	↘ 0.03x 4(140)	↘ 0.05x 2(41.6)	↗ 1.58x 6(3.8)	↗ 1.44x 522(362)	↘ 0(3.1)
playing 2,914	↘ 0.62x 31(49.6)	↘ 0.13x 103(775)	↘ 0.64x 146(229)	↗ 1.15x 24(20.9)	↗ 1.37x 2,724(1,995)	↘ 0.77x 13(17)
riding 2,146	↘ 0.44x 16(36.6)	↘ 0.33x 191(571)	↘ 0.49x 82(169)	↗ 1.95x 30(15.4)	↗ 1.28x 1,885(1,469)	↘ 0.4x 5(12.5)
running 290	↘ 0(4.9)	↘ 0.34x 26(77.2)	↘ 0.39x 9(22.8)	↘ 0.96x 2(2.1)	↗ 1.29x 257(199)	↗ 1.18x 2(1.7)
skating 209	↘ 0(3.6)	↘ 0.02x 1(55.6)	↘ 0(16.4)	↗ 4x 6(1.5)	↗ 1.45x 207(143)	↘ 0.82x 1(1.2)
swimming 54	↘ 0(0.9)	↘ 0.28x 4(14.4)	↘ 0.47x 2(4.3)	↗ 2.58x 1(0.4)	↗ 1.35x 50(37)	↘ 0(0.3)
throwing 285	↘ 0(4.9)	↘ 0.08x 6(75.8)	↘ 0.45x 10(22.4)	↗ 2.45x 5(2)	↗ 1.41x 275(195)	↘ 0(1.7)
walking 1,012	↗ 1.39x 24(17.2)	↘ 0.76x 204(269)	↗ 1.05x 84(79.7)	↗ 1.24x 9(7.3)	↗ 1.08x 748(693)	↗ 1.7x 10(5.9)

▲ 圖 12-21　使用 KYD 互動式資料分析工具查看運動影像中的年齡資料不均衡問題

12.3　使用 Albumentations 進行資料增強

本節重點介紹 Albumentations。Albumentations 是完全開放原始碼的影像增強函式庫，支持 60 多種影像增強手段，被各大 AI 研究機構、深度學習公司廣泛使用，原始程式碼已經在 GitHub 上開放原始碼，具有較高的安全性和可擴展性。

12.3.1　Albumentations 的安裝和使用

Albumentations 可以透過官網展示的 conda 或 pip 方式進行安裝，安裝方式任選其一即可。使用 Albumentations 前，必須了解 Albumentations 的基本工作原理。Albumentations 處理資料使用的是管道（PipeLine）的概念，即影像增強並非針對某幅影像，而是針對一批影像。因此，Albumentations 定義好管道後，只需要將影像放入管道的輸入端就可以從輸出端獲得經過增強的影像。

Albumentations 的使用也很簡單，可以分為 4 步。第 1 步，引入（import）相應的函式庫；第 2 步，定義好 Albumentations 的管道，在管道內定義好負責處理不同任務的不同的層；第 3 步，讀取硬碟的圖像資料和標注資料；第 4 步，將圖像資料和標注資料傳入管道，獲得管道的傳回輸出，輸出中就包含了轉化好的影像和標注。

Albumentations 的管道內包含了多個處理層。每一層負責一定的資料增強操作，不同的層之間首尾相連，前一層的處理結果輸出給下一層進行進一步的處理，多個處理層組合成一個管道。Albumentations 內部層對資料的處理是受一定機率控制的，即 Albumentations 內部的每一層都可以配置一個機率，由這個機率控制本層的處理演算法是否作用在途經的資料上。如果機率等於 1，那麼該層一定會對途經的影像進行增強；如果機率等於 0.5，那麼該層有一半的機率會對途經的影像進行增強。

定義一個影像增強管道類別的實例，將實例命名為 transform。transform 內建了 3 個層：隨機裁剪層（RandomCrop）、隨機亮度對比度層（RandomBrightness Contrast）、水平翻轉層（HorizontalFlip）。第 1 層（隨機裁剪層）100% 發揮作用，即每幅輸入影像都會發生隨機的裁剪。第 2 層（隨機亮度對比度層）只有 30% 的機率發生作用。第 3 層（水平翻轉層）只有 50% 的機率對途經影像進行水平翻轉。一個典型的 Albumentations 的管道配置程式如下。

```
import albumentations as A
transform = A.Compose([
    A.RandomCrop(512, 512),
    A.RandomBrightnessContrast(p=0.3),
    A.HorizontalFlip(p=0.5),
])
```

12.3.2　幾何資料增強管道的配置

　　總的來說，對於 Albumentations 的資料管道，我們需要配置 3 個資訊：影像增強手段、矩形框格式、其他欄位資訊。

　　Albumentations 影像增強函式庫支持多種標注資料的轉換，如關鍵點、影像分割、矩形框。這裡我們特別注意矩形框的轉換。矩形框目前有 3 種流行的標注格式：PASCAL VOC 格式、COCO 格式、YOLO 格式。假設有一隻貓在畫面的左下方，我們可以用 3 種方式定義它。

　　第 1 種，PASCAL VOC 格式。PASCAL VOC 格式是使用在 PASCAL VOC 資料集上的標注格式，它是用 4 個數字識別碼物體的矩形框的，這 4 個數字是 [x_min, y_min, x_max, y_max]，代表矩形框的左上角和右下角。這個貓的矩形框標注資料為 [98, 345, 420, 462]。

　　第 2 種，COCO 格式。COCO 格式使用在 Common Objects in Context 資料集中，它同樣也用 4 個數字識別碼矩形框，只是定義不同，它使用的是左上角的座標，加上寬度和高度，即 [x_min, y_min, width, height]，那麼這個貓的矩形框就應當是 [98, 345, 322, 117]。

　　第 3 種，YOLO 格式。YOLO 格式主要是 YOLO 演算法所引入的相對座標系，它使用的是相對座標的標記方式，即座標相對長寬的相對比例，設定值範圍為 0 ～ 1。具體來說，也用 4 個數字表示，即 [x_center, y_center, width, height]，其中，這 4 個座標都是相對於片幅的長寬而言的。那麼貓的矩形框使用 YOLO 格式

進行標注應當是 [(420 + 98) / 2 / 640, (462 + 345) / 2 / 480, 322 / 640, 117 / 480]，
即 [0.4046875, 0.840625, 0.503125, 0.24375]。使用不同標注方式標識矩形框的示意
圖如圖 12-22 所示。

▲ 圖 12-22 使用不同標注方式標識矩形框的示意圖

　　XML 檔案是按照 PASCAL VOC 格式進行儲存的，因此在配置時，需要選
擇 format=“pascal_voc”。此外，我們還會從資料集中提取 obj_names，obj_
category_ids，obj_poses，obj_truncateds，obj_difficults 這 5 個資訊，資料管道無
須對這些資料進行處理，只需要將這 5 個資訊與其他資訊對齊即可。

　　對於對農村公路占道影像進行處理的資料管道，我們定義以下 4 個資料增強
操作：水平翻轉 HorizontalFlip、平移縮放旋轉 ShiftScaleRotate（實際上是由平
移、縮放、旋轉組合而成的高級操作）、隨機裁剪 RandomCrop、隨機亮度對比度
RandomBrightnessContrast（實際上是由隨機亮度和隨機對比度組合而成的高級操
作），將這 4 個資料處理機率設置為 100%。同時將矩形框配置為 PASCAL VOC
格式，將管道實例的名稱命名為 transform。配置程式如下。

```
transform = A.Compose(
    [A.HorizontalFlip(p=1),
     A.ShiftScaleRotate(
        border_mode=cv2.BORDER_CONSTANT,
        scale_limit=0.3,rotate_limit=(10, 30),p=1),
     A.RandomCrop(height=int(0.5*image.shape[0]), width=int(0.5*image.shape[1]), p=1),
```

```
A.RandomBrightnessContrast(p=1)
  ],
bbox_params=A.BboxParams(format="pascal_voc",
label_fields=['names','category_ids','poses','truncateds','difficults'])
  )
```

12.3.3　使用資料管道處理並儲存資料

有了資料增強的管道，就可以將影像矩陣 image 和目標矩形框 obj_bndboxes 及其他標注資訊送入這個管道，獲得一個輸出：transformed。transformed 是一個字典，包含了增強後的資料和標注資訊。程式如下。

```
t_start = time.time()
transformed = transform(image=image,bboxes=obj_bndboxes,
    names=obj_names, category_ids =obj_category_ids, poses=obj_poses,
    truncateds=obj_truncateds, difficults=obj_difficults)
t_end = time.time()
print("Transform complete! Cost {} seconds".format(t_end-t_start))
```

列印顯示，Albumentations 的單次增強耗時約為 0.01s，10000 張圖片的總耗時約為 100s。

```
正在處理：圖片檔案名稱 00009.jpg- 標注檔案名稱 00009.xml...
Transform complete! Cost 0.005983114242553711 seconds
正在處理：圖片檔案名稱 00011.jpg- 標注檔案名稱 00011.xml...
Transform complete! Cost 0.014959335327148438 seconds
```

由於定義管道時定義了圖片資料、矩形框標注、其他資訊 3 大區塊內容，因此可以從輸出中提取出這些內容的轉換結果。設計 transformed_image 變數，儲存轉換好的影像三維矩陣。設計 transformed_bboxes_int 變數，儲存轉換後的矩形框資料，特別注意需要對座標資料做取整數處理。設計其他 transformed_XXX 變數，儲存其他標注資訊。程式如下。

```
transformed_image = transformed['image']

transformed_names = transformed['names']
transformed_ids = transformed['category_ids']
transformed_poses = transformed['poses']
```

```
transformed_truncateds = transformed['truncateds']
transformed_difficults = transformed['difficults']
transformed_bboxes = transformed['bboxes']
transformed_bboxes_int = np.array(transformed_bboxes).astype(int).tolist()
transformed_bboxes_int = [ tuple(i) for i in transformed_bboxes_int]
```

　　將經過增強後的資料全部從資料管道末端提取出來以後，作者一般需要做兩次磁碟寫入操作。第一次磁碟寫入操作是將提取出來的轉換後的影像進行磁碟儲存，將改變了的標注資訊寫入磁碟的 XML 檔案，這是為了後期製作資料集；第二次磁碟寫入操作是將轉換後的影像疊加標注資訊，獲得視覺化結果，這是為了方便後期檢查資料增強工作是否會引入標注錯誤。幾何增強後的效果和視覺化展示如圖 12-23 所示。

▲　圖 12-23　幾何增強後的效果和視覺化展示

　　從圖 12-23 的視覺化展示影像（沙堆的影像）看，矩形框標注方式對於某些資料增強方法似乎存在問題。這是因為隨著目標的幾何旋轉，矩形框的長和寬必然是放大的。特別對於某些原始矩形框，如果矩形框的 4 個角並沒有框選住有效影像的像素資訊，而是由於矩形框的幾何剛性，不得不框選住大量無效的背景資訊，那麼隨著矩形框的旋轉，原始的矩形框本應當適當縮小，以提高框選範圍內有效像素的占比，但實際處理的結果卻是，矩形框不但沒有縮小，反而放大了。

　　這種情況以某些長條形狀的物體最為明顯。舉例來說，原始物體僅是進行了旋轉和鏡像，並沒有太大變化，但矩形框框選資訊具有較大的形態變化，此時就應該手工修改增強後的矩形框。另一種情況是，由於片幅的縮放旋轉，物體的視覺資訊已經所剩無幾甚至消失了，因此需要將該物體資訊從訓練資料中移除，以免造成資料雜訊。需要手工處理或刪除的資料增強影像如圖 12-24 所示。

原圖　　　　　　　　手工修改後　　　　　　原圖　　無法手工處理，需要刪除

▲ 圖 12-24　需要手工處理或刪除的資料增強影像

12.3.4　像素資料增強管道的配置

　　幾何增強手段往往會改變影像的幾何資訊和矩形框的標注資訊，甚至還需要對標注資訊進行人工矯正。與之相比，影像的像素增強手段則不需要改變標注資訊。本節重點介紹性能較優越的 GridMask 網格遮罩資料增強手段。其方法和幾何增強一致，只是在配置資料管道時，增加一個 GridDropout 的層。程式如下。

```
transform_5 = A.Compose(
    [A.GridDropout (ratio=0.5, unit_size_min=None, unit_size_max=None, holes_number_
x=None, holes_number_y=None,
shift_x=0, shift_y=0, always_apply=False, p=1)
    ])
```

　　處理結果依舊採用視覺化的手段儲存兩個副本，像素增強的效果和視覺化如圖 12-25 所示。

原圖　　　增強後　　增強後的視覺化　　　原圖　　　增強後　　增強後的視覺化

▲ 圖 12-25　像素增強的效果和視覺化

12.3.5　增強資料集的運用

假設原有 500 張圖片，進行幾何增強後增加 500 張，進行像素增強後增加 500 張，合計 1500 張，資料集規模大幅提高。經過手工驗證後，取出無效增強的圖像資料（一般約為 10%）後，有效資料集就從原始的 500 張增加為 1350 張。將這 1350 張圖片和標注資訊複製到新的資料夾，製作 TFRecord 檔案，將其作為新的資料集檔案。新舊資料集檔案如圖 12-26 所示。

countryroad_train565.tfrecord	原始資料集	321,232 KB
countryroad_train565_OriAndAugmented.tfrecord		696,935 KB
	增強後的資料集	

▲ 圖 12-26　新舊資料集檔案

使用了資料增強技術後，資料樣本數量達到神經網路訓練的最低數量要求，在使用 YOLO 一階段物件辨識神經網路後，能夠對各種農村公路占道行為進行標注分類。農村公路占道辨識效果如圖 12-27 所示。

土堆占道　　　　　　　　　　　　　　　　竹子占道

▲ 圖 12-27　農村公路占道辨識效果

第13章

模型性能的定量測試和決策設定值選擇

本章從影像分類場景出發，介紹神經網路性能判定中要用到的基本概念，並結合餐盤辨識的實際案例，介紹如何根據實際場景配置神經網路模型的工作狀態。

13.1　神經網路性能量化的基本概念

本節結合例子，介紹混淆矩陣、精確率、召回率、*P-R* 曲線、平均精確率、平均精確率平均值、*F* 分數等神經網路的指標定義。

13.1.1　神經網路預測的混淆矩陣

先分析影像分類場景下，以馬（horse）為例的最簡單的單類別影像分類任務。我們將包含馬的影像定義為正樣本（Positive），將不包含馬的影像定義為負樣本

（Negative）。我們將神經網路的正確預測定義為正確（True），將神經網路的錯誤預測定義為錯誤（False）。這樣，可以得到樣本的正 / 負（Positive/Negative）與判斷對 / 錯（True/False）的排列組合，如表 13-1 所示。

➡ 表 13-1　神經網路預測結果的判斷定性

預測結果的判斷定性	簡稱	含義
True Positives	TP	這幅影像被正確地判定（True），判定的結果是正的（正樣本包含馬）
False Positives	FP	俗稱「受偽」：這幅影像被錯誤地判定（False），判定的結果是正的（正樣本包含馬）；這暗含著這幅影像實際上是負的（負樣本不包含馬）
False Negatives	FN	俗稱「拒真」：這幅影像被錯誤地判定（False），判定的結果是負的（負樣本不包含馬）；這暗含著這幅影像實際上是正的（正樣本包含馬）
True Negatives	TN	這幅影像被正確地判定（True），判定的結果是負的（負樣本不包含馬）

當將多個判斷合併累計以後，可以得到單類別影像分類任務的混淆矩陣，如圖 13-1 所示。

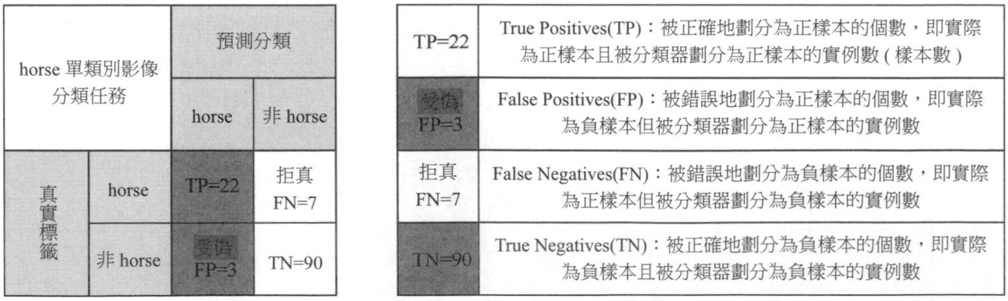

▲ 圖 13-1　單類別影像分類任務的混淆矩陣

根據混淆矩陣的資料，可以看到 TP 的統計結果為 22，表示有 22 幅包含馬的影像被成功辨識。同理，FN 判斷有 7 次，表示有 7 幅包含馬的影像被判別為不包含馬；FP 判斷有 3 次，表示有 3 幅不包含馬的影像被判別為包含馬；TN 判斷有 90 次，表示有 90 幅不包含馬的影像都被成功地發現並判別為不包含馬。

13.1.2 神經網路量化評估和 **P-R** 曲線

從定義上看，TP 和 TN 的判斷都是正確判斷，我們希望越高越好，FP 和 FN 的判斷都是錯誤判斷，我們希望越低越好。於是可以得到所有正確的判斷數量等於 TP+TN，所有錯誤的判斷數量等於 FP+FN，很自然地可以算出神經網路準確率（Accuracy），準確率計算公式如式（13-1）所示。

$$\text{Accuracy} = \frac{\text{TP+TN}}{\text{FP+FN}}$$ （13-1）

準確率計算將 TP、TN、FP、FN 的重要性不做區分，這 4 個資料都擁有一樣的權重，因為提高準確率的方法，除了降低 FP 和 FN 的和，還可以提高 TP 和 TN 的和，如果資料集擁有較高的 TN，那麼神經網路會傾向於忽略 TP 而選擇 TN，這樣可以避免犯錯，從而導致神經網路「慵懶」。目前，神經網路的評價很少使用準確率。

為了有針對性地對神經網路進行評估，有必要再引入兩個「率」：精確率和召回率。

精確率（Precision）俗稱測準率。通俗地說，精確率指的是神經網路做出的關於正樣本的判斷是否都是正確的程度。精確率計算公式如式（13-2）所示。

$$\text{Precision} = \frac{\text{TP}}{\text{TP+FP}}$$ （13-2）

觀察精確率的計算公式，可以發現該指標關注的是提高辨識效率，即在辨識出來的影像中，TP 所占的比率。但從反方面看，一味追求高精確率，必然導致神經網路過於「嚴格」而導致「拒真」。觀察精確率的計算公式，可以發現只要降低「受偽」錯誤數量，就可以將精確率提升到接近 100% 的水準。而要想降低「受偽」錯誤數量，只需要神經網路關注把握度高的那些判斷，儘量不做出沒有把握的判斷即可。極端情況下，神經網路面對許多潛在的正樣本時，只選擇最有把握的那一個樣本做出正樣本判定，那麼顯然此時的精確率是非常高的，但這就會導致神經網路過於嚴格，而忽略了很多潛在的 TP。

為此，我們引入了神經網路另一個重要指標——召回率（Recall），俗稱測全率。通俗地講，召回率指的是神經網路是否發現全部的潛在目標。召回率的計算公式如式（13-3）所示。

$$Recall = \frac{TP}{TP+FN}$$
（13-3）

觀察召回率的計算公式，可以發現該指標關注的是「應報盡報」，儘量不放過任何一個潛在目標，即所有目標是否都找到了，避免漏報。但從反方面看，一味提高召回率，必然導致神經網路過於「寬鬆」而容易「受偽」。極端情況下，神經網路面對許多樣本時，只要待定樣本有一點特徵與正樣本條件吻合，就會做出正樣本判斷，儘管這會造成「受偽」的數量大量上升，但即使「受偽」的案例再多，也不會對召回率計算產生任何不良影響。

精確率、召回率和混淆矩陣的關係示意圖如圖 13-2 所示。

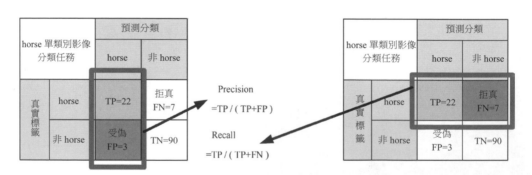

▲ 圖 13-2　精確率、召回率和混淆矩陣的關係示意圖

容易受偽的召回率（以下簡稱 *R* 指標）和容易拒真的精確率（以下簡稱 *P* 指標）是一個指標的兩個極端，單純追求 *P* 指標會導致樣本「拒真」和神經網路過於「嚴格」，單純追求 *R* 指標會導致樣本「受偽」和神經網路過於「寬鬆」。事實上，*P* 指標和 *R* 指標需要相互結合使用，很少單獨用作神經網路的性能評估指標。

但同時也應該看到，P 指標或 R 指標相互對立、相互限制的關係，即當追求高 P 指標時獲得了較低的 R 指標，當追求高 R 指標時獲得了較低的 P 指標。將同一個神經網路在不同的配置條件下的 P 指標和 R 指標分別繪製在橫垂直座標上，就形成了一個 P-R 曲線（Precision-Recall Curves）。多個神經網路的多筆 P-R 曲線相互對比，在固定 P 指標或 R 指標的前提下，才具備可比性。P-R 曲線示意圖如圖 13-3 所示。

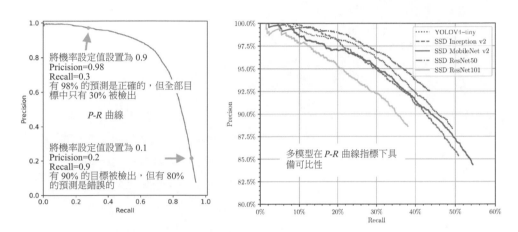

▲ 圖 13-3　P-R 曲線示意圖

13.1.3　多分類物件辨識場景和平均精確率平均值

從 P-R 曲線可以看到，P 指標和 R 指標之間雖然存在相互限制的關係，但總的來說，P-R 曲線的右上角越向右上方隆起，說明神經網路的性能越強勁。我們一般使用 P-R 曲線所覆蓋的面積對神經網路的性能進行量化對比。

我們定義某個分類的平均精確率（Average Precision，AP）為該分類的 P-R 曲線所覆蓋的面積。對於兩個模型，我們使用其 P-R 曲線所覆蓋的面積作為性能對比的指標，面積越大的那個神經網路的性能越強，如圖 13-4 所示。

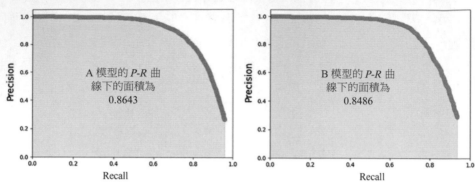

▲ 圖 13-4 *P-R* 曲線和平均精確率

　　對於多分類或多物件辨識的應用場景，需要針對每個分類單獨繪製出其 *P-R* 曲線。我們定義多分類的平均精確率平均值（mean Average Precision，mAP）為每類平均精確率的平均值。2010 年之後，國際競賽一般使用平均精確率平均值來測量神經網路的性能。以 10 個物體的物件辨識為例，10 分類場景下的 *P-R* 曲線、平均精確率和平均精確率平均值如圖 13-5 所示。

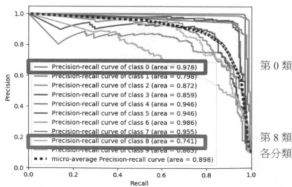

第 0 類具有最高的平均精確率

第 8 類具有最低的平均精確率
各分類的平均精確率平均值為 0.898

▲ 圖 13-5 10 分類場景下的 *P-R* 曲線、平均精確率和平均精確率平均值

　　對於多分類物件辨識神經網路，使用平均精確率平均值作為模型性能的考核心指標。

13.1.4　F 分數評估方法

　　P 指標和 *R* 指標二者之間的平衡，除了使用透過 *P-R* 曲線計算平均精確率平均值的方法，還可以使用加權調和平均數的方法，該方法被稱為 *F* 分數演算法。

　　F 分數演算法的核心是為 *P* 指標和 *R* 指標搭配相應的權重，計算它們之間的加權調和平均數，用這個加權調和平均數用來代表神經網路在某個配置參數下的性能。加權調和平均數的定義如式（13-4）所示。

$$H = \frac{m_1 + m_1 + \cdots + m_n}{\dfrac{1}{x_1}m_1 + \dfrac{1}{x_2}m_2 + \cdots + \dfrac{1}{x_n}m_n} \tag{13-4}$$

　　式中，$x_1, \cdots, x_n$ 表示 *n* 個輸入值；$m_1, \cdots, m_n$ 表示這 *n* 個輸入值的權重；*H* 表示這 *n* 個輸入值的加權調和平均數。

　　以目前常見的 F_1 分數為例，它是分類問題的衡量指標。F_1 分數認為召回率和精確率同等重要，常見於某些多分類問題的機器學習競賽。F_1 分數是精確率和召回率的同權重調和平均數，其設定值範圍為 [1, 0]，其計算公式如式（13-5）所示。

$$F_1 = \frac{1}{\dfrac{1}{2}\left(1^2 \times \dfrac{1}{P} + 1^2 \times \dfrac{1}{R}\right)} = \frac{2 \times P \times R}{P + R} \tag{13-5}$$

　　除了 F_1 分數，還有 $F_{0.5}$ 分數和 F_1 分數，它們分別認為召回率的重要性是精確率的 0.5 倍和 2 倍。$F_{0.5}$ 分數和 F_2 分數的公式如式（13-6）和式（13-7）所示。

$$F_{0.5} = \frac{1}{\left(\dfrac{1}{1+0.5^2}\right)\left(1 \times \dfrac{1}{P} + 0.5^2 \times \dfrac{1}{R}\right)} = \frac{1.25 \times P \times R}{R + 0.25P} = \frac{5 \times P \times R}{P + 4R} \tag{13-6}$$

$$F_2 = \frac{1}{\left(\dfrac{1}{1+2^2}\right)\left(1 \times \dfrac{1}{P} + 2^2 \times \dfrac{1}{R}\right)} = \frac{5 \times P \times R}{4P + R} \tag{13-7}$$

　　更一般地，我們有 F_β 分數演算法，其中，參數 β 的含義是召回率的重要性是精確率的 β 倍。F_β 分數的公式如式（13-8）所示。

$$F_{\beta} = \frac{1}{\left(\dfrac{1}{1+\beta^2}\right)\left(1\times\dfrac{1}{P}+\beta^2\times\dfrac{1}{R}\right)} = \frac{\left(1+\beta^2\right)\times P\times R}{\beta^2 P+R}$$

（13-8）

13.2　餐盤辨識神經網路性能測試案例

獲得了神經網路的 *P-R* 曲線後，我們不僅可以獲得神經網路的性能量化指標，還能根據具體專案的具體情況，在折中的精確率和召回率上找到合適的決策設定值。

13.2.1　專案背景

近年來，為應對公共衛生問題，減少群眾聚集成了預防病毒傳播的重要手段。餐廳是生活中不可或缺的聚集性場所，如果能夠透過智慧化的手段減少接觸，甚至做到「無人餐廳」，那麼能在一定程度上提高餐廳的公共衛生安全。

在沒有智慧化技術加持的從前，要做到智慧餐廳甚至無人餐廳，必須依靠攜帶 NFC/ RFID 晶片的餐盤，即在餐盤底部加裝 NFC/RFID 標籤，透過結算台的 NFC/RFID 感應器，探測餐盤數量和種類，進行智慧化結算。攜帶 NFC/RFID 標籤的餐盤，不僅其價格（10 ～ 15 元）較普通餐盤的價格（1 ～ 3 元）高，而且後期維護成本較高。透過 NFC/RFID 標籤實現智慧餐廳如圖 13-6 所示。

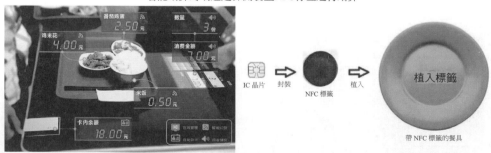

▲ 圖 13-6 透過 NFC/RFID 標籤實現智慧餐廳

而使用電腦視覺的手段，透過設置於餐盤承托平臺上方的攝影機，拍攝當前工作列內的餐盤照片，智慧地進行菜品餐盤的數量和種類的辨識，不僅可以大幅降低系統的複雜度和成本，而且可以使性能大幅提升。傳統的電腦視覺技術採用邊緣檢測、圓檢測、直線檢測、顏色檢測等常規手段，對於餐盤相互遮擋、陰影、幾何扭曲等複雜情況，不具備演算法穩健性，如圖 13-7 所示。

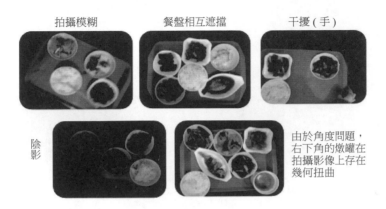

▲ 圖 13-7 傳統特徵工程無法窮盡餐盤相互遮擋、陰影、幾何扭曲等
複雜情況示意圖

經過專案調研，我們為智慧餐盤辨識專案設計了 6 個分類的物件辨識神經網路，這 6 個分類分別對應智慧餐廳場景下的 6 種價格的餐盤。智慧餐盤專案的分類編號規範遵循分類編號、分類英文名稱、分類中文說明一一對應的規範，如表 13-2 所示。

➜ 表 13-2 智慧餐盤專案的分類編號規範

分類編號	分類英文名稱	分類中文說明
0	GR_PLT	綠圓盤
1	WR_PLT	白圓盤
2	WFS_PLT	白抹角方碟
3	WFsh_PLT	白魚碟
4	WR_BWL	白圓碗
5	WR_JAR	白圓燉罐

　　針對此場景所設計的一階段物件辨識神經網路按照表 13-3 所示的規範輸出預測資訊。

➡ 表 13-3　智慧餐盤專案的神經網路輸出規範

輸出變數	變數名稱	形狀	資料型態	設定值範圍	含義
輸出第 0 個	Boxes	(100,4)	float32	[0,1]	探測到的目標的座標資訊，每行 4 個元素分別代表 xmin，ymin，xmax，ymax 關於座標軸：影像左上角為座標系原點，寬度為 x 軸，高度為 y 軸
輸出第 1 個	Nums	(1,)	INT32	[0,100]	探測到的目標數量資訊
輸出第 2 個	Classes	(1,100)	float32	[0,5]	探測到的目標的分類編號資訊
輸出第 3 個	Scores	(1,100)	float32	(0,1]	探測到的目標的把握度評分

關於資料使用的說明：假設 Nums 數值等於 7，提取 Boxes 的前 7 行，提取 Classes 的前 7 個元素，提取 Scores 的前 7 個元素，其餘忽略

　　由於餐盤的辨識涉及智慧餐廳結算系統，所以結算系統的特點對神經網路性能是有特殊要求的。在專案上，我們需要先確定神經網路的 *P-R* 曲線，然後根據結算系統的特點，在 *P-R* 曲線上選擇合適的決策點。

13.2.2　提取全部真實資料和預測結果

　　為了確定神經網路性能的 *P-R* 曲線，必須準備兩個空串列：labels_list_gt 和 result_list_ pred。第一個空串列的每行將是一個包含了 6 個元素的元組，這 6 個元素分別對應編號、真實矩形框座標（座標有 4 個元素）及其分類；第二個空串列的每行將是一個包含了 6 個元素的元組，其結構與第一個串列全一致，只是對應了神經網路預測結果。空串列準備程式如下。

```
# ==== Prepare GroundTruth and Prediction List =====
labels_list_gt = []
result_list_pred = []
```

　　對驗證集的全部資料進行一次遍歷。單次迴圈時，完成 4 個工作：提取真實
資料並將其存入 labels_list_gt；提取預測結果並將其存入 labels_list_pred；視情況
將每次迴圈的結果列印出來；將辨識結果轉化為矩形框畫在原圖上。完成全部樣本
迴圈了以後，將全部結果儲存在 DataFrame 中，待後續處理。虛擬程式碼如下。

```
for batch, (img_Mat, labels) in enumerate(eval_dataset):
    # ==== Generate GroundTruth List =====
    ......
    # ==== Generate Prediction List =====
    ......
    # ==== Counsol Output =====
    ......
    # ==== Visualization Output =====
    ......
# ==== Generate GroundTruth and Prediction DataFrame =====
......
```

　　對於全部真實資料的提取，主要完成的工作是從資料集提取樣本序號 batch、
矩形框頂點座標 (label[0],label[1],label[2],label[3]) 和樣本標籤編號 label[4]。程式
如下。

```
# ==== Generate GroundTruth List =====
nums_GT = tf.math.reduce_sum(tf.cast(
    tf.math.reduce_sum(labels,1)>0,tf.int32))
for i in range(nums_GT):
    label = labels[i].numpy()
    value_GT = (batch,
                label[0],label[1],label[2],label[3],
                label[4])
    labels_list_gt.append(value_GT)
```

　　對於全部預測資料的提取，需要建立模型並載入好訓練過的參數，此時注意要將預測結果的機率設定值設置為一個足夠小的數值，如 0.05 甚至 0.01，以確保高召回率的情況下也有相應資料。提取的資料為資料序號、預測矩形框的頂點座標、預測機率和預測分類編號。程式如下。

```
# ==== Generate Prediction List =====
img_batch = tf.expand_dims(img_Mat, 0)
(boxes_batch, scores_batch,
    classes_batch, nums_Pred_batch) = model(img_batch)
(boxes, scores, classes, nums_Pred)=(
    boxes_batch[0], scores_batch[0],
    classes_batch[0], nums_Pred_batch[0])
for i in range(nums_Pred):
    box = boxes[i].numpy()
    score = scores[i].numpy()
    class_ = classes[i].numpy()
    value_pred = (batch, box[0],box[1],box[2],box[3],
                    score,class_)
    result_list_pred.append(value_pred)
```

　　根據實際情況，選擇需要的資訊列印出來，並使用 draw_outputs 函式，將真實矩形框使用顏色 (0,0,255) 畫在原圖上，將預測矩形框使用顏色 (255,0,0) 疊加在原圖上，方便比對。儲存圖片時，附帶上資料集樣本編號和當前的決策設定值（0.05）。程式如下。

```
# ==== Counsole Output =====
print('Score={}'.format(FLAGS.yolo_score_threshold),
      'Sample={}'.format(batch),
      'GT={}'.format(nums_GT.numpy()),
      'Pred={}'.format(nums_Pred.numpy()),
      img_Mat.shape, labels.shape)
# ==== Visualization Output =====
if FLAGS.VISUALIZA_ON:
    img=256*cv2.cvtColor(
        img_batch[0].numpy(),cv2.COLOR_RGB2BGR)
    boxes_GT_batch = tf.expand_dims(labels[:,0:4],0)
    classes_GT_batch = tf.reshape(labels[:,4:5],[1,-1])
    scores_GT_batch = tf.ones_like(classes_GT_batch)
```

```
    nums_GT_batch = tf.expand_dims(nums_GT,0)
    img_GT_vis = draw_outputs(
        img,
         (boxes_GT_batch, scores_GT_batch,
          classes_GT_batch, nums_GT_batch),
         class_names,color=(0,0,255))
    img_pred_vis = draw_outputs(
        img_GT_vis,
        (boxes_batch, scores_batch,
         classes_batch, nums_Pred_batch),
        class_names,color=(255,0,0))
    output_filename=str(result_dir_at_ScoreThres/
        'img_{:05d}.jpg'.format(batch))
    cv2.imwrite(output_filename, img_pred_vis)
    logging.info('output saved to: {}'.format(output_filename))
```

　　完成驗證集的全部樣本遍歷後，可以將儲存了全部真實矩形框及其分類的串列 labels_list_gt 儲存在名為 df_GTs 的 DataFrame 中，它的全部欄位為 ['filename', 'xmin', 'ymin', 'xmax', 'ymax', 'class']；將儲存了神經網路預測結果的串列 result_list_pred 儲存在名為 df_Preds 的 DataFrame 中，它的全部欄位為 ['filename', 'xmin', 'ymin', 'xmax', 'ymax', 'score', 'class']。程式如下。

```
for batch, (img_Mat, labels) in enumerate(eval_dataset):
    # ==== Generate GroundTruth List =====
    # ==== Generate Prediction List =====
    # ==== Counsol Output =====
    # ==== Visualization Output =====
# ==== Generate GroundTruth and Prediction DataFrame =====
column_name_GT = [
    'filename', 'xmin', 'ymin', 'xmax', 'ymax', 'class']
df_GTs = pd.DataFrame(labels_list_gt, columns=column_name_GT)
column_name_Pred = [
    'filename', 'xmin', 'ymin', 'xmax', 'ymax',
    'score', 'class']
df_Preds = pd.DataFrame(
    result_list_pred, columns=column_name_Pred)
```

接下來要根據全部的真實資料和預測結果，統計在不同決策設定值下的精確率和召回率。

13.2.3　模擬不同決策設定值下的精確率和召回率

在 df_Preds 的 DataFrame 的欄位基礎上，增加以下欄位：['IOU', 'TP', 'FP', 'acc_TP', 'acc_FP', 'Precision', 'Recall']。在這些欄位中，'IOU' 欄位儲存預測矩形框和真實矩形框的交並比，'TP' 和 'FP' 欄位儲存對於某預測矩形框的對錯定性，如果預測正確，那麼 'TP' 欄位為 1，'FP' 欄位為 0；如果預測錯誤，那麼 'TP' 欄位為 0，'FP' 欄位為 1。

其中，'acc_TP' 欄位儲存的內容被定義為在決策設定值從 1 下降到 0.05 的過程中，判斷正確的矩形框數量，'acc_FP' 欄位儲存著被誤判的矩形框數量，acc 的含義為累積，是 accumulate 的縮寫。可以預見，神經網路逐漸傾向於「放寬」檢測標準的過程，對應著決策設定值持續下降的過程，也對應著召回率逐步增大且精確率逐步降低的過程。隨著檢測標準的放寬，'acc_TP' 欄位儲存的數值會持續上升，同時，'acc_FP' 欄位儲存的數值也會持續上升。

'Precision' 和 'Recall' 欄位分別儲存著決策設定值從 1 下降到 0.05 的過程中，根據 TP 和 FP 所算出的精確率和召回率。

由於 *P-R* 曲線是針對某個分類的曲線，所以從程式設計的方法上看，需要首先對多個分類進行輪流遍歷處理。對於某個分類，需要從所有的真實資料和預測資料中提取與該分類有關的矩形框和分類編號，按照預測機率（欄位名為 score）進行降冪排列，並進行該分類的 ['IOU', 'TP', 'FP', 'acc_TP', 'acc_FP', 'Precision', 'Recall'] 欄位內容的具體計算，將計算結果儲存在名為 df_mAP 的 DataFrame 中。在完成所有分類的計算後，設計一個字典 dict_mAP，它有多個鍵值和數值，鍵值對應著分類編號 str(this_class)，數值對應著一個儲存著該分類 *P-R* 曲線資料的名為 df_mAP 的 DataFrame。最終需要將各個分類的 DataFrame 儲存到一個 Excel 檔案的多個 sheet 當中。程式如下。

```
dict_mAP = {}
for this_class in set(df_GTs['class'].astype(int).values):
    print('Calculating Class:{}'.format(this_class))
    # ==== 選擇某一個分類
```

```
    df_Pred = df_Preds.loc[df_Preds['class']== this_class ]
    df_Pred = df_Pred.reset_index(drop=True).copy()
    df_GT = df_GTs.loc[df_GTs['class']== this_class ]
    df_GT = df_GT.reset_index(drop=True).copy()
    print('Select Class={} of GT={} Pred={}'.format(
        this_class,len(df_Pred),len(df_GT)))
    # ==== Prepare Precision and Recall Column Name =====
    new_column_name = np.append(
        df_Pred.columns.values,
         ['IOU', 'TP','FP','acc_TP','acc_FP',
          'Precision', 'Recall'])
    df_mAP = df_Pred.reindex(
        columns=new_column_name, fill_value=0)
    df_mAP.sort_values(
        by='score',ascending=False, inplace=True,
        na_position='last')
    df_mAP = df_mAP.reset_index(drop=True).copy()
    ......
    # ==== Storage mAP for One Very Class =====
    dict_mAP[str(this_class)] = df_mAP
# ==== Storage ConfusionMatrix and P-R Dataframe=====
excel_output_filename = prefix+"evalute_mAP.xlsx"
writer = pd.ExcelWriter(
    str(eval_result_parent_dir/excel_output_filename ) )
for i, key in enumerate(dict_mAP.keys()):
    df_ONEmAP = dict_mAP[key]
    df_ONEmAP.to_excel(writer,sheet_name=key)
writer.save()
writer.close()
```

在計算某個分類的 ['IOU', 'TP', 'FP', 'acc_TP', 'acc_FP', 'Precision', 'Recall'] 欄位內容的過程中。首先計算 ['IOU', 'TP', 'FP'] 欄位，具體計算方法為，以每個預測矩形框的處理演算法為整體展開遍歷迴圈，即在每個遍歷週期內專門處理某個預測矩形框的 ['IOU', 'TP', 'FP'] 欄位資料，只需要這個預測矩形框與任何一個真實矩形框形成了大於 0.5 的交並比（因為計算的是某個分類的資料，所以分類必然正確），就認為該預測是正確的預測（TP 加 1，同時記錄此時的交並比），如果沒有大於 0.5 的交並比，那麼認為該預測是錯誤的預測（NP 加 1，同時記錄此時的交並比）。

程式如下。

```
# Caculate IOU and Assign TruePositive FalsePositive with 0 or 1
for index_pred, row in df_mAP.iterrows():
    #===== 將預測資訊和真實資訊進行逐一對齊，方便比對 =======
    pred=df_mAP.loc[
        index_pred,
        ['filename',
         'xmin','ymin','xmax','ymax',
         'class','score']]
    GTs = df_GT.loc[df_GT['filename']==pred['filename']]
    #==Calculate ious, iou=0 if class not match ======
    Booleans_ClassEqual = tf.equal(
        tf.cast(pred['class'],tf.int32),
        tf.cast(GTs['class'],tf.int32))
    ious_raw = iou_calculator(
        tf.constant(
            pred[['xmin', 'ymin', 'xmax', 'ymax']].values,
            dtype=tf.float32),
        tf.constant(
            GTs[['xmin', 'ymin', 'xmax', 'ymax']].values,
            dtype=tf.float32) )
    ious = tf.cast(ious_raw,tf.float32)*tf.cast(
        Booleans_ClassEqual, tf.float32)
    max_iou = tf.reduce_max(ious).numpy()
    if tf.reduce_max(ious) >= FLAGS.IOU_THRES: # such as 0.5
        df_mAP.loc[index_pred,'TP']=1
        df_mAP.loc[index_pred,'FP']=0
        df_mAP.loc[index_pred,'IOU']=0.01 # this is a pandas bug
        df_mAP.loc[index_pred,'IOU']=max_iou
    else:
        df_mAP.loc[index_pred,'TP']=0
        df_mAP.loc[index_pred,'FP']=1
        df_mAP.loc[index_pred,'IOU']=0.01 # this is a pandas bug
        df_mAP.loc[index_pred,'IOU']=max_iou
        if FLAGS.FP_VISUALIZA_ON:# 將預測矩形框和真實矩形框畫在影像上
            draw_one_ret(
                eval_dataset, pred,class_names,
                FP_dir_at_ScoreThres)
```

　　然後計算 ['acc_TP', 'acc_FP', 'Precision', 'Recall'] 欄位。根據演算法定義，精確率中的分母等於預測正確的樣本數加上預測錯誤的樣本數（在程式中對應 acc_TP+acc_FP），召回率的分母等於所有真實矩形框的總數，即 TP+FN。程式如下。

```
# ==== 逐行計算精確率和召回率 =====
acc_TP = 0; acc_FP = 0;TP_plus_FN = len(df_GT)
for index_pred, row in df_mAP.iterrows():
    acc_TP +=df_mAP.loc[index_pred,'TP'];
    df_mAP.loc[index_pred,'acc_TP'] = acc_TP
    acc_FP +=df_mAP.loc[index_pred,'FP'];
    df_mAP.loc[index_pred,'acc_FP'] = acc_FP
    df_mAP.loc[index_pred,'Precision'] = acc_TP / (acc_TP + acc_FP)
    df_mAP.loc[index_pred,'Recall'] = acc_TP / TP_plus_FN
```

　　完成 P-R 曲線資料計算後，可以使用 df_mAP 的儲存方法，將計算結果儲存為一個 CSV 檔案。打開 CSV 檔案可以看到當預測機率設定值從 1 開始逐漸下降到 0.05 時，累計預測正確的樣本數量 acc_TP 逐漸上升，同時，預測錯誤的數量 acc_FP 也在逐漸上升。餐盤辨識的 P-R 曲線資料清單如圖 13-8 所示。

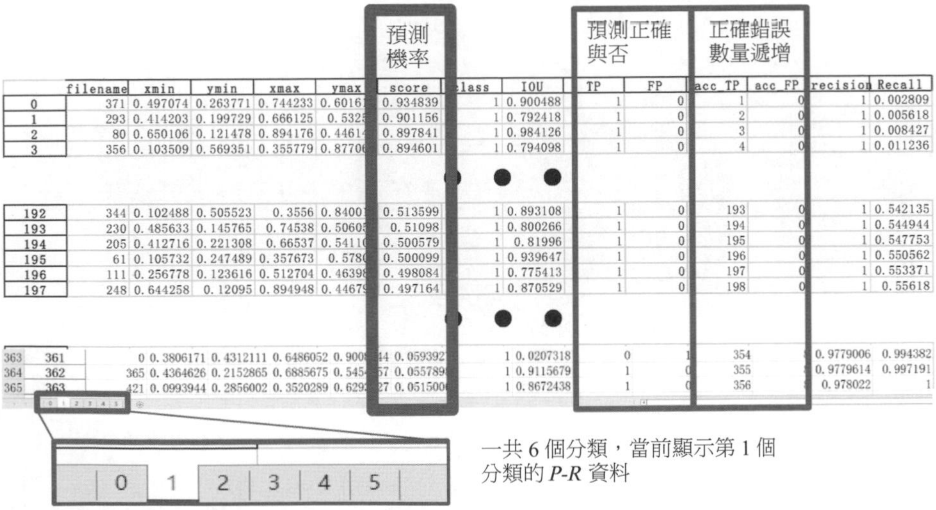

▲ 圖 13-8　餐盤辨識的 P-R 曲線資料清單

　　提取 P-R 曲線資料中的 Precision 和 Recall 欄位的資料，即可畫出 P-R 曲線圖。餐盤辨識的 6 個分類的 P-R 曲線如圖 13-9 所示。

可見，即使在高召回率的情況下，一階段物件辨識神經網路在餐盤辨識領域的辨識率依舊能保持較高的精確率。

餐盤辨識系統的 *P-R* 曲線之所以尤為重要，是因為餐盤辨識涉及結算系統。結算系統的特點是對「漏結算」較為敏感，對「重複結算」具有一定的容忍度。為此，我們將生產環境中的餐盤判斷決策設定值設定為 0.3（非決算場景下的決策設定值一般為 0.5），即只要神經網路對於物件辨識的機率大於 0.3，就可以認為該物件辨識的預測是一個「較為有把握」的輸出，從而使神經網路儘量避免漏檢的情況。

經過測試，將神經網路的決策設定值設置為 0.3，神經網路幾乎可以辨識所有餐盤，並且給出較高的機率評價。由於進行了資料增強，並且神經網路設計合理，因此智慧系統對於各種複雜情況都具有較強的穩健性，如圖 13-10 所示。

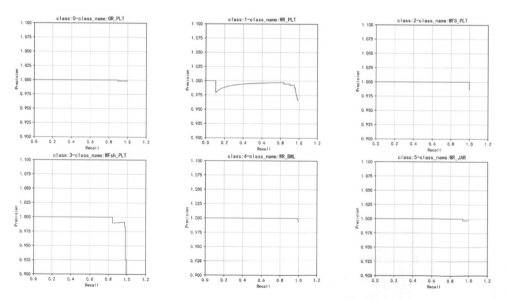

▲ 圖 13-9　餐盤辨識的 6 個分類的 *P-R* 曲線

陰影 餐盤相互遮擋

幾何扭曲 空盤

▲ 圖 13-10 深度神經網路能輕鬆應對各種異常情況示意圖

神經網路並非萬能的，在以傳統電腦視覺為基礎的餐盤結算系統和以深度學習為基礎的餐盤結算系統切換的過程中，我們依舊採用「雙核心」驅動的主備策略，即優先以神經網路的判定結果為依據，當神經網路給出低於 50% 的預測時，由傳統的電腦視覺程式進行輔助判斷。深度學習和傳統電腦視覺耦合協作，確保餐盤辨識性能的穩定可靠。使用了深度學習的無人餐廳結算系統如圖 13-11 所示。

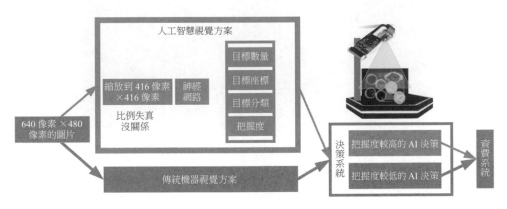

▲ 圖 13-11 使用了深度學習的無人餐廳結算系統

第14章

使用邊緣計算閘道進行多路攝影機物件辨識

邊緣計算與雲端運算最大的區別是是否將神經網路的計算銷耗分佈在若干邊緣端，但邊緣計算並非表示要將算力分配到邊緣場景的末端，也可以以將若干邊緣端的算力進行合併，合併後的算力以邊緣計算閘道的形態出現。邊緣計算閘道是將雲端功能擴展到本地的邊緣端裝置，使邊緣端能夠快速自主地回應本地事件，同時，閘道形態也能提供低延遲時間、低成本、隱私安全、本地自治的本地計算服務。

14.1 邊緣計算閘道的整體結構

一個完整的邊緣計算閘道同時包含一個嵌入式系統和核心 TPU 元件。其中，嵌入式系統可以保證系統穩定執行並提供良好的通訊介面能力，TPU 元件負責完成高負荷的計算任務，TPU 元件的運算能力是邊緣計算系統與嵌入式系統最大的能力差異。

14.1.1　核心 TPU 元件

算能科技公司的邊緣計算硬體以其張量處理器（TPU）為核心，發展出為主機進行 AI 計算賦能的 AI 推理卡和 AI 推理模組，甚至是獨立執行的 AI 服務主機。以其目前量產的 BM1684 和 BM1682 張量處理器為例，其性能表如表 14-1 所示。

➜ 表 14-1　BM1684 和 BM1682 張量處理器性能表

張量處理器	峰值性能	視訊解碼	片內 SRAM 容量	運算單元
BM1684	17.6 TOPS INT8 2.2TFLOPS FP32	32 路高畫質硬解碼	32MB	1024 個
BM1682	3TFLOPS FP32	8 路高畫質硬解碼	16MB	2048 個

其中，BM1684 晶片性能更為強勁，它是一個專用於加速神經網路執行的微型系統級晶片，升級版的 BN1684x 則增加了對非對稱量化的支持。BM1684 晶片自身便可以完成包括視訊影像解碼、前置處理、模型推斷、影像解碼的一整套 AI 應用流程。晶片上主要整合了 ARM-A53 邏輯控制計算單元、視訊影像加速處理單元、資料儲存單元、TPU 神經網路加速計算單元，使得晶片能夠獨立完成 AI 模型的推斷。BM1684 單晶片共有 64 個 NPU，每個 NPU 內包含 16 個計算單元（EU）。BM1684 可提供 2.2TFLOPs 的單精度浮點（FP32）峰值算力或 17.6TOPs 的 8 位整數（INT8）峰值算力。當啟用 Winograd 時，BM1684 的算力進一步攀升至 35.2TOPs。深度最佳化的 NPU 是一個強大的排程引擎，可為神經元計算核心提供極高頻寬的資料供給。32MB 的片上儲存為性能最佳化和資料快取記憶體提供了絕佳的程式設計靈活性。BM1684 晶片內部結構方塊圖如圖 14-1 所示。

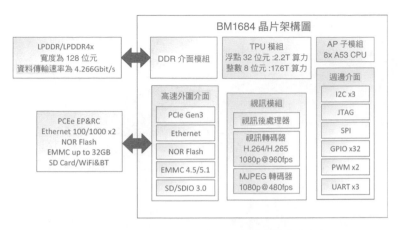

▲ 圖 14-1　BM1684 晶片內部結構方塊圖

14.1.2　計算卡和模組

　　晶片以 AI 推理卡或 AI 推理模組的形態出現，官方稱之為 PCIE 模式，即推理卡或模組主要以 PCIE 的介面與主系統進行資料通訊；晶片以（微）伺服器的形態出現，官方稱之為 SoC 模式，即邊緣作業系統和計算推理全部由（微）伺服器獨立負責，無須更多硬體。本節將以其邊緣端獨立執行的 SE5 微伺服器為例，介紹如何將神經網路部署在 SoC 模式的邊緣端。

　　SE5 微伺服器的核心是一個 BM1684 晶片，它充分發揮了其內部整合的 ARM-A53 主控部分的強大系統控制能力和內部 64 個 NPU 的強大計算加速能力。SE5 微伺服器的硬體集成度高，在提供強大的邊緣嵌入式系統和計算加速能力的前提下，保持了小巧的機身。豐富的介面和強大的運算能力，使得它非常適合在智慧安全、智慧交通、智慧園區、智慧零售等領域充當邊緣計算閘道的角色。SE5 微伺服器附帶多路人臉辨識系統，如圖 14-2 所示。

　　SE5 微伺服器支持掛牆安裝、機架安裝等多種方式，附帶 WAN 通訊埠和 LAN 通訊埠，支援 SIM 卡互聯方式，與上級伺服器通訊的同時，管轄下級網路裝置。使用 SE5 微伺服器進行邊緣端部署開發時，只需要一根網線，就可以使用 SE5 微伺服器進行邊緣端研發和部署，如圖 14-3 所示。

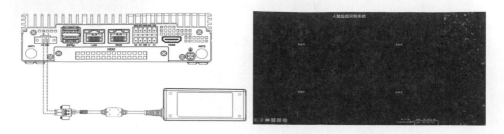

▲ 圖 14-2　比特中國公司的 AI 計算伺服器（SE5 微伺服器）

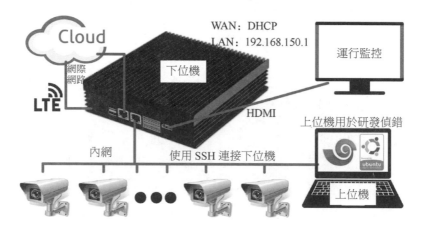

▲ 圖 14-3　SE5 微伺服器的研發和生產拓撲示意圖

14.1.3　下位機的作業系統

在研發階段，開發者的電腦是上位機，而 SE5 微伺服器則作為下位機使用。SE5 微伺服器使用的是完全開放原始碼的 Debian 作業系統，作業系統版本編號為 stretch，開發者可以使用常規的 Debian 作業系統命令進行系統的配置和修改。

```
linaro@EricSE5:~$ hostnamectl
   Static hostname: EricSE5
      Icon name: computer
      Machine ID: 62ba6ff26dd742a693335c934bd8076d
      Boot ID: 29c43e6f72ac42f3be4abf9a2d102fef
 Operating System: Debian GNU/Linux 9 (stretch)
      Kernel: Linux 4.9.38-bm1684-v7.3.0-00469-g49e7e2dd
   Architecture: arm64
```

　　SE5 微伺服器作為下位機，其 WAN 通訊埠被預設設置為 DHCP 自動獲取 IP 位址，其 LAN 通訊埠被預設設置為 192.168.150.1 的 IP 位址。開發者拿到 SE5 邊緣計算閘道時，可以使用網線將網際網路連線 SE5 微伺服器的 WAN 通訊埠，這樣 SE5 即可自動連線網際網路，再使用網線將上位機的網路連接 SE5 微伺服器的 LAN 通訊埠，在網頁中輸入 192.168.150.1，登入出廠預先安裝的網頁管理背景，進行簡單的裝置探索。

　　探索完畢後，可以登入算能科技公司的官網下載最新的更新韌體套件，將更新韌體套件複製進一個 Micro-SD 卡後，將 Micro-SD 卡插入 SE5 微伺服器進行首次系統升級，確保邊緣計算閘道的內建作業系統是最新的。更新韌體的方法詳見 SE5 微伺服器的官網。值得注意的是，SE5 微伺服器上的 HDMI 輸出並沒有使用標準的 framebuffer 驅動，因為如果使用 framebuffer 驅動，那麼將占用 CPU 的額外的核心資源銷耗，所以 SE5 微伺服器更新韌體後將失去 HDMI 介面顯示的輸出。即使沒有 HDMI 顯示介面，開發者依舊可以透過 SSH 方式連接 SE5 微伺服器，使用命令列方式對裝置進行開發偵錯。

　　更新韌體進入 SE5 微伺服器的 Debian 作業系統後，應當首先執行 apt-get update 命令，進行軟體倉庫的更新。如果首次執行 apt-get update，那麼可能出現金鑰錯誤，如下所示。

```
W: Failed to fetch http://***/debian/dists/sid/InRelease  The following
signatures couldn't be verified because the public key is not available: NO_PUBKEY
648ACFD622F3D138 NO_PUBKEY 0E98404D386FA1D9
```

　　這是因為 Debian 作業系統的 GPG 採用的是非對稱加密方式，即「用公開金鑰加密檔案，用私密金鑰解加密件」。首次執行 apt-get update 時列印出來的錯誤資訊顯示，SE5 微伺服器的作業系統缺少 648ACFD622F3D138 和 0E98404D386FA1D9 這兩個私密金鑰，必須登入 Ubuntu 的金鑰伺服器查詢這兩個公開金鑰對應的私密金鑰，將其儲存在 SE5 微伺服器的磁碟上，使用 apt-key add 命令添加這兩個私密金鑰即可。向 SE5 微伺服器添加私密金鑰並從命令列獲得「OK」的回饋後，即可使用 apt-get update 命令更新 SE5 的軟體倉庫。程式如下。

```
linaro@EricSE5:~/pgp_keys_dir$ sudo apt-key add 648ACFD622F3D138.key
OK
linaro@EricSE5:~/pgp_keys_dir$ sudo apt-key add 0E98404D386FA1D9.key
OK
linaro@EricSE5:~/pgp_keys_dir$ sudo apt-get update
```

作者的 GitHub 也將這兩個私密金鑰進行了儲存和公開，讀者如果看到這兩個公開金鑰的金鑰缺失，可以登入作者的 GitHub 下載相應的私密金鑰解決 apt-get update 的金鑰缺失故障。

軟體倉庫維護工具 apt-get 能夠正常執行以後，讀者可以使用常規的 Debian 作業系統運行維護命令，配置系統或安裝其他，這裡不展開敘述。

14.1.4　下位機的開發環境簡介

SE5 微伺服器的作業系統內建了 Python3 的執行環境，可以透過 pydoc modules 查看所有 Python 下的可用模組，如果遇到模組缺失，如缺失 pip 模組和 NumPy 模組，那麼可以先透過 apt 命令安裝 pip 模組，再透過已經安裝好的 pip install 命令安裝 NumPy 模組。程式如下。

```
linaro@bm1684:~$ pydoc modules
linaro@sudo apt install python3-pip
linaro@sudo pip3 install numpy==1.17.2
```

由於 CV2 模組依賴於系統的驅動，所以在使用 CV2 模組之前，需要先設置下位機的環境變數，然後重新啟動系統，等待環境變數生效。程式如下。

```
linaro@bm1684:~$ export PATH=$PATH:/system/bin
linaro@bm1684:~$ export LD_LIBRARY_PATH=$LD_LIBRARY_PATH:/system/lib/: /system/usr/
lib/aarch64-linux-gnu
linaro@bm1684:~$ export PYTHONPATH=$PYTHONPATH:/system/lib
linaro@bm1684:~$ sudo reboot
```

至此，我們可以使用 Python3 命令進入 Python 環境，匯入若干常用的套件，確認 Python 環境正常後，即可完成下位機的全部配置工作。程式如下。

```
linaro@bm1684:~$ python3
Python 3.5.3 (default, Nov  4 2021, 15:29:10)
[GCC 6.3.0 20170516] on linux
Type "help", "copyright", "credits" or "license" for more information.
>>> import numpy as np
>>> import cv2,time,datetime
>>> print(np.__version__)
1.17.2
```

```
>>> print(cv2.__version__)
4.1.0
```

　　下位機的程式設計支援多種語言：C++、Python。本書以 Python 為例介紹下位機程式設計基礎。

　　下位機使用一個名為 BMNNSDK 的深度學習 SDK 提供開發支援。BMNNSDK 由 Compiler、Library 和 Examples 三部分組成：Compiler 負責對第三方深度學習框架下訓練得到的神經網路模型的離線編譯和最佳化，生成最終執行時期需要的二進位模型（bmodel）。目前支持 Caffe、DarkNet、MXNet、ONNX、PyTorch、PaddlePaddle、TensorFlow 等框架的模型編譯；Library 提供了 BM-OpenCV、BM-FFmpeg、BMCV、BMRuntime、BMLib 等函式庫，用來驅動 VPP、VPU、JPU、TPU 等硬體，完成視訊影像編解碼、影像處理、張量運算、模型推理等操作，供使用者進行深度學習應用程式開發；Examples 提供了 SoC 和 x86 環境下的多個程式設計樣例，供使用者在深度學習應用程式開發過程中參考。

　　BMNNSDK 的 Python 指令稿的程式設計支持是透過一個名為 SAIL 的函式程式庫實現的。SAIL（Sophon Artificial Intelligent Library）是 Sophon Inference 中的核心模組，負責向使用者提供 Python 程式設計介面。

　　SAIL 函式程式庫對 SDK 中的 BMLib、BMDecoder、BMCV、BMRuntime 進行了封裝，將 BMNNSDK 中原有的載入 bmodel 並驅動 TPU 推理、驅動 TPU 做影像處理、驅動 VPU 做影像和視訊解碼等功能抽象成更為簡單的 C++ 介面，並且使用 pybind11 呼叫 C++ 介面後再次封裝，最終為開發者提供簡潔好用的 Python 介面。

　　目前 SAIL 模組中所有的類別、列舉、函式都在 SAIL 命名的空間下，核心的類別包括 Handle、Tensor、Engine、Decoder、BMCV。SAIL 模組中的核心類別表如表 14-2 所示。

➔ 表 14-2　SAIL 模組中的核心類別表

SAIL 函式程式庫 下的類別名稱	類別說明
Handle	BMNNSDK 中 BMLib 的 bm_handle_t 的包裝類別、裝置控制碼、上下文資訊，用來和核心驅動互動資訊
Tensor	BMNNSDK 中 BMLib 的包裝類別，封裝了對 device memory 的管理及與 system memory 的同步
Engine	BMNNSDK 中 BMRuntime 的包裝類別，可以載入 bmodel 並驅動 TPU 進行推理。一個 Engine 實例可以載入一個任意的 bmodel，自動地管理輸入張量與輸出張量對應的記憶體
Decoder	使用 VPU 解碼視訊，使用 JPU 解碼影像，均為硬體解碼
BMCV	BMNNSDK 中 BMCV 的包裝類別，封裝了一系列的影像處理函式，可以驅動 TPU 進行影像處理，用於替換 Python 常用的 CV2

　　這些核心類別中以 Engine 最為重要，它是邊緣端執行時期的包裝類別，用於載入模型並驅動 TPU 完成推理。它擁有幾個重要的屬性和方法，如表 14-3 所示。

➔ 表 14-3　BMRuntime 的包裝類別物件 Engine 的重要成員方法

成員方法名稱	方法用途
process()	進行一次推理
get_handle()	獲取推理控制碼
get_graph_names()	獲取神經網路名稱，如果包含多個子圖，那麼多個子圖組合成一個清單
get_input_names() get_output_names()	獲取神經網路輸入節點名稱、輸出節點名稱
get_input_dtype() get_input_shape() get_input_scale()	獲取神經網路輸入節點的資料型態、形狀、縮放因數
get_output_dtype() get_output_shape() get_output_scale()	獲取輸出節點的資料型態、形狀、縮放因數

一個典型的下位機推理的 Python 程式如下所示。

首先匯入 SAIL 套件，然後將磁碟位置為 bmodel_path 的二進位模型載入進編號為 tpu_id 的硬體中，獲得 SDK 執行時期包裝類別的實例，將該實例命名為 Engine。程式如下。程式中提供了兩種執行時期實例的生成方法，方法二使用「#」進行註釋，實際使用中選擇一種實例生成方法即可。

```
import sophon.sail as sail
engine = sail.Engine(tpu_id = 0)
engine.load(bmodel_path) # 方法一
# engine = sail.Engine(bmodel_path,tpu_id,mode) # 方法二
```

獲得神經網路的計算圖名稱 graph_name，提取這個計算圖的輸入 / 輸出的名稱、資料型態、形狀等具體參數。注意，對 TensorFlow 的模型來說，從模型讀取的輸入形狀的 4 個維度從前到後依次是：批次 batch、寬度 w、高度 h、通道 channel。典型程式如下。

```
graph_name =engine.get_graph_names()[0]
engine.set_io_mode(graph_name, sail.IOMode.SYSO)
input_name =engine.get_input_names(graph_name)[0]
output_name =engine.get_output_names(graph_name)[0]

input_dtype =engine.get_input_dtype(graph_name,input_name)
input_shape =engine.get_input_shape(graph_name,input_name)
input_sacle =engine.get_input_scale(graph_name,input_name)

output_dtype =engine.get_output_dtype(graph_name,output_name)
output_shape =engine.get_output_shape(graph_name,output_name)
output_scale =engine.get_output_scale(graph_name,output_name)

batch_size,width,height,channel =input_shape
```

繼續從執行時期包裝類別實例 Engine 中獲得神經網路的推理控制碼 handle，準備神經網路的輸入張量 input_tensors 和輸出張量 output_tensors。輸入張量和輸出張量使用字典作為資料型態，鍵為節點名稱，值可以是 NumPy 陣列，也可以是由 SAIL 模組所定義的 sail.Tensor 資料型態。sail.Tensor 資料型態是 SDK 的 BMLib 的包裝類別。程式如下。

```
handle =engine.get_handle()
input_data  = sail.Tensor(handle, input_shape,  input_dtype,  False, True)
output_data = sail.Tensor(handle, output_shape, output_dtype, True,  True)
input_tensors  = { input_name:  input_data  }
output_tensors = { output_name: output_data }
```

　　將神經網路名稱、輸入張量和輸出張量送入執行時期包裝類別的物件 Engine 進行推理，推理時使用 Engine 物件的 process 方法。最終推理結果從 output_data 中獲得。程式如下。

```
...
# 此處省略解碼和前置處理程式
...
engine.process(graph_name, input_tensors, output_tensors) # 推理
out = output_data.asnumpy()
...
# 此處省略後處理和輸出程式
...
```

14.2　開發環境準備

　　對於嵌入式系統開發環境而言，負責開發的機器稱為上位機，它在系統開發中起主控作用；負責後續生產營運的邊緣系統稱為下位機，下位機負責具體執行，即完成上位機所規劃下達的任務。由於主流的嵌入式系統的開發程式設計是在 Linux 系統下進行的，所以本案例中同樣使用以 Linux 為基礎的 Ubuntu 作業系統作為上位機的作業系統，將 SE5 微伺服器作為下位機，因此本案例中的加速晶片明顯處於官方定義的 SoC 執行模式下，那麼此時上位機一定只是用於開發，不是用於最終部署的系統，最終部署的系統是微伺服器 SE5。根據官方定義，此時上位機的開發模式為 cmodel 模式，即上位機的 Docker 應當配置為 cmodel 模式，以完成模型轉換和程式的交叉編譯。

　　根據官方推薦和作者經驗，負責開發的上位機的記憶體配置應當至少為 12GB，推薦配置為 16GB，磁碟空間預留 40GB 左右。

14.2.1　上位機安裝 Docker

上位機的開發環境配置一般比較複雜，官方推薦使用 Docker 配置開發軟體。Docker 的安裝有多種選擇。其中的 docker.io 軟體是由 Debian 團隊維護的，採用 apt 的方式管理 Docker 軟體執行所依賴的軟體套件。Ubuntu 作業系統安裝 docker. io 的命令如下。

```
sudo apt-get install docker.io
```

Docker-CE 和 Docker-EE 分別是官方團隊管理的社區版本、企業版本，它們會獨立管理 Docker 軟體執行所依賴的軟體套件。本書所安裝的 Docker-CE（Docker Engine-Community）和其他版本的 Docker 會產生衝突，開發者只能選擇一種方式安裝。如果已經安裝 docker.io 版本或其他版本，那麼可以繼續使用；如果希望改用 Docker-CE，那麼需要卸載舊版本的 Docker，以 Ubuntu 作業系統為例，卸載 docker.io 的命令如下。

```
sudo apt-get remove docker docker-engine docker.io containerd runc
```

在 Ubuntu 上安裝 Docker-CE 非常直接：啟用 Docker 軟體來源、匯入 GPG key、安裝軟體套件即可。然後更新軟體套件索引，並且安裝必要的依賴軟體，添加一個新的 HTTPS 軟體來源。

```
sudo apt update
sudo apt install apt-transport-https ca-certificates curl gnupg-agent software-
properties-common
```

使用 curl 命令下載 GPG 金鑰（GPG key）並將其匯入系統，將 Docker APT 軟體來源添加到系統中就可以安裝 Docker APT 軟體來源中任何可用的 Docker 版本了。安裝命令如下。

```
sudo apt update
sudo apt install docker-ce docker-ce-cli containerd.io
```

如果要以非 root 使用者身份或 Docker 使用者身份執行 Docker 命令，那麼需要將使用者添加到 Docker 群組中。Docker 群組的成員可以執行 Docker 命令，而不必每次都使用 sudo 命令切換使用者執行。使用以下 usermod 命令將當前使用者追加到 Docker 群組中，$USER 是儲存當前使用者名稱的環境變數，newgrp 命令使 usermod 命令所做的更改在當前終端中生效。

```
sudo usermod -aG docker $USER
newgrp docker
```

也可以將以上命令使用「\」連接子一次性輸入。完成安裝工作後，執行以下命令，如果看到「Hello from Docker!」，那麼說明安裝成功。

```
indeed@indeed-virtual-machine:~/Desktop/se5$ docker container run hello-world
Hello from Docker!
This message shows that your installation appears to be working correctly.
```

14.2.2　上位機加載鏡像和 SDK 開發套件

BM1684 的官網提供了進行邊緣計算開發的全部資料和資源，此時需要下載 Docker 鏡像和 SDK 開發套件。它們位於官網的資料下載頁面，這兩個檔案都較大，將它們複製到 Ubuntu 作業系統的上位機，解壓後的檔案結構如圖 14-4 所示。

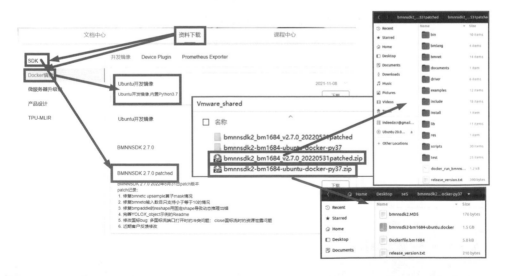

▲ 圖 14-4　解壓後的檔案結構

　　上位機執行 docker load 命令。上位機透過 docker load 命令將檔案大小為 1.5GB 的 bmnnsdk2-bm1684-ubuntu.docker 檔案加載進虛擬機器，docker load 命令會自動從網路下載必要的軟體。命令互動如下。

```
indeed@indeed-virtual-machine:~/Desktop/se5$ docker load -i ./bmnnsdk2-bm1684-ubuntu.
docker
b8c891f0ffec: Loading layer    120MB/120MB
33db8ccd260b: Loading layer  15.87kB/15.87kB
......
a0d8fdf74e98: Loading layer  1.536kB/1.536kB
7c0fd785c71d: Loading layer   2.56kB/2.56kB
Loaded image: bmnnsdk2-bm1684/dev:ubuntu16.04
indeed@indeed-virtual-machine:~/Desktop/se5$
```

　　切換進入 SDK 開發套件目錄，執行 SDK 開發套件下的 docker_run_bmnnsdk. sh 指令稿，即可進入 Docker 建立的虛擬環境。虛擬環境以「workspace」為命令提示符號，看到該提示符號後，說明成功進入 Docker 虛擬環境成功。命令互動如下。注意，成功進入以「workspace#」為命令提示符號的虛擬環境後，當前行以「#」結尾，「#」之後為程式設計人員輸入命令的游標停留處。命令列中的「#」與 Python 解碼中的註釋字元「#」，符號一樣，但內涵不一樣，容易引起誤解，請讀者注意區分。

```
indeed@indeed-virtual-machine:~/Desktop/se5/bmnnsdk2_bm1684_v2.7.0_20220531patched/
bmnnsdk2_bm1684_v2.7.0_20220531patched/bmnnsdk2-bm1684_v2.7.0$ ./docker_run_bmnnsdk.sh
/home/indeed/Desktop/se5/bmnnsdk2_bm1684_v2.7.0_20220531patched/bmnnsdk2_bm1684_
v2.7.0_20220531patched/bmnnsdk2-bm1684_v2.7.0
/home/indeed/Desktop/se5/bmnnsdk2_bm1684_v2.7.0_20220531patched/bmnnsdk2_bm1684_
v2.7.0_20220531patched/bmnnsdk2-bm1684_v2.7.0
bmnnsdk2-bm1684/dev:ubuntu16.04
docker run --network=host --workdir=/workspace --privileged=true -v /home/
indeed/Desktop/se5/bmnnsdk2_bm1684_v2.7.0_20220531patched/bmnnsdk2_bm1684_
v2.7.0_20220531patched/bmnnsdk2-bm1684_v2.7.0:/workspace -v /dev/shm --tmpfs /dev/
shm:exec -v /etc/localtime:/etc/localtime -e LOCAL_USER_ID=1000 -it bmnnsdk2-bm1684/
dev:ubuntu16.04 bash
root@indeed-virtual-machine:/workspace#
```

進入 workspace 下的 scripts 目錄，執行 install_lib.sh 指令稿，進行系統組態。命令互動如下。

```
root@indeed-virtual-machine:/workspace# cd /workspace/scripts/
root@indeed-virtual-machine:/workspace/scripts# ./install_lib.sh nntc
linux is Ubuntu16.04.5LTS\n\l
bmnetc and bmlang USING_CXX11_ABI=1
Install lib done !
```

由於當前上位機工作處於 cmodel 模式，所以使用 source 命令對上位機的環境進行相應的配置。程式如下。

```
root@indeed-virtual-machine:/workspace/scripts# source envsetup_cmodel.sh
/workspace/scripts /workspace/scripts
numpy version: 1.21.5
local numpy ver=1.21.5,require ver=1.14.6
/workspace/bmnet/bmnetc /workspace/scripts
WARNING: Skipping bmnetc as it is not installed.
......
```

完成配置後，輸入以下測試命令，如果命令順利執行，那麼說明虛擬環境安裝配置完畢。

```
cd /workspace/examples/SSD_object/cpp_cv_bmcv_bmrt/
make -f Makefile.arm clean && make -f Makefile.arm
```

看到以下資訊，說明上位機的所有配置已經成功完成。

```
root@indeed-virtual-machine:/workspace/scripts# cd /workspace/examples/ SSD_object/
cpp_cv_bmcv_bmrt/
root@indeed-virtual-machine:/workspace/examples/SSD_object/cpp_cv_bmcv_bmrt# make -f
Makefile.arm clean && make -f Makefile.arm
rm -f ssd300_cv_bmcv_bmrt.arm
aarch64-linux-gnu-g++ main.cpp ssd.cpp -g -O2 -Wall -std=c++11 -I../../../include/
opencv/opencv4 -I../../../include/ffmpeg -I../../../ include -I../../../include
-I../../../include/bmruntime -I../../../include/bmlib -I../../../include/third_party/
boost/include -I../../../NeuralNetwork/include  -DCONFIG_LOCAL_MEM_ADDRWIDTH=19 -lbmrt
-lbmlib -lbmcv -ldl -lopencv_core -lopencv_imgproc -lopencv_imgcodecs -lopencv_
videoio -lbmvideo -lswresample -lswscale -lavformat -lavutil -lprotobuf -lgflags -lglog
```

```
-lboost_system -lboost_filesystem -lpthread -lbmjpuapi -lbmjpulite -Wl,-rpath=../../../
lib/bmnn/soc -Wl,-rpath=../../../lib/opencv/soc -Wl,-rpath=../../../lib/ ffmpeg/soc
-Wl,-rpath=../../../lib/decode/soc -L../../../lib/thirdparty/soc -L../../../lib/bmnn/
soc -L../../../lib/opencv/soc -L../../../lib/ffmpeg/soc -L../../../lib/decode/soc -o
ssd300_cv_bmcv_bmrt.arm
```

上位機的全部 Python 軟體套件安裝目錄為 Docker 下的 /root/.local/lib/
python3.7/site-packages，開發者如果遇到不知名的錯誤或對 SDK 原始程式碼感興
趣，那麼可以進入上位機的 Docker 內的相應目錄查看 SDK 提供的用於偵錯的介面
程式。Docker 下的介面程式目錄結構如下。

```
root@indeed-virtual-machine:~/.local/lib/python3.7/site-packages# ls
Brotli-1.0.9.dist-info                  dash_bootstrap_components-1.2.0.dist-info
Flask-2.1.2.dist-info          dash_core_components
Flask_Compress-1.12.dist-info           dash_core_components-2.0.0.dist-info
__pycache__                    dash_cytoscape
_brotli.cpython-37m-x86_64-linux-gnu.so dash_cytoscape-0.3.0.dist-info
bmnetc                         dash_draggable
bmnetc-2.7.0.dist-info         dash_draggable-0.1.2.dist-info
bmnetd                         dash_html_components
bmnetd-2.7.0.dist-info         dash_html_components-2.0.0.dist-info
bmnetm                         dash_split_pane
bmnetm-2.7.0.dist-info         dash_split_pane-1.0.0.dist-info
bmneto                         dash_table
bmneto-2.7.0.dist-info         dash_table-5.0.0.dist-info
bmnetp                         flask
bmnetp-2.7.0.dist-info         flask_compress
bmnett                         ipykernel
bmnett-2.7.0.dist-info         ipykernel-5.3.4.dist-info
bmnetu                                  ipykernel_launcher.py
bmnetu-2.7.0.dist-info         itsdangerous
bmpaddle                       itsdangerous-2.1.2.dist-info
bmpaddle-2.7.0.dist-info       jsonschema
bmtflite                       jsonschema-3.2.0.dist-info
bmtflite-2.7.0.dist-info       onnxruntime
brotli.py                      onnxruntime-1.6.0.dist-info
click                          onnxruntime.libs
click-8.1.3.dist-info          ufw
dash                           ufw-1.0.0.dist-info
```

```
dash-2.5.1.dist-info          ufwio
dash_bootstrap_components     ufwio-0.9.0.dist-info
```

注意，關閉視窗重新進入時，需要再次啟動 Docker 並重新啟動虛擬環境，才能開始模型量化的相關工作。重新啟動 Docker 進入 workspace 命令提示符號的方法如下。

```
indeed@indeed-virtual-machine:~/Desktop/se5/bmnnsdk2_bm1684_v2.7.0_20220531patched/
bmnnsdk2_bm1684_v2.7.0_20220531patched/bmnnsdk2-bm1684_v2.7.0$ ./docker_run_bmnnsdk.sh
root@indeed-virtual-machine:/workspace#
workspace 環境下重新啟動虛擬環境的命令如下。
root@indeed-virtual-machine:/workspace# cd /workspace/scripts/
root@indeed-virtual-machine:/workspace/scripts# source envsetup_cmodel.sh
```

14.2.3　神經網路工具鏈和主要用途

BMNNSDK 是安裝在上位機中的開發套件。BMNNSDK 包含裝置驅動、執行時期函式庫（Runtime，簡稱執行時期）、標頭檔和相應工具。

BMNNSDK 的裝置驅動包含 PCIE 模式下需要使用的驅動，支援多種 Linux 發行版本本和 Linux 核心；包含 SOC 模式下需要的 ko 模組；可以直接安裝到開發板的 BM168x SOC Linux Release 系統中。

BMNNSDK 的執行時期函式庫是主要推理場景導向的深度學習推理引擎，它提供最大的推理輸送量和最簡單的應用部署環境。執行時期函式庫提供 3 層介面，包括網路級介面、layer 級介面、指令級介面；執行時期函式庫提供執行函式庫程式設計介面，開發者可以透過程式設計介面直接操作 bmlib 等底層介面，進行深度的訂製開發；執行時期函式庫支援多執行緒、多處理程序，具有併發處理能力。

BMNNSDK 的工具包含了編譯 Caffe 神經網路模型的 bmnetc 工具，編譯 TensorFlow 模型的 bmnett 工具，編譯 MxNet 模型、PyTorch 模型、DarkNet 模型、BITMAIN UFW 模型的相應工具。

BMNNSDK 的工具包含了負責模型分解合併的 bm_model.bin 工具，可以查看 bmodel 模型檔案的參數資訊；還包含了分析模型性能的 profiling 工具，該工具可以展示執行每一層所使用的指令和指令所消耗的時間。

　　我們在模型轉換階段使用較多的是 BMNNSDK 的 nntc 工具，nntc 工具是多個子工具的集合。如果需要轉換的模型是 TensorFlow 模型，那麼使用的是 nntc 工具中的 bmnett 子工具。我們在推理階段使用較多的是執行時期函式庫，執行時期函式庫呼叫的是 bmodel 模型檔案。執行時期函式庫支援 3 種呼叫方式，在插了計算加速卡的 x86 主機環境下，執行時期函式庫可以使用 PCIE 模式呼叫 bmodel 模型，對於邊緣端，執行時期函式庫以 SoC 方式呼叫 bmodel 模型檔案；對於 x86 主機，也可以使用執行時期函式庫的模擬功能測試 bmodel 模型檔案的性能。

14.2.4　針對 TensorFlow 模型的編譯方法

　　bmnett 編譯器是針對 TensorFlow 的模型的編譯器，它可以將 TensorFlow 的模型檔案（*.pb）編譯成執行時期環境所支援的神經網路模型檔案。而且在編譯的同時，可以選擇將每一個操作的 NPU 模型計算結果和 CPU 的計算結果進行對比，保證計算的正確性。下面分別介紹該編譯器的安裝步驟和使用方法。

　　安裝 bmnett 編譯器要求作業系統為 Linux 作業系統、Python 為 3.5 版本以上，TensorFlow 為 1.10 版本以上。bmnett 支援以 pip 的方式進行安裝，程式如下。安裝方式有兩種，其中最常用的方式是以 root 許可權安裝在系統目錄中的，該方式對應以下程式的第二行，使用這種方式安裝 bmnett 編譯器時需要輸入 root 密碼

```
pip install --user bmnett-x.x.x-py2.py3-none-any.whl
pip install bmnett-x.x.x-py2.py3-none-any.whl
```

　　BMNETT 安裝完成後，為了方便直接透過命令列呼叫，需要將 bmnett 編譯器的路徑添加到 LD_LIBRARY_PATH 環境變數中。具體做法是在當前命令列添加 bmnett 編譯器的路徑，或透過 Linux 的 export 命令，在 .bashrc 檔案中增加 LD_LIBRARY_PATH 的一行，設置方法如下。

```
export LD_LIBRARY_PATH=path_to_bmcompiler_lib
```

　　完成配置後，bmnett 編譯器就可以透過命令列直接呼叫了，呼叫規範如下。

```
python3 -m bmnett [--model=<TensorFlow 模型路徑 >] \
[--input_names=<string>] \
[--shapes=<string>] \
```

對模型進行編譯時，需要特別注意 SDK 中對於模型的若干限制，如本案例所介紹的 YOLO 神經網路中，進行矩陣資料分割時需要用到 Split 運算元，分割的數量為 9。但 SDK 對於 Split 運算元的限制是矩陣分割的數量 split_num 不能超過 8，遇到運算元分割數量過多的參數錯誤的提示訊息如下。解決方案是將一次分割分為多次切割。

```
2022-07-02 01:10:37.932177: I /workspace/nntoolchain/net_compiler/bmnett/src/
framework/ops.cpp:37] model/tf.split/split/split_dim [] 1
WARNING: Logging before InitGoogleLogging() is written to STDERR
I0702 01:10:37.933323    709 bmcompiler_net_interface.cpp:3174] [BMCompiler:F] split_
num<MAX_SPLIT_OUTPUT_NUM
I0702 01:10:37.933948    709 bmcompiler_net_interface.cpp:3174] [BMCompiler:F] ASSERT
info: split_num=9 must not be greater than max_output_num=8
```

14.3　浮點 32 位元模型部署的全流程

在 SE5 邊緣計算閘道上部署浮點 32 位元模型較為簡單，因為浮點 32 位元模型並不涉及模型量化，且計算精確率高。目前市面上支援浮點 32 位元模型部署的高算力邊緣計算系統不多，SE5 邊緣計算閘道在邊緣端提供的浮點 32 位元模型的算力支援大約介於英偉達的 10 系顯卡與 20 系顯卡之間。

14.3.1　訓練主機將 Keras 模型轉為單 pb 模型檔案

自由選擇負責訓練的主機，按照常規方法訓練神經網路從而生成浮點模型並儲存。儲存浮點模型時，需要儲存為以 pb 為副檔名的單 pb 模型檔案（有時簡稱為 pb 檔案），pb 模型檔案所儲存的模型是凍結模型（Frozen Model）。作者使用的是 Windows10 作業系統，所以所有的訓練工作和模型轉換工作都是在 Windows 的 Anaconda 上完成的，最終訓練完成的 Keras 模型也是在訓練主機上轉化為單 pb 模型檔案的。

　　單 pb 模型檔案內部儲存了神經網路的網路結構和權重參數，應該說透過一個 pb 模型檔案可以完全恢復一個神經網路。但請開發者注意，TensorFlow 從 2.X 開始使用儲存命令所儲存的 pb 格式的神經網路不再是單 pb 模型檔案，而是一個複合檔案夾。資料夾內部的以 pb 為副檔名的檔案僅儲存了神經網路的框架結構，其權重參數是儲存在 variables 目錄中的，這不符合 BM 系列邊緣計算硬體的模型編譯條件，因此需要使用專門的指令稿，將儲存在記憶體中的 Keras 模型轉為單 pb 模型檔案。相關指令稿可以在作者的 GitHub 主頁上獲得，作者的 GitHub 帳號為 fjzhangcr。該指令稿將轉換過程中獲得 pb 模型檔案的輸入 / 輸出節點名稱列印出來。以 YOLOV4 模型在解析度為 512 像素 ×512 像素的輸入影像的激勵下形成的輸出為案例，輸入節點名稱為 x，輸出節點名稱為 Identity 和 Identity_1，將浮點模型儲存為 pb 模型檔案，並將模型轉換資訊進行列印，列印輸出如下。

```
Frozen model inputs:
[<tf.Tensor 'x:0' shape=(1, 512, 512, 3) dtype=float32>]
Frozen model outputs:
[<tf.Tensor 'Identity:0' shape=(1, 16128, 4) dtype=float32>,
 <tf.Tensor 'Identity_1:0' shape=(1, 16128, 80) dtype=float32>]
```

　　使用 Netron 打開該 pb 檔案，可以看到輸出節點的名稱與列印結果一致，如圖 14-5 所示。

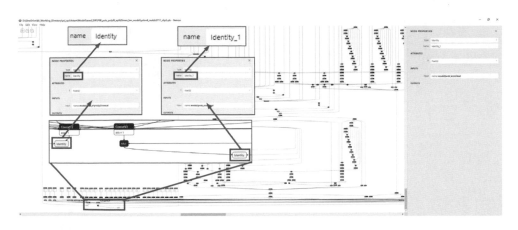

▲ 圖 14-5　使用 Netron 打開單 pb 模型檔案查看輸入 / 輸出節點名稱

14.3.2　上位機將單 pb 模型檔案編譯為 bmodel 模型檔案

　　將 pb 檔案複製到上位機，進而將其複製到上位機內的 Docker 環境內的目錄中（目錄是 /workspace/examples/nntc/bmnett/models/）。複製時可以使用 Docker 的複製命令，Docker 的複製命令是 docker cp，該命令後面是原始目錄和目標目錄。程式如下。

```
docker cp container_id:path_and_filename destination_path
docker cp source_path_filename container_id:destination_path
```

　　如果不知道當前的 container 的 id，那麼可以透過 docker ps 命令查看，作者當前的 container 的 ID 是 b077ab443ff6，繼續使用 docker cp 命令將 pb 檔案複製到 SDK 開發套件所在的 Docker 虛擬環境。程式如下。

```
indeed@indeed-virtual-machine:~/Desktop/se5$ docker cp /mnt/hgfs/Vmware_shared/
yolov4_polyfit_exp_realds5717_clip5_single_pb/yolov4_realds5717_clip5.pb b077ab443ff6:/
workspace/examples/nntc/bmnett/models/
```

　　複製完成後，進入 SDK 開發套件所在的 Docker 虛擬環境，使用 SDK 提供的 TensorFlow 模型轉換編譯器（BMCompiler）──bmnett 編譯器，將 pb 檔案轉為以 bmodel 為副檔名的編譯後的模型檔案。BMNETT 編譯器一般需要提供原模型檔案位置、輸入形狀、輸入節點名稱、輸出節點名稱、輸出資料夾這些參數，其他參數可以預設。

　　以 YOLOV4 為例，輸入形狀為 [1,512,512,3]，輸入節點名稱為 x，輸出節點有兩個，名稱為 Identity 和 Identity_1（兩個節點使用一串列行組合）。原模型檔案位置為 model，轉換後模型儲存位置為 outdir。模型轉換的 Python 程式如下。

```python
import os, shutil
import bmnett

model_name='yolov4_realds5717_clip5.pb'
input_shapes=[[1,512,512,3]]

model_dir='models/yolo_single_pb/'
model=model_dir+model_name
```

```
outdir_parent='python-output/yolo_bmodels/'
outdir_model=model_name.split('.')[0]
outdir=outdir_parent+outdir_model
if os.path.exists(outdir):
    print("destination exists, deleting it")
    shutil.rmtree(outdir)
os.makedirs(outdir)

input_names=['x',]
output_names=['Identity','Identity_1' ]

bmnett.compile(
    model=model,
    input_names=input_names,
    output_names=output_names,
    shapes=input_shapes,
    target='BM1684',
    outdir=outdir,
    dyn=False)
```

　　將以上程式儲存在上位機的 Docker 內，將檔案名稱儲存為 bmnett_build_bmodel.py，執行該 Python 指令稿即可生成 bmodel 模型檔案。在生成過程中，若看到以下資訊，則說明模型轉換成功。

```
root@indeed-virtual-machine:/workspace/examples/nntc/bmnett# python3 ./bmnett_build_
bmodel.py
......
============================================================
*** Instruction generation process for subnet 0
============================================================
......
============================================================
*** Store bmodel of BMCompiler...
============================================================
BMLIB Send Quit Message
Compiling succeeded.
root@indeed-virtual-machine:/workspace/examples/nntc/bmnett#
```

此時的 bmodel 模型檔案儲存在 Docker 虛擬機器內部，我們需要將它複製到下位機（SE5 微伺服器）中，以便邊緣端推理使用。

14.3.3　下位機讀取和探索 bmodel 模型檔案

將編譯後的 bmodel 模型檔案儲存於上位機的 Docker 虛擬環境中（/python-output/yolo_ bmodels/ 目錄下），我們要使用 docker cp 命令將 bmodel 模型檔案複製到上位機的磁碟中（/mnt/hgfs/Vmware_shared/）。上位機執行複製命令的程式如下。

```
indeed@indeed-virtual-machine:~/Desktop/se5$ docker cp  b077ab443ff6:/ workspace/
examples/nntc/bmnett/python-output/yolo_bmodels/yolov4_realds5717_clip5  /mnt/hgfs/
Vmware_shared/
```

當 bmodel 模型檔案已經儲存在上位機磁碟中以後，我們可以使用上位機的 xshell 軟體（一個流行的 SSH 工具）將 bmodel 模型檔案從上位機複製到下位機的磁碟中，如圖 14-6 所示。

▲ 圖 14-6　將生成的 bmodel 模型檔案複製到下位機（SE5 微伺服器）

在下位機中，使用 SDK 內的 example 目錄下的與物件辨識相關 Python 常式，載入 bmodel 編譯模型檔案進行推理。

SDK 中有大量的推理案例程式，這裡不一一展開。其關鍵是 SDK 所開放的名為 sail.Engine 的 API，常式使用該 API 建立了一個自訂的類別：Decoder 類別。Decoder 類別由於在該 API 的基礎上進一步進行抽象和封裝，所以在使用上更為簡便。Decoder 類別初始化時，需要提供 bmodel 模型檔案和 TPU_ID，其中 bmodel 模型檔案就是透過上位機生成的 bmodel 模型檔案儲存位置，TPU_ID 預設為 0（因為一般一個裝置內只有一個 TPU 晶片）。以 YOLOV4 標準版模型為例，初始化常數的程式如下。

```
MODEL_TAG='yolov4';
bmodel_path='./yolov4_realds5717_clip5/compilation.bmodel'


img_file_name='val_kite.jpg'


detect_threshold=0.25
nms_threshold=0.45
save_path='yolo_save'


tpu_id=0
is_video=False
loops=10


class_id_2_name={0: 'person', 1: 'bicycle', 2: 'car', 3: 'motorcycle', 4: 'airplane',
5: 'bus',  6: 'train', 7: 'truck', 8: 'boat', 9: 'traffic light',
......
}
```

在初始化程式中，將透過介面獲得當前硬體和當前神經網路資訊。程式如下。

```
# 建立一個邊緣端裝置的推理上下文
tpu_count = sail.get_available_tpu_num()
print('{} TPUs Detected, using TPU {} \n'.format(tpu_count, tpu_id))
engine = sail.Engine(bmodel_path, tpu_id, sail.IOMode.SYSIO)
handle = engine.get_handle()
graph_name = engine.get_graph_names()[0]
graph_count = len(engine.get_graph_names())
```

```
print("{} graphs in {}, using {}".format(graph_count, bmodel_path, graph_name))
```

列印如下。

```
1 TPUs Detected, using TPU 0

bmcpu init: skip cpu_user_defined
open usercpu.so, init user_cpu_init
[BMRT][load_bmodel:1018] INFO:Loading bmodel from [./yolov4_realds5717_clip5/
compilation.bmodel]. Thanks for your patience...
[BMRT][load_bmodel:982] INFO:pre net num: 0, load net num: 1
1 graphs in ./yolov4_realds5717_clip5/compilation.bmodel, using user_net
```

可見，初始化程式探測出下位機（SE5 微伺服器）包含一個 TPU，所載入的 bmodel 神經網路檔案內部有一個子圖。

進一步地，我們透過輸入節點名稱（x，儲存在 input_names 中）獲取輸入節點的其他資訊，將節點的相關資訊列印如下。

```
# 將輸入張量給予值給輸入節點
input_names    = engine.get_input_names(graph_name)
input_tensors  = {}
input_shapes   = {}
input_scales   = {}
input_dtypes   = {}
inputs         = []
input_w        = 0
input_h        = 0
for input_name in input_names:
    input_shape = engine.get_input_shape(graph_name, input_name)
    input_dtype = engine.get_input_dtype(graph_name, input_name)
    input_scale = engine.get_input_scale(graph_name, input_name)

    input_w = int(input_shape[-3])
    input_h = int(input_shape[-2])

    print("[{}] create sail.Tensor for input: {} ".format(input_name, input_shape))
    input = sail.Tensor(handle, input_shape, input_dtype, False, False)
```

```
    inputs.append(input)
    input_tensors[input_name] = input
    input_shapes[input_name] = input_shape
    input_scales[input_name] = input_scale
    input_dtypes[input_name] = input_dtype
```

輸出節點名稱 Identity 和 Identity_1 儲存在 output_names 中，接下來我們可以繼續根據輸出節點名稱獲取輸出節點其他資訊。儲存和列印相關程式如下。

```
# 提取輸出張量
output_names    = engine.get_output_names(graph_name)
output_tensors  = {}
output_shapes   = {}
output_scales   = {}
output_dtypes   = {}
outputs         = []
# 對輸出的多個張量開啟一個一個張量提取的迴圈
for output_name in output_names:
    output_shape = engine.get_output_shape(graph_name, output_name)
    output_dtype = engine.get_output_dtype(graph_name, output_name)
    output_scale = engine.get_output_scale(graph_name, output_name)

    # 一個一個提取輸出張量並列印
    print("[{}] create sail.Tensor for output: {} ".format(output_name, output_shape))
    output = sail.Tensor(handle, output_shape, output_dtype, True, True)

    outputs.append(output)
    output_tensors[output_name] = output
    output_shapes[output_name] = output_shape
    output_scales[output_name] = output_scale
    output_dtypes[output_name] = output_dtype
```

輸入 / 輸出節點資訊列印如下。列印資訊中分別顯示了輸入節點 [x] 的形狀，以及兩個輸出節點 [Identity] 和 [Identity_1] 的形狀。

```
[x] create sail.Tensor for input: [1, 512, 512, 3]
[Identity] create sail.Tensor for output: [1, 16128, 4]
[Identity_1] create sail.Tensor for output: [1, 16128, 80]
```

確認輸入 / 輸出節點的形狀和資料型態，程式如下。

```
print("========================================")
print("BModel: {}".format(bmodel_path))
print("Input : {}, {}".format(input_shapes, input_dtypes))
print("Output: {}, {}".format(output_shapes, output_dtypes))
print("========================================")
```

列印如下。

```
BModel: ./yolov4_realds5717_clip5/compilation.bmodel
Input : {'x': [1, 512, 512, 3]}, {'x': Dtype.BM_FLOAT32}
Output: {'Identity_1': [1, 16128, 80], 'Identity': [1, 16128, 4]}, {'Identity_1':
Dtype.BM_FLOAT32, 'Identity': Dtype.BM_FLOAT32}
```

可見，邊緣端能正確辨識神經網路的輸入 / 輸出資料型態，均為浮點 32 位元的資料。

14.3.4　下位機使用 bmodel 模型檔案進行推理

可以使用 CV2 模組讀取磁碟的圖片檔案，並在第一時間進行圖片的縮放操作以適應神經網路輸入資料形狀的要求。由於神經網路是浮點 32 位元的輸入 / 輸出，所以輸入資料的動態範圍是 [0,1]，因此所有像素點必須除以 255，以確保動態範圍符合 [0,1] 的要求。另外，將 CV2 的通道排列從 BGR 轉化為 RGB 後，才能進行處理。

根據 SDK 的規範，輸入神經網路的資料必須是由節點名稱與資料矩陣組成的字典，所以需要將 input_name 和 input_data 組成字典 input_tensors。程式如下。

```
cv2_im_bgr = cv2.imread(img_file_name)
img_w_ori, img_h_ori, img_chn_ori = cv2_im_bgr.shape
inference_size = (input_w, input_h)
cv2_im_rgb = cv2.cvtColor(cv2_im_bgr, cv2.COLOR_BGR2RGB)
cv2_im_rgb = cv2.resize(cv2_im_rgb, inference_size)
img_w, img_h, img_chn = cv2_im_rgb.shape
print("img[W-H-C] resized from [{}] to [{}]".format(cv2_im_bgr.shape, cv2_im_rgb.
shape))

cv2_im_rgb=np.float32(cv2_im_rgb)
```

```
cv2_im_rgb = cv2_im_rgb/255
print("img pixel ranging from [{}] to [{}]".format(cv2_im_rgb.min(), cv2_im_rgb.
max()))

cv2_im_rgb = np.expand_dims(cv2_im_rgb, axis=0)
# 為提高邊緣端處理效率，使用 NumPy 的 ascontiguousarray 方法，將輸入陣列設置為「C 連續」陣列
cv2_im_rgb = np.ascontiguousarray(cv2_im_rgb)
print("img expand dims as shape of [{}]".format(cv2_im_rgb.shape))

input_data=cv2_im_rgb.copy()
input_data = np.array(input_data, dtype=np.float32)
print("input_data shape: ", input_data.shape)
input_tensors = {input_name: input_data}
```

在程式中使用了 NumPy 的 ascontiguousarray 方法，將輸入陣列設置為「C 連續」陣列。這是因為 NumPy 儲存陣列分為行連續（或稱為 C 連續 /C contiguous）和列連續（或稱為 Fortran 連續 /Fortran contiguous）兩種，它們分別按行或按列將高維資料排列為一維陣列，以便於節約電腦記憶體。前置處理階段的資訊列印如下。

```
img[W-H-C] resized from [(900, 1352, 3)] to [(512, 512, 3)]
img pixel ranging from [0.0] to [1.0]
img expand dims as shape of [(1, 512, 512, 3)]
input_data shape:  (1, 512, 512, 3)
```

可見，輸入影像的解析度已經從 900 像素 ×1352 像素縮放到 512 像素 ×512 像素，像素點的設定值從 [0, 255] 壓縮到 [0, 1]，並且在輸入資料的第一個維度上增加了批次的維度。

呼叫推理執行時期實例 Engine 的 process 方法，執行推理工作。程式如下。

```
# ========================================
t1 = time.time()
# ========================================
outputs = engine.process(graph_name, input_tensors)
# ========================================
t2 = time.time()
# ========================================
```

14-27

　　將推理輸出儲存在一個字典中，將字典命名為 outputs。本案例中有兩個輸出，所以 outputs 是一個有兩個鍵的字典，我們分別提取這兩個鍵對應的值，根據最後一個維度的尺寸進行命名。其中，boxes_x1y1x2y2 的形狀為 [batch,nboxes,4]，batch 是批次維度，nboxes 表示為一幅影像預測的矩形框總數，最後一個維度為 4，它表示物件辨識的矩形框左上角和右下角的角點座標，同理，prob 的最後一個維度為 80，它表示物件辨識分類的數量。程式如下。

```
print('outputs.keys : ',outputs.keys())
outputs = list(outputs.values())
print("outputs size: {}".format(len(outputs)))
# [1, 25500, 4] 是 bbox 的形狀，最後一個維度分別是 x1,y1,x2,y2
# [1, 25500, 80] 是 prob 的形狀
print("output tensor 0 = {} , output tensor 1 = {} ".format(
    outputs[0].shape, outputs[1].shape))

# 根據形狀的最後一個維度是 4 或 80，將神經網路輸出的兩個張量分別命名為 boxes_x1y1x2y2 和 prob
for i in range(2):
    if outputs[i].shape[-1] == 4:
        boxes_x1y1x2y2 = outputs[i]
    elif outputs[i].shape[-1] == len(class_id_2_name):
        prob = outputs[i]
```

　　對於輸出資料的探索如下。

```
outputs.keys :  dict_keys(['Identity_1', 'Identity'])
outputs size: 2
output tensor 0 = (1, 16128, 80) ,
output tensor 1 = (1, 16128, 4)
```

　　使用之前設計的 NMS 演算法，對輸出的預測矩形框 boxes_x1y1x2y2 和預測機率 prob 進行後處理，將處理結果寫入磁碟。根據前置處理計時節點、推理開始計時節點、推理輸出計時節點、NMS 後處理計時節點，分別計算前置處理時間、推理時間、後處理時間。獲得的列印結果如下。

```
pre_process cost [50.63796043395996 ms]
post_process cost [175.74763298034668 ms]
inference cost [63.65704536437988] ms, infer_FPS=[15.709180252961644]
total_time cost [290.0426387786865] ms, total_FPS=[3.4477689356668613]
```

　　可見，推理部分只占用了 63.66ms，等效每秒顯示畫面為 15.7fps。由於推理指令稿的影像前置處理和後處理使用的是開發者較為熟悉的 CV2 函式程式庫，並且 CV2 函式程式庫是在 CPU 中執行的，所以耗時較長。當然，也可以使用裝置提供商提供的硬體解碼專用 SDK 中的 BMCV 模組代替 CV2 進行處理，處理效率可以大幅提高。由於涉及了大量的 BMCV 的使用規範，所以此處不再展開介紹。

　　將 YOLOV3 和 YOLOV4 的標準版和簡版進行同樣的測試，對包含海灘和風箏的影像進行處理，處理結果如圖 14-7 所示。

▲ 圖 14-7　使用 SE5 微伺服器進行浮點 32 位元的 YOLO 模型的推理結果對比圖

　　除了使用 SDK 開發套件內的 BMCV 模組代替常規的 CV2 模組來提升處理效率，還可以使用多批次同時處理的技術，將多路影像進行合併處理。舉例來說，同時將 4 路影像進行合併處理，相當於處理速度變為原來的 4 倍。並行處理的檢測方法大同小異，具體可以登入廠商的官網查看相應常式。

14.4　邊緣端全整數量化模型部署

BM1684 支持的是對稱量化，即零點只能設定值為 0，BM1684x 支援非對稱量化，即零點可以取非零值。本書以僅支持對稱量化的 BM1684 為例進行講解，非對稱量化裝置的操作與對稱量化裝置的操作完全一致。

14.4.1　在上位機 Docker 內製作代表資料集

將神經網路進行整數量化時，需要透過代表資料集感知每個張量的動態範圍。張量的動態範圍需要透過一定數量的資料集的驅動才能獲得，所以此處需要使用廠商提供的代表資料集生成工具，生成的代表資料集是一個以 mdb 為副檔名的檔案。將代表資料集檔案儲存在磁碟以後，應當再次檢查磁碟上的代表資料集是否符合神經網路輸入資料形狀的要求。

參考 Docker 內的 /workspace/examples/calibration/create_lmdb_demo 目錄下的 convert_imageset.py 檔案，製作一個符合自己神經網路輸入資料要求的代表資料集。此處的代表資料集生成程式是作者根據 BM1684 廠商官方提供的 PyTorch 常式改編的。

程式的前半部分用於解析命令列參數並清空目標目錄。程式如下。

```
from ufwio.io import LMDB_Dataset
import argparse

parse = …
image_list = gen_imagelist(args)

lmdbfile = os.path.join(args.imageset_lmdbfolder,"data.mdb")
if os.path.exists(lmdbfile):
    ……
```

新建 LMDB_Dataset 物件，遍歷命令列所指定的圖片資料夾內的圖片檔案，執行 3 個操作：讀取、縮放、增加批次維度。其中需要特別注意的是，PyTorch 對於圖像資料的輸入維度要求是「通道在前」（channel first），即 channel 在寬度和高度的維度之前，即輸入資料的形狀為 [batch,channel,height,width]，而

TensorFlow 的要求是「通道在後」（channel last），即 channel 在寬度和高度的維度之後，即輸入資料的形狀為 [batch,height,width,channel]，所以在官方提供的參考程式中，需要將改變維度順序的程式刪掉，才能符合 TensorFlow 的代表資料集生成要求。另外，官方推薦提供幾百張圖片用於代表資料集，此處設置為隨機打亂順序後的 1000 個影像樣本，確保代表資料集具有廣泛的代表性，核心程式如下。請注意，程式中作者故意保留了 cv_img.transpose 的那行程式，那行程式是官方常式中針對 PyTorch 的輸入資料要求設計的程式，由於本書介紹的是以 TensorFlow 為基礎的程式設計，所以那行程式加上了「#」首碼進行註釋和遮罩。

```
lmdb = LMDB_Dataset(args.imageset_lmdbfolder)
for i,image_path in enumerate(image_list[0:1000]):
    print('[{:04d}]: reading image {}'.format(i,image_path))
    cv_img = read_image_to_cvmat(
        image_path,
        args.resize_height, args.resize_width, args.gray)
    print('cv_imge after resize {}'.format(cv_img.shape))

    # cv_img = cv_img.transpose([2,0,1])
    # 此行程式用於在 PyTorch 環境下將輸入圖像資料維度轉置為 [channel,w,h]，如果開發者使用的是
TensorFlow 程式設計框架，那麼需要將此行刪除
    cv_img = np.expand_dims(cv_img,axis=0)

    lmdb.put(np.ascontiguousarray(cv_img, dtype=np.float32))
    print('cv_imge dims changed to {}'.format(cv_img.shape))

lmdb.close()
```

修改好該代表資料集並生成指令稿後，就可以在 Docker 的命令列啟動該指令稿了，啟動時輸入目的檔案夾（output_lmdb）、來源圖片資料夾（VOC2012_JPEGImages）、影像縮放尺寸參數（512 像素 ×512 像素）。Docker 命令列啟動指令稿的命令如下。

```
root@indeed-virtual-machine:/workspace/examples/calibration/create_lmdb_demo# python3
convert_ imageset.py \
>    --imageset_rootfolder=./VOC2012_JPEGImages \
>    --imageset_lmdbfolder=./output_lmdb \
>    --resize_height=512 \
```

```
>       --resize_width=512 \
>       --shuffle=True \
>       --bgr2rgb=True \
>       --gray=False
[0000]: reading image /workspace/examples/calibration/create_lmdb_demo/ VOC2012_
JPEGImages/2008_001139.jpg
original shape: (500, 334, 3)
cv_imge after resize (512, 512, 3)
cv_imge dimention changed to (1, 512, 512, 3)
```

可見，所有影像都已經被縮放為 512 像素 ×512 像素的尺寸並增加了批次維度。

完成代表資料集生成工作後，應當養成測試代表資料集的良好習慣。官方也提供了標準的代表資料集檢查工具 ufwio.lmdb_info，它位於 Docker 內的 Python 軟體套件倉庫中，可以直接透過 Python 呼叫，呼叫後將列印代表資料集的每個樣本的形狀。將儲存代表資料集的目錄 output_lmdb 提供給代表資料集檢查工具 ufwio.lmdb_info，獲得的輸出如下。

```
root@indeed-virtual-machine:/workspace/examples/calibration/create_lmdb_ demo# python3
-m ufwio.lmdb_info /workspace/examples/calibration/create_lmdb_ demo/output_lmdb

Name,     DType, Shape, Data
0000000000__, float32,(1, 512, 512, 3),[107.  88.  81. ...  68.  50.  40.]
0000000001__, float32,(1, 512, 512, 3),[175. 188. 205. ... 255. 255. 255.]
......
```

可見，代表資料集可以正確輸出的形狀為 [1, 512, 512, 3]，其格式為 float32。至此，在 Docker 內製作代表資料集的工作全部完成。

14.4.2　在上位機 Docker 內生成 fp32umodel 模型檔案

BMNNSDK 工具套件提供了 ufw.tools 工具，該工具將 TensorFlow 的單 pb 模型檔案製作成 fp32umodel 檔案。官方提供了參考常式，參考常式名為 resnet50_v2_to_umodel.py，它位於 Docker 內的 /workspace/exam ples/calibration/tf_to_fp32umodel_demo/ 目錄下。參考常式呼叫了 ufw.tools 工具，呼叫時需要指定 pb

模型檔案路徑，生成 fp32umodel 模型檔案的存放路徑，指定 pb 模型檔案的輸入 /
輸出節點名稱，以及代表資料集。其他參數為可選配置。

我們參考常式製作名為 yolo_to_fp32umodel.py 的指令稿，它將生成 YOLOV4 的
fp32umodel 格式的模型檔案。指令稿程式如下。

```
import os
os.environ['GLOG_minloglevel'] = '2'
import ufw.tools as tools

tf_model = [
    '-m', '/workspace/examples/nntc/bmnett/models/yolo_single_pb/yolov4_ realds5717_
clip5.pb',
    '-i', 'x',
    '-o', 'Identity,Identity_1',
    '-s', '(1, 512, 512, 3)',
    '-d', '/workspace/examples/calibration/tf_to_fp32umodel_demo/output_
fp32umodel_512_512_3',
    '-n', 'yolov4',
    '-D', '/workspace/examples/calibration/create_lmdb_demo',
    '--cmp',
    '--no-transform'
]

if __name__ == '__main__':
    tools.tf_to_umodel(tf_model)
```

在 Docker 內執行該指令稿後，將得到以下輸出，並在指定的目標目錄 output_
fp32umodel_ 512_512_3 下獲得一個以 fp32umodel 為副檔名的模型檔案。程式執
行輸出如下。注意，以下程式是在虛擬環境下執行的，所以「#」代表命令提示符
號，並非註釋符號。

```
root@indeed-virtual-machine:/workspace/examples/calibration/ tf_to_fp32umodel_demo#
python3 yolo_to_fp32umodel.py
......
Layer 'model/pred_objectness_0_hi_res/Reshape', type [Reshape]
        Check blob 'model/pred_objectness_0_hi_res/Reshape'
        --------------------------------------
```

```
    |   (Diff>1e-03)/Total |      maxDiff |
    ---------------------------------------
    |                 0/4096 | 5.82077e-08 |
    ---------------------------------------
Layer 'model/pred_objectness/concat', type [Concat]
    Check blob 'model/pred_objectness/concat'
    ---------------------------------------
    |   (Diff>1e-03)/Total |      maxDiff |
    ---------------------------------------
    |                0/16128 |  7.7486e-07 |
    ---------------------------------------
Layer 'Identity_1', type [BroadcastBinary]
    Check blob 'Identity_1'
    ---------------------------------------
    |   (Diff>1e-03)/Total |      maxDiff |
    ---------------------------------------
    |              0/1290240 | 1.10269e-06 |
    ---------------------------------------
=============== UModel Data Check Summary ===============
--------------------------------------------------------
Max diff is : 0.000135899, at layer 'model/conv2d_88/Conv2D@otrans'
=========================> PASS <=========================
Compiling succeeded.
```

　　本節的 pb 模型轉為 fp32umodel 較為消耗記憶體，建議開發者在此處配置 12GB 以上記憶體的電腦執行此轉換指令稿。若記憶體不足，可能出現「exit code=137」的編譯錯誤，增加電腦記憶體即可解決此故障。記憶體溢位的錯誤程式如下。

```
compile failed, exit code=137
<class 'SystemExit'> 137 <traceback object at 0x7f100f417b48>
```

　　完成 fp32umodel 的模型生成工作後，Docker 的磁碟內將增加一個 output_ fp32umodel_ 512_512_3 資料夾，內含 3 個檔案：io_info.dat、yolov4_bmnett. fp32umodel 和 yolov4_bmnett_ test_fp32.prototxt。 其 中，yolov4_bmnett. fp32umodel 檔案較大，是神經網路的權重檔案，yolov4_bmnett_test_fp32.prototxt 檔案較小，是神經網路的結構檔案。在虛擬環境下輸入「ls」命令查看目錄結構的列印資訊如下。同樣，「#」代表命令提示符號，並非註釋符號。

```
root@indeed-virtual-machine:/workspace/examples/calibration/tf_to_fp32umodel_de
mo# ls
README.md   output_fp32umodel_512_512_3
yolo_to_fp32umodel.py   models   resnet50_v2_to_umodel.py
root@indeed-virtual-machine:/workspace/examples/calibration/tf_to_fp32umodel_de
mo# ls output_fp32umodel_512_512_3/
io_info.dat   yolov4_bmnett.fp32umodel   yolov4_bmnett_test_fp32.prototxt
```

14.4.3　手動增加 fp32umodel 模型檔案的輸入層映射運算元

由於 BM1684 在載入整數量化模型時，只能接受整數 INT8 資料的輸入，而整數 INT8 的動態範圍是 [-128,+127]，它往往與開發者所設計的神經網路輸入動態範圍不一致。舉例來說，作者所使用的 YOLOV4 模型的輸入資料動態範圍是 [0,+1]。

因此，廠商提供了一個轉換運算元 transform_op，需要在生成 fp32umodel 以後，手動修改其以 prototxt 為副檔名的神經網路結構檔案。修改原理是，在其第一層（資料登錄層）增加一個 transform_op 運算元。具體的修改方法是，透過添加一個 scale=0.003912 的縮放因數，將輸入影像的像素動態範圍 [0,255] 縮放到 [0,+1]，以符合作者所設計的 YOLOV4 神經網路的輸入的動態範圍。修改內容如下。

```
layer {
  name: "x"
  type: "Data"
  top: "x"
  include {
    phase: TEST
  }
  transform_param {
    transform_op {
      op: STAND
      scale: 0.003912
    }
  }
  data_param {
    source: "/workspace/examples/calibration/create_lmdb_demo/output_lmdb"
    batch_size: 0
```

```
    backend: LMDB
  }
}
```

14.4.4　對 fp32umodel 模型檔案進行最佳化

在將 fp32umodel 轉化為 int8umodel 之前，必須對 fp32umodel 浮點網路進行最佳化。最佳化的內容包括將批次歸一化演算法與數值映射合併，將前處理運算元融合到網路中，並且刪除推理過程中不必要的運算元等。

最佳化使用的是 calibration_use_pb 程式，只需要制定 3 個參數：graph_transform 關鍵字、model 關鍵字和 weights 關鍵字。其中，graph_transform 關鍵字使用預設配置，model 和 weights 關鍵字分別指向 fp32model 的網路結構檔案和網路權重檔案。程式如下。其中，「#」代表命令提示符號，並非註釋符號。

```
root@indeed-virtual-machine:/workspace/examples/calibration/tf_to_ fp32umodel_
demo# calibration_use_pb graph_transform -model=/workspace/ examples/calibration/
tf_to_fp32umodel_demo/output_fp32umodel_512_512_3/yolov4_ bmnett_test_fp32.prototxt
-weights=/workspace/examples/calibration/tf_to_ fp32umodel_demo/output_fp32umodel_
512_512_3/yolov4_bmnett.fp32umodel
```

輸出如下。

```
......
Success: only_one_compare!
Output proto: /workspace/examples/calibration/tf_to_fp32umodel_demo/ output_
fp32umodel_512_512_3/yolov4_bmnett_test_fp32.prototxt_optimized
Output model: /workspace/examples/calibration/tf_to_fp32umodel_demo/ output_
fp32umodel_512_512_3/yolov4_bmnett.fp32umodel_optimized
Finished graphtransform
root@indeed-virtual-machine:/workspace/examples/calibration/tf_to_ fp32umodel_de
mo#
```

經過最佳化，生成了兩個以 _optimized 為尾碼的網路檔案，分別是與 .fp32umodel 對應的儲存網路權重的 .fp32umodel_optimized 檔案，以及與 .prototxt 對應的儲存網路結構的 .prototxt_optimized 檔案。

14.4.5 在上位機 Docker 內將 fp32umodel 模型檔案編譯為 int8umodel 模型檔案

有了 fp32umodel 模型後，BMNNSDK 提供了 calibration_use_pb 程式，將 fp32umodel 編譯為全整數量化的 int8umodel。calibration_use_pb 程式的呼叫方法如下。

```
$ calibration_use_pb  \
        quantize \                          # 固定參數
        -model= PATH_TO/*.prototxt \        # 網路結構檔案
        -weights=PATH_TO/*.fp32umodel       # 網路係數檔案
        -iterations=200 \                   # 迭代次數
        -winograd=false    \                # 可選參數
        -graph_transform=false \            # 可選參數
        -save_test_proto=false              # 可選參數
```

對於本案例，需要具體指定網路結構檔案和權重檔案，指定量化迭代次數 200 和量化目標 TO_INT8，並且將 conv2d_93、conv2d_101、conv2d_109 這三層（這三層剛好對應 YOLO 神經網路中的預測網路）編譯為浮點 32 位元，其他編譯為全整數 INT8，程式如下。其中，「#」代表命令提示符號，並非註釋符號。

```
root@indeed-virtual-machine:/workspace/examples/calibration/tf_to_ fp32umodel_demo#
calibration_use_pb  \
    quantize \
    -model=/workspace/examples/calibration/tf_to_fp32umodel_demo/ output_
fp32umodel_512_512_3/yolov4_bmnett_test_fp32.prototxt_optimized  \
    -weights=/workspace/examples/calibration/tf_to_fp32umodel_demo/ output_
fp32umodel_512_512_3/yolov4_bmnett.fp32umodel_optimized \
    -iterations=200 \
    --bitwidth=TO_INT8 \
    -fpfwd_outputs='model/conv2d_93/BiasAdd@otrans,model/conv2d_101/
BiasAdd@otrans,model/conv2d_109/BiasAdd@otrans'
```

此處轉換需要迭代 200 次，以便轉換程式能感知到每個張量的動態範圍，因此較為耗時（1 ～ 2h）。感知完成後，INT8 全整數模型也已經製作完成。製作過程的輸出如下。其中，「#」代表命令提示符號，並非註釋符號。

```
I0706 03:43:35.200451    197 cali_core.cpp:1165] calibration for layer = Identity_1
I0706 03:43:35.200461    197 cali_core.cpp:1166]  id=1349 type:BroadcastBinary ...
I0706 03:43:35.200477    197 cali_core.cpp:1259]  intput 0: scaleconvertbacktofloat_
input_mul =0.00249853
I0706 03:43:35.200489    197 cali_core.cpp:1259]  intput 1: scaleconvertbacktofloat_
input_mul =0.00255425
I0706 03:43:35.200497    197 cali_core.cpp:1263]  output 0 scaleconvertbacktofloat_
output_mul =0.00236635
I0706 03:43:35.200505    197 cali_core.cpp:1266]  forward_with_float = 0
I0706 03:43:35.200512    197 cali_core.cpp:1267]  output_is_float = 0
I0706 03:43:35.200520    197 cali_core.cpp:1268]  is_shape_layer  = 0
I0706 03:43:35.200527    197 cali_core.cpp:1269]  use_max_as_th =0
I0706 03:43:35.200534    197 cali_core.cpp:1270]  quant to version =0

I0706 03:44:08.030673    197 network_transform.cpp:717] prune data layer type 0
I0706 03:44:08.053717    197 network_transform.cpp:717] prune data layer type 0
/usr/bin/dot
I0706 03:45:16.160625    197 cali_core.cpp:1474] used time=1 hour:24 min:37 sec
I0706 03:45:16.160714    197 cali_core.cpp:1476] int8 calibration done.
root@indeed-virtual-machine:/workspace/examples/calibration/tf_to_fp32umodel_de
mo#
```

BMNNSDK 的 calibration use pb 程式執行完成後，它會在存放 fp32umodel 的神經網路的資料夾下新增所生成的全整數量化神經網路檔案，包括 *.int8umodel 檔案、*_test_fp32_ unique_top.prototxt 檔案、*_test_int8_unique_top.prototxt 檔案。

其中，*.int8umodel 檔案即量化生成的 INT8 格式的網路係數檔案，*_test_fp32_unique_ top.prototxt 檔案即 FP32 格式的網路結構檔案，*_test_int8_unique_top.prototxt 檔案即 int8 格式的網路結構檔案，該檔案包含資料登錄層，它與命令列輸入的原始 fp32umodel 的 prototxt 網路結構檔案的差別在於，各層的輸出 blob 是唯一的，不存在 in-place（in-place 指的是直接改變給定向量、矩陣或張量的內容而不需要複製的運算，一般為了節約儲存空間）的情況。

14.4.6　umodel 模型檔案的偵錯技巧

在生成 umodel（不論是 fp32umodel 還是 int8umodel）模型檔案以後，可以使用 ufw 工具對模型的輸入 / 輸出進行驗證和測試。ufw 工具執行在 CPU 上，它提供 Python 介面和 C++ 介面供使用者呼叫。以 Python 介面為例，一個典型的核心 Python 程式如下。程式中，先打開 umodel 模型檔案，載入輸入資料，然後根據模型某張量名稱獲得該張量的資料結果。

```
import ufw
ufw.set_mode_cpu() # 當待測模型是 FP32 模式時
ufw.set_mode_cpu_int8() # 當待測模型是 INT8 模式時
# 執行 FP32 網路時，指定網路模型檔案
model = './models/ssd_vgg300/ssd_vgg300_deploy_fp32.prototxt'
weight = './models/ssd_vgg300/ssd_vgg300.fp32umodel'
# 執行 INT8 網路時，指定網路模型檔案
model = './models/ssd_vgg300/ssd_vgg300_deploy_int8.prototxt'
weight = './models/ssd_vgg300/ssd_vgg300.int8umodel'
ssd_net = ufw.Net(model, weight, ufw.TEST)  # 建立網路
......

input_data=cv2.imread('demo.jpg')
......

ssd_net.fill_blob_data({blob_name: input_data}) # 將資料登錄網路
ssd_net.forward() # 神經網路推理
ssd_net.get_blob_data(blob_name)  # 搜集網路推理結果
```

14.5　模型的編譯和部署

本節將介紹與下位機部署密切相關的模型編譯和推理程式。

14.5.1　上位機將 int8umodel 模型檔案編譯為 bmodel 模型檔案

BMNNSDK 的 calibration use pb 程式製作的 .int8umodel 格式的量化模型只是一個臨時的中間模型檔案。量化模型需要被進一步編譯為可以在 SE5 邊緣計算閘道執行的 int8bmodel。編譯使用的「原材料」就是 BMNNSDK 的 calibration_use_pb 程式製作的 *.int8umodel 檔案和 *_deploy_int8_unique_top.prototxt 檔案。

BMNNSDK 內也提供了兩種快速進行模型編譯的方式：命令列方式和 Python 指令稿方式。

命令列方式的呼叫方法如下。

```
bmnetu -model=<path> \
       -weight=<path> \
       -shapes=<string> \
       -net_name=<name> \
       -opt=<value> \
       -dyn=<bool> \
       -prec=<string> \
       -outdir=<path> \
       -cmp=<bool> \
       -mode=<string>
```

對於 Python 指令稿呼叫，需要指定編譯目標的資料格式為 INT8，此外需要指定 INT8 量化模型的結構檔案和權重檔案，指定 INT8 編譯模型的輸出資料夾，其他選項為可選項。將 INT8 模型編譯的 Python 指令稿命名為 yolo_to_int8bmodel.py。程式如下。

```
import bmnetu
## 編譯 int8model 神經網路模型檔案
model = "/workspace/examples/calibration/tf_to_fp32umodel_demo/ output_
fp32umodel_512_512_3/yolov4_bmnett_deploy_int8_unique_top.prototxt"          # 必填，整
數量化的 prototxt 檔案位置
weight = "/workspace/examples/calibration/tf_to_fp32umodel_demo/ output_
fp32umodel_512_512_3/yolov4_bmnett.int8umodel" # 必填，整數量化的 int8umodel 檔案位置
outdir = "/workspace/examples/calibration/tf_to_fp32umodel_demo/ output_
fp32umodel_512_512_3/output_INT8_compiled_model" # 必填，INT8 編譯輸出資料夾
prec = "INT8" # 必填，如果不填，那麼編譯為 FP32 模式
shapes = [[1,512,512,3]] # 選填，如果不填，那麼使用 prototxt 所描述的輸入資料形狀
net_name = "yolov4" # 選填，如果不填，那麼預設使用 prototxt 所描述的網路名稱
opt = 2 # 選填 0、1 或 2，預設為 2
dyn = False # 選填 True 或 False，預設為 False
cmp = True # 選填 True 或 False，預設為 True
bmnetu.compile(
    model = model, weight = weight, net_name = net_name,
    outdir = outdir, shapes = shapes)
```

程式中用到的 bmnetu 是 BMNNSDK 針對 BM1684 加速晶片的 UFW（Unified Framework）模型編譯器，可將神經網路的 umodel（unified model，通用模型）和

prototxt 編譯成下位機執行時期所需的 int8bmodel（編譯模型）。而且在編譯的同時，支持將每一層的 NPU 模型計算結果和 CPU 的計算結果進行對比，保證正確性。Docker 內編譯成功的列印資訊如下。

```
554   3465 bmcompiler_context_subnet.cpp:171] [BMCompiler:I] subnet input tensor name=x
I0712 18:12:23.190770   3465 bmcompiler_context_subnet.cpp:231] [BMCompiler:I] subnet
output tensor name=Identity
I0712 18:12:23.190837   3465 bmcompiler_context_subnet.cpp:231] [BMCompiler:I] subnet
output tensor name=Identity_1
I0712 18:12:23.194960   3465 bmcompiler_context.cpp:394] [BMCompiler:I] set_stage param
cur_net_idx = 0
I0712 18:12:23.200037   3465 bmnetu_compiler.cpp:758] ### finish_bmcompiler()...
===========================================================
*** Store bmodel of BMCompiler...
===========================================================
I0712 18:12:23.200711   3465 bmcompiler_bmodel.cpp:154] [BMCompiler:I] save_tensor
input name [x]
I0712 18:12:23.200781   3465 bmcompiler_bmodel.cpp:171] [BMCompiler:I] find inout name x,
binput_tensort=1 save in bmodel scale = 127.342, read scale = 0.00785289]
I0712 18:12:23.201009   3465 bmcompiler_bmodel.cpp:154] [BMCompiler:I] save_tensor
output name [Identity]
I0712 18:12:23.201064   3465 bmcompiler_bmodel.cpp:171] [BMCompiler:I] find inout name
Identity, binput_tensort=0 save in bmodel scale = 0.00791909, read scale = 0.00791909]
I0712 18:12:23.201094   3465 bmcompiler_bmodel.cpp:154] [BMCompiler:I] save_tensor
output name [Identity_1]
I0712 18:12:23.201153   3465 bmcompiler_bmodel.cpp:171] [BMCompiler:I] find inout
name Identity_1, binput_tensort=0 save in bmodel scale = 0.00236635, read scale =
0.00236635]
I0712 18:12:23.936619   3465 bmcompiler_bmodel.cpp:154] [BMCompiler:I] save_tensor
input name [x]
I0712 18:12:23.936723   3465 bmcompiler_bmodel.cpp:171] [BMCompiler:I] find inout name x,
binput_tensort=1 save in bmodel scale = 127.342, read scale = 0.00785289]
I0712 18:12:23.936832   3465 bmcompiler_bmodel.cpp:154] [BMCompiler:I] save_tensor
output name [Identity]
I0712 18:12:23.936884   3465 bmcompiler_bmodel.cpp:171] [BMCompiler:I] find inout name
Identity, binput_tensort=0 save in bmodel scale = 0.00791909, read scale = 0.00791909]
I0712 18:12:23.936930   3465 bmcompiler_bmodel.cpp:154] [BMCompiler:I] save_tensor
output name [Identity_1]
I0712 18:12:23.936971   3465 bmcompiler_bmodel.cpp:171] [BMCompiler:I] find inout
name Identity_1, binput_tensort=0 save in bmodel scale = 0.00236635, read scale =
```

```
0.00236635]
BMLIB Send Quit Message
root@indeed-virtual-machine:/workspace/examples/calibration/tf_to_fp32umodel_demo#
```

以上用於生成 int8bmodel（編譯模型）的 Python 指令稿執行完畢後，上位機的 Docker 內將增加一個 output_INT8_compiled_model 資料夾，資料夾內有一個模型檔案和 3 個輸入 / 輸出資料比對檔案。其中，模型檔案為 compilation.bmodel，輸入 / 輸出的資料比對檔案是 input_ref_data.dat、io_info.dat、output_ref_data.dat。用於邊緣端推理的是 compilation.bmodel，它是編譯後的模型檔案，需要使用 docker cp 命令將其從 Docker 內複製到上位機，進而複製到 SE5 邊緣計算閘道內。

14.5.2　全整數量化 int8bmodel 模型檔案的邊緣端推導和測試

將編譯後的模型檔案 compilation.bmodel 複製到 SE5 邊緣計算閘道中，就可以撰寫邊緣端推理程式了。邊緣端推理程式必須使用執行時期提供的 SAIL 函式程式庫，它能夠呼叫邊緣計算閘道的 TPU 資源進行計算加速。邊緣端使用 int8bmodel 模型推理時，其程式與邊緣端使用 fp32bmodel 模型進行推理的程式完全一致。

根據廠商提供的規範，邊緣端使用 int8bmodel 模型檔案推理時，輸入 / 輸出的資料可以是浮點資料，因為神經網路附帶的量化運算元將把輸入資料量化為 INT8 資料格式。但是需要注意的是，輸入的浮點資料必須和生成 int8umodel 時的代表資料集的資料動態範圍保持一致。

舉例來說，本案例中樣本資料集的動態範圍是 0 ～ 255，在生成 int8umodel 時，輸入資料乘以了 0.00392（相當於除以 255），因此最終生成的 int8bmodel 只能接受動態範圍為 0 ～ 1 的資料。因此，在邊緣端推理時，圖像資料應當除以 255，以便獲得 0 ～ 1 的動態範圍。

資料前置處理的核心程式如下。

```
cv2_im_rgb = np.float32(cv2_im_rgb)
cv2_im_rgb = cv2_im_rgb/255
cv2_im_rgb = np.expand_dims(cv2_im_rgb, axis=0)
cv2_im_rgb = np.ascontiguousarray(cv2_im_rgb)
```

　　邊緣端推理主要用到的是執行時期實例 Engine 的 process 方法，其核心程式如下。

```
input_data = np.array(input_data, dtype=np.float32)
input_tensors = {input_name: input_data}
# =================================================
t1 = time.time()
# =================================================
outputs = engine.process(graph_name, input_tensors)
```

　　檢查輸出的資料格式和形狀，程式如下。

```
print('outputs.keys : ',outputs.keys())
outputs = list(outputs.values())
print("outputs size: {}".format(len(outputs)))
print("output tensor 0 = {} {} , output tensor 1 = {} {} ".format(
    outputs[0].shape,outputs[0].dtype, outputs[1].shape,outputs[1].dtype))
```

　　列印如下。

```
outputs.keys :  dict_keys(['Identity', 'Identity_1'])
outputs size: 2
output tensor 0 = (1, 16128, 4) float32 , output tensor 1 = (1, 16128, 80) float32
```

　　可見，輸出資料已經是浮點 32 位元的資料，接下來就可以使用 NMS 演算法進行後處理。使用測試影像，對 BMNNSDK 生成的 YOLOV4 標準板模型進行測試，結果如圖 14-8 所示。

YOLOV4 標準版

▲ 圖 14-8　使用 SE5 邊緣計算閘道進行物件辨識的效果

⋘ **14.5.3** 編譯模型在邊緣計算閘道上的性能測試

BMNNSDK 提供了全整數量化模型的測試工具：BMRT_TEST 工具。BMRT_TEST 是以 bmruntime 介面實現為基礎的對 bmodel 的正確性和實際執行性能進行測試的工具。BMRT_ TEST 不僅可以在包含了執行時期的 Docker 內執行，而且可以在 SE5 邊緣計算閘道內執行。

開發者在完成神經網路量化和編譯工作後，一定要先使用 BMRT_TEST 工具進行性能測試，然後進行資料準確性測試，避免在後續工作中發現問題後不得不返工。

BMRT_TEST 支援用隨機資料驅動 bmodel 模型進行推理，驗證 bmodel 的完整性及可執行性，並測試 bmodel 的實際執行時間。一個典型的使用方法如下。

```
bmrt_test --bmodel xxx.bmodel # 直接執行 bmodel，不比對資料
```

以本案例所生成的 float32 模型為例，模型執行後，將產生以下輸出。

```
linaro@bm1684:~/yolo$ bmrt_test --bmodel=yolov4_realds5717_clip5/compilation.bmodel
......
[BMRT][show_net_info:1339] INFO: ---- stage 0 ----
[BMRT][show_net_info:1347] INFO:   Input 0) 'x' shape=[ 1 512 512 3 ] dtype=FLOAT32
scale=1
[BMRT][show_net_info:1356] INFO:   Output 0) 'Identity' shape=[ 1 16128 4 ]
dtype=FLOAT32 scale=1
[BMRT][show_net_info:1356] INFO:   Output 1) 'Identity_1' shape=[ 1 16128 80 ]
dtype=FLOAT32 scale=1
......
[BMRT][bmrt_test:1019] INFO:net[user_net] stage[0], launch total time is 55067 us (npu
54955 us, cpu 112 us)
......
[BMRT][bmrt_test:1063] INFO:load input time(s): 0.004341
[BMRT][bmrt_test:1064] INFO:calculate   time(s): 0.055075
[BMRT][bmrt_test:1065] INFO:get output time(s): 0.005799
[BMRT][bmrt_test:1066] INFO:compare     time(s): 0.002515
```

以本案例所生成的 INT8 全整數量化模型為例，執行後的列印資訊如下。

```
linaro@bm1684:~/yolo$ bmrt_test -bmodel=./yolov4INT8_realds5717_clip5/compilation.
bmodel
......
[BMRT][load_bmodel:982] INFO:pre net num: 0, load net num: 1
[BMRT][show_net_info:1336] INFO: #####################
[BMRT][show_net_info:1337] INFO: NetName: yolov4, Index=0
[BMRT][show_net_info:1339] INFO: ---- stage 0 ----
[BMRT][show_net_info:1347] INFO:   Input 0) 'x' shape=[ 1 512 512 3 ] dtype=INT8
scale=127.342
[BMRT][show_net_info:1356] INFO:   Output 0) 'Identity' shape=[ 1 16128 4 ]
dtype=FLOAT32 scale=1
[BMRT][show_net_info:1356] INFO:   Output 1) 'Identity_1' shape=[ 1 16128 80 ]
dtype=FLOAT32 scale=1
......
[BMRT][bmrt_test:1019] INFO:net[yolov4] stage[0], launch total time is 41417 us (npu
41320 us, cpu 97 us)
......
[BMRT][bmrt_test:1063] INFO:load input time(s): 0.000961
[BMRT][bmrt_test:1064] INFO:calculate  time(s): 0.041421
[BMRT][bmrt_test:1065] INFO:get output time(s): 0.005841
[BMRT][bmrt_test:1066] INFO:compare    time(s): 0.002609
```

對比可見，對最為複雜的 YOLOV4 完整版神經網路來說，浮點 32 位元模型的推理耗時共計 55ms，全整數量化模型的推理耗時共計 41ms，可見，SE5 邊緣計算閘道對於 YOLOV4 完整版的處理每秒顯示畫面均能夠在 20fps 左右。以上測試並未將資料前處理和後處理的耗時計算在內。因為更改前處理和後處理的函式程式可以利用不同裝置廠商提供的圖形加速單元，獲得不同程度的加速效果，所以這裡就不展開敘述了。

另外，SE5 邊緣計算閘道在裝置的硬體資源上做了較大容錯，從而使開發者能進行多路影像平行計算，即將神經網路輸入資料的第一個維度（批次維度）設置為 4，這表示 SE5 邊緣計算閘道可以在不增加處理耗時的前提下，同時處理 4 路監控影像，這相當於對演算法進行了 4 倍的加速，理論每秒顯示畫面可以達到原每秒顯示畫面的 4 倍（若原每秒顯示畫面為 20fps，那麼進行 4 倍批次處理後的等效每秒顯示畫面與 80fps 相當）。如果將一路監控影像的 4 幀進行並行處理，那麼也能造成變相加速的效果，感興趣的開發者可以自行嘗試，但應當注意多幀打包造成的等待延遲時間。

BMRT_TEST 還支持將 bmodel 產生的推理資料輸出，與參考資料（精確資料）進行比對，用於驗證模型推理的資料正確性。典型的用法如下。

```
bmrt_test --context_dir bmodel_dir
```

進行資料驗證時，要求 bmodel_dir 中要包含編譯模型檔案 compilation. bmodel、輸入資料 input_ref_data.dat、輸出資料 output_ref_data.dat。

對於 YOLOV4 的全整數量化模型，進行測試的輸出如下。

```
......
[BMRT][show_net_info:1337] INFO: NetName: yolov4, Index=0
[BMRT][show_net_info:1339] INFO: ---- stage 0 ----
[BMRT][show_net_info:1347] INFO:   Input 0) 'x' shape=[ 1 512 512 3 ] dtype=INT8
scale=127.342
[BMRT][show_net_info:1356] INFO:   Output 0) 'Identity' shape=[ 1 16128 4 ] dtype=INT8
scale=0.00791909
[BMRT][show_net_info:1356] INFO:   Output 1) 'Identity_1' shape=[ 1 16128 80 ]
dtype=INT8 scale=0.00236635
......
[BMRT][bmrt_test:1022] INFO:+++ The network[yolov4] stage[0] output_data +++
[BMRT][bmrt_test:1038] INFO:==>comparing #0 output ...
[BMRT][bmrt_test:1043] INFO:+++ The network[yolov4] stage[0] cmp success +++
......
```

若出現「The network[yolov4] stage[0] cmp success」，則說明資料比對成功，神經網路編譯過程中沒有出現資料計算的精確率問題。

第15章

邊緣計算開發系統和 RK3588

本章將介紹瑞芯微 RK3588 邊緣計算晶片，其對應的開發硬體系統型號為 TB-RK3588X。其系統單晶片（SoC）的高集成度使得其具備對複雜環境的適應能力。

15.1 RK3588 邊緣推理開發系統結構

TB-RK3588X 硬體系統分為兩部分：主機板（MainBoard）和核心板（CoreBoard），軟體系統採用完全開放原始碼的 Debian11 作業系統，廠商同樣提供了 Python 語言、C 語言的開發工具鏈。

15.1.1 開發板和核心晶片架構

TB-RK3588X 硬體系統的主機板部分整合了大量的週邊介面，核心板部分安裝了 SoC 主控晶片 RK3588，主機板部分和核心板部分透過 MXM314Pin 介面相互連接。這使得該系統具有非常強大的拼裝能力，主機板部分可以對接同樣具有

MXM314Pin 介面的其他核心板，而核心板可以插在其他具有 MXM314Pin 插槽的主機板上。TB-RK3588X 邊緣計算開發系統硬體結構圖如圖 15-1 所示。

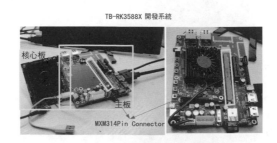

▲ 圖 15-1　TB-RK3588X 邊緣計算開發系統硬體結構圖

　　TB-RK3588X 硬體系統的主機板部分整合了大量的週邊介面，除了常規的偵錯序列埠、USB 介面、網路通訊埠，還支援 SATA 和 PCIE 等週邊硬體介面，支援 HDMI 視訊、音訊輸出，原配了 6 個按鍵，使得其幾乎成為一台具有基本功能的板上電腦。TB-RK3588X 主機板結構和介面圖如圖 15-2 所示。

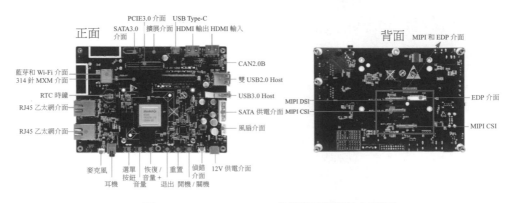

▲ 圖 15-2　TB-RK3588X 主機板結構和介面圖

　　TB-RK3588X 硬體系統的核心板部分採用瑞芯微旗艦 SoC 晶片 RK3588。RK3588 是一款採用 ARM 架構的通用型 SoC，整合了四核心 Cortex-A76 和四核心 Cortex-A55 CPU、G610 MP4 GPU，以及 6 TOPs 算力的 NPU。該 SoC 晶片內建多種功能強大的嵌入式硬體引擎，支援 8K@60fps 的 H.265 和 VP9 解碼器、8K@30fps 的 H.264 解碼器和 4K@60fps 的 AV1 解碼器；支持 8K@30fps 的 H.264 和 H.265 解碼器、高品質的 JPEG 解碼器 / 解碼器、專門的影像前置處理器和後處理器。RK3588 還引入了新一代完全以硬體為基礎的最大 4800 萬像素的 ISP（影像訊號處理器），實現了許多演算法加速器，如 HDR、3A、LSC、3DNR、2DNR、銳化、Dehaze、魚眼校正、伽馬校正等。RK3588 整合了瑞芯微自研的第 3 代 NPU 處理器，可支援 INT4/INT8/ INT16/FP16 混合運算，其強大的相容性，可以對 TensorFlow/MXNet/PyTorch/Caffe 等多種框架產生的網路模型進行編譯。TB-RK3588X 核心晶片 RK3588 的架構圖如圖 15-3 所示。

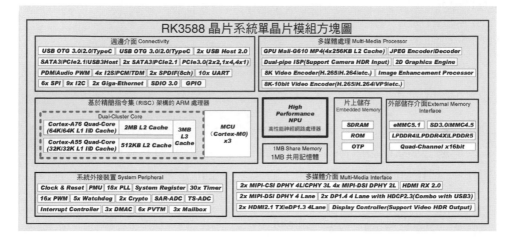

▲ 圖 15-3 TB-RK3588X 核心晶片 RK3588 的架構圖

15.1.2 開發板作業系統和偵錯環境

RK3588 開發板（以下簡稱開發板）使用的是完全開放原始碼的 Debian 作業系統。Debian 作業系統接管啟動許可權前，首先由啟動引導程式（BootLoader）完成硬體和核心的初始化，開發板使用的啟動引導程式是開放原始碼的 Uboot，啟動引導程式完成初步引導後將控制權交給 Debian 作業系統，完成作業系統的啟動。開發板作業系統的預設登入帳號和密碼為 toybrick。

使用 Micro-USB 線，將電腦的 USB 介面與開發板主機板的 Micro-USB 介面連接，即可完成開發電腦與開發板的連接。此時電腦將開發板辨識為 USB-Serial-Port，所以它們之間的連接本質上是序列埠協定連接。為方便說明，將開發電腦定義為上位機，將開發板定義為下位機。在上位機的序列埠偵錯軟體（Windows 作業系統為 PuTTY，Linux 作業系統為 minicom 軟體）中設置通訊連接埠編號，設置串列傳輸速率為 1500000bit/s，即可在 PuTTY 的介面中看到下位機的命令列互動。輸入下位機 Debian 系統預設的登入帳號和密碼（預設都是 toybrick），即可使用序列埠查看下位機的作業系統。程式如下。

```
toybrick@debian:~$ cat /etc/os-release
PRETTY_NAME="Debian GNU/Linux 11 (bullseye)"
NAME="Debian GNU/Linux"
VERSION_ID="11"
VERSION="11 (bullseye)"
VERSION_CODENAME=bullseye
ID=debian
......
toybrick@debian:~$
```

　　下位機一旦連接成功，必須首先連接網路，因為後續開發所需要的開發工具都需要聯網安裝。開發者可以透過 DHCP 協定讓開發板直接獲得網際網路連接，也可以使用 HDMI 顯示器、鍵盤和滑鼠透過 Debian 作業系統的互動介面選擇 Wi-Fi。對於沒有顯示器和有線連接的情況，也可以透過 nmtui 命令，使用序列埠命令列模式，讓開發板連接無線網路。nmtui 命令將提供一個命令列環境下的互動介面，供開發者選擇 Wi-Fi 的 SSID 和密碼。互動介面輸入完畢後，可以透過 nmcli 命令查看 Wi-Fi 是否連接成功。以作者為例，開發板成功連接了 SSID 為 mywifi 的無線路由器，獲得的 IP 位址為 192.168.199.130，命令和輸出如下。

```
toybrick@debian:~$ sudo nmtui
......
toybrick@debian:~$ nmcli connection show
NAME                 UUID                                   TYPE      DEVICE
mywifi               7778fd00-6e92-42e1-940d-1275db149073   wifi      wlan0
Wired connection 1   0d7be919-a4fd-3453-82bc-1051143e84aa   ethernet  --
Wired connection 2   e6e6251e-6fd6-3375-af6b-340438464c9f   ethernet  --
toybrick@debian:~$ nmcli
wlan0: connected to mywifi
        "wlan0"
        wifi (wl), 10:2C:6B:FD:75:5A, hw, mtu 1500
        ip4 default
        inet4 192.168.199.130/24
        route4 0.0.0.0/0
        route4 192.168.199.0/24
        inet6 fe80::1ff8:5de9:cd45:ece/64
```

```
route6 fe80::/64
route6 ff00::/8
......
```

　　連接上網路以後，就可以透過網路使用 SSH 連線協定對開發板進行偵錯了。開發板出廠安裝的 Debian11 作業系統預設開啟兩種遠端登入服務：ADB 和 SSH，本書以 SSH 偵錯方式進行偵錯。TB-RK3588X 開發環境架設和偵錯軟體如圖 15-4 所示。

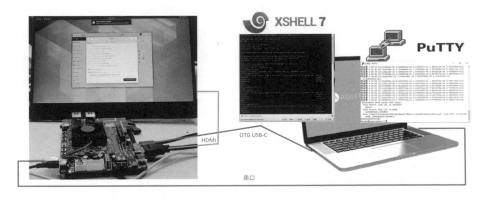

▲ 圖 15-4　TB-RK3588X 開發環境架設和偵錯軟體

　　根據官方手冊，出廠預製的作業系統可能比較舊，需要進行作業系統的重裝。廠商提供兩種抹寫模式：loader 抹寫模式和 maskrom 抹寫模式。loader 抹寫模式需要依靠主機板進行作業系統抹寫，maskrom 抹寫模式只需要核心板就可以進行作業系統抹寫。作業系統抹寫依靠的是上位機，上位機可以是 Windows 作業系統，也可以是 Linux 作業系統。如果上位機是 Windows 作業系統，那麼需要安裝 Flashtool 抹寫工具和 RKDevTool 開發工具；如果上位機是 Linux 作業系統，那麼需要安裝 Edge 工具。具體抹寫方法可以參考廠商網站操作手冊，這裡不再展開敘述。

　　開發板的軟硬體連接工作主要依靠序列埠進行，序列埠偵錯的功能十分強大，是嵌入式系統最基本的偵錯通訊手段。如果遇到 BootLoader 損壞或系統崩潰等異常情況，都能透過序列埠進行挽救。但序列埠偵錯的通訊速率較低，為提高開發效率，後面將透過傳送速率更快的 SSH 方式連接開發板進行偵錯。

15.2 開發工具鏈和神經網路模型部署

完成開發板的系統升級等基本操作後，就需要進行邊緣計算的開發環境配置了。邊緣計算開發環境配置分為上位機開發環境和下位機（開發板）推理環境。上位機的開發環境配置的目的是在上位機完成模型的量化和編譯。下位機作業系統附帶推理所需的執行時期，只需要簡單聯網升級後，就可以載入編譯後的神經網路，執行推理工作了。

為支援上位機和下位機的開發，廠商提供了完整的開發工具鏈，包括 rknn-toolkit2、rknn-toolkit-lite2 和 rknpu2。其中，rknn-toolkit 2 安裝在上位機中，僅支援 Ubuntu 作業系統。它以 Python 語言為開發語言，為開發者提供將多種神經網路模型轉為以 rknn 為副檔名的模型檔案（ *.rknn 模型為廠商的私有化模型格式）的工具。rknn-toolkit-lite2 安裝在下位機中，下位機為 Debian 作業系統。它以 Python 語言為開發語言，幫助開發者使用 rknn 模型和 NPU 硬體進行推理。rknpu2 也安裝在下位機中，它的功能和 rknn-toolkit-lite2 類似，只是開發語言為更高效的 C 語言。

15.2.1 上位機開發環境配置

不同於 Coral 開發板的 Edge TPU 開發工具鏈，RK3588 的廠商僅為 Ubuntu 作業系統提供 rknn-toolkit 2 預先編譯套件，因此負責開發的上位機必須為 Ubuntu 作業系統。根據作者的實際操作經驗，負責開發的上位機的記憶體配置應當至少為 12GB，推薦配置為 16GB，磁碟空間預留 20GB 左右。官方推薦了兩種用於安裝 rknn-toolkit 2 的方式：Docker 方式和 pip 方式。由於 Docker 方式只需要在上位機上下載並安裝 Docker 鏡像檔案，所有的開發工具已經整合在 Docker 鏡像中，因此較為簡單，建議初學者使用。對於高階開發者，可以按照本書選擇的 pip 方式進行開發工具鏈的安裝。

由於 rknn-toolkit 2 提供的是 Python 程式設計介面，因此上位機選擇安裝 Anaconda 虛擬環境管理軟體。Ubuntu 作業系統下的 Anaconda 安裝方法與 Windows 作業系統下的類似。除了登入 Anaconda 官網，下載 Linux 版本的安裝程式（Anaconda3-2022.05-Linux-x86_64.sh，大約 691MB），還需要額外安裝 anaconda-navigator。安裝 Anaconda 和 anaconda-navigator 的命令如下。如果遇到 conda 命令不生效的問題，那麼只需要關閉 terminal 並重新進入即可讓新的環境變數生效。

```
bash ./ Anaconda3-2022.05-Linux-x86_64.sh
conda info
conda update -n base -c defaults conda
conda install -c anaconda anaconda-navigator
```

進入 Ubuntu 作業系統下的 anaconda-navigator 介面後，新建虛擬環境（如將虛擬環境命名為 spyder515_py3813_RK3588）並安裝自己習慣的整合程式設計工具（如 Spyder）後，就可以進行 rknn-toolkit 2 開發工具鏈的安裝了。安裝 rknn-toolkit 2 開發工具鏈分為 3 步：第 1 步，安裝 gcc 和 g++ 編譯工具；第 2 步，安裝 NumPy 等依賴軟體套件；第 3 步，安裝 rknn-toolkit 2 預先編譯軟體套件。

由於部分版本的 Ubuntu 作業系統並沒有附帶 gcc 和 g++ 編譯工具，而 Ubuntu 下的 Python 軟體套件需要編譯後進行安裝，所以需要在作業系統上使用以下命令進行 gcc 和 g++ 編譯工具的安裝。

```
sudo apt-get install gcc
sudo apt-get install g++
```

rknn-toolkit 2 依賴於 TensorFlow、NumPy 等其他 Python 軟體套件，因此廠商提供了這些依賴的軟體套件名稱和版本編號，需要使用 pip 方法進行指定版本軟體的安裝。各軟體的軟體名稱和指定版本編號已經儲存在廠商官方的 GitHub 軟體倉庫上，檔案名稱為 requirements_cp38-1.3.0.txt。安裝軟體依賴時，可以透過 -r 參數指定所需要安裝的軟體的名稱和版本編號。安裝命令如下。

```
(spyder515_py3813_RK3588)  indeed@indeed-virtual-machine:~$ pip3 install -r /mnt/hgfs/
Vmware_shared/rknn-toolkit2-master/doc/requirements_cp38-1.3.0.txt
```

經過聯網安裝，命令列介面將顯示所有的依賴軟體已經安裝成功，所有依賴軟體的版本編號如下所示。

```
Successfully installed PuLP-2.4 PyWavelets-1.3.0 absl-py-1.1.0 amply-0.1.5
astunparse-1.6.3 bfloat16-1.1 cachetools-4.2.4 chardet-3.0.4 cycler-0.11.0
docutils-0.19 fonttools-4.34.4 future-0.18.2 gast-0.3.3 google-auth-1.35.0
google-auth-oauthlib-0.4.6 google-pasta-0.2.0 grpcio-1.47.0 h5py-2.10.0 idna-2.8
imageio-2.19.3 importlib-metadata-4.12.0 keras-preprocessing-1.1.2 kiwisolver-1.4.4
markdown-3.4.1 matplotlib-3.5.2 networkx-2.8.4 numpy-1.17.3 oauthlib-3.2.0 onnx-
1.7.0 onnxoptimizer-0.1.0 onnxruntime-1.6.0 opencv-python-4.4.0.46 opt-einsum-3.3.0
packaging-21.3 pillow-9.2.0 protobuf-3.12.0 psutil-5.6.2 pyasn1-0.4.8 pyasn1-
modules-0.2.8 pyparsing-3.0.9 python-dateutil-2.8.2 requests-2.21.0 requests-
oauthlib-1.3.1 rsa-4.8 ruamel.yaml-0.15.81 scikit_image-0.17.2 scipy-1.4.1 six-
1.16.0 tensorboard-2.2.2 tensorboard-plugin-wit-1.8.1 tensorflow-2.2.0 tensorflow-
estimator-2.2.0 termcolor-1.1.0 tifffile-2021.11.2 torch-1.6.0 torchvision-0.7.0 tqdm-
4.27.0 typing-extensions-4.3.0 urllib3-1.24.3 werkzeug-2.1.2 wrapt-1.14.1 zipp-3.8.1
```

官方為 rknn-toolkit2 軟體套件提供的是 Linux 系統下的預先編譯的 whl 格式的軟體，同樣透過 Python 離線預先編譯套件安裝方式進行安裝。如果遇到 flatbuffer 尚未安裝的提示，那麼可以手動安裝 flatbuffer 的 2.0 版本。安裝命令如下。

```
pip3 install /mnt/hgfs/Vmware_shared/rknn-toolkit2-master/packages/rknn_toolkit2-
1.3.0_11912b58-cp38-cp38-linux_x86_64.whl
conda install -c conda-forge python-flatbuffers==2.0
```

至此，完成了上位機的模型編譯環境配置。

15.2.2　上位機的模型轉換

rknn-toolkit2 工 具 鏈 支 援 TensorFlow、Caffe、TensorFlow Lite、ONNX、DarkNet、PyTorch 等模型的量化和編譯，其中以對 ONNX 的模型支援最佳。

ONNX（Open Neural Network Exchange，開放式神經網路交換）的模型格式是開放原始碼的格式，是由微軟和 Facebook 提出的用來表示深度學習模型的開放格式。ONNX 定義了一組和環境、平臺均無關的標準格式，用來增強各種 AI 模型的可互動性。換句話說，無論使用何種訓練框架 / 訓練模型，只要將訓練完成的模型轉為 ONNX 格式進行儲存，那麼該模型就可以被其他框架辨識和讀取。

ONNX 格式的模型以單檔案形態存在，即一個檔案內不僅儲存了神經網路模型的權重，同時也儲存了模型的結構資訊、網路中每一層的輸入 / 輸出和一些其他的輔助資訊。可以使用 Netron 視覺化軟體打開 ONNX 格式的模型檔案，也可以使用該軟體查看 ONNX 格式的模型檔案的結構和權重。

GitHub 上提供了將 TensorFlow 模型轉為 ONNX 模型的工具：tf2onnx。它支援 Keras 記憶體模型（即儲存在記憶體中的 Keras 模型）、儲存為 pb 格式的模型檔案、TFLite 格式的模型檔案轉為 ONNX 模型等功能。tf2onnx 工具可透過以下命令安裝。

```
pip install --user -U tf2onnx
pip install --user -U onnxruntime
```

將 TensorFlow 模型轉為 ONNX 模型，首先需要將 Keras 模型載入進記憶體。以 YOLOV4 標準版模型為例，載入後的模型存放在記憶體變數 model 內。由於 RK3588 僅支援固定批次推導，因此將模型的批次維度設置為 1。程式如下。

```
model_filename='./…/yolov4_TF23_realds5717_clip5.h5'
model= tf.keras.models.load_model(
    model_filename,custom_objects={'tf': tf})
model.input.set_shape((1,) + model.input.shape[1:])
```

模型轉換工具 tf2onnx.convert 下有 4 個轉換方法，分別是 from_keras、from_function、from_graph_def 和 from_tflite。對於儲存在記憶體中的 Keras 模型，需要使用 from_keras 方法。呼叫 from_keras 時，需要配置 model 變數、輸入資料維度定義、輸入資料格式、ONNX 的運算子集編號、輸出 ONNX 檔案名稱等必要參數。

必須將 ONNX 的運算子集編號設置為 12，這是因為作者截稿時 RK3588 僅支持 ONNX 的第 12 版的運算子集，開發者在閱讀本書時應當根據當時的實際情況配置運算子集版本編號。

對於輸入資料維度定義，開發者需要格外注意。rknn-toolkit2 和 PyTorch 將圖像資料的維度規範為 [batch,channel,height,width]，這種維度規範稱為通道靠前。然而 TensorFlow 和 OpenCV 將影像矩陣的維度規範為通道靠後，即影像矩陣的維度被規範為 [batch,height, width,channel]。二者的影像矩陣的維度規範是相互衝突的，因此開發者在將 TensorFlow 模型轉為 ONNX 模型時，需要對輸入資料的維度進行定義，將 inputs_as_nchw 設置選項打開，並設置模型的輸入節點名稱（本例的輸入節點名稱為 'input_1'）。程式如下。

```
INPUT_SIZE=512;BATCH=1
spec = tf.TensorSpec(
    (BATCH, INPUT_SIZE, INPUT_SIZE, 3),
    tf.float32,
    name="input_1")
OPSET=12
model_proto, _ = tf2onnx.convert.from_keras(
    model, inputs_as_nchw=['input_1'],
    input_signature=spec, opset=OPSET,
    output_path=output_onnx_filename)
```

模型轉換過程大約耗時 1 ～ 2min，轉換完成後，可以查看 ONNX 模型的輸入節點名稱和輸出節點名稱。程式如下。

```
input_names = [n.name for n in model_proto.graph.input]
output_names = [n.name for n in model_proto.graph.output]
print(input_names)
print(output_names)
```

輸出如下。

```
['input_1']
['pred_x1y1x2y2', 'prob_score']
```

官方推薦的模型轉換來源格式是 ONNX 格式，出現轉換問題時提供的解答一般也是先要求開發者轉為 ONNX 模型後再進行模型編譯。因此建議開發者將模型統一轉為 ONNX 模型後再進行模型的編譯。

工具鏈 rknn-toolkit2 的所有 API 介面都是透過 RKNN（大寫）類別的實例提供的，因此使用工具鏈之前，必須先呼叫 RKNN 方法初始化一個空白的 RKNN 物件，該物件被命名為 rknn（小寫）。不再使用該物件時應當透過呼叫該物件的 release 方法進行釋放。初始化 RKNN 物件時，可以設置 verbose 和 verbose_file 參數，以便將詳細的日誌資訊列印出來。其中，verbose 參數指定是否要在螢幕上列印詳細日誌資訊。如果設置了 verbose_file 參數，且 verbose 的參數值為 True，那麼日誌資訊還將寫到該參數指定的檔案中。程式如下。

```
from rknn.api import RKNN
LOGS_FILE = './onnx2rknn_yolov4_build.log'
# 初始化空白的 RKNN 模型物件
rknn = RKNN(verbose=True,verbose_file=LOGS_FILE)
......
rknn.release()
```

載入模型之前，需要對 RKNN 物件進行配置。配置的關鍵在於輸入資料的動態範圍，由於 YOLO 模型的輸入動態範圍是 0～1，所以所有輸入的像素值都需要除以 255，以便使所有像素點的設定值重新分佈到 0 與 1 之間。RKNN 物件的配置介面提供了 mean_values 和 std_values 的配置介面，其中的 mean_values 表示輸入資料需要減去的數值，std_values 表示輸入資料需要除以的數值。此外，邊緣端部署的晶片型號 RK3588 也需要在此階段進行指定。程式如下。

```
# 模型輸入的前置處理
print('--> Config model')
rknn.config(mean_values=[[0, 0, 0]],
            std_values=[[255, 255, 255]],
            target_platform='rk3588')
print('done')
```

在 RKNN 物件載入 ONNX 模型時，需要配置輸入節點名稱、輸入節點資料尺寸、輸出節點名稱等必要資訊。根據生成 ONNX 模型時讀取的輸入/輸出節點名稱，填寫進相應的配置介面即可。由於 RKNN 物件的模型加載可能出現靜默錯誤，因此需要透過其傳回值進行二次判斷，如果傳回值為 0，那麼說明模型加載成功。程式如下。

```
# 加載模型
print('--> Loading model')
INPUT_SIZE=512
ONNX_MODEL = './yolov4_TF23.onnx'
ret = rknn.load_onnx(
    model=ONNX_MODEL,
    inputs=['input_1'],
    input_size_list=[[INPUT_SIZE,INPUT_SIZE,3]],
    outputs=['pred_x1y1x2y2', 'prob_score'])
if ret != 0:
    raise ValueError("Load model failed!")
```

```
else:
    print('done')
```

　　rknn-toolkit2 的模型量化是透過 RKNN 物件的 build 方法實現的。在介紹量化原理時，我們知道浮點模型轉為整數量化模型時，需要使用代表資料集確定模型內部每個張量的動態範圍，因此首先需要為 RKNN 物件提供一個包含了至少 200 張圖片的樣本資料集，然後將圖片儲存位置以文字格式按行寫入 txt 檔案中。這裡僅提取 500 張圖片，生成樣本資料集的 txt 檔案，檔案名稱為 representive_dataset.txt。生成程式如下。

```
# 處理代表資料集
print('--> Collecting representive image names')
representive_dataset_path = Path('./VOC2012_JPEGImages')
REPRESENTIVE_DATASET_FILE = './representive_dataset.txt'
representive_dataset_size = 500
jpg_files = list(representive_dataset_path.glob("*.jpg"))
jpg_files = [ str(_) for _ in jpg_files]
with open("representive_dataset.txt", 'w') as file:
    for jpg_file in jpg_files[0:representive_dataset_size]:
        file.write(jpg_file+'\n')
print('collected {} imgs of representive dataset'.format(representive_dataset_size))
```

　　進行 ONNX 模型量化時，只需要為 RKNN 物件的 build 方法提供樣本資料集，並指定量化標籤位為 True 即可，程式十分簡潔。具體程式如下。

```
# 建立具體模型物件
print('--> Building model')
ret = rknn.build(do_quantization=True,
                 dataset=REPRESENTIVE_DATASET_FILE)
if ret != 0:
    raise ValueError('Build model failed!')
else:
    print('done')
```

　　此時 RKNN 物件的 build 方法會首先執行運算元合併，之後進行多次參數搜尋，以確保在每個張量的動態範圍內都能有最小的量化誤差。運算元合併和參數搜尋的螢幕列印截取如下。

```
I fuse_ops results:
I     tiling_maxpool: remove node = ['functional_1/MaxP2/MaxPool'], add node =
['functional_1/MaxP2/MaxPool:0010', 'functional_1/MaxP2/MaxPool:0011', 'functional_1/
MaxP2/MaxPool:010', 'functional_1/MaxP2/MaxPool:011']
I     convert_resize_to_deconv: remove node = ['Resize__1559'], add node =
['Resize__1559_2deconv']
I     convert_resize_to_deconv: remove node = ['Resize__1593'], add node =
['Resize__1593_2deconv']
......
Analysing : 100%|███████████████████████████████████████████
███████████████████| 426/426 [00:00<00:00, 1017.35it/s]
Quantizating 1/32: 100%|███████████████████████████████████
██████████████| 426/426 [00:34<00:00, 12.52it/s]
......
Quantizating 32/32: 100%|██████████████████████████████████████
██████████| 426/426 [00:10<00:00, 41.14it/s]
......
```

　　RKNN 物件的 build 方法不僅完成了模型量化,還會在量化結束後進行模型的
編譯,即將 NPU 能支持的運算元映射到一個子圖中,將 NPU 無法支援的運算元
映射到 CPU 中。執行過程的部分列印如下。

```
D RKNN: [16:01:26.160] ID    OpType          DataType Target InputShape
                              OutputShape          DDR Cycles    NPU Cycles
Total Cycles    Time(us)      MacUsage(%)   RW(KB)       FullName
D RKNN: [16:01:26.160] 0     InputOperator   INT8    CPU    \
(1,3,512,512)        0              0            0             0              \
768.00          InputOperator:input_1
D RKNN: [16:01:26.160] 1     ConvLeakyRelu   INT8    NPU    (1,3,512,512),(32,3
,3,3),(32)             (1,32,512,512)    0              0            0
0             \            8964.75      Conv:functional_1/conv2d/Conv2D
......
```

　　使用 Excel 處理此時的列印結果,可以看到大部分的運算元都已經映射到
NPU。這些運算元一共 322 個,其中,NPU 無法支持的指數運算元、輸入 / 輸出
運算元和少部分動態範圍太大的 Reshape 運算元映射在 CPU 中,合計 15 個,其他
307 個運算元已經全部映射到 NPU 中,如圖 15-5 所示。

運算元編號	運算元類型	資料類型	映射結果	輸入／輸出資料形狀				運算元名稱		
ID	OpType	DataTyp	Targ	InputShape	OutputShape		Cycles	Time(us)	MacUsag	RW(KB)	FullName
0	InputOperator	INT8	CPU	\	(1,3,512,512)	\	768				InputOperator:input_1
158	Exp	INT8	CPU	(1,16,16,2)	(1,16,16,2)	\	1				Exp:functional_1/Low_Res_exp_conv_raw_dwdh_0/Exp
173	Exp	INT8	CPU	(1,16,16,2)	(1,16,16,2)	\	1				Exp:functional_1/Low_Res_exp_conv_raw_dwdh_1/Exp
188	Exp	INT8	CPU	(1,16,16,2)	(1,16,16,2)	\	1				Exp:functional_1/Low_Res_exp_conv_raw_dwdh_2/Exp
199	Reshape	INT8	CPU	(1,16,16,255),(4)	(1,256,1,255)	\	127.53				Reshape:functional_1/tf_op_layer_split_9/split_9_0_expand0
213	Exp	INT8	CPU	(1,32,32,2)	(1,32,32,2)	\	4				Exp:functional_1/Med_Res_exp_conv_raw_dwdh_0/Exp
228	Exp	INT8	CPU	(1,32,32,2)	(1,32,32,2)	\	4				Exp:functional_1/Med_Res_exp_conv_raw_dwdh_1/Exp
243	Exp	INT8	CPU	(1,32,32,2)	(1,32,32,2)	\	4				Exp:functional_1/Med_Res_exp_conv_raw_dwdh_2/Exp
254	Reshape	INT8	CPU	(1,32,32,255),(4)	(1,1024,1,255)	\	510.03				Reshape:functional_1/tf_op_layer_split_13/split_13_0_expand0
268	Exp	INT8	CPU	(1,64,64,2)	(1,64,64,2)	\	16				Exp:functional_1/High_Res_exp_conv_raw_dwdh_0/Exp
283	Exp	INT8	CPU	(1,64,64,2)	(1,64,64,2)	\	16				Exp:functional_1/High_Res_exp_conv_raw_dwdh_1/Exp
298	Exp	INT8	CPU	(1,64,64,2)	(1,64,64,2)	\	16				Exp:functional_1/High_Res_exp_conv_raw_dwdh_2/Exp
309	Reshape	INT8	CPU	(1,64,64,255),(4)	(1,4096,1,255)	\	2040.03				Reshape:functional_1/tf_op_layer_split_17/split_17_0_expand0
320	OutputOperator	INT8	CPU	(1,16128,4,1)	\	\	63				OutputOperator:pred_x1y1x2y2
321	OutputOperator	INT8	CPU	(1,16128,80,1)	\	\	1260				OutputOperator:prob_score
1	ConvLeakyRelu	INT8	NPU	(1,3,512,512),(32,3	(1,32,512,512)	\	8964.75				Conv:functional_1/conv2d/Conv2D
2	ConvLeakyRelu	INT8	NPU	(1,32,512,512),(64,	(1,64,256,256)	\	12306.5				Conv:functional_1/conv2d_1/Conv2D
3	ConvLeakyRelu	INT8	NPU	(1,64,256,256),(64,	(1,64,256,256)	\	8196.5				Conv:functional_1/conv2d_3/Conv2D
4	ConvLeakyRelu	INT8	NPU	(1,64,256,256),(32,	(1,32,256,256)	\	6146.25				Conv:functional_1/conv2d_4/Conv2D
5	ConvLeakyRelu	INT8	NPU	(1,32,256,256),(64,	(1,64,256,256)	\	6162.5				Conv:functional_1/conv2d_5/Conv2D
6	Add	INT8	NPU	(1,64,256,256),(1,6	(1,64,256,256)	\	12288				Add:functional_1/add/add

▲ 圖 15-5　YOLOV4 標準版模型在 RK3588 中的編譯映射情況

接下來是編譯模型的匯出，匯出的模型的格式為廠商的私有化模型格式：*.rknn。匯出模型可以使用 RKNN 物件的 export_rknn 方法，程式如下。

```
RKNN_MODEL = './yolov4_TF23_realds5717_clip5.rknn'
# 匯出 RKNN 模型檔案
print('--> Export rknn model')
ret = rknn.export_rknn(RKNN_MODEL)
if ret != 0:
    raise ValueError(' Export rknn model failed!')
else:
    print('done')
```

至此，將得到一個副檔名為 rknn 的編譯模型，該模型已經是進行了 INT8 非對稱量化的模型，模型檔案大幅縮小，可以在邊緣端以更快的速度進行計算，如圖 15-6 所示。

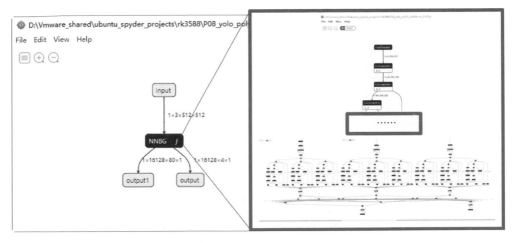

▲ 圖 15-6 使用 Netron 打開編譯後的 YOLOV4 標準版 RKNN 模型

15.2.3 下位機使用編譯模型進行推理

在廠商提供的 SDK 中,用於下位機推理的主要是兩個工具:rknn-toolkit-lite2 和 rknpu2,它們均已經安裝在下位機的 Debian 作業系統中,這兩個工具將幫助開發者使用 RKNN 模型和 NPU 硬體進行推理。其中,開發者使用 rknn-toolkit-lite2 工具時,必須以 Python 語言為開發語言,開發者使用 rknpu2 工具時,則可以使用更高效的 C 語言作為開發介面。接下來以 rknn-toolkit-lite2 為例,使用 Python 語言進行模型的推理驗證。

將下位機的 rknn-tollkit-lite2 進行升級。具體方法是使用 xshell 軟體的 SSH 協定連接下位機,在下位機的命令列互動介面上輸入以下命令。

```
toybrick@debian:~/Desktop/rk3588$ pip3 install --user --upgrade rknn-toolkit-lite2
```

可以看到下位機的 rknn-toolkit-lite2 的版本為作者截稿時的最新的 1.3 版本。

```
toybrick@debian:~/Desktop/rk3588$ pip list
Package              Version
-------------------- ---------
numpy                1.19.5
pip                  20.3.4
rknn-toolkit-lite2   1.3.0
......
```

接下來就可以使用 rknn-toolkit-lite2 呼叫 NPU 硬體和 RKNN 模型，進行一次物件辨識的推導了。根據廠商提供的呼叫規範，查看當前裝置中的 NPU 類型，查看 NPU 類型可以使用廠商提供的 get_host 工具，獲得 NPU 類型後進行列印。程式如下。

```python
from rknnlite.api import RKNNLite
DEVICE_COMPATIBLE_NODE = '/proc/device-tree/compatible'
def get_host():
    # 查看當前邊緣計算硬體資訊
    system = platform.system()
    machine = platform.machine()
    os_machine = system + '-' + machine
    if os_machine == 'Linux-aarch64':
        try:
            with open(DEVICE_COMPATIBLE_NODE) as f:
                device_compatible_str = f.read()
                if 'rk3588' in device_compatible_str:
                    host = 'RK3588'
                else:
                    host = 'RK356x'
        except IOError:
            print('Read device node {} failed.'.format(
                DEVICE_COMPATIBLE_NODE))
            exit(-1)
    else:
        host = os_machine
    return host
if __name__ == '__main__':
    host_name = get_host()
    print("Found device {}".format(host_name))
```

下位機執行該段程式，將列印當前的下位機 NPU 類型。可以看出，辨識出的下位機的 NPU 類型為 RK3588。列印如下。

```
Found device RK3588
```

新建空白的 RKNNLite 物件，將該物件命名為 rknn_lite，並使用 rknn_lite 的 list_support_ target 方法，檢測當前 RKNN 模型所能支援的裝置類型。程式如下。

```
RK3588_RKNN_MODEL = './yolov4_TF23_realds5717_clip5.rknn'
rknn_lite = RKNNLite()
rknn_model = RK3588_RKNN_MODEL
rknn_lite.list_support_target_platform(rknn_model=rknn_model)
```

下位機執行該段程式，將列印出有能力執行當前模型的 NPU 型號。可以看出，有能力執行當前模型的 NPU 型號為 RK3588。模型編譯調配晶片型號與當前硬體平臺的晶片型號相互吻合，模型才可被邊緣計算硬體載入並執行。列印如下。

```
*************************************************
Target platforms filled in RKNN model:        ['rk3588']
Target platforms supported by this RKNN model: ['RK3588']
*************************************************
```

下位機 NPU 類型與 RKNN 模型支援的 NPU 類型一致的情況下，可以使 rknn_lite 物件載入模型，並且使下位機的 RKNN 物件完成裝置初始化。RK3588 擁有 3 個 NPU 核心，分別是 NPU_0、NPU_1 和 NPU_2，它們都具有 2TFLOPs 的全整數量化計算算力（合計 6TFLOPs 算力），可以在初始化執行時期的時候將 core_mask 配置參數設置為 NPU_CORE_AUTO，讓裝置自己決定多核心之間的排程加速。載入模型和裝置初始化的程式如下。

```
# 加載 *.rknn 模型
print('--> Load RKNN model')
ret = rknn_lite.load_rknn(rknn_model)
if ret != 0:
    raise ValueError('Load RKNN model failed')
else:
print('done')
# 初始化執行時期的環境
print('--> Init runtime environment')
ret = rknn_lite.init_runtime(
    core_mask=RKNNLite.NPU_CORE_AUTO)
if ret != 0:
    raise ValueError('Init runtime environment failed')
else:
    print('done')
```

　　至此，RKNN 物件已經具備對輸入影像的推理能力，只需要呼叫其 inference 方法輸入圖像資料，即可獲得推理輸出。為避免函式退出後裝置被占用的問題，應當在推理結束後，及時呼叫 RKNN 物件的 release 方法釋放裝置。推理和釋放的程式如下。

```
# 生成待輸入的影像矩陣
cv2_im = cv2.imread('./val_kite.jpg')
......
# 執行模型推理並計時
print('--> Running model')
t1=time.time()
outputs = rknn_lite.inference(inputs=[cv2_im])
t2=time.time()
# 提取輸出並顯示推理耗時
print('done, cost {} s'.format(t2-t1))
rknn_lite.release()
```

　　輸出如下。

```
done, cost 0.09521055221557617 s
```

　　由於在推理程式的前後增加了計時的程式，所以可以獲得推理的耗時計算。此耗時是包含了骨幹網路、中段網路、預測網路、解碼網路、資料重組網路計算的整體計算輸出耗時。以 80 分類的 YOLOV4 完整版模型為例，輸出資料是形狀為 [1,16128,4] 和 [1,16128, 80] 的資料。其中，表徵所有預測矩形框頂點座標的輸出變數為 boxes_x1y1x2y2，表徵所有預測矩形框在 80 分類下的具體機率的輸出變數為 prob。輸出資料的形狀和資料型態探索程式如下。

```
for output in outputs:
    output=output[:,:,:,0]
    print(output.shape,output.dtype)
    if output.shape[-1]==4:
        boxes_x1y1x2y2=output
    elif output.shape[-1]==len(class_id_2_name):
        prob = output
```

推理輸出的形狀和資料型態如下。

```
(1, 16128, 4) float32
(1, 16128, 80) float32
```

接下來只需要使用常規的 NMS 演算法進行預測矩形框的過濾，即可完成物件辨識的全部流程，具體方法與 EdgeTPU 及 BM1684 相關章節所介紹的方法完全一致，這裡不再展開敘述。

15.2.4 RK3588 的運算元偵錯技巧

需要開發者特別注意的是，每個廠商的裝置對運算元的支援情況有著巨大的差異。以下描述是截至本書撰寫完成的時間，編譯工具 rknn-toolkit2 對 TensorFlow 的運算元的支援情況，以及所用到的偵錯技巧。開發者在具體開發過程中，應當及時查閱官方資料，更新運算元支援情況。

目前，各硬體廠商的開發工具鏈對電腦視覺常用的二維卷積 Add、Sub、Mul、Div、Conv2D、Dense、LeakyReLU 啟動函式的支援度較高，但這些運算元在具體使用場景下的參數限制各不相同。舉例來說，RK3588 對四則運算運算元的編譯僅支持按層（per-layer）或按通道（per-channel）的矩陣廣播，以及支援對矩陣所有元素（per-element）進行常數四則運算。為此，YOLO 模型中的解碼模組應當將原有預測矩形框長寬倍數與先驗錨框長寬相乘的廣播乘法轉為常數相乘。

舉例來說，原有的矩形框長寬倍數 pred_dwdh_x 的形狀是 [batch,grid_size,grid_size,2]，而 anchor_x 的形狀是 [1,2]，這不符合裝置的乘法運算元規範，會發生矩陣廣播錯誤。可能會引發矩陣廣播錯誤的程式如下。由於以下程式會引起模型編譯錯誤，所以每行程式都使用了「#」進行註釋。

```
# pred_wh_0 = tf.keras.layers.Multiply(
#     name=decode_output_name+'_pred_wh_0')(
#         [pred_dwdh_0, anchor_0])
# pred_wh_1 = tf.keras.layers.Multiply(
#     name=decode_output_name+'_pred_wh_1')(
#         [pred_dwdh_1, anchor_1])
# pred_wh_2 = tf.keras.layers.Multiply(
```

```
#     name=decode_output_name+'_pred_wh_2')(
#         [pred_dwdh_2, anchor_2])
```

一個可行的解決方案是，將 pred_dwdh_x 在最後一個維度上進行單切片分解，將其分解為 pred_dw_x 和 pred_dh_x，它們的形狀都是 [batch,grid_size,grid_size,1]，並將它們分別與先驗錨框的長寬常數相乘，相乘後再進行矩陣拼接。這一步稍顯麻煩，但這恰恰能在軟體演算法層面上表現硬體對演算法的限制要求。正確的矩陣拆分、相乘、合併的程式如下。

```
anchor_0_w=anchor_0[0,0];anchor_0_h=anchor_0[0,1];
anchor_1_w=anchor_1[0,0];anchor_1_h=anchor_1[0,1];
anchor_2_w=anchor_2[0,0];anchor_2_h=anchor_2[0,1];
pred_dw_0,pred_dh_0=tf.split(pred_dwdh_0,[1,1],axis=-1)
pred_dw_1,pred_dh_1=tf.split(pred_dwdh_1,[1,1],axis=-1)
pred_dw_2,pred_dh_2=tf.split(pred_dwdh_2,[1,1],axis=-1)
pred_wh_0=tf.keras.layers.Concatenate(axis=-1,name=decode_output_name+'_pred_wh_0')(
    [pred_dw_0*anchor_0_w, pred_dh_0*anchor_0_h])
pred_wh_1=tf.keras.layers.Concatenate(axis=-1,name=decode_output_name+'_pred_wh_1')(
    [pred_dw_1*anchor_1_w, pred_dh_1*anchor_1_h])
pred_wh_2=tf.keras.layers.Concatenate(axis=-1,name=decode_output_name+'_pred_wh_2')(
    [pred_dw_2*anchor_2_w, pred_dh_2*anchor_2_h])
```

又舉例來說，編譯器將 MaxPool 運算元的池化尺寸限制於最大值 7，因此對於 YOLO 模型中的特徵融合模組的 3 個 MaxPool 運算元（池化尺寸分別是 5×5，9×9，13×13），在編譯時，池化尺寸為 9×9 和 13×13 的池化運算元將被映射到 CPU 執行。發生池化運算元無法映射到 NPU 的情況的原始程式碼如下。

```
# YOLOV4 用到了 SPP（Spatial Pyramid Pooling）網路結構 +PAN(Path Aggregation Network) 網路
結構
# SPP 網路開始（以下是 SPP 網路程式）
pool1=tf.keras.layers.MaxPool2D(
    pool_size=(13,13),strides=1,padding='same',
    name="MaxP1")(input_data)
pool2=tf.keras.layers.MaxPool2D(
    pool_size=(9,9),  strides=1,padding='same',
    name="MaxP2")(input_data)
pool3=tf.keras.layers.MaxPool2D(
    pool_size=(5,5),  strides=1,padding='same',
```

```
    name="MaxP3")(input_data)
input_data = tf.keras.layers.Concatenate(
    axis=-1,name='SPP_concat')(
        [pool1, pool2, pool3,input_data])
# SPP 網路結束（以上是 SPP 網路程式）
```

可以證明，兩個池化尺寸為 5×5 的池化運算元組成的複合運算元等價於一個池化尺寸為 9×9 的池化運算元，3 個池化尺寸為 5×5 的池化運算元組成的複合運算元等價於一個池化尺寸為 13×13 的池化運算元。經過廠商官方提供的運算元替換操作後，可以實現大尺寸池化運算元的 NPU 編譯支援，具體方法可參考廠商提供的 PyTorch 程式。

此外，由於工具鏈不支持 tf.math.exp、tf.math.maximum、tf.math.minimum 等基礎運算元，進而對由這些基礎運算元組合成的某些高級運算元（tf.clip_by_value 等）也無法支持。因此，使用多項式擬合某些非線性運算元的方法也就無法在此硬體系統上使用。開發者可以保持解碼模組中的非線性函式，待編譯器將其自動編譯到 CPU 中進行運算。程式如下。

```
short_cut_op='rk3588'
if short_cut_op=='rk3588':
    pred_dwdh_0 = tf.keras.layers.Lambda(
        lambda x: tf.exp(x),
        name=decode_output_name+'_exp_conv_raw_dwdh_0')(
            conv_raw_dwdh_0)
    pred_dwdh_1 = tf.keras.layers.Lambda(
        lambda x: tf.exp(x),
        name=decode_output_name+'_exp_conv_raw_dwdh_1')(
            conv_raw_dwdh_1)
    pred_dwdh_2 = tf.keras.layers.Lambda(
        lambda x: tf.exp(x),
        name=decode_output_name+'_exp_conv_raw_dwdh_2')(
            conv_raw_dwdh_2)
else:
    ......
```

除了以上提到的運算元匹配問題，還應當關注神經網路的動態範圍問題。舉例來說，YOLO 神經網路的預測網路，實際包含了兩類的計算工作，一類是矩形框位置的計算，這屬於迴歸計算；另一類是物件辨識的分類機率計算，這屬於分類計算。這兩類計算往往具有不同的動態範圍，這也表示量化工具對預測網路的量化難度極大，所以我們一般不編譯 YOLO 神經網路的預測網路部分。

另外可喜的是，RK3588 對 YOLO 模型中使用最多的 Mish 啟動函式運算元和 Softplus 函式運算元的支援較好。這使得開發者可以使用除 LeakyReLU 之外的更高性能的啟動函式，據 YOLO 模型官網介紹，僅將 LeakyReLU 啟動函式替換為 Mish 啟動函式就能帶來 1 ～ 2 個百分點的性能提升。

最後，做邊緣計算開發，還應當根據邊緣計算硬體的特點，合理確定邊緣端神經網路結構的邊界。作者認為，一個完整的 YOLO 物件辨識神經網路模型應當包括骨幹網路、中段網路、預測網路、解碼網路、資料重組網路、NMS 演算法等這些單元。這樣，神經網路的輸出才會包含目標數量、目標矩形框、目標分類機率、目標分類編號這些有效資訊。伺服器模型一般會包含以上全部模組單元，但邊緣端受限於硬體結構，一般不包括 NMS 演算法單元。因此，本書將邊緣端使用的神經網路的邊界定義在資料重組網路的輸出介面，這樣，神經網路輸出的直接是尚未經過 NMS 演算法過濾的全部預測矩形框和這些矩形框的分類機率，可以最大限度地降低後處理步驟對 CPU 工作的負擔。如果開發者覺得讓 CPU 負責 NMS 演算法還是太耗時，那麼可以參考 DETR 物件辨識模型的想法，將 NMS 演算法轉化為集合預測（Set Prediction）問題，使用注意力機制替換 NMS 演算法。那麼此時邊緣端所使用的神經網路的邊界就被定義在 NMS 演算法單元，此時的物件辨識神經網路才是真正的點對點的邊緣端端物件辨識神經網路。當然，這會間接導致 TPU（或 NPU）的處理工作量增大，迫使 TPU（或 NPU）處理某些不擅長處理的運算元（如 Reshape、Transpose 等），或注意力機制中尺寸較大的矩陣乘法運算元和全連接層運算元，這表示在此條件下測算的推理速度大幅下降，但換來的是整體物件辨識速度的提升，值得開發者嘗試。

第五篇

三維電腦視覺與自動駕駛

　　隨著以雷射雷達為代表的三維成像技術日趨成熟，自動駕駛領域的巨大市場也即將被開啟。對應地，三維電腦視覺系統在自動駕駛、機器人控制、醫學成像等領域的需求增長也越來越強勁，以 PointNet 為代表的點雲物件辨識神經網路越來越受到重視。本篇將重點介紹自動駕駛資料集的計算原理及最為基礎和重要的三維物件辨識神經網路——PointNet。

第**16**章

三維物件辨識和自動駕駛

　　三維資料有多種表達方式，其中，點雲是從雷射雷達感測器中獲得的最原始的資料形式，在自動駕駛領域的應用最為廣泛。點雲資料的資料格式一般以一個矩陣的形式存在，形狀為 [n,c]。其中，n 表示點雲的數量，c 表示每個點的資料通道。通道既可以是點的座標 x、y、z，也可以是點的顏色 RGB，還可以是點的法向量。

16.1　自動駕駛資料集簡介

　　自動駕駛目前是電腦視覺領域市場規模最大、商業變現邏輯最清晰的應用領域，近些年獲得了長足的發展。自動駕駛領域的資料集也不斷湧現。舉例來說，歷史最悠久也最權威的 KITTI 資料集、近些年發展非常迅猛的 Waymo 資料集、感測器最為齊全的 nuScenes 資料集等。其他如 Lyft 資料集、ApolloScape 資料集、A2D2 資料集、H3D 資料集等也在標注數量、場景數量、種類數量方面有自己的特色。

　　其中的 KITTI 資料集是最為權威和流行的自動駕駛資料集。KITTI 資料集由德國卡爾斯魯厄理工學院和豐田美國技術研究院聯合創辦，是目前國際上最大的自動駕駛場景下的電腦視覺演算法評測資料集。該資料集為立體圖像、光流、視覺測距、3D 物體檢測和 3D 追蹤等電腦視覺任務提供資料集支撐。KITTI 資料集包括了約 63km 的道路的真實資料，覆蓋了市區、鄉村和高速公路等場景，每張圖片平均擁有 15 輛車和 30 個行人，還有不同程度的遮擋與截斷。

　　KITTI 資料集是透過專門的資料獲取車輛完成資料獲取工作的。資料獲取車輛的前部安裝了前向的二元攝影機（合計 4 個攝影機），攝影機包含兩個灰度影像感測器和兩個彩色影像感測器；資料獲取車輛的中部安裝了 64 線三維雷射雷達，雷射雷達附帶即時建模定位（SLAM）功能；資料獲取車輛的左後部安裝了 GPS 模組（用於擷取當前即時的位置資訊）；部分資料獲取車輛的兩側各安裝了左右朝向的魚眼相機（用於捕捉車輛兩側的廣角影像）。KITTI 自動駕駛平臺感測器及其座標系如圖 16-1 所示。

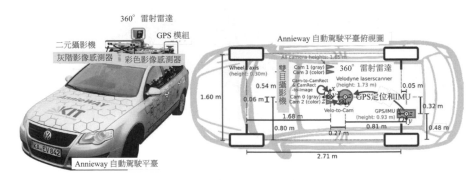

▲ 圖 16-1　KITTI 自動駕駛平臺感測器及其座標系

　　KITTI 資料集對 3 個主要的感測器設置了 3 個座標系，這 3 個座標系都採用三維笛卡兒座標系，如表 16-1 所示。

➡ 表 16-1　KITT 資料集座標系

感測器	x 軸	y 軸	z 軸
攝影機	向右	向下	向前
雷射雷達	向前	向左	向上
GPS/IMU	向前	向左	向上

註：左、右、前、後、上、下均為車輛駕駛員角度。

　　KITTI 資料集的 3D 物件辨識資料集由 7481 個訓練影像、7518 個測試影像和相應的點雲資料組成，包括總共 80256 個標記物件，並提供了用 MATLAB 和 C++ 撰寫的資料集開發工具。登入 KITTI 主頁，註冊帳號後即可透過 Object 選單進入三維物件辨識的資料集下載頁面，在下載頁面上可以看到按照不同感測器捕捉資料的下載類目。為了實現三維物件辨識，至少應當下載前置主攝影機（二元攝影機中的左側攝影機）的圖像資料、雷射雷達的點雲資料、標注資料及以 KITTI 為矯正感測器安裝位置差異而設計的補償矯正資料。KITTI 三維物件辨識資料集下載如圖 16-2 所示。

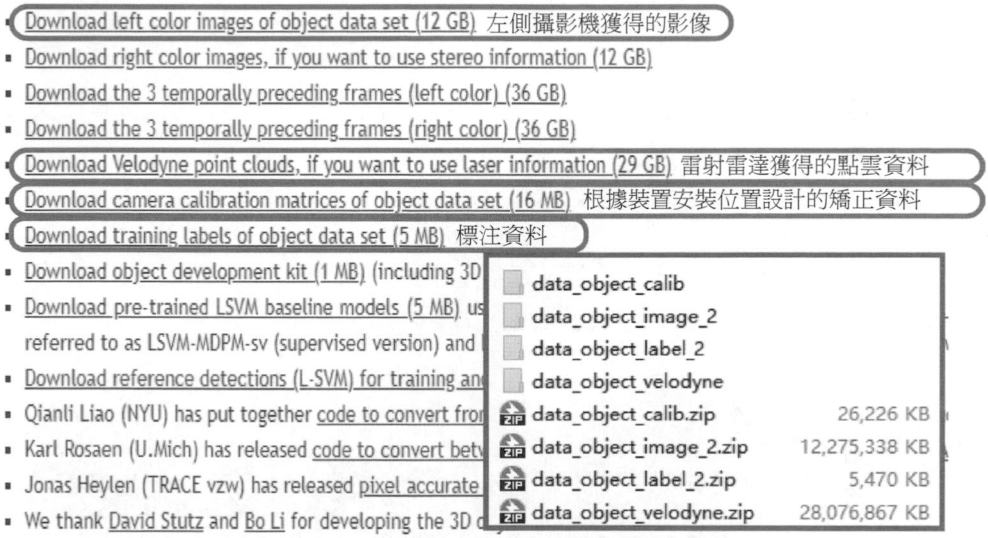

▲ 圖 16-2　KITTI 三維物件辨識資料集下載

16.2　KITTI 資料集計算原理

　　下載的 KITTI 資料集分為訓練集和測試集，這兩種資料集都擁有自己獨特的資料結構。以訓練集為例，主攝影機的資料夾包含了 7481 張圖片，均為 png 格式，它們以檔案名稱為順序排列。雷射雷達捕捉的點雲資料資料夾包含了 7481 個 bin 檔案，它們同樣以檔案名稱為順序排列，並且與主攝影機 png 檔案名稱相同。打開某個 bin 檔案將看到它以十六進位方式儲存了點雲資料，每行兩個點雲資料，每個點雲資料使用 4 個十六進位數表示，其中第 1 個、第 2 個、第 3 個十六進位數表示點的浮點 64 位元的 *xyz* 座標，第 4 個十六進位數表示探測輻射強度。矯正資料夾存放的是 7481 個 txt 檔案，它記錄了每個時刻的相機、雷達、感測器的矯正資料。標注資料夾存放的是每個時刻的標注資料。KITTI 三維物件辨識資料集格式解析如圖 16-3 所示。

label 資料夾儲存的是標注資料，標注資料一共有 16 個欄位。

第 1 個欄位是字串，代表物體分類名稱（type）。目前 KITTI 資料集支援 9 類目標，分別是 Car、Van、Truck、Pedestrian、Person_sitting、Cyclist、Tram、Misc、DontCare。其中，DontCare 分類特指那些存在物體但由於某些原因沒有進行標注的物體。

第 2 個欄位代表物體超出畫面（截斷，truncated）的比例，一般為浮點數，但 KITTI 資料集採用整數離散數字表示物體的截斷程度，即 0 代表沒有截斷，1 代表截斷。

第 3 個欄位是整數，代表物體是否被遮擋（occluded），0 代表全部可見，1 代表部分被遮擋，2 代表大部分被遮擋，3 代表未知。

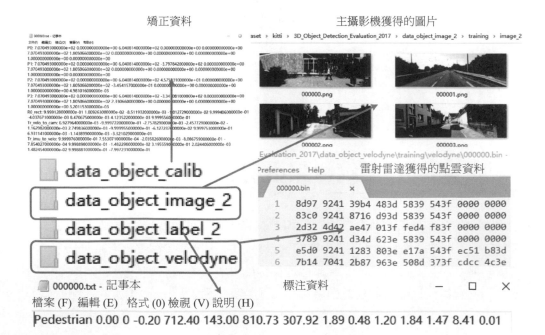

▲ 圖 16-3　KITTI 三維物件辨識資料集格式解析

　　第 4 個欄位是浮點數，設定值範圍為 $-\pi \sim +\pi$ ，代表物體的觀察角度，即在相機座標系下，以相機原點為中心，以相機原點到物體中心的連線為半徑，將物體繞相機 y 軸旋轉至相機 z 軸時，物體方向與相機 x 軸的夾角（alpha）。

　　第 5 ～ 8 個（合計 4 個）欄位是浮點數，代表以像素為單位的物體的二維邊界框左上角和右下角的座標（bbox），分別是 xmin、ymin、xmax、ymax（單位：pixel 像素）。

　　第 9 ～ 11 個（合計 3 個）欄位是浮點數，代表以米為單位的三維物體的尺寸，分別是高度、寬度、長度。

　　第 12 ～ 14 個（合計 3 個）欄位是浮點數，代表以米為單位的三維物體的位置，分別是 x、y、z。此座標以相機為原點。

　　第 15 個欄位是浮點數，設定值範圍為 $-\pi \sim +\pi$ ，代表三維物體的空間方向（rotation_y），即在相機座標系下，物體的全域方向角（物體前進方向與相機座標系 x 軸的夾角）單位是弧度。

　　KITTI 三維目標空間方向示意圖如圖 16-4 所示。

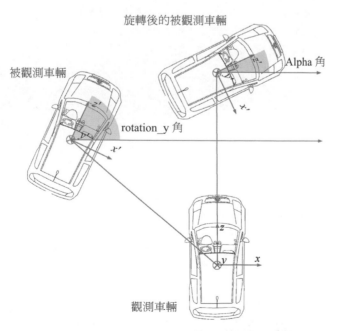

▲ 圖 16-4　KITTI 三維目標空間方向示意圖

第 16 個欄位是浮點數，僅在測試集中出現，代表檢測的置信度，用於繪製 *P-R* 曲線，該欄位數值越高越好。

讀取標注檔案後儲存的物件為自訂物件，將物件命名為 Object3D，其內部有 15 個成員變數，對應標注檔案中的 15 個標注內容（置信度除外）。Object3D 物件的初始化函式本體內，處理的是從文字檔中讀取的單行內容，若有多行，則表示有多個標注物件，那麼相應地就會生成多個 Object3D 物件。初始化函式如下。

```python
class Object3d(object):
    """ 3d object label """
    def __init__(self, label_file_line):
        data = label_file_line.split(" ")
        data[1:] = [float(x) for x in data[1:]]

        # 提取資料集各欄位資料
        self.type = data[0]  # 'Car', 'Pedestrian', ...
        self.truncation = data[1]  # [0..1]
        self.occlusion = int(
            data[2]
        )  # 0=visible, 1=partly occluded, 2=fully occluded
        self.alpha = data[3]  # [-pi..pi]

        # 提取二維矩形框資料
        self.xmin = data[4]  # left
        self.ymin = data[5]  # top
        self.xmax = data[6]  # right
        self.ymax = data[7]  # bottom
        self.box2d = np.array([self.xmin, self.ymin,
                               self.xmax, self.ymax])

        # 提取三維矩形框資料
        self.h = data[8]  # 矩形框高度（單位：m）
        self.w = data[9]  # 矩形框寬度
        self.l = data[10]  # 矩形框長度
        self.t = (data[11], data[12], data[13])  # 三維矩形框位置
        self.ry = data[14]  # 三維矩形框的 yaw 角度資料，設定值範圍為 [-pi,pi]

    def estimate_difculty(self):
        """ 輸出 easy、Moderate、hard、Unknown 提取 difculty 欄位資料 """
```

讀取磁碟上編號為 00000 的標注檔案，它恰好只有一個標注物體：行人（Pedestrian），讀取後的三維物體標注被儲存在 objects 串列中，串列中只有一個 Object3D 類型的元素。串列的元素內容列印出來，程式如下。

```
def read_label(label_filename):
  lines = [line.rstrip() for line in open(label_filename)]
  objects = [Object3d(line) for line in lines]
  return objects
if __name__=='__main':
  label_parent_dir='D:/OneDrive/…/'
  label_dir=label_parent_dir+'data/object/training/label_2/'
  label_filename=label_dir+'000000.txt'
  objects=read_label(label_filename)
  print(' 一共讀取了 {} 個標注的三維物件 '.format(len(objects)))
  for obj3D in objects:
    obj3D.print_object()
```

整合程式設計工具內的記憶體檢視器可以查看三維物體的標注內容。KITTI 三維目標標注資料物件如圖 16-5 所示。

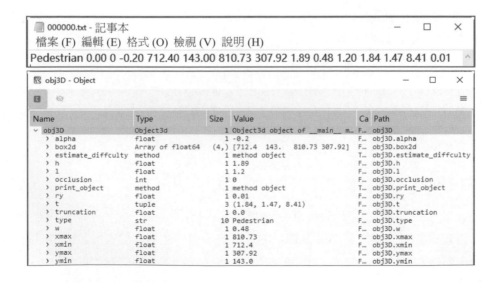

▲ 圖 16-5　KITTI 三維目標標注資料物件

Velodyne 雷射雷達的點雲資料儲存在以 bin 為副檔名的檔案中，使用 np.fromfile 可以直接讀取該檔案，讀取的資料格式為浮點 64 位元。讀取的資料以 4 個浮點數為一個單元，代表了探測到的點的三維座標和強度，一次掃描的全部點雲資料數量如果為 n 個，那麼點雲資料的形狀為 [n,4]。根據此原則，可以設計一個讀取函式 load_velo_scan，用來讀取檔案名稱為 '000000.bin' 的點雲資料，查看資料的形狀和前 5 個掃描到的點。程式如下。

```
def load_velo_scan(velo_filename, dtype=np.float32, n_vec=4):
    scan = np.fromfile(velo_filename, dtype=dtype)
    scan = scan.reshape((-1, n_vec))
    return scan
if __name__=='__main__':
    velo_parent_dir='D:/OneDrive/…/'
    velo_dir=velo_parent_dir+'data/object/training/velodyne/'
    velo_filename=velo_dir+'000000.bin'
    pc_velo = load_velo_scan(
        velo_filename, dtype=np.float64, n_vec=4)
    print(pc_velo.shape)
    print(pc_velo[:6])
```

輸出如下，可見此次掃描獲得了 57692 個點，每個點使用 4 個 64 位元浮點數表示。

```
(57692, 4)
[[1.755324e-013 5.249369e-315 9.126961e-011 5.249369e-315]
 [3.295898e-005 5.302664e-315 3.409386e-008 5.249369e-315]
 [1.230239e-007 2.211892e-011 3.356934e-007 1.341104e-008]
 [8.964540e-007 7.812499e-005 3.067016e-006 5.240583e-315]
 [4.907226e-005 5.249369e-315 9.277348e-005 5.249287e-315]
 [1.210937e-004 5.249287e-315 2.333984e-004 5.249369e-315]]
```

calib 資料夾下儲存著各個座標系的轉換係數矩陣，用來對二維圖像資料和三維點雲資料進行座標矯正。calib 資料夾下有若干與標注、點雲資料名稱相同的 txt 檔案，打開任意一個可以看到其內部以文字格式儲存了 7 個向量：P0 到 P3、R0_rect、Tr_imu_to_velo、Tr_velo_ to_cam。矯正資料中的矩陣名稱和含義如表 16-2 所示。

➜ 表 16-2　矯正資料中的矩陣名稱和含義

矯正檔案所包含的矩陣名稱	向量元素個數	轉換後的矩陣形狀	用途
P0 到 P3	12	[3,4]	從修正相機座標系轉換到第 i 個相機的二維影像座標系，i 的設定值範圍為 0 ～ 3
R0_rect	9	[3,3]	從參考相機座標系轉換到修正相機座標系
Tr_imu_to_velo	12	[3,4]	從感測器座標系轉換到雷射雷達座標系
Tr_velo_to_cam	12	[3,4]	從雷射雷達座標系轉換到參考相機座標系

從 calib 資料夾中讀取矯正檔案，將讀取的矯正檔案儲存到記憶體的字典 data 中。程式如下。

```
def read_calib_file(self, filepath):
  """ Read in a calibration file and parse into a dictionary.
  Ref: pykitti/utils.py
  """
  data = {}
  with open(filepath, "r") as f:
    for line in f.readlines():
      line = line.rstrip()
      if len(line) == 0:
        continue
      key, value = line.split(":", 1)
      try:
        data[key]=np.array([float(x) for x in value.split()])
      except ValueError:
        pass
  return data
```

讀取矯正檔案後，按照矩陣形狀進行重新排列，並進行矩陣命名，獲得 7 個轉換矩陣，如圖 16-6 所示。

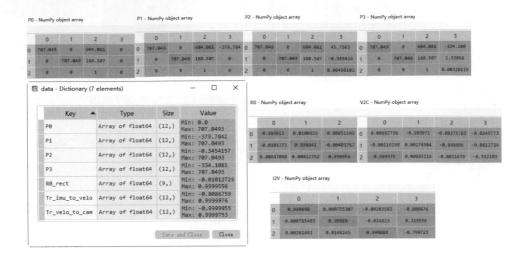

▲ 圖 16-6　矯正資料中的 7 個轉換矩陣形狀圖

　　雷射雷達座標系在資料集中稱為 Velodyne 座標系，被認為是世界座標系
（World Coordinate System），因為世界座標系就是一個三維座標系，而自動駕駛
平臺的雷射雷達是唯一能提供空間三維座標的感測器。位於資料集 Velodyne 資料
夾下的 *.bin 檔案內儲存的就是世界座標系的三維座標，其資料格式為 [x,y,z,i]。在
不同座標系之間轉換，需要用到齊次座標系（Homogeneous Coordinate System）。
齊次座標系主要用於對座標內的點進行旋轉和平移等操作的前置處理。轉換後的座
標與原來的座標本質相同，轉換的方法是在原座標的最後增加一個自由度，增加的
那個自由度被給予值為 1。舉例來說，有 n 個座標，每個座標都有 3 個自由度，經
過齊次化處理，輸出的 n 個齊次座標組成的矩陣形狀為 [n,4]。程式如下。

```
def cart2hom(self, pts_3d):
    """ Input: nx3 points in Cartesian
        Oupput: nx4 points in Homogeneous by pending 1
    """
    n = pts_3d.shape[0]
    pts_3d_hom = np.hstack((pts_3d, np.ones((n, 1))))
    return pts_3d_hom
```

　　世界座標系一般以雷射雷達的位置為座標原點，在雷射雷達座標系下的 X 點的座標向量為 $X = \begin{bmatrix} x & y & z \end{bmatrix}$，那麼它的齊次座標向量為

$$\tilde{X} = \begin{bmatrix} x & y & z & 1 \end{bmatrix}$$

（16-1）

　　參考相機座標系是一個 KITTI 資料集的虛擬座標系，參考相機座標系的原點位置是 0 號相機，矯正檔案中的 Tr_velo_to_cam 矩陣是用於將雷射雷達座標系內的點轉換到參考相機座標系的轉換矩陣，用 T_v^c 表示。T_v^c 轉換矩陣的形狀是 [3,4]，可以將其拆分為兩個部分，即 $T_v^c = \begin{bmatrix} R_v^c & t_v^c \end{bmatrix}$。其中，$R_v^c$ 是旋轉矩陣，它是一個正交矩陣，即 $R_v^c R_v^{c-1} = R_v^c R_v^{cT} = I$，形狀是 [3,3]；$t_v^c$ 是平移矩陣，形狀是 [3,1]。如果要將雷射雷達座標系下的 X 點轉換到參考相機座標系下的 X_{ref} 點，那麼可以直接將齊次座標向量 $\tilde{X}$ 乘以 T_v^c 的轉置，獲得的新座標用 X_{ref} 表示，即 $X_{\text{ref}} = \begin{bmatrix} x_{\text{ref}} & y_{\text{ref}} & z_{\text{ref}} \end{bmatrix}$，有

$$X_{\text{ref}} = \tilde{X} \cdot T_v^{cT}$$

（16-2）

　　當然，獲得的新座標 X_{ref} 是非齊次座標，如果希望它是齊次座標的表達方式，那麼可以將 T_v^c 矩陣擴展成為 4 行 4 列的矩陣。擴展方法是，除了將右下角的元素設為 1，將其他新增位置元素設為 0，還要將拓展成的矩陣用 $\tilde{T}_v^c$ 表示，生成方式如下所示。

$$\tilde{T}_v^c = \begin{bmatrix} R_v^c & t_v^c \\ 0^{1\times3} & 1 \end{bmatrix}$$

（16-3）

　　這樣，雷射雷達座標系內的齊次座標向量 $\tilde{X}$ 乘以 $\tilde{T}_v^c$ 矩陣所獲得的就是參考相機座標系內的齊次座標，新的齊次座標用 $\tilde{X}_{\text{ref}}$ 表示，即 $\tilde{X}_{\text{ref}} = \begin{bmatrix} x_{\text{ref}} & y_{\text{ref}} & z_{\text{ref}} & 1 \end{bmatrix}$，有

$$\tilde{X}_{\text{ref}} = \tilde{X} \cdot \tilde{T}_v^{cT}$$

（16-4）

從雷射雷達座標系轉換到參考相機座標系的變換矩陣 $\boldsymbol{T}_v^c$ 在程式中用 V2C 表示，那麼其逆變換（從參考相機座標系到雷射雷達座標系）在程式中就用 C2V 表示，在公式中用 $\boldsymbol{T}_c^v$ 表示。$\boldsymbol{T}$ 可以由 $\boldsymbol{T}_v^c$ 計算獲得，計算公式如式（16-5）所示。

$$\boldsymbol{T}_c^v = \left[\, \boldsymbol{R}_v^{c-1} \,|\, -\boldsymbol{R}_v^{c-1}\boldsymbol{t}_v^c \,\right] \tag{16-5}$$

從參考相機座標系到雷射雷達座標系的變換如式（16-6）所示。

$$\tilde{\boldsymbol{X}} = \tilde{\boldsymbol{X}}_{\text{ref}} \cdot \tilde{\boldsymbol{T}}_c^{v\text{T}} \tag{16-6}$$

其中的 $\tilde{\boldsymbol{T}}_c^v$ 可以透過式（16-7）方法建構，

$$\tilde{\boldsymbol{T}}_c^v = \begin{bmatrix} \boldsymbol{R}_v^{c-1} & -\boldsymbol{R}_v^{c-1}\boldsymbol{t}_v^c \\ 0^{1\times3} & 1 \end{bmatrix} \tag{16-7}$$

將 C2V 矩陣的求解過程撰寫為函式，將函式命名為 inverse_rigid_trans。該函式接收一個剛性變換矩陣（在程式中用 Tr 表示），透過計算傳回一個剛性變換的逆變換（在程式中用 inv_Tr 表示）。程式如下。

```python
def inverse_rigid_trans(Tr):
    """ Inverse a rigid body transform matrix (3x4 as [R|t])
        [R'|-R't; 0|1]
    """
    inv_Tr = np.zeros_like(Tr)   # 矩陣形狀為 3 行 4 列
    inv_Tr[0:3, 0:3] = np.transpose(Tr[0:3, 0:3])
    inv_Tr[0:3, 3] = np.dot(
        -np.transpose(Tr[0:3, 0:3]), Tr[0:3, 3])
    return inv_Tr
V2C =calibs["Tr_velo_to_cam"]
V2C = np.reshape(V2C, [3, 4])
C2V = inverse_rigid_trans(V2C)
```

如果用 pts_3d_velo 表示一個點在雷射雷達座標系下的座標，用 pts_3d_ref 表示一個點在參考相機座標系下的座標，那麼根據式（16-4）和式（16-6），這兩個座標系座標的相互轉換函式設計如下。

```python
def project_velo_to_ref(self, pts_3d_velo):
    pts_3d_velo = self.cart2hom(pts_3d_velo)  # 矩陣形狀為 n 行 4 列
    return np.dot(pts_3d_velo, np.transpose(self.V2C))
def project_ref_to_velo(self, pts_3d_ref):
    pts_3d_ref = self.cart2hom(pts_3d_ref)  # 矩陣形狀為 n 行 4 列
    return np.dot(pts_3d_ref, np.transpose(self.C2V))
```

修正相機座標系是以 0 號相機為原點的三維座標系，位於資料集 label_2 資料夾下的 *.txt 標注檔案儲存的 XYZ 座標欄位就是修正相機座標系。R0_rect 矩陣就是用於將參考相機座標系內的點轉換到修正相機座標系的轉換矩陣，用 $\boldsymbol{R}_{\text{rect0}}$ 表示。$\boldsymbol{R}_{\text{rect0}}$ 是一個形狀為 [3,3] 的正交矩陣（$\boldsymbol{R}_{\text{rect0}}\boldsymbol{R}_{\text{rect0}}^{\text{T}} = \boldsymbol{R}_{\text{rect0}}^{\text{T}}\boldsymbol{R}_{\text{rect0}} = \boldsymbol{I}$），如果要將參考相機座標系下的 $\boldsymbol{X}_{\text{ref}}$ 點轉換到修正相機座標系，只需要將參考相機座標系下的座標向量 $\boldsymbol{X}_{\text{ref}}$ 乘以 $\boldsymbol{R}_{\text{rect0}}^{\text{T}}$，獲得的新座標用 $\boldsymbol{X}_{\text{ref}}$ 表示，即 $\boldsymbol{X}_{\text{rect}} = \begin{bmatrix} x_{\text{rect}} & y_{\text{rect}} & z_{\text{rect}} \end{bmatrix}$，有

$$\boldsymbol{X}_{\text{rect}} = \boldsymbol{X}_{\text{ref}} \cdot \boldsymbol{R}_{\text{rect0}}^{\text{T}} \tag{16-8}$$

從修正相機座標系到參考相機座標系的變換是 $\boldsymbol{R}_{\text{rect0}}$ 的逆變換，將修正相機座標系下的座標 $\boldsymbol{X}_{\text{rect}}$ 變換到參考相機座標系下的座標 $\boldsymbol{X}_{\text{ref}}$，變換公式如式（16-9）所示。

$$\boldsymbol{X}_{\text{ref}} = \boldsymbol{X}_{\text{rect}} \cdot \boldsymbol{R}_{\text{rect0}} = \boldsymbol{X}_{\text{rect}} \cdot \left[\boldsymbol{R}_{\text{rect0}}^{\text{T}}\right]^{-1} = \boldsymbol{X}_{\text{rect}} \cdot \left[\boldsymbol{R}_{\text{rect0}}^{-1}\right]^{\text{T}} \tag{16-9}$$

如果用 pts_3d_ref 表示一個點在參考相機座標系下的座標 $\boldsymbol{X}_{\text{ref}}$，用 pts_3d_rect 表示一個點在修正相機座標系下的座標 $\boldsymbol{X}_{\text{rect}}$，那麼根據式（16-8）和式（16-9），這兩個座標系座標的相互轉換函式設計如下。

```python
def project_rect_to_ref(self, pts_3d_rect):
    """ Input and Output are nx3 points """
    return np.transpose(
        np.dot(np.linalg.inv(self.R0),
                np.transpose(pts_3d_rect)))
def project_ref_to_rect(self, pts_3d_ref):
    """ Input and Output are nx3 points """
    return np.transpose(
        np.dot(self.R0, np.transpose(pts_3d_ref)))
```

當然，也可以將參考相機座標系下的齊次座標直接轉為修正相機座標系下的齊次座標。但此時需要乘以的矩陣應當是一個由 R_{rect0} 生成的新矩陣，新矩陣用 $\tilde{R}_{rect0}$ 表示，生成方法是將 R_{rect0} 矩陣擴展為的 4 行 4 列的矩陣，右下角的元素為 1，新增位置的元素全部為 0。$\tilde{R}_{rect0}$ 的生成方式如式（16-10）所示。

$$\tilde{R}_{rect0} = \begin{bmatrix} R_{rect0} & 0^{3\times1} \\ 0^{1\times3} & 1 \end{bmatrix}$$（16-10）

這樣，將參考相機座標系下的齊次座標 $\tilde{X}_{ref}$ 乘以 $\tilde{R}_{rect0}{}^T$ 就可以直接得到修正相機座標系下的齊次座標 $\tilde{X}_{rect}$，即 $\tilde{X}_{rect} = [x_{rect} \quad y_{rect} \quad z_{rect} \quad 1]$，齊次座標轉換公式如式（16-11）所示。

$$\tilde{X}_{rect} = \tilde{X}_{ref} \cdot \tilde{R}_{rect0}{}^T$$（16-11）

影像座標系是以影像左上角為座標原點的二維座標系。根據二維相機的小孔成像原理，三維座標透過一個投影矩陣可以找到它在二維影像上的二維位置，投影矩陣由相機的內部參數矩陣和相機的外部參數矩陣相乘獲得。投影矩陣用 P_i 表示，其中，i 表示相機編號，i 的設定值為 0、1、2 或 3，0 號相機表示自動駕駛平臺左側的灰度相機，1 號相機表示自動駕駛平臺右側的灰度相機，2 號相機表示自動駕駛平臺左側的（主）彩色相機，3 號相機表示自動駕駛平臺右側的彩色相機；KITTI 的相機有 4 台，對應著 4 個投影矩陣。這 4 個投影矩陣對應著矯正檔案解析程式中的 P0 ～ P3 變數。投影矩陣 P_i 的形狀是 [3,4]，用於將修正相機座標系中的座標投影到第 i 個相機的影像座標系中。將投影矩陣 P_i 按元素進行拆解，可以得到每個相機成像系統的內部參數，投影矩陣 P_i 的元素結構如式（16-12）所示。

$$P_i = \begin{bmatrix} f_u^{(i)} & 0 & c_u^{(i)} & -f_u^{(i)}b_x^{(i)} \\ 0 & f_v^{(i)} & c_v^{(i)} & f_v^{(i)}b_y^{(i)} \\ 0 & 0 & 1 & 0 \end{bmatrix}$$（16-12）

式中，$f_u^{(i)}$ 和 $f_v^{(i)}$ 是相機的焦距；$c_u^{(i)}$ 和 $c_v^{(i)}$ 是相機主點偏移；這 4 個參數是相機的內參；$b_x^{(i)}$ 和 $b_y^{(i)}$ 是第 i 個相機到 0 號相機的 xy 方向上的距離偏移（單位:m）。根據此計算原理，可以獲得相機的內參（在程式中用 c_u、c_v、f_u、f_v 表示）和相機位置偏移（在程式中用 b_x、b_y 表示）。程式如下。

```
c_u =P[0, 2]
c_v =P[1, 2]
f_u =P[0, 0]
f_v =P[1, 1]
b_x =P[0, 3] / (-f_u)
b_y =P[1, 3] / (-f_v)
```

如果要將修正相機座標系下的點轉換到第 i 個相機的影像座標系，那麼首先需要獲得修正相機座標系下的點的齊次座標 $\tilde{X}_{\text{rect}}$，然後乘以第 i 個相機的投影矩陣 P_i^{T}，獲得的新座標也是齊次座標，用 $\tilde{X}_{\text{img}}^i$ 表示，即 $\tilde{X}_{\text{img}}^i = \begin{bmatrix} u_{\text{img}}^i & v_{\text{img}}^i & 1 \end{bmatrix}$，轉換公式為

$$\tilde{X}_{\text{img}}^i = \tilde{X}_{\text{rect}} \cdot P_i$$

（16-13）

如果 $\tilde{X}_{\text{img}}^i$ 的第 3 個自由度不等於 1 的話，那麼需要將整個齊次座標除以第 3 個自由度，以進行歸一化。如果用 pts_3d_rect 表示一個點在修正相機座標系下的座標 $\tilde{X}_{\text{rect}}$，用 pts_2d 表示該點在影像座標系下的二維座標 $\tilde{X}_{\text{img}}^i$，那麼這兩個座標系座標的相互轉換函式設計如下。

```
def project_rect_to_image(self, pts_3d_rect):
    """ 輸入資料 : nx3 points in rect camera coord.
        輸出資料 : nx2 points in image2 coord.
    """
    pts_3d_rect = self.cart2hom(pts_3d_rect)
    pts_2d = np.dot(pts_3d_rect, np.transpose(self.P))  # nx3
    pts_2d[:, 0] /= pts_2d[:, 2]
    pts_2d[:, 1] /= pts_2d[:, 2]
    return pts_2d[:, 0:2]
```

以上只是將座標轉換關係直接使用轉換演算法進行數學描述，如果將雷射雷達所探測到的點的齊次座標 $\tilde{X}$ 透過多次投影，直接找到它在第 i 個相機上捕捉的二維影像上的位置的齊次座標 $\tilde{X}_{\text{img}}^i$，那麼需要將多次投影轉換連接起來，即

$$\tilde{X}_{\text{img}}^i = \tilde{X} \cdot \tilde{T}_v^{c\text{T}} \cdot \tilde{R}_{\text{rect0}}^{\text{T}} \cdot P_i^{\text{T}} = \begin{bmatrix} \tilde{X} \cdot T_v^{c\text{T}} \cdot R_{\text{rect0}}^{\text{T}} \mid 1 \end{bmatrix} \cdot P_i^{\text{T}}$$

（16-14）

　　理解了座標系轉換原理，就可以應對座標投影轉換路徑的多種組合，這裡不一一展開，總的原則就是透過矩陣乘法實現座標系轉換的正變換和逆變換。感興趣的讀者可以參考 GitHub 帳號為 kuixu 的 kitti_object_vis 軟體倉庫，使用工具集進行三維資料的視覺化。視覺化工具使用 Python 語言撰寫，可以實現點雲資料和二維視覺資料的融合，也可以實現點雲資料的視覺化。由於該軟體完全開放原始碼，讀者可以下載並根據自己的需要進行調整和修改。KITTI 資料集的視覺化效果如圖 16-7 所示。

目標的二維和三維矩形框及點雲資料視覺化　　　　　　　　　　點雲資料視覺化

鷹眼模式下的點雲資料視覺化

▲ 圖 16-7　KITTI 資料集的視覺化效果

16.3　自動駕駛的點雲特徵提取

　　PointNet 神經網路是較為經典的三維物件辨識神經網路，該網路創新地使用點雲資料變換網路、仿射變換、對稱函式（最大值池化），解決點雲資料的置換不變性、旋轉不變性問題。其後一年推出的 PointNet++ 神經網路進一步解決了PointNet 神經網路無法提取局部特徵的局限性，提出了多層次特徵提取結構，即在輸入的點雲資料中選取若干數量的點作為中心點，然後圍繞每個中心點選擇周圍的局部點雲組成一個區域，每個區域作為 PointNet 神經網路的輸入樣本，從而得到一組特徵向量，這個特徵向量就是屬於這個局部區域的特徵。反覆使用局部特徵提取結構，將它們首尾相接，就可以將多個局部特徵提取結構組合成一個具有深度結構的三維目標特徵提取器。PointNet++ 的局部特徵提取結構示意圖如圖 16-8 所示。

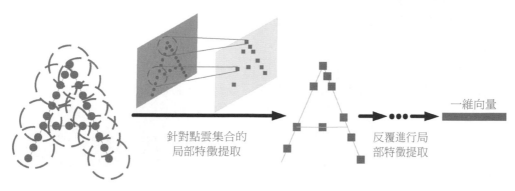

一維向量

針對點雲集合的局部特徵提取

反覆進行局部特徵提取

▲ 圖 16-8　PointNet++ 的局部特徵提取結構示意圖

從實現上看，PointNet++ 的特徵提取分為 3 層。

PointNet++ 的第 1 層是採樣層。採樣層的作用是在原始點雲上找到若干空間均勻分佈的中心點。PointNet++ 使用的是最遠點採樣（Farthest Point Sampling，FPS）演算法，與隨機採樣演算法相比，最遠點採樣演算法能夠保證對樣本的均勻採樣。

最遠點採樣演算法初始化一個採樣點集合，透過不斷迭代，找到每次迭代中與採樣點集合距離最遠的點並將其加入採樣點集合。具體演算法原理如下。

第 1 步，從總數為 N 的點雲中隨機選取一個點 P0 作為採樣點集合的第一個元素，此時的採樣點集合可以表示為 {P0}。

第 2 步，計算全部點雲與採樣點集合內各個點的距離（此時採樣點集合只有一個元素 P0），找到距離最遠的點，將其命名為 P1，並將其加入採樣點集合，此時採樣點集合可以表示為 {P0,P1}。

第 3 步，計算全部點雲與採樣點集合 {P0,P1} 的距離。單一點與採樣點集合的距離被定義為該點與採樣點集合中所有點的最近距離。在點雲中尋找與採樣點集合距離最遠的那個點，將其命名為 P2，並將它加入採樣點集合，此時採樣點集合可以表示為 {P0,P1,P2}。

第 4 步，回到第 3 步，不停地反覆迭代，直至找到指定數量的採樣點。

假設點雲資料儲存在變數 xyz 中，xyz 的形狀為 [batch,N,3]，最終採樣點集合中最多包含 npoint 個採樣點。採樣點集合在程式中用 centroids 變數表示，它儲存著採樣點的編號，它是一個動態尺寸的矩陣，初始形狀為 [batch,1]，隨著迭代次數的增加，最終形狀為 [batch,npoint]。採樣點集合中的每個採樣點的真實座標用 centroid 變數表示，距離度量方式採用歐氏距離，每次迭代只保留每個點雲與週邊採樣點的最近距離，最近距離儲存在 distance 變數中，distance 變數的形狀為 [batch,N]。每次迭代將找到離群最遠的點，將其儲存在 farthest 變數中，farthest 變數的形狀為 [batch,]。迭代次數為 npoint 次，最終找到 npoint 組離群點，最終組合成採樣點集合 centroids，形狀為 [batch,npoint]。核心程式如下。

```python
def farthest_point_sample_tf(xyz, npoint):
    """
    Input:
        xyz: pointcloud data, [B, N, 3]
        npoint: number of sample points
    Return:
        centroids: sampled pointcloud index, [B, npoint]
    """
    B, N, C = tf.shape(xyz)
    centroids = tf.zeros([B,1], dtype=tf.int64)
    # centroids 是一個動態尺寸矩陣，centroids 被初始化為全零列
    # 以上程式的含義是，在 centroids 的第 0 列上使用全零列占位。請注意，在本函式的傳回階段，
最後需要從 centroids 中刪除第 0 列
    distance = tf.ones([B,N],dtype=tf.float32)*1e10
    # 將 distance 初始化為一個足夠大的值
    farthest=tf.random.uniform(
        shape=[B,], minval=0, maxval=tf.cast(N,tf.float32))
    farthest=tf.cast(farthest,tf.int32)
    for i in range(npoint):
        centroid=tf.gather(
        xyz, batch_dims=1,indices=farthest, axis=1)
        # 第 1 次迴圈時取出隨機生成的圓心 centroid，第 2 次迴圈時取出最遠點作為圓心
        centroid=tf.reshape(centroid,[B,1,C])
        # 準備與 xyz 進行廣播減法
        dist=tf.reduce_sum((xyz-centroid)**2, axis=-1)# dist 矩陣的形狀為 [B,N]
```

```
        distance=tf.math.minimum(dist,distance)
        # 保留最小的距離數值
        farthest=tf.math.argmax(distance, -1)
        # farthest 矩陣的形狀為 [B,]，（其中，「,」可以忽略），取出此時的最遠點
        centroids=tf.concat(
            [centroids,tf.reshape(farthest,[B,1])],axis=-1)
        # 將階段性的採樣點集合儲存在 centroids 中
    return centroids[:,1:] # 刪除 centroids 的第 0 列
```

　　生成 4 個批次的點雲測試資料，為方便視覺化，這裡將三維點雲替換為二維點雲。每個批次的資料都分 4 次生成。4 次的點雲數量分別為 4096、2048、512、128，分別代表按距離從近到遠擷取到的不同密度的點雲；將這 4 個密度的點雲資料進行矩陣拼接，最終每個批次的點雲中，點的數量為 6784，4 個批次點雲的形狀為 [4,6784,2]。生成程式如下。

```
xyz0=np.random.uniform(0,1,4*4096*2).reshape(4,4096,2).astype(np.float32)
xyz1=np.random.uniform(1,2,4*2048*2).reshape(4,2048,2).astype(np.float32)
xyz2=np.random.uniform(2,3,4*512*2).reshape(4,512,2).astype(np.float32)
xyz3=np.random.uniform(3,4,4*128*2).reshape(4,128,2).astype(np.float32)
xyz=tf.concat([xyz0,xyz1,xyz2,xyz3],axis=1)
```

　　使用最遠點採樣演算法，在每個批次的 6784 個點的集合中找到 64 個採樣點。程式如下。

```
centroids_index=farthest_point_sample_tf(tf.convert_to_tensor(xyz),64)    # centroids_
index 矩陣的形狀為 [B,npoint]
centroids_coord=tf.gather(xyz, batch_dims=1,indices=centroids_index,axis=1) #
centroids_coord 矩陣的形狀為 [B,npoint,C]
plt.figure(figsize=(20,10))
plt.scatter(xyz.numpy()[0,:,0],xyz.numpy()[0,:,1],s=1,marker="o",color='r',label=
"xyz")
plt.scatter(centroids_coord.numpy()[0,:,0],centroids_coord.numpy()[0,:,1],marker="x",l
abel="centroids")
plt.legend()
```

　　最遠點採樣演算法的視覺化如圖 16-9 所示。圖 16-9 中的原點表示原始點雲，共計 6784 個，原始點雲的點從近到遠呈現出密度從高到低的特點，這符合自動駕駛中雷射雷達資料的特點。如果採用隨機採樣演算法對這種點雲資料進行採樣，必

然會導致近處過採樣和遠處欠採樣。標記 x 代表最遠點採樣演算法找到的 64 個採樣點，它們在不同密度區域的點雲上都呈現均勻分佈的特點，並且採樣點與原始點雲中的每個點均保持大致相同的距離。

　　PointNet++ 的第 2 層是分組層。分組層的作用是在點雲內尋找與每個圓心距離小於 radius 的 nsample 個點。假設全部點雲點的數量為 N，那麼點雲集合的形狀為 [batch, N, 3]，在程式中用 xyz 表示；假設全部的圓心點數量為 NP，那麼圓心集合的形狀為 [batch, NP,3]，在程式中用 new_xyz 表示；找到的 NP 組 nsample 個點，在程式中用 group_idx 表示，形狀為 [batch, NP, nsample]。尋找這 NP 組 nsample 個點的演算法為球查詢演算法，當然除了論文中提到的球查詢演算法，還可以使用 KNN 演算法查詢這 NP 組 nsample 個點，但固定參數 K 無法應對不斷變化的點雲密度，因此論文推薦球查詢演算法。

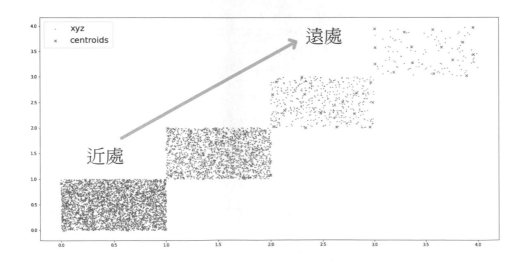

▲ 圖 16-9　最遠點採樣演算法的視覺化

　　對於 N 個點雲點和 NP 個圓心點，球查詢演算法首先計算它們兩兩之間的歐氏距離，計算結果形狀為 [batch,NP,N]。N 個點雲點和 NP 個圓心點兩兩之間距離的計算函式為 square_distance_tf，它的第一個輸入 src 對應 NP 個圓心點，第二個輸入 dst 對應 N 個點雲點，將計算結果儲存在 dist 變數中，dist 變數的形狀為 [batch, NP, N]。在

square_distance_tf 函式中，使用了與歐氏距離計算公式等效的矩陣計算方式，即 $\left(x_{src} - x_{dst}\right)^2 = -2x_{src}x_{dst} + x_{src}{}^2 + x_{dst}{}^2$ 展開式。程式如下。

```python
def square_distance_tf(src, dst):
    B, NP, _ = tf.shape(src)
    _, N, _ = tf.shape(dst)
    dist = -2*tf.matmul(src,tf.transpose(dst,[0,2,1]))
    dist +=tf.reshape(tf.reduce_sum(src**2,axis=-1),[B,NP,1])
    dist +=tf.reshape(tf.reduce_sum(dst**2,axis=-1),[B,1,N])
    return dist
```

實施球查詢演算法，設計一個名為 query_ball_point_tf 的函式，該函式接收兩個參數：球形半徑參數 radius 和球域點數 nsample。在球查詢演算法中，N 個點雲使用 xyz 變數儲存，NP 個圓心使用 q_xyz 儲存；對於 NP 個圓心中的某一個圓心，凡是與該圓心距離大於球形半徑參數 radius 的點雲點全部排除在外（設置為常數 N），將透過排序找到距離較近的 nsample 個點儲存在 group_idx 變數中。如果符合距離條件的點不足 nsample 個，那麼就用儲存在 group_first 變數中的點湊足 nsample 個。而 group_first 變數中儲存的點是演算法找到的第一個距離符合條件的點。函式傳回的 group_idx 儲存的是符合距離條件的點的編號，group_idx 的形狀為 [batch, NP, nsample]。程式如下。

```python
def query_ball_point_tf(radius, nsample, xyz, q_xyz):
    B, N, C = tf.shape(xyz)
    _, NP, _ = tf.shape(q_xyz)
    group_idx=tf.reshape(tf.range(N),[1,1,N])
    group_idx=tf.tile(group_idx,[B,NP,1])
    # group_idx 矩陣的形狀為 [B,NP,N]
    sqrdists = square_distance_tf(q_xyz, xyz)
    group_idx = tf.where(
        sqrdists>radius**2,
        tf.ones_like(group_idx)*N,
        group_idx)
    group_idx=tf.sort(group_idx,axis=-1) # 處理後的形狀為 [B,NP,N]
    group_idx=group_idx[:,:,:nsample] # 處理後的形狀為 [B,NP,nsample]
    group_1st=tf.reshape(group_idx[:,:,0],[B,NP,1])
    group_1st=tf.tile(group_1st,[1,1,nsample])
    group_idx=tf.where(
```

```
        group_idx==N,
        group_1st,
        group_idx)
    return group_idx
```

在 4 個批次的數量為 6784 的點雲和 4 個批次的 64 個球心的基礎上，設置球形半徑參數 radius 為 0.5，球域點數 nsample 為 32，得到分組層的輸出 group_idx 的形狀為 [batch, 64, 32]，可見，每個批次的 6784 個點將被替換為 64 個局部區域，每個局部區域有 32 個點，這些點將替代原始點雲被送入 PointNet 層進行計算。

```
group_idx_tf=query_ball_point_tf(0.5,32,xyz,centroids_coord)
print(group_idx_tf.shape) # group_idx_tf 矩陣的形狀為 [4, 64, 32]
```

將第一個批次的資料提取出來，對於原始點雲使用原點畫出，對於球域點使用「+」符號畫出，可見最終的球域點的集合實現了對不均勻點雲的均勻採樣。球查詢演算法的視覺化如圖 16-10 所示。

PointNet++ 的第 3 層是 PointNet 層。如果將 PointNet++ 的第 2 層輸出的資料（形狀為 [batch, NP, nsample]）視為 NP 個模型，每個模型有 nsample 個點，那麼 PointNet 層的工作就是對這 NP 個模型進行特徵提取，這 NP 個模型的特徵向量對應著點雲上的 NP 個局部的高維度特徵。由於 PointNet++ 模型中的 PointNet 層的演算法行為與 PointNet 模型完全一致，因此不再展開敘述。

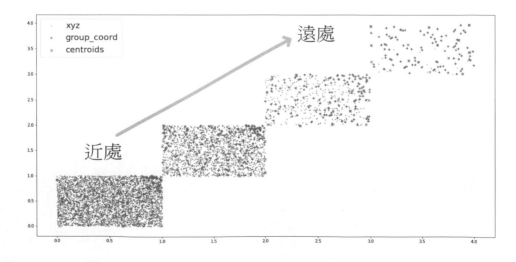

▲ 圖 16-10 球查詢演算法的視覺化

　　PointNet++ 的局部特徵提取結構更符合二維卷積的感受野概念，但實驗顯示這種局部特徵提取結構對點雲的密度較為敏感。具體表現為，當點雲密度下降嚴重時，其特徵提取能力大幅下降。為了更進一步地應對非均勻點雲場景下的局部點雲取出策略，PointNet++ 提出了兩種點雲分組原則：多尺度分組（Multi Scale Grouping，MSG）策略和多解析度分組（Multi Resolution Grouping，MRG）策略。這樣，每個圓心都將獲得具有不同尺度或不同解析度的分組點雲，將這些點雲的高維度特徵進行矩陣拼接後將為神經網路帶來更強的穩健性。

　　以 PointNet 提供為基礎的基礎元件和 PointNet++ 提供的多層次特徵提取能力，發展出了視錐 PointNet（Frustum PointNet）神經網路和 FlowNet3D 神經網路。視錐 PointNet 神經網路首先透過三維點雲資料投影出一個二維影像，在這個二維影像上執行傳統的物件辨識神經網路；根據三維投影原理，在二維影像上辨識出的物體將在三維點雲中呈現出一個以相機為頂點的放射狀錐形，視錐 PointNet 就專門針對這個錐形範圍內的點雲進行處理，從而得到三維物體的辨識資訊。

　　FlowNet3D 神經網路將 PointNet 的點雲處理思想拓展到了場景串流中，提出了結構新穎的可學習層，一個層用於學習兩幀點雲的連結解碼，另一個層用於進行幀間點雲特徵的傳播，這使得 FlowNet3D 神經網路可以從連續點雲中估計場景串流，並且在自動駕駛雷射雷達資料集上獲得了良好的效果。

　　三維點雲處理處於一個較為開放的狀態，研究人員從不同的角度總結出不少極具創意的方案和想法。舉例來說，2017 年發表的 VoxelNet 神經網路就針對三維體素稀疏性的特徵，提出了體素化劃分的策略，它將整個點雲區域按照固定解析度劃分成立體網格，每個網格內隨機採樣，每個體素隨機選取若干點進行後續處理，由於劃分和採樣降低了三維卷積運算的計算量，這使得三維卷積運算可以在高密度雷射雷達資料上得以運用。實踐顯示，VoxelNet 神經網路在 KITTI 汽車、行人和自行車的物件辨識上都獲得了較好的效果。又舉例來說，2018 年發表的「3D Semantic Segmentation with Submanifold Sparse Convolutional Networks」論文提出了子流形稀疏卷積網路，它提出了三維稀疏矩陣的卷積演算法，從而將二維卷積的相關演算法拓展到了三維。2020 年發表的 DOPS 神經網路，它使用了稀疏卷積技術做了一個 3D U-Net 神經網路，該神經網路可以提取高維度特徵並預測每個點的目標屬性和尺寸，把對每個點的預測透過一個圖卷積網路得到進一步的預測資料，進而獲得三維目標的網格結構。

　　三維點雲處理的方案層出不窮。從作者的角度出發，可以總結出 4 種想法：以 PointNet 想法（PointNet 家族）為基礎的物件辨識；以規則資料為基礎的物件辨識；以體素、多角度、圖型計算模型為基礎的物件辨識；以卷積核心為基礎的物件辨識。感興趣的讀者可以閱讀最新文獻。

附錄 A

官方程式引用說明

　　本書使用的部分程式來自 GoogleTensorFlow 官網並為配合教學進行了適當修改，YOLOV3 和 YOLOV4 的標準版及簡版程式以 GitHub 帳號為 huanglc007 為基礎的軟體倉庫修改而來，軟體倉庫名稱為 tensorflow-yolov4-tflite，此外，針對 YOLOV3 網路的描述還參考了 GitHub 帳號名為 zzh8829 的 yolov3-tf2 軟體倉庫，以上程式倉庫均符合 MIT 開放原始碼協定。在這些軟體倉庫相關程式的基礎上，作者有針對性地做了完善性修改，主要包括以下 4 個方面。

　　第一，完善 IDE 程式設計環境下 TensorFlow 各層命名規則與權重參數加載函式不相容的問題。原始的權重加載函式 load_weights 是根據二維卷積層的編號進行權重加載的，編號一定要從 0 開始，但實際上在 IDE 開發環境下，TensorFlow 的二維卷積層的編號是全域遞增的。為此作者設計了函式，自我調整當前二維卷積層和 BN 層的編號起點。另外，官方程式中的權重載入函式不支援 DarkNet53 和 CSP-DarkNet 這兩個骨幹網路的權重加載，作者增加了這兩個骨幹網路的權重加載支持。

　　第二，程式中的層行為描述不規範問題。YOLOV4 和 YOLOV3 官方原始程式碼中，對神經網路內的 Concat 運算元、Reshape 運算元、四則運算（加、減、乘、除）運算元、矩陣切割運算元等，均使用運算元函式來描述層演算法，這會造成穩健性問題，即對超出定義域的意外資料（如零資料等）激勵可能產生 INF 或 NaN 的處理結果。為此本書遵循 TensorFlow 的層定義程式設計規範，統一使用 tf.keras.layers 下的 Concatenate、Reshape、Lamda、Add、Multiply、Lambda 等高階 API 層替代原運算元。使用了高階 API 層後，還可以獲得從 Keras 基礎層類別繼承來的可偵錯 API。舉例來說，我們可以方便地透過層名稱，提取這些層的權重變數和偏置變數，探知這些層的輸入 / 輸出形狀等。

　　第三，原始程式碼中沒有為層搭配自訂層名稱，所有的層名稱均由 TensorFlow 自動命名，影響後期偵錯定位。作者在原始程式碼中對網路中關鍵部位的層進行了命名，方便讀者「望文生義」。也希望讀者在認真研讀 model.summary 列印出來的網路結構時，能夠將列印出來的網路層名稱和原始程式碼中的各個層命名相互對照，以便對網路結構具有更深的理解。

　　第四，本書所引用的原始程式碼是一個認可度較高、被引用次數最多的 YOLO 原始程式碼。但即使是如 Linux 一般優秀的原始程式碼也難免有若干錯誤，如 CSP-DarkNet-tiny 的若干 DarkNetConv 層配置。雖有作者做出若干修改，但並不影響 huanglc007 和 zzh8829 的 YOLO 原始程式碼是一個品質很高的原始程式碼。同樣，作者的原始程式碼也難免出現疏漏，作者的 GitHub 帳號為 fjzhangcr，歡迎讀者批評指正。

本書執行環境架設說明

本書執行環境是以 Anaconda 為基礎的 Python3.7 版本執行環境，執行環境以 TensorFlow 為基礎的 2.X 版本（經驗證 2.3 到 2.8 版本）均可。由於較為簡單，因此不做過多說明，此處給出安裝的關鍵程式和注意事項。

對於 TensorFlow 的安裝，TensorFlow 的 2.3 版本可直接安裝，若安裝 TensorFlow 的 2.8 版本，則需要修改 protobuf，使其版本編號降為 3.20，這是因為在 protobuf 從 3.20 版本向 3.21 版本升級時進行了一些非前向相容的修改，導致 3.21 版本的 protobuf 無法與 TensorFlow 的 2.8 版本相容。

```
pip install tensorflow==2.3
pip install tensorflow==2.8
pip install protobuf==3.20
```

使用 conda 安裝其他軟體，包括影像處理工具 opencv、畫圖工具 matplotlib、表格工具 pandas、字典工具 easydict 等。這些軟體套件可使用 conda 安裝，也可使用 pip 安裝。安裝命令如下。

```
conda install matplotlib pandas opencv
conda install -c conda-forge easydict
pip install matplotlib pandas easydict
pip install opencv-python==3.4.2.17
```

　　對於希望使用 TensorFlow 官方資料集的情況，需要安裝 TensorFlow 資料集軟體套件。安裝命令和版本資訊列印如下。

```
pip install TensorFlow-datasets
import TensorFlow_datasets as tfds
print(tfds.__version__) # 版本編號為 4.5.2
```

　　對於希望 Python 將神經網路列印為圖片的情況，需要安裝 Pydot。程式如下。

```
conda install pydot
```

　　對於希望對數學公式進行符號計算的情況，需要安裝 SymPy。程式如下。

```
conda install sympy
```

　　對於希望使用 Albumentations 進行資料增強的情況，需要安裝 Albumentations。程式如下。

```
conda  install  albumentations
pip install -U albumentations
```

　　對於希望載入 coco 資料集工具的情況，需要安裝 cocoapi 的 Python 工具，具體安裝程式可以登入 GitHub 帳號為 philferriere 的網頁，進入其 cocoapi 軟體倉庫查詢和使用。程式如下。其中，「#」代表解析到子目錄，並非註釋符號。

```
pip install git+https://cocoapi 軟體倉庫位址 /cocoapi.git#subdirectory= PythonAPI
```

　　對於希望嘗試進行 KITTI 雷射雷達資料處理的，需要在使用 kitti_object_vis 軟體倉庫前，安裝 Mayavi 4.7、OpenCV 4.6、Scipy 1.7 等依賴軟體，其中 Mayavi 是專門為三維資料視覺化而設計的軟體。程式如下。

```
pip install opencv_python pillow scipy matplotlib
conda install mayavi=4.7.2 -c conda-forge
```

TensorFlow 矩陣基本操作

本書略去了對 TensorFlow 的基本矩陣操作的介紹，初學者可以登入 TensorFlow 2.0 官網查看其基礎教學。這裡僅列出 TensorFlow 矩陣操作的幾個重要命令清單，如表 C-1 所示。

➔ 表 C-1 TensorFlow 矩陣操作的幾個重要命令清單

矩陣操作名稱	矩陣操作運算元	說明
維度內矩陣拼接	tf.concat	不增加維度拼接
維度外矩陣拼接	tf.stack	增加維度拼接
矩陣增維度	tf.expand_dims	增加維度
矩陣降維度	tf.squeeze	去除容錯維度
矩陣交換維度	tf.transpose	交換矩陣維度
矩陣複製	tf.tile	矩陣維度上複製
矩陣補零	tf.pad	二維矩陣上、下、左、右補零
矩陣的元素提取	matrix[⋯,0]	提取切片的同時減少一個維度

矩陣操作名稱	矩陣操作運算元	說明
矩陣的元素修改	tf.TensorArray	提供元素位置和更新值
矩陣局部提取	tf.slice	提取矩陣的某個連續局部
單維度矩陣切片	tf.gather	在某一維度按索引提取矩陣切片
多維度矩陣切片	tf.gather_nd	在多個維度按索引提取矩陣切片
雙矩陣元素比大小	tf.maximum tf.maximum	若兩個矩陣形狀一致，則提取較大（小）元素組合成新矩陣
雙矩陣元素融合	tf.where	若 3 個矩陣形狀一致，則根據第 1 個布林矩陣值，分別提取第 2 個和第 3 個矩陣元素組合成新矩陣
對矩陣元素進行修改	tf.tensor_scatter_nd_update tf.tensor_scatter_nd_add tf.tensor_scatter_nd_sub tf.tensor_scatter_nd_min tf.tensor_scatter_nd_max	透過指示被修改矩陣、座標、更新值，實現對矩陣元素執行數值更新、加法、減法、取大、取小操作
可變陣列	tf.TensorArray	設置 dynamic_size 標識位為 True，可新建尺寸可變化的張量，可實現單元素寫入、讀出等

參考文獻

[1]   Everingham M, Eslami S M, Van Gool L, et al. The Pascal Visual Object Classes Challenge: A retrospective[J]. International Journal of Computer Vision, 2015, 111(1): 98-136.

[2]   Lin T Y, Maire M, Belongie S, et al. Microsoft CoCo: Common Objects in Context[C]// European Conference on Computer Vision. Springer, Cham, 2014: 740-755.

[3]   Redmon J, Divvala S, Girshick R, et al. You Only Look Once: Unified, Real-time Object Detection[C]//Proceedings of the IEEE Conference on Computer Vision and Pattern Recognition. 2016: 779-788.

[4]   Redmon J, Farhadi A. YOLO9000: Better, Faster, Stronger[C]//Proceedings of the IEEE Conference on Computer Vision and Pattern Recognition. 2017: 7263-7271.

[5]   Redmon J, Farhadi A. Yolov3: An Incremental Improvement[J]. arXiv Preprint arXiv: 1804.02767, 2018.

[6]   Bochkovskiy A, Wang C Y, Liao H Y M. Yolov4: Optimal Speed and Accuracy of Object Detection[J]. arXiv Preprint arXiv:2004.10934, 2020.

[7]   Wang C Y, Bochkovskiy A, Liao H Y M. Scaled-yolov4: Scaling Cross Stage Partial Network[C]//Proceedings of the IEEE/cvf Conference on Computer Vision and Pattern Recognition. 2021: 13029-13038.

[8]   Wang C Y, Bochkovskiy A, Liao H Y M. YOLOV7: Trainable Bag-of-freebies Sets New State-of-the-art for Real-time Object Detectors[J]. arXiv Preprint arXiv:2207.02696, 2022.

[9]   Liu W, Anguelov D, Erhan D, et al. Ssd: Single Shot Multibox Detector[C]// European Conference on Computer Vision. Springer, Cham, 2016: 21-37.

[10] Girshick R, Donahue J, Darrell T, et al. Rich Feature Hierarchies for Accurate Object Detection and Semantic Segmentation[C]//Proceedings of the IEEE Conference on Computer Vision and Pattern Recognition. 2014: 580-587.

[11] Girshick R. Fast r-cnn[C]//Proceedings of the IEEE International Conference on Computer Vision. 2015: 1440-1448.

[12] Ren S, He K, Girshick R, et al. Faster r-cnn: Towards Real-time Object Detection with Region Proposal Networks[J]. Advances in Neural Information Processing Systems, 2015, 28.

[13] Law H, Deng J. Cornernet: Detecting Objects as Paired Keypoints[C]// Proceedings of the European Conference on Computer Vision (ECCV). 2018: 734-750.

[14] Zhou X, Wang D, Krähenbühl P. Objects as points[J]. arXiv Preprint arXiv:1904.07850, 2019.

[15] He K, Gkioxari G, Dollár P, et al. Mask r-cnn[C]//Proceedings of the IEEE International Conference on Computer Vision. 2017: 2961-2969.

[16] Ronneberger O, Fischer P, Brox T. U-net: Convolutional Networks for Biomedical Image Segmentation[C]//International Conference on Medical Image Computing and Computer-assisted Intervention. Springer, Cham, 2015: 234-241.

[17] Uijlings J R R, Van De Sande K E A, Gevers T, et al. Selective Search for Object Recognition[J]. International Journal of Computer Vision, 2013, 104(2): 154-171.

[18] Iglovikov V, Shvets A. Ternausnet: U-net with vgg11 Encoder Pre-trained on Imagenet for Image Segmentation[J]. arXiv Preprint arXiv:1801.05746, 2018.

[19] Xiao X, Lian S, Luo Z, et al. Weighted Res-unet for High-quality Retina Vessel Segmentation[C]// 2018 9th International Conference on Information Technology in Medicine and Education (ITME). IEEE, 2018: 327-331.

[20] Guan S, Khan A A, Sikdar S, et al. Fully Dense UNet for 2-D Sparse Photoacoustic Tomography Artifact Removal[J]. IEEE Journal of Biomedical and Health Informatics, 2019, 24(2): 568-576.

[21] Oktay O, Schlemper J, Folgoc L L, et al. Attention u-net: Learning Where to Look for the Pancreas[J]. arXiv Preprint arXiv:1804.03999, 2018.

[22] Çiçek Ö, Abdulkadir A, Lienkamp S S, et al. 3D U-Net: Learning Dense Volumetric Segmentation from Sparse Annotation[C]//International Conference on Medical Image Computing and Computer-assisted Intervention. Springer, Cham, 2016: 424-432.

[23] Lin T Y, Dollár P, Girshick R, et al. Feature Pyramid Networks for Object Detection[C]// Proceedings of the IEEE Conference on Computer Vision and Pattern Recognition. 2017: 2117-2125.

[24] Lin T Y, Goyal P, Girshick R, et al. Focal Loss for Dense Object Detection[C]// Proceedings of the IEEE International Conference on Computer Vision. 2017: 2980-2988.

[25] Cai Z, Vasconcelos N. Cascade r-cnn: Delving into High Quality Object Detection[C]// Proceedings of the IEEE Conference on Computer Vision and Pattern Recognition. 2018: 6154-6162.

[26] Liu S, Qi L, Qin H, et al. Path Aggregation Network for Instance Segmentation[C]// Proceedings of the IEEE Conference on Computer Vision and Pattern Recognition. 2018: 8759-8768.

[27] Tan M, Pang R, Le Q V. Efficientdet: Scalable and Efficient Object Detection[C]//Proceedings of the IEEE/CVF Conference on Computer Vision and Pattern Recognition. 2020: 10781-10790.

[28] Liu S, Huang D, Wang Y. Learning Spatial Fusion for Single-shot Object Detection[J]. arXiv Preprint arXiv:1911.09516, 2019.

[29] Ghiasi G, Lin T Y, Le Q V. Nas-fpn: Learning Scalable Feature Pyramid Architecture for Object Detection[C]//Proceedings of the IEEE/CVF Conference on Computer Vision and Pattern Recognition. 2019: 7036-7045.

[30] Long X, Deng K, Wang G, et al. PP-YOLO: An Effective and Efficient Implementation of Object detector[J]. arXiv Preprint arXiv:2007.12099, 2020.

[31] Ge Z, Liu S, Wang F, et al. Yolox: Exceeding YOLO Series in 2021[J]. arXiv Preprint arXiv: 107. 08430, 2021.

[32] Bodla N, Singh B, Chellappa R, et al. Soft-NMS-improving Object Detection with One Line of Code[C]//Proceedings of the IEEE International Conference on Computer Vision. 2017: 5561-5569.

[33] Solovyev R, Wang W, Gabruseva T. Weighted Boxes Fusion: Ensembling Boxes from Different Object Detection Models[J]. Image and Vision Computing, 2021, 107: 104117.

[34] Zhou H, Li Z, Ning C, et al. Cad: Scale Invariant Framework for Real-time Object Detection[C]//Proceedings of the IEEE International Conference on Computer Vision Workshops. 2017: 760-768.

[35] Woo S, Park J, Lee J Y, et al. Cbam: Convolutional Block Attention Module[C]//Proceedings of the European Conference on Computer Vision (ECCV). 2018: 3-19.

[36] Rezatofighi H, Tsoi N, Gwak J Y, et al. Generalized Intersection over Union: A Metric and a Loss for Bounding Box Regression[C]//Proceedings of the IEEE/CVF Conference on Computer Vision and Pattern Recognition. 2019: 658-666.

[37] Zheng Z, Wang P, Liu W, et al. Distance-IoU loss: Faster and Better Learning for Bounding Box Regression[C]//Proceedings of the AAAI Conference on Artificial Intelligence. 2020, 34(07): 12993-13000.

[38] Nagel M, Fournarakis M, Amjad R A, et al. A White Paper on Neural Network Quantization[J]. arXiv Preprint arXiv:2106.08295, 2021.

[39] DeVries T, Taylor G W. Improved Regularization of Convolutional Neural Networks with Cutout[J]. arXiv Preprint arXiv:1708.04552, 2017.

[40] Zhong Z, Zheng L, Kang G, et al. Random Erasing Data Augmentation[C]// Proceedings of the AAAI Conference on Artificial Intelligence. 2020, 34(07): 13001-13008.

[41] Chen P, Liu S, Zhao H, et al. Gridmask Data Augmentation[J]. arXiv Preprint arXiv: 2001. 04086, 2020.

[42] Kumar Singh K, Jae Lee Y. Hide-and-seek: Forcing a Network to be Meticulous for Weakly-supervised Object and Action Localization[C]//Proceedings of the IEEE International Conference on Computer Vision. 2017: 3524-3533.

[43] Huang S W, Lin C T, Chen S P, et al. Auggan: Cross Domain Adaptation with Gan-based Data Augmentation[C]//Proceedings of The European Conference on Computer Vision (ECCV). 2018: 718-731.

[44] Zhang H, Cisse M, Dauphin Y N, et al. Mixup: Beyond Empirical Risk Minimization[J]. arXiv Preprint arXiv:1710.09412, 2017.

[45] Yun S, Han D, Oh S J, et al. Cutmix: Regularization Strategy to Train Strong Classifiers with Localizable Features[C]//Proceedings of the IEEE/CVF International Conference on Computer Vision. 2019: 6023-6032.

[46] Walawalkar D, Shen Z, Liu Z, et al. Attentive Cutmix: An Enhanced Data Augmentation Approach for Deep Learning Based Image Classification[J]. arXiv Preprint arXiv:2003.13048, 2020.

[47] Cubuk E D, Zoph B, Mane D, et al. Autoaugment: Learning Augmentation Policies from Data[J]. arXiv Preprint arXiv:1805.09501, 2018.

[48] Zamanakos G, Tsochatzidis L, Amanatiadis A, et al. A Comprehensive Survey of LIDAR-based 3D Object Detection Methods with Deep Learning for Autonomous Driving[J]. Computers & Graphics, 2021, 99: 153-181.

[49] Geiger A, Lenz P, Stiller C, et al. Vision Meets Robotics: The KITTI Dataset[J]. The International Journal of Robotics Research, 2013, 32(11): 1231-1237.

[50] Geiger A, Lenz P, Urtasun R. Are We Ready for Autonomous Driving? the KITTI Vision Benchmark Suite[C]//2012 IEEE Conference on Computer Vision and Pattern Recognition. IEEE, 2012: 3354-3361.

[51] Qi C R, Su H, Mo K, et al. PointNet: Deep Learning on Point Sets for 3D Classification and Segmentation[C]//Proceedings of the IEEE Conference on Computer Vision and Pattern Recognition. 2017: 652-660.

[52] Qi C R, Yi L, Su H, et al. PointNet++: Deep Hierarchical Feature Learning on Point Sets in a Metric Space[J]. Advances in Neural Information Processing Systems, 2017, 30.

[53] Qi C R, Liu W, Wu C, et al. Frustum PointNets for 3D Object Detection from Rgb-d Data[C]// Proceedings of the IEEE Conference on Computer Vision and Pattern Recognition. 2018: 918-927.

[54] Liu X, Qi C R, Guibas L J. Flownet3D: Learning Scene Flow in 3D Point Clouds[C]// Proceedings of the IEEE/CVF Conference on Computer Vision and Pattern Recognition. 2019: 529-537.

[55] Zhou Y, Tuzel O. Voxelnet: End-to-end Learning for Point Cloud Based 3D Object Detection[C]// Proceedings of the IEEE Conference on Computer Vision and Pattern Recognition. 2018: 4490-4499.

[56] Graham B, Engelcke M, Van Der Maaten L. 3D Semantic Segmentation with Submanifold Sparse Convolutional Networks[C]//Proceedings of the IEEE Conference on Computer Vision and Pattern Recognition. 2018: 9224-9232.

[57] Najibi M, Lai G, Kundu A, et al. Dops: Learning to Detect 3D Objects and Predict Their 3D Shapes[C]//Proceedings of the IEEE/CVF Conference on Computer Vision and Pattern Recognition. 2020: 11913-11922.

MEMO

MEMO

深智數位
股份有限公司

深智數位
股份有限公司